Ulrich C. E. Zanke

Hydromechanik der Gerinne und Küstengewässer

Für Gisela, Alexandra und Achim

Ulrich C. E. Zanke

Hydromechanik der Gerinne und Küstengewässer

Für Bauingenieure, Umwelt- und Geowissenschaftler

Mit 249 Abbildungen

Parey Buchverlag Berlin 2002

Parey Buchverlag im
Blackwell Wissenschafts-Verlag GmbH
A Blackwell Publishing Company
Kurfürstendamm 57, 10707 Berlin
Firmiangasse 7, 1130 Wien

Blackwell Science Ltd
Osney Mead, Oxford, OX2 0EL, UK

Blackwell Science, Inc.
350 Main Street, Malden
MA 02148 5018, USA

Blackwell Science, Asia Pty
54 University Street, Carlton
Victoria 3053, Australien

Anschrift des Autors:
Prof. Dr.-Ing. habil. Ulrich C. E. Zanke
Institut für Wasserbau
und Wasserwirtschaft
der Technischen Universität Darmstadt
Rundeturmstraße 1
64283 Darmstadt

Gewährleistungsvermerk
In Anbetracht des ständigen Wissenszuwachses sowie der rasch voranschreitenden technischen Anforderungen und Entwicklungen haben sich der/die Verfasser/in dieses Buches intensiv bemüht, dem aktuellen Wissensstand Rechnung zu tragen. Insbesondere wurde das Werk in Einklang mit den geltenden Gesetzen, Verordnungen und Richtlinien verfaßt. Dennoch können weder der/die Verfasser/in noch der Verlag eine Garantie für die in diesem Werk enthaltenen Angaben übernehmen. Dem Leser wird daher dringend empfohlen, einschlägige Veröffentlichungen zu verfolgen und weitergehende Entwicklungen ergänzend in Betracht zu ziehen.

Die Deutsche Bibliothek – CIP-Einheitsaufnahme

Zanke, Ulrich:
Hydromechanik der Gerinne und Küstengewässer : für Bauingenieure, Umwelt- und Geowissenschaftler / Ulrich C. E. Zanke. - Berlin : Parey, 2002
ISBN 978-3-528-02582-3

© 2002 Blackwell Wissenschafts-Verlag,
Berlin Wien
E-mail: parey@blackwis.de
Internet: http://www.blackwell.de

Die Wiedergabe von Gebrauchsnamen, Handelsnamen, Warenbezeichnungen usw. in diesem Buch berechtigt auch ohne besondere Kennzeichnung nicht zu der Annahme, daß solche Namen im Sinne der Warenzeichen- u. Markenschutz-Gesetzgebung als frei zu betrachten wären und daher von jedermann benutzt werden dürften.
Dieses Werk ist urheberrechtlich geschützt. Die dadurch begründeten Rechte, insbesondere die der Übersetzung, des Nachdrucks, des Vortrages, der Entnahme von Abbildungen und Tabellen, der Funksendung, der Mikroverfilmung oder der Vervielfältigung auf anderen Wegen und der Speicherung in Datenverarbeitungsanlagen, bleiben, auch bei nur auszugsweiser Verwertung, vorbehalten. Eine Vervielfältigung dieses Werkes oder von Teilen dieses Werkes ist auch im Einzelfall nur in den Grenzen der gesetzlichen Bestimmungen des Urheberrechtsgesetzes der Bundesrepublik Deutschland vom 9. September 1965 in der Fassung vom 24. Juni 1985 zulässig. Sie ist grundsätzlich vergütungspflichtig. Zuwiderhandlungen unterliegen den Strafbestimmungen des Urheberrechtsgesetzes.

Einbandgestaltung: unter Verwendung einer Abbildung aus dem vorliegenden Buch
Satz und Repro: Ulrich C. E. Zanke, Darmstadt

Bad Langensalza

Gedruckt auf chlorfrei gebleichtem Papier

ISBN-13: 978-3-528-02582-3   e-ISBN-13: 978-3-322-80212-5
DOI: 10.1007/ 978-3-322-80212-5

Vorwort zur ersten Auflage

Ich habe weniger Schwierigkeiten in der Entdeckung der Bewegung der
Himmelskörper gefunden, ungeachtet ihrer erstaunlichen Entfernung,
als in den Untersuchungen über die Bewegung des fließenden Wassers,
welche doch unter unseren Augen abläuft.

Galileo Galilei (1564 bis 1642)

Mit dem vorliegenden Buch wird eine lange Darmstädter Tradition fortgesetzt, die von den Professoren Eduard Sonne und Alexander Koch eingeführt wurde. Sonne begründete zusammen mit dem Altmeister des Wasserbaus, Ludwig Franzius, das Handbuch des Wasserbaus [26], das über Jahrzehnte hinweg in mehreren immer wieder aktualisierten Auflagen erschien. Koch, Nachfolger Sonnes in Darmstadt, gründete 1900 einen der ersten eigenständigen Lehrstühle für Wasserbau. Aus der Erkenntnis über das Zusammenwirken von Experiment und Theorie heraus begann er schon 1904 mit dem Bau einer Versuchsanstalt, nach Dresden, Karlsruhe und Berlin weltweit der vierten. In dieser Versuchsanstalt wurde z.B. 1911 das erste Modell eines Tideflusses betrieben, in diesem Falle ein ca. 60 m langes Modell der Unterweser. Erst nach seinem Tod erschien sein Buch "Bewegung des Wassers und die dabei auftretenden Kräfte" [52]. Über Koch schreiben de Thierry und Matschoss in ihrem 1926 erschienenen Werk "Die Wasserbaulaboratorien Europas" [111]:

"Die grundlegenden Arbeiten Kochs, dessen Verdienste um die Förderung der Wissenschaft nicht hoch genug gewertet werden können, haben die Wege gewiesen, auf denen die bisherigen Erfolge erzielt werden konnten... Er hat den Begriff der Energielinie geprägt. Die ersten Versuche mit Ebbe und Flut hat er angestellt, um seinen Studierenden die damit zusammenhängenden Erscheinungen klarzumachen. Die zur Erzeugung der Ebbe- und Flutbewegung von ihm erdachten Apparate sind später in Dresden, in Wilhelmshaven und zuletzt in Berlin und Danzig vervollkommnet worden. Die Versuche, die Krüger in Wilhelmshaven mit Außenjade- und Hafen-Modellen, Fellenius an Modellen des Giljan-Sees, des Stockholmer Hafens und Krey an seinem Modell der Unterweser bei Bremerhaven durchgeführt haben, sind aber letzten Endes als weiterer Ausbau der von Koch angelegten Wege anzusehen... "

Die Tradition der Lehrbücher über Hydromechanik und Hydraulik der Gewässer setzten später R. C. M. Schröder ("Hydromechanik im Wasserbau", [79], 1966) und W. Schröder ("Grundlagen des Wasserbaus", [96], Erstauflage 1982) sowie R. C. M. Schröder ("Technische Hydraulik", [93], 1994) und nochmals W. Schröder ("Wasserbau und Wasserwirtschaft", in [95], 2001) fort.

Hydromechanische Grundlagen sind zwar problemunabhängig, jedoch sind die Anwendungen einem Wandel unterworfen. So ist in den Disziplinen, die sich mit den natürlichen Gewässern befassen, eine Wendung von einer rein technischen Betrachtungsweise hin zu einer umfassenden Sichtweise eingetreten, die auch die Lebensgemeinschaften in Gewässern einschließt, so daß Strömungsfragen z. B. auch Teilbereiche der Biologie betreffen. Gleichzeitig ändern sich die verfügbaren Lösungsmethoden durch die stürmische Entwicklung der Rechnerleistung und der Programmentwicklungen. Mußten Bewertungen und Konstruktionen früher im wesentlichen mit einfachen, aber dennoch z.T. sehr aufwendigen analytischen Lösungsmethoden erarbeitet werden, so stehen heute, und in Zukunft vermehrt, Softwarelösungen zur Verfügung, die sehr viel komplexere Bearbeitungen ermöglichen. Aufgenommen wurde daher auch ein Kapitel zu Grundlagen der numerischen Modellierung, das Oberingenieur Dr. Peter Mewis verfaßt hat. Die kompetente Nutzung solcher Software setzt ein Verständnis für die modellierten Vorgänge und die dabei auftretenden Strömungsabläufe voraus. Vor diesem Hintergrund ist es eines der Hauptziele dieses Buches, Strömungsphänomene der Gerinne und Küstengewässer verständlich zu machen.

Das vorliegende Werk ist zuerst ein Lehrbuch für Studierende aller Fächer, die mit den Gewässern verbunden sind. Es ist gleichzeitig ein Nachschlagwerk für die in der Praxis Tätigen.

Für die Durchsicht und für wertvolle Anregungen zu verschiedenen Abschnitten des Buches danke ich sehr herzlich den Herren Kollegen Prof. Dr.-Ing. W. Bechteler, Universität der Bundeswehr München, Prof. Dr.-Ing. W. Schröder, Darmstadt und den Oberingenieuren Dr.-Ing. J. Dallwig und Dr.-Ing. F. Christoph, Darmstadt. Ebenso herzlicher Dank gilt Herrn Dipl.-Ing. H. Niemeyer, Forschungsstelle Küste des Niedersächsischen Landesamtes für Ökologie für die Durchsicht und wertvolle Hinweise zum Abschnitt Hydromechanik im Küstenbereich. Meiner lieben Frau Gisela gilt mein besonderer Dank für den Freiraum, den sie mir ermöglicht hat.

Darmstadt und Hannover, im Januar 2002   Ulrich Zanke

Inhaltsverzeichnis

Vorwort	V
Symbolverzeichnis	XIV
1 Historische Entwicklung	**1**
2 Eigenschaften von Flüssigkeiten	**5**
2.1 Allgemeines	5
2.2 Dichte	5
2.3 Schallausbreitung	7
2.4 Viskosität (Zähigkeit)	7
2.5 Scheinviskosität	10
2.6 Dampfbildung, Dampfdruck, Kavitation	11
2.6.1 Dampfbildung	11
2.6.2 Dampfdruck, Kavitation	12
2.7 Oberflächenspannung	13
2.8 Kapillarität	13
3 Hydrostatik	**15**
3.1 Vorbemerkung	15
3.2 Druck	15
3.3 Überdruck, Unterdruck, Atmosphärendruck	16
3.4 Druckhöhe	17
3.5 Druckkraft	17
3.6 Lage des Kraftangriffs	18
3.7 Schräge ebene Wände	19
3.8 Teilflächen unter der Oberfläche	20
3.9 Gekrümmte Wände	20
3.10 Innendruck in Rohrleitungen und Behältern	21
3.11 Ausrichtung der Oberfläche	22
4 Hydrodynamik	**23**
4.1 Aufgaben, Phänomene und Lösungswege	23
4.1.1 Aufgabe der Hydrodynamik	23
4.1.2 Phänomene	23

	4.1.3 Lösungswege	24
	4.1.3.1 Grundannahmen	24
	4.1.3.2 Lösung durch Modelle und Modellvorstellungen	25
	4.1.4 Genauigkeit hydraulischer Berechnungsergebnisse	28
4.2	Definitionen und Grundzusammenhänge	30
	4.2.1 Definitionen	30
	4.2.1.1 Querschnitt, Geschwindigkeit, mittlere Querschnittsgeschwindigkeit	30
	4.2.1.2 Rohrströmung - Offenes Gerinne	31
	4.2.1.3 Druckhöhenlinie und Energiehöhenlinie	32
	4.2.1.4 Gleichförmige oder ungleichförmige Strömung	33
	4.2.1.5 Stationäre oder instationäre Strömung	33
	4.2.1.6 Begriffe: Wirbel und Walzen	34
	4.2.2 Grundgleichungen und grundlegende Zusammenhänge	36
	4.2.2.1 Massenerhaltung (Kontinuitätsgleichung)	36
	4.2.2.2 Energieerhaltung (BERNOULLI- Gleichung)	36
	4.2.2.3 Impulsstrom, Kräftebilanz (Stützkraftsatz)	39
	4.2.2.4 Turbulenz	44
	4.2.2.5 Energieverluste, Wandschubspannung	47
	4.2.3 Potentialströmung	56
	4.2.3.1 Grundlagen	56
	4.2.3.2 Potentialnetze	59
	4.2.3.3 Kreisströmung	62
4.3	Energieverluste in Rohren und Gerinnen	64
	4.3.1 Verlusthöhen, Widerstands- und Verlustbeiwerte	64
	4.3.2 Strömungswiderstand	65
	4.3.2.1 Strömungszustand	65
	4.3.2.2 Grenzschicht	66
	4.3.3 Reibungs-Verlustbeiwerte	67
	4.3.3.1 Laminare Strömung	67
	4.3.3.2 Turbulente Strömung	70
	4.3.3.3 Berechnungsgleichungen	73
	4.3.3.4 Äquivalente Sandrauheit k_S	73
	4.3.3.5 Formrauheiten	75
	4.3.4 Örtliche Verluste	76
4.4	Strömungen in Rohren	77
	4.4.1 Allgemeines	77
	4.4.2 Berechnungsgrundlagen	78
	4.4.3 Berechnungs-Grundfälle	82

4.4.4	Örtliche Verluste		83
	4.4.4.1	Querschnittsänderungen	83
	4.4.4.2	Einlauf	85
	4.4.4.3	Krümmer	86
	4.4.4.4	Segmentkrümmer	86
	4.4.4.5	Kniestücke	87
	4.4.4.6	Rohrvereinigungen und Abzweige	87
	4.4.4.7	Verschlußorgane	88
	4.4.4.8	Einbauten	89
	4.4.4.9	Austrittsverluste	90
4.4.5	Geschwindigkeits- und Durchsatzmessung		91
4.5 Strömungen in offenen Gerinnen			93
4.5.1	Allgemeines		93
4.5.2	Strömen-Schießen-Wechselsprung		94
	4.5.2.1	Grenzzustand	95
	4.5.2.2	Übergänge Strömen - Schießen - Strömen	100
	4.5.2.3	h_{gr} und v_{gr} bei anderen Querschnittsformen	102
4.5.3	Normalabfluß		103
	4.5.3.1	Fließformeln für Normalabfluß	104
	4.5.3.2	Hydraulischer Radius	106
	4.5.3.3	Widerstandsbeiwerte λ	106
	4.5.3.4	Empirische Fließformeln	106
	4.5.3.5	Genauigkeitsrahmen und Rückrechnung der Rauheit	109
	4.5.3.6	Abflußkurve (Schlüsselkurve)	110
	4.5.3.7	Geschwindigkeitsverteilung in geraden Fließstrecken	111
	4.5.3.8	Geschwindigkeitsverteilung in Kurven offener Gerinne	118
4.5.4	Örtliche Verluste (Querschnittsänderungen, Einbauten, Richtungsänderungen)		120
	4.5.4.1	Umströmung von Inseln	120
	4.5.4.2	Verluste an Einläufen	121
	4.5.4.3	Pfeiler	122
	4.5.4.4	Rechen	127
4.5.5	Gerinne - Querschnitte		128
	4.5.5.1	Hydraulisch günstige Querschnittsformen	128
	4.5.5.2	Natürliche Querschnittsformen und Ersatzquerschnitte	129
	4.5.5.3	Gegliederte Querschnitte	130
4.5.6	Gerinne mit Bewuchs		131
4.5.7	Steilgerinne		132

4.5.8	Teilgefüllte Rohrleitungen		133
4.5.9	Ausfluß und Überfall		135
	4.5.9.1	Allgemeines	135
	4.5.9.2	Ausfluß	136
	4.5.9.3	Abfluß über Wehre	138
	4.5.9.4	Ausfluß unter Schützen	144
	4.5.9.5	Druckkräfte auf Schützen und Klappen	146
	4.5.9.6	Heber	147
	4.5.9.7	Abstürze	149
	4.5.9.8	Tosbecken	150
4.6	Ungleichförmige Strömung		154
	4.6.1	Differentialgleichung der Wasserspiegellinie	154
	4.6.2	Iterative Wasserspiegelberechnung	155
	4.6.3	Ungleichförmigkeit infolge Zu- oder Ableitung	157
	4.6.4	Überschlägige Berechnung der Stauweite	158
4.7	Instationäre Strömung		160
	4.7.1	Allgemeines	160
	4.7.2	Schwall und Sunk	160
	4.7.3	Druckstoß in Rohrleitungen	163
		4.7.3.1 Effektive Druckstoßgeschwindigkeit	163
		4.7.3.2 Reflexionen von Druckstößen	164
		4.7.3.3 Wasserschloß	165
4.8	Sekundärströmungen		166
	4.8.1	Allgemeines	166
	4.8.2	Sekundärströmungen erster Art	166
		4.8.2.1 Sekundärströmungen in seitlichen Ausbuchtungen	166
		4.8.2.2 Sekundärströmungen in Abzweigen	167
		4.8.2.3 Strömung in Krümmungen	168
	4.8.3	Sekundärströmungen zweiter Art	172
4.9	Sedimenttransport		174
	4.9.1	Relevanz	174
	4.9.2	Quantitativer Transport	175
		4.9.2.1 Genauigkeit	175
		4.9.2.2 Definitionen und Materialkennwerte	175
		4.9.2.3 Sedimente (Definitionen, Herkunft)	176
		4.9.2.4 Wirksame Schubspannung an der Sohle	176
		4.9.2.5 Kritische Strömungszustände, Bewegungsbeginn	177
		4.9.2.6 Geschiebetransport	181

	4.9.2.7	Transport in Suspension	185
	4.9.2.8	Gesamttransport	194
4.9.3		Transportmengen-Dauerlinie	195
4.9.4		Morphodynamische Modelle	196
4.9.5		Sohlensicherung mit Steinschüttungen	196

4.10 Hydromechanische Grundlagen der Wasser- und Windkraftnutzung 199
    4.10.1 Generelles . 199
    4.10.2 Leistung . 200
    4.10.3 Hydraulische Varianten der Energieumwandlung . 202
        4.10.3.1 Freistrahlturbine (PELTON-Turbine) . 202
        4.10.3.2 Turbinen in Rohrleitungen . 206
        4.10.3.3 Leiteinrichtungen . 212
        4.10.3.4 Wasserräder . 213
    4.10.4 Windkraft . 216
    4.10.5 Pumpen . 218

5 Hydromechanik des Küstenbereichs   220

5.1 Tiden (Gezeiten) . 220
    5.1.1 Allgemeines . 220
    5.1.2 Begiffe, Definitionen . 221
        5.1.2.1 Tidekurve und Tidewellenlinie . 221
    5.1.3 Entstehung der Gezeiten . 222
    5.1.4 Ausprägung der Gezeiten . 227
        5.1.4.1 Gezeiten in Meeren . 227
        5.1.4.2 Gezeiten in Flüssen . 234
    5.1.5 Veränderung von Wassertiefe oder lokalem Füllvolumen . 240

5.2 Windstau . 242
    5.2.1 Allgemeines . 242
    5.2.2 Wirksame Windschubspannung . 242
    5.2.3 Windstauansatz ohne Rückströmung . 244
    5.2.4 Windstau bei Zirkulationsströmung . 245

5.3 Wellen und Seegang . 248
    5.3.1 Allgemeines . 248
    5.3.2 Natürlicher Seegang . 252
        5.3.2.1 Auswertung von Wellenmessungen . 252
        5.3.2.2 Beschreibung des Seegangs . 254
    5.3.3 Wellenausbildung unter Windeinfluß
        (Seegangsvorhersage) . 261
    5.3.4 Wellentheorien . 262

	5.3.4.1	Lineare Theorie (Theorie kleiner Wellenhöhen)	. . . .	262
	5.3.4.2	Theorien endlicher Wellenhöhen		264
5.3.5		Strömungen unter Wellen		267
5.3.6		Energie, Energiefluß und Gruppengeschwindigkeit		267
5.3.7		Wechselwirkungen bei Grundberührung ("Flachwassereffekte")		269
	5.3.7.1	Vorbemerkung		269
	5.3.7.2	Shoaling		269
	5.3.7.3	Refraktion		270
	5.3.7.4	Wellenbrechen		272
5.3.8		Effekte an Hindernissen		283
	5.3.8.1	Diffraktion		283
	5.3.8.2	Reflexion		284
	5.3.8.3	Transmission		287
	5.3.8.4	Wellenauflauf		290

6 Simulation von Strömungen   292

6.1 Wasserbauliches Versuchswesen 292

    6.1.1 Allgemeines 292

    6.1.2 Modellgesetze 293

        6.1.2.1 Strömungen mit freier Oberfläche 293

        6.1.2.2 Luftmodelle von Flüssen 294

        6.1.2.3 Strömungen in vollgefüllten Rohren 296

6.2 Numerische Simulation 297

    6.2.1 Einsatzbereiche numerischer Modelle 297

    6.2.2 Formulierung numerischer Modelle 298

    6.2.3 Auswahl der Prozesse 300

    6.2.4 Modellgleichungen 303

        6.2.4.1 Auswahl der Modellgleichungen 303

        6.2.4.2 Beispiel einer Modellgleichung: Massenerhaltung und Transportgleichung 303

        6.2.4.3 Kontinuitätsgleichung 304

        6.2.4.4 Impulsgleichung 305

    6.2.5 Grundlegende numerische Methoden 306

        6.2.5.1 Gitternetze 306

        6.2.5.2 Finite Differenzen (FD) 308

        6.2.5.3 Finite Elemente (FE) 309

        6.2.5.4 Finite Volumen (FV) 309

    6.2.6 Instationäre Probleme 311

    6.2.7 Numerische Effekte 311

6.2.7.1　Numerische Diffusion 311
　　　6.2.7.2　Überschwingen der Lösung 313
　　6.2.8　Ablauf einer Modellierung 313

Tabellenverzeichnis　　　　　　　　　　　　　　　　　　　　316

Literaturverzeichnis　　　　　　　　　　　　　　　　　　　　317

Namens- und Stichwortverzeichnis　　　　　　　　　　　　　323

Symbolverzeichnis

Größe	Bedeutung	Einheit	erläutert auf Seite
A	Fläche	m^2	8, 36
A_R	Reibung produzierende Mantelfläche	m^2	8, 48
b	Breite	m	
b_o	Breite an der Oberfläche	m	103
c	Querschnittskonstante in Gerinnekrümmungen	$\frac{m^2}{s}$	42
c	Wellen(fortschritts)geschwindigkeit	$\frac{m}{s}$	7, 161, 248, 263
c_g	Wellen-Gruppen-Geschwindigkeit	$\frac{m}{s}$	267
c_o	Wellengeschwindigkeit im Tiefwasser	$\frac{m}{s}$	250
c_D	Widerstandsbeiwert	−	55
C	BRAHMS-CHEZY-Rauheitskoeffizient	−	107
C	Integrationskonstante des log. Geschwindigkeitsprofils	−	114
C	Suspensionskonzentration	−	192
C_y	Suspensionskonzentration in der Höhe y über der Sohle	−	192
d	Durchmesser von Körpern	m	
d	Rohrdurchmesser	m	14
d	Korndurchmesser	m	176
d_m	maßgebender (stellvertretender) Korndurchmesser für ein Gemisch	m	176
D	Energiedissipation (Wellen)	$\frac{Nm}{s}/m^2$	280
D^*	dimensionsloser Korndurchmesser	−	180
E	Elastizitätsmodul	$\frac{N}{m^2}$	6
E	Entrainmentrate (Sediment)	$\frac{m}{s}$	192
E	Wellen-Energie (je Breiteneinheit)	$\frac{Nm}{m}$	267
$\overline{E}$	Wellen-Energie (je Oberflächeneinheit)	$\frac{Nm}{m^2}$	267
f	Frequenz	$\frac{1}{s}$	
f_P	Peak-Frequenz	$\frac{1}{s}$	254
F	Kraft	N	7
F_G	Gewichtskraft	N	15

Symbolverzeichnis

F_I	Impulskraft	N	41
Fr	FROUDE-Zahl	–	96
F_R	Reibungskraft	N	48
g	Erdbeschleunigung $= 9,81\ m/s$	$\frac{m}{s^2}$	15
h	Wassertiefe	m	7
h_b	Wassertiefe am Wellenbrechpunkt	m	273
h_D	Druckpunkthöhe	m	19
h_E	Energiehöhe	m	94
$h_{E,s}$	spezifische Energiehöhe	m	94
$h_{E,min}$	minimale spezif. Energiehöhe	m	97
h_f	Fallhöhe	m	200
h_{geo}	geodätische Höhe	m	79
h_{gr}	Grenztiefe, Tiefe beim Fließwechsel	m	95
h_n	Wassertiefe bei Normalabfluß (Normalabflußtiefe)	m	105
h_p	Druckhöhe	m	17
h_{pD}	Dampfdruckhöhe	m	12
h_{p0}	Umgebungs-Druckhöhe	m	13
h_S	Schwerpunkthöhe	m	18
h_v	Energieverlusthöhe	m	38
$h_{v,r}$	Energieverlusthöhe infolge Reibung	m	64
$h_ö$	Energieverlusthöhe infolge örtlicher Verluste	m	64
$h_ü$	Überfallhöhe	m	139
h^+	dimensionslose Wassertiefe $= h \cdot \frac{v^*}{\nu}$	–	111
H	Höhe von Formrauheiten (z.B. Riffelhöhe)	m	75
H	Wellenhöhe	m	248
H_b	Wellenhöhe beim Brechen	m	272
$H_{b,\alpha}$	Wassertiefe am Wellenbrechpunkt auf mit dem Winkel α geneigtem Untergrund	m	279
H_d	dominante (häufigste) Wellenhöhe	m	254
H_I	Höhe der einfallenden (ankommenden) Wellen	m	284
H_m	arithmetisch mittlere Wellenhöhe	m	254
H_{max}	maximale Wellenhöhe	m	254
H_{m_o}	signifikante Wellenhöhe des Spektrums	m	254
H_n	Höhe der Sinus-Elementarwellen, die sich aus der Zerlegung eines Wellenzuges ergeben	m	257
H_o	Wellenhöhe im Tiefwasser	m	269
H_{rms}	energie-äquivalente Wellenhöhe	m	254

H_s	signif. Wellenhöhe	m	254
$H_{1/3}$	signif. Wellenhöhe	m	254
I	Gefälle allgemein	–	
I_{AS}	Flächenmoment	m^4	19
I_E	Energie(höhen)-Gefälle oder Energielinien - Gefälle	–	33, 38
$I_{E,R}$	reibungsverursachtes Energie(höhen)gefälle	–	104
I_{gr}	Gefälle im Grenzzustand	–	141
I_W	Wasserspiegelgefälle	–	103
I_{So}	Sohlengefälle	–	103
$\dot{J}$	Impulsstrom$= F_I$	N	44
k	Rauheitshöhe	m	73
k	Wellenzahl	m^{-1}	263
k_r	Refraktionskoeffizient von Wellen	–	271
k_R	Reflexionskoeffizient von Wellen	–	285
k_s	Shoaling-Koeffizient von Wellen bei Grundberührung	–	269
$k_{s,b}$	Shoaling-Koeffizient von Wellen im Brechpunkt	–	279
k_S	äquivalente Sandrauheitshöhe	m	73
k_S^+	dimensionslose äquivalente Sandrauheitshöhe $= v^\star \cdot k_S/\nu = 11,63\, k_S/\delta$ (für $k_s = d$ ist $Re_d^\star = v^\star \, d/\nu = k_S^+$)	–	113
k_{St}	Rauheitswert der MANNING-STRICKLER - Gleichung	$\frac{m^{1/3}}{s}$	107
l	Länge, Strecke,	m	
l	PRANDTLscher Mischungsweg	m	10
l_f	Streichlänge von Wind über eine Wasserfläche	m	244
l_h	horizontale Projektion des Fließweges l	m	38
l_U	benetzter Umfang	m	104
L	(Wellen)Länge von Formrauheiten (z.B. Riffellänge)	m	75
L	Wellenlänge von Wasserwellen	m	248, 263
L_b	Wellenlänge beim Brechpunkt	m	272
L_o	Wellenlänge im Tiefwasser	m	250
m	Masse	kg	5
$\dot{m}$	Massenstrom $= \rho \cdot Q$	$\frac{kg}{s}$	5
m_G	Geschiebetrieb als Masse je Zeit- und Breiteneinheit	$\frac{kg}{m\,s}$	175

Symbolverzeichnis

m_S	Suspensionstransport als Masse je Zeit- und Breiteneinheit	$\frac{kg}{m\,s}$	193
Ma	MACH-Zahl	–	96
n	Böschungsneigungverhältnis	–	129
n	Faktor für die Wellenasymmetrie	–	251, 276
N	Anzahl, Anzahl Wellen	–	256
p	Druck	$\frac{N}{m^2}$	15
p_{abs}	absoluter Druck, bezogen auf das Vakuum	$\frac{N}{m^2}$	16
p_{at}	Atmosphärendruck	$\frac{N}{m^2}$	16
p_D	Dampfdruck	$\frac{N}{m^2}$	12
P	Leistung	$\frac{N\,m}{s}$	199
P	Wellen-Leistung (je Breiteneinheit)	$\frac{N\,m}{m\,s}$	267
P_{lam}	Wahrscheinlichkeit für laminare Strömungsverhältnisse	–	73
P_{turb}	$=1-P_{lam}=$ Wahrscheinlichkeit für turbulente Strömungsverhältnisse	–	73
$P_{\ddot{u}}$	Überschreitungs-Wahrscheinlichkeit	–	
q	breitenbezogener Abfluß $=Q/h$	$\frac{m^3}{s\,s}$	62
q_G	Geschiebetrieb als Volumen je Zeit- und Breiteneinheit	$\frac{m^3}{m\,s}$	174
Q	Abfluß, Durchfluß, Volumenstrom $=\dot{V}$	$\frac{m^3}{s}$	30
Q_o	Oberwasser = Zufluß aus dem Binnengebiet in das Tidegebiet	$\frac{m^3}{s}$	234
r	Radius	m	
r_{hy}	hydraulischer Radius	m	105
Re	REYNOLDS-Zahl	–	65
Re_d	REYNOLDS-Zahl bezogen auf den Körperdurchmesser d	–	53
Re_w	Sink-REYNOLDS-Zahl	–	186
Re_h^*	$=h^+=$ mit $v^\star$ gebildete REYNOLDS-Zahl bezogen auf die Wassertiefe h	–	111
Re_y^*	$=y^+=$ mit $v^\star$ gebildete REYNOLDS-Zahl bezogen auf den Wandabstand y	–	112
S	Salzgehalt	–	5
$S(f)$	Energiedichte (Wellen)	$\frac{m^2}{1/s}$	258
t	Temperatur	$^\circ C$	5
t	Zeit	s	
T	Wellenperiode (Umlaufzeit)	s	248
T_p	Peak-Periode im Wellenspektrum	s	259

u		horizontal gerichtete Komponente der Orbitalgeschwindigkeit in Wellen	$\frac{m}{s}$	248
v		Geschwindigkeit, i.a. für die mittlere Geschwindigkeit $\bar{v}_m$ benutzt	$\frac{m}{s}$	30, 69
v_A		Geschwindigkeit im Rohraustritt	$\frac{m}{s}$	79
v_c		krit. mittl. Geschwindigkeit beim Beginn der Sedimentbewegung	$\frac{m}{s}$	177
v_{gr}		Grenzgeschwindigkeit, mittl. Geschwindigkeit beim Fließwechsel	$\frac{m}{s}$	95
v_o		Anströmungsgeschwindigkeit von oberstrom	$\frac{m}{s}$	142
v_y		Geschwindigkeit im Wandabstand y	$\frac{m}{s}$	
v_{10}		Windgeschwindigkeit in $10\ m$ Höhe	$\frac{m}{s}$	242
$\bar{v}$		zeitlich gemittelte Geschwindigkeit	$\frac{m}{s}$	31
$\bar{v}_m$		zeitl. und räumlich gemittelte Geschwindigkeit	$\frac{m}{s}$	31
$v' = v'(t)$		turbulenzbedingte Schwankungsgeschwindigkeit	$\frac{m}{s}$	44
v'_{rms}		$= \sqrt{\overline{v'^2}} = \sqrt{\frac{\sum v'^2}{N}} =$ Standardabweichung der Geschwindigkeiten vom Mittelwert= 'root mean square' der zeitvariablen $v'(t)$	$\frac{m}{s}$	179
$v^\star$		Schubspannungsgeschwindigkeit	$\frac{m}{s}$	49
$v_c^\star$		krit. Schubspannungsgeschwindigkeit an der Sohle beim Beginn der Sedimentbewegung	$\frac{m}{s}$	180
V		Volumen	m^3	5
$\dot{V}$		Volumenstrom	$\frac{m^3}{s}$	30
W		Energie	Nm	37
$\dot{W}$		Energiestrom$=W/T=$Leistung	$\frac{Nm}{s}$	37
w		Wehrhöhe	m	143
w		Sinkgeschwindigkeit	$\frac{m}{s}$	185
w		vertikal gerichtete Komponente der Orbitalgeschwindigkeit in Wellen	$\frac{m}{s}$	248
y		Koordinate	m	
y^+		dimensionsloser Wandabstand	–	112
y_0		Wandabstand des Geschwindigkeitsnullpunkts des hydraul. rauhen Profils	m	117
z		Koordinate	m	
z		Wellenauflaufhöhe	m	291
α		Winkel	^{o}	
α		Energieausgleichswert	–	39

Symbolverzeichnis

β	Winkel	°	
δ	Maß für die Dicke der viskosen Unterschicht der Grenzschicht (vgl. auch Abb. 4.71)	m	112
ζ	Verlustbeiwert	–	64
$\zeta_ö$	örtl. Verlustbeiwert	–	64
η	dynamische Viskosität	$\frac{N\,s}{m^2}$	8
η	Wirkungsgrad	–	199
η	Wasserspiegelauslenkung	m	248
κ	v. KARMAN-Konstante	–	10
λ	Widerstandsbeiwert	–	64
μ	Überfallbeiwert	–	136
μ_A	Ausflußbeiwert	–	145
ν	kinematische Viskosität	$\frac{m^2}{s}$	6
ν_t	turbulenzbedingte kinematische Viskosität	$\frac{m^2}{s}$	10
ξ	Brecherindex	–	273
ρ	Dichte	$\frac{kg}{m^3}$	5
ρ_F	Dichte von Feststoffen (Sedimenten)	$\frac{kg}{m^3}$	175
ρ_S	Dichte von Salzwasser	$\frac{kg}{m^3}$	5
ρ'	relative Dichte	–	177
σ	Oberflächenspannung	$\frac{N}{m^2}$	14
σ	Zugspannung	$\frac{N}{m^2}$	21
τ	Schubspannung	$\frac{N}{m^2}$	8
τ_t	turbulenzbedingte Schubspannung	$\frac{N}{m^2}$	10
τ_z	zähigkeitsbedingte Schubspannung	$\frac{N}{m^2}$	8
τ_c	krit. Schubspannung an der Wand (Sohle) beim Beginn der Sedimentbewegung	$\frac{N}{m^2}$	177
τ_o	Schubspannung an der Wand (Sohle)	$\frac{N}{m^2}$	49
τ^*	dimensionslose Schubspannung an der Wand (Sohle)	–	177
τ_c^*	für den Beginn der Sedimentbewegung kritische dimensionslose Schubspannung an der Wand (Sohle)	–	179
ϕ	Grenz-Böschungswinkel (Schüttwinkel) von Sedimenten	°	179
ψ	Kontraktionsbeiwert	–	145
ω	Winkelgeschwindigkeit α/t	$\frac{1}{s}$	
ω	Kreisfrequenz $2\pi/T$	$\frac{1}{s}$	263

1 Historische Entwicklung

Wasser ist für die Menschen Gefahr und Notwendigkeit zugleich. Lange bleiben insbesondere schwere Hochwasserkatastrophen in Erinnerung. Herausragend ist die Sintflut, die Flut der Fluten, die nach verschiedenen Quellen ca. zwischen 9000 v. Chr. und 8000 v. Chr. stattgefunden haben könnte. Älteste Berichte zur Sintflut stammen aus dem Gilgamesch-Epos aus ca. 2950 v. Chr, das auf Tontafeln in sumerischer Keilschrift lange vor der Bibel aufgeschrieben wurde und im Ruinenfeld der assyrischen Stadt Ninive wiedergefunden wurde. In seinem Lebensbericht beschreibt Gilgamesch nicht nur die Flut, sondern auch bereits eine Person, die dem biblischen Noah entspricht (im Epos Utanapischtim genannt), dem Retter der Menschheit vor dem Hochwasser.

Seit es Zivilisationen gibt, versuchen die Menschen das Wasser zu beherrschen, nicht nur zum Schutz vor Fluten, sondern auch zur Nutzung. Felder wurden schon um 3500 v. Chr. bewässert und Kanäle, Häfen und Stauanlagen sind aus dem alten Mesopotamien und dem alten Ägypten bekannt und datieren z.T. aus der Zeit vor 2500 v. Chr.

Die Erfordernisse von Bewässerung und Hochwasserschutz im Zusammenhang mit dem Seßhaftwerden erzwangen ab dem 4. Jahrtausend v. Chr. die ersten Staatswesen, die sog. *Wasserbaukulturen* in Sumer, Ägypten, Vorderindien (Mohenjo Dharo) und China. Eine *Wasserbaukunst* entwickelte sich dort, wo einerseits ein Bestreben zur Seßhaftigkeit bestand und wo andererseits Wasser knapp, Regen selten, Temperaturen hoch oder Wasserstände sehr unterschiedlich oder wechselhaft waren und mithin ein Übergang zu seßhaften Kulturen nur mit einer geregelten *Wasserwirtschaft* möglich wurde. Diese erforderte Anlagen und Steuerungskonzepte und hierzu *Kenntnisse über Strömungen und Kräfte* des Wassers, die für lange Zeit nur aus empirischen Erfahrungen bestanden. Technische Leistungen der Frühzeit waren dennoch beachtlich: - Bewässerungsnetze, - Stauanlagen zur Wasserbevorratung, - geordnete Wasserverteilung, - Uferschutz an Städten, - geregelte Entwässerung, - Schiffahrtskanäle, - Stadthydraulik (Kanalisationen in Mohenjo Dharo), - Anlage von Häfen (Babylon, Assur u.a.), - Entstehung eines Wasserrechts.

Alle diese Aufgaben erforderten Berechnungen, zumindest aber ein Gefühl für die Kräfte des Wassers und seine Strömungen und wären ohne hydromechanische Kenntnisse (natürlich auf sehr unterschiedlichem Niveau) nicht realisierbar gewesen. Einige Daten verdeutlichen die Entwicklung bis heute:

1. Periode des Spekulierens und der praktischen Bauwerke: bis etwa 1400 n. Chr.

   - ca. 3200 v. Chr. Ägypten, Pharao Skorpion, erste bildliche Hinweise auf Wasserbauarbeiten
   - ca. 3000 v. Chr. Nilpegel (Nilometer) zu gewässerkundlichen Beobachtungen zwecks Steuerfestlegung mit langjährigen Aufzeichnungen
   - ca. 2850 v. Chr. Staudammbau (Sad el Kafara, Ägypten) zur Wasserversorgung von Steinbrüchen, bald nach dem Bau gebrochen
   - ca. 2850 v. Chr. Staudammbau ca. 15m hoch, von dem noch Teile existieren (bei Ninive, Assyrien)
   - ca. 2750 v. Chr. Beginn von Be- und Entwässerung im Indus-Tal
   - ca. 2200 v. Chr. Wasserbauarbeiten in China durch Kaiser Yu
   - ca. 2200 v. Chr. Quellfassung und Bau einer Wasserleitung zum Palast von Knossos, Kreta
   - ca. 1950 v. Chr. Schiffahrtskanal zwischen Nil und Rotem Meer
   - ca. 1800 v. Chr. Wassergesetzgebung des Königs Hammurabi, Babylon
   - ca. 1300 Be- und Entwässerung von Nippur, Babylon
   - ab ca. 1000 v. Chr. HOMER, THALES, PLATO, ARISTOTELES, SENECA, PLINIUS, u.a: Spekulationen zum Wasserkreislauf
   - ca. 750 v. Chr. Dammbauten der Sabäer (Jemen, Negev), z.B. Marib-Damm, deren Bauweisen von Römern, Persern, Byzantinern übernommen wurde
   - ca. 700 v. Chr. Ausbreitung der Kanat-Grundwasserfassungen in Persien, Indien, Ägypten
   - ab ca. 200 v. Chr. Wasserleitungen zur Versorgung von Städten (z.B. in das antike Pergamon mit Druckrohrleitung) sowie hellenistische, römische und byzantinische Wasserleitungen und Aquädukte

2. Periode des Beobachtens und Messens: ca. 1400 n. Chr. bis 1700 n. Chr.

3. Periode des Experimentierens und der empirischen Lösungen: ca. 1700 n. Chr. bis ca. 1930 n. Chr.

4. Periode der rationalen physikalisch-mathematischen Analyse: ab ca. 1930

Die **Aufgabenstellungen** an Flüssen und Küstengewässern wandeln sich mit der Bevölkerungsdichte, den gesellschaftlichen Ansprüchen und der Finanzierbarkeit.

In den frühen Hochkulturen waren Wasserbau und Wasserwirtschaft Staatsaufgabe und entsprechend hohen Wert mußten hydromechanische Kenntnisse haben. Es gab Funktionsstellen wie Minister für Wasserwesen. In Europa waren wasserbauliche Tätigkeiten bis in die Neuzeit hinein immer örtlich begrenzt.

In Deutschland wurden Ausbau und die Unterhaltung der großen Flüsse und der Schifffahrtskanäle um 1920 Reichsaufgabe und später Aufgabe des Bundes. In der jüngsten Neuzeit, bis ca. 1970, wurden dann zur Verbesserung des Massengutverkehrs, zur Energieerzeugung und zur Steigerung der landwirtschaftlichen Produktion in Deutschland in großem Stil Flüsse ausgebaut, Bäche begradigt und Feuchtgebiete trockengelegt. Heute dominieren im Gesellschaftskonsens teilweise die fluviatilen und marinen Ökosysteme und das Landschaftsbild über Ansprüche aus Schutz und Nutzung mit der Folge des Rückbaus einiger besonders naturferner vergangener Maßnahmen. Die Bedeutung des Küstenschutzes nimmt zu, da der Meeresspiegel je Jahrhundert um 0,25 m bis 0,35 m ansteigt, die bewohnten Küstengebiete aber nicht. Nicht nur bei extremen Sturmereignissen unterliegen die Küste und das Küstenvorfeld als Folge der Sedimentbewegungen ständigen Umformungen. Damit gehen, wie auch in den Flüssen, Gefährdungen durch Erosionen und Kosten durch unerwünschte Verlandungen einher, alles Aufgaben, die nur auf der Grundlage der Hydromechanik lösbar sind.

Hydromechanik als Berechnungsgrundlage Alle frühen Kenntnisse über das Verhalten von Wasser waren, wie schon gesagt, empirischer Natur. Sie wurden durch Beobachtung und aus gelungenen oder fehlgeschlagenen Maßnahmen gewonnen und als Erfahrung weitergegeben. Erst mit der beginnenden Neuzeit und der Entwicklung der Mathematik wurde es möglich, physikalische Phänomene durch Gleichungen zu beschreiben. Mit den frühen neuzeitlichen Grundlagenforschungen sind Namen wie BERNOULLI oder TORRICELLI verbunden.

Allgemein gültige hydromechanische Grundlagen in Form von Differentialgleichungen gehen auf die Arbeiten von EULER (1755), NAVIER (1826), POISSON (1833), SAINT VENANT (1843) und STOKES (1847) zurück. Diese Gleichungen gelten für infinitesimal kleine Flüssigkeitselemente und sind somit problemunabhängig. Ein besonders schwieriges Problem waren stets die Reibungsphänomene. Hier gelang im ersten Drittel des 20. Jahrhunderts mit der Entdeckung der Bedeutung der wandnahen Strömungsvorgänge und der Entwicklung einer Grenzschichttheorie ein Erkenntnissprung. Mit der Grenzschichttheorie sind Namen verbunden wie PRANDTL, V. KARMAN und SCHLICHTING.

Die allgemeinen Bewegungsgleichungen lassen sich nur in wenigen Ausnahmen geschlossen integrieren und waren wegen der irregulären geometrischen Verhältnisse für natürliche Gewässer nicht einsetzbar. Erst mit der Verfügbarkeit leistungsfähiger Computer hat sich hier ein Wandel vollzogen.

Aus der Notwendigkeit, trotz der (seinerzeitigen) Unlösbarkeit der allgemeinen Bewegungsgleichungen, genügend genaue und nicht zu aufwendige Berechnungsverfahren für die Fragen des Praxisbedarfs zu erhalten, entwickelte sich die sogenannte *Technische* Hydromechanik (auch als *Technische Hydraulik* oder *Hydraulik* bezeichnet). Bei der Lösung von Fragen der Gewässerströmungen lag das Schwergewicht hier bis in die jüngste Neuzeit in der Suche nach analytischen Lösungen, mit denen gezielt bestimmte Größen wie z.B. die mittlere Strömungsgeschwindigkeit, ohne unnötig großen Aufwand in hinreichender Genauigkeit bestimmbar waren. Wo dies nicht vollständig theoretisch gelang, mußten empirische Anteile in Kauf genommen werden. Typische Beispiele sind die Fließformeln von BRAHMS, DE CHEZY, HAGEN, KUTTER oder GAUCKLER/MANNING/STRICKLER, die sämtlich die gleiche Grundstruktur für die Abhängigkeit von Gefälle und Gewässerquerschnitt aufweisen, aber ganz unterschiedliche empirische Ansätze für die Reibungswirkung besitzen. Ein Grundproblem der Empirie war und ist stets, daß den Lösungen ganz oder teilweise keine physikalischen Ableitungen zugrunde lagen, sondern daß sie aus Beobachtungen der Natur sowie aus Versuchen gewonnen wurden, indem die so erhaltenen Meß- und Beobachtungspunkte dann mit den Methoden der Statistik, i.a. durch Kurvenanpassung, zu handhabbaren Formeln umgewandelt wurden. Daher sind solche Formeln auch nur dann verläßlich, wenn die Bedingungen im Anwendungsfall denen der zugrundeliegenden Beobachtungen entsprechen. Das hatte zur Folge, daß für gleiche Probleme bisweilen mehrere Formeln entwickelt wurden, die alle verschiedene Lösungen haben. Ein Beispiel ist die Berechnung des Aufstaus durch Brückenpfeiler. Hierzu findet man in der Literatur über ein Dutzend Formeln. Heute stehen als Lösungsmöglichkeiten analytische Ansätze/Verfahren und numerische Lösungswege nebeneinander. Der erfahrene Anwender wird in solchen und ähnlichen Fällen die inzwischen als am zuverlässigsten bekannten Formeln verwenden, wenn es um Überschlagsberechnungen geht und ansonsten hydraulische oder numerische Modellversuche einsetzen.

2 Eigenschaften von Flüssigkeiten

2.1 Allgemeines

Strömungsmechanisch sind tropfbare Flüssigkeiten und Gase gleichermaßen fließfähige Medien, und sie werden allgemein als Fluide bezeichnet. Die physikalischen Zusammenhänge der Kraftwirkungen und der Strömungen sind unabhängig vom Fluid, solange die Komprimierbarkeit, insbesondere der Gase, keinen zusätzlichen Einfluß gewinnt. Dies ist im Unterschallbereich auch bei Gasen der Fall. Deren Dichteänderung gegenüber dem Ruhezustand beträgt bei 30% der Schallgeschwindigkeit erst ca. 5%. Lediglich die zahlenmäßigen Lösungen unterscheiden sich infolge der unterschiedlichen Flüssigkeitseigenschaften (Dichte, Zähigkeit usw.) bei Gasen und tropfbaren Flüssigkeiten.

Die Strömungen in Flüssen, Bächen und Küstengewässern sowie Zu-, Ab- und Überleitungen in Rohrleitungen betreffen vor allem Wasser als Flüssigkeit. Seine hydrostatisch und hydrodynamisch wesentlichen Eigenschaften werden nachfolgend zusammengestellt.

2.2 Dichte

Die Dichte ρ besagt, welche Masse m ein Stoff bei einem bestimmten Volumen V hat, also

$$\rho = \frac{m}{V}, \tag{2.1}$$

z.B. in kg/m^3 gemessen. Die Dichte von Fluiden ist in unterschiedlichem Grad von der Temperatur t abhängig. Bei Wasser ist die Abhängigkeit für Fragen natürlicher Gewässer (ca. $t = 0°....20°$ C) so gering, daß man bis auf Ausnahmen von *Inkompressibilität* und von $\rho = 1000$ kg/m^3 ausgeht. Abb. 2.1 gibt den Verlauf der Dichte von Wasser als Funktion der Wassertemperatur wieder. Aus den Tabellen 2.1 und 2.2 können die Dichten von einigen anderen Flüssigkeiten und Gasen entnommen werden.

Bei *Salzwasser* ist die Dichte ρ_S durch gelöstes Salz erhöht und kann in Abhängigkeit des Salzgehaltes S mit

$$\rho_S \approx \rho \cdot ((1 - S) + \alpha \cdot S) \tag{2.2}$$

Kapitel 2. Eigenschaften von Flüssigkeiten

Tab. 2.1: Dichte einiger Flüssigkeiten bei 20° C.

$\rho(\frac{kg}{m^3})$ bei 20° C					
Benzin (leicht)	700	Äther	720	Äthylalkohol	790
Azeton	800	Petroleum	≈ 800	Spiritus	830
Benzol	880	Dieselöl	1000	Milch	1030
Glyzerin	1260	Schwefelsäure	1830	Quecksilber	13560

Tab. 2.2: Dichte einiger Gase bei 0° C und Atmosphärendruck 1,013 bar.

$\rho(\frac{kg}{m^3})$ bei 20° C					
Wasserstoff	0,09	Helium	0,18	Leuchtgas	≈ 0,55
Ammoniak	0,77	Wasserdampf (100° C)	0,88	Stickstoff	1,25
Kohlenmonoxid	1,25	Luft	1,29	Sauerstoff	1,47
Kohlendioxid	1,98	Propan	2,20	Chlor	3,22

angegeben werden. Hierin ist $\alpha \approx 1,75$ bei 10° C und $\alpha \approx 1,68$ bei 20° C Wassertemperatur. Mit $\rho = 1000$ kg/m³ für Reinwasser und z.B. $S = 0,035$ erhält man bei 10° C als Seewasserdichte $\rho_S = 1026$ kg/m³.

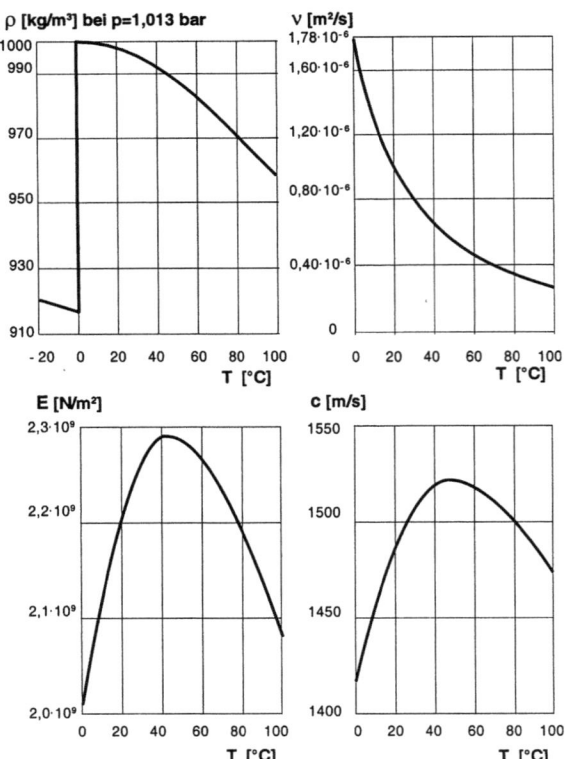

Abb. 2.1: Dichte ρ, kinematische Viskosität ν, Elastizitätsmodul E und Schallgeschwindigkeit c von Wasser in Abhängigkeit von der Temperatur.

2.3 Schallausbreitung

Störungen (Störwellen) breiten sich *in* Flüssigkeiten und Gasen mit der entsprechenden Schallgeschwindigkeit aus. Diese beträgt

$$c = 331,3\sqrt{1 + \frac{t(^\circ C)}{273,2^\circ C}} \quad \text{[m/s] in Luft} \tag{2.3}$$

und

$$c = \sqrt{\frac{E}{\rho}} \quad \text{in tropfbarer Flüssigkeit,} \tag{2.4}$$

mit E = Elastizitätsmodul der Flüssigkeit (für Zahlenwerte s. Tabelle 4.18 auf Seite 164 und Abb. 2.1). Für Wasser mit $\rho = 1000\,\text{kg/m}^3$ erhält man $c = 1485\,\text{m/s}$. Je nach Salzgehalt ist die Dichte etwas höher.

Bei Flüssigkeiten mit freier Oberfläche können Störungen, auch wenn der Ort der Entstehung unter der Oberfläche liegt, zu mehr oder weniger ausgeprägten *Oberflächenwellen* führen. Damit existiert in diesen Fällen eine zweite Störwellenausbreitungsgeschwindigkeit. Je nach Amplitude und Frequenz der Störung breiten sie sich vorwiegend mit der einen oder der anderen Geschwindigkeit aus. Das Geräusch eines Schiffspropellers z.B. wird kaum als Oberflächenwelle bemerkbar und ist als Körperschall mit Unterwassermikrophonen weithin vernehmbar. Hingegen wird eine Unterwasserexplosion zwar auch weithin unter Wasser hörbar sein, der wesentliche Teil der Störungsenergie breitet sich aber als Oberflächenwelle aus. Oberflächenwellen, die im Verhältnis zur Wassertiefe h lang sind, besitzen die Laufgeschwindigkeit

$$c = \sqrt{g\,h} \tag{2.5}$$

(vgl. auch Kapitel 4.5.2.1 auf Seite 95ff, Kapitel 4.7.2 auf Seite 160ff und Kapitel 5.3 auf Seite 248ff).

2.4 Viskosität (Zähigkeit)

Wirkt eine Kraft F auf eine Flüssigkeit und gibt die Berandung der Flüssigkeit die Möglichkeit, in Richtung der Kraft zu fließen, so entsteht eine Strömung in Richtung der Kraft. Hört die Kraft auf zu wirken, so endet auch der Fließvorgang. Ist die Flüssigkeit in Ruhe, so existieren auch keine verschiebenden Kräfte. Während der Verschiebung, also im Zustand des Fließens, sind jedoch Kräfte zum Aufrechterhalten der Bewegung erforderlich. Dies liegt daran, daß die wandnahe Flüssigkeit an der Wand haftet und daß dadurch Scherungen im Wasserkörper auftreten. Abb. 2.2 zeigt dies beispielhaft an der Flüssigkeit zwischen zwei Platten, die gegeneinander verschoben werden. Infolge der Eigenschaft von Flüssigkeiten, in gewissem Maße "zusammenzukleben" (viskos zu sein), setzt die Flüssigkeit der Scherung Widerstände entgegen. Diese Widerstände spiegeln die *Zähigkeit* (Viskosität) der Flüssigkeit wider. Bei Wasser reichen bereits vergleichsweise sehr geringe Kräfte aus, um Bewegung einzuleiten, wobei die sich einstellende Schergeschwindigkeit dann entsprechend gering ist. Andere Flüssigkeiten benötigen einen bestimmten Schwellenwert der Kraft, bevor sie fließen. Erstere nennt man NEWTON*sche Flüssigkeiten* und letztere BINGHAM*sche Flüssigkeiten*[1]. In diesem Buch werden ausschließlich NEWTONsche-Flüssigkeiten behandelt.

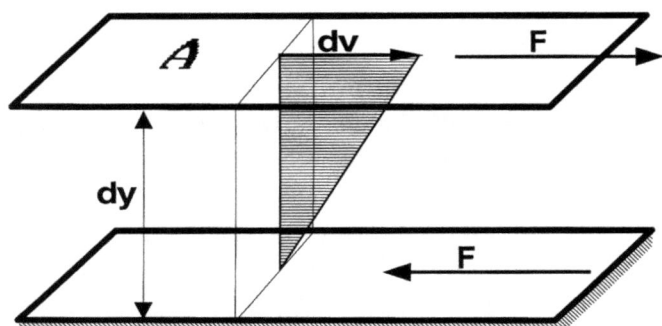

Abb. 2.2: Scherung von Wasser zwischen zwei Platten (untere Platte fest, obere Platte wird mit v bewegt).

Genau betrachtet ist in obigem Zusammenhang nicht die Kraft F allein maßgebend, sondern auch die Fläche A, in der die Kraft wirksam wird, also die Schubspannung[2] $\tau = F/A$. Für NEWTONsche Flüssigkeiten besteht zwischen der Scherrate dv/dy und der hierfür aufgewandten zähigkeitsbedingten Schubspannung τ_z der Zusammenhang

$$\frac{\tau_z(y)}{dv/dy} = \eta \qquad [\text{Ns/m}^2] \tag{2.6}$$

Hierin ist η die Materialeigenschaft *Dynamische Viskosität*, und ist gegeben durch die Schubspannung τ, die das Geschwindigkeitsgefälle dv/dy hervorruft. In Abb. 2.3 ist η die Steigung der Kurven für NEWTONsche Flüssigkeiten. Das typische Merkmal NEWTONscher Flüssigkeiten ist die Unabhängigkeit der Viskosität von der Scherrate: Die Steigung η ist konstant[3].

---

[1] Joghurt verhält sich z.B. als BINGHAM-Flüssigkeit. Erst bei Überschreiten eines Mindestgefälles beginnt das Fließen auf einer geneigten Fläche.

[2] Die Schubspannung hat die gleiche Dimension wie die Druckspannung (= Druck) Unterschiedlich ist nur die Richtung der Kraft: Bei der Schubspannung parallel zur Fläche, beim Druck senkrecht zur Fläche.
Im Unterschied zu Flüssigkeiten, bei denen Schubspannungen die Geschwindigkeit der Scherung bestimmen, besteht bei festen Körpern ein Zusammenhang zwischen der Größe der Scherung und der Schubspannung.

[3] Es gibt weitere Klassen von Flüssigkeiten, bei denen sich die Fließfähigkeit mit dem Grad der Bewegung verändert, wie z.B. bei Gülle, Klärschlamm oder Bentonitsuspension. Abweichungen vom linearen Verlauf in Abb. 2.3 können progressiv oder degressiv sein, je nach dem ob die Fließfähigkeit mit der Scherrate zu- oder abnimmt.

2.4. Viskosität (Zähigkeit)

In vielen Anwendungsfällen wird anstelle der dynamischen Viskosität die daraus abgeleitete *kinematische Viskosität*

$$\nu = \frac{\eta}{\rho} \quad [m^2/s] \qquad (2.7)$$

benutzt und damit geschrieben

$$\tau_z(y) = \nu \rho \frac{dv}{dy}. \qquad (2.8)$$

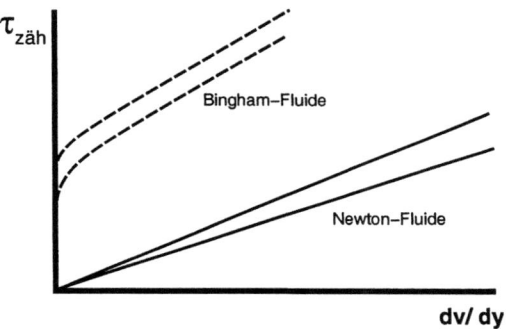

Abb. 2.3: Scherverhalten von NEWTON- und BINGHAM-Flüssigkeiten mit je unterschiedlichen Viskositäten.

Abb. 2.3 zeigt den Zusammenhang zwischen Scherrate dv/dy und aufgebrachter Schubspannung τ für NEWTONsche Flüssigkeiten sowie für BINGHAM-Flüssigkeiten, die eine Mindestschubspannung benötigen, ehe Fließen einsetzt.

Tab. 2.3: Viskosität verschiedener Fluide.

Medium	Viskosität (m^2/s)
Glyzerin (20° C)	$600,8 > \cdot 10^{-6}$
Luft (100° C, 1 bar)	$24,5 \cdot 10^{-6}$
Luft (20° C, 1 bar)	$13,3 \cdot 10^{-6}$
Wasser (20° C)	$1 \cdot 10^{-6}$
Quecksilber (20° C)	$0,125 \cdot 10^{-6}$
Quecksilber (100° C)	$0,091 \cdot 10^{-6}$

Die Viskosität ist bei den meisten Flüssigkeiten deutlich von der Temperatur T und nur sehr wenig vom Druck abhängig. Die Viskosität von Wasser kann aus

$$\nu = \frac{1,78 \cdot 10^{-6}}{1 + 0,0337 \cdot T + 0,00022 \cdot T^2} \quad [T \text{ in } °C \text{ und } \nu \text{ in m}^2/s] \qquad (2.9)$$

mit guter Genauigkeit ermittelt werden. Der Verlauf ist grafisch auf Abb. 2.1 wiedergegeben. Für einige weitere Fluide sind Viskositäten in Tabelle 2.3 zusammengestellt.

2.5 Scheinviskosität

Bei turbulenter Strömung tritt zu den Fließwiderständen infolge der Viskosität noch Scherwiderstand infolge des turbulenten Impulsaustauschs hinzu. Darunter ist zu verstehen, daß von der Wand weg und zur Wand hin Flüssigkeit ausgetauscht wird. Dieser Vorgang bringt schnell fließende Flüssigkeit zur Wand und langsam fließende Flüssigkeit in wandfernere Bereiche. Sobald Turbulenz auftritt, sind daher die Geschwindigkeitsunterschiede benachbarter Bereiche geringer als ohne diesen Effekt. Die Wirkung dieses turbulenzbedingten Impulsaustausches ist wie die einer Zähigkeit, die die Fließbereiche "aneinanderklebt". Daher spricht man von scheinbarer Viskosität und schreibt formal analog zu Gl. 2.8

$$\tau_t(y) = \nu_t \, \rho \, \frac{dv}{dy}, \tag{2.10}$$

oder allgemein

$$\tau(y) = (\nu + \nu_t) \, \rho \, \frac{dv}{dy}. \tag{2.11}$$

Dabei ist ν_t die turbulenzbedingte kinematische Scheinviskosität, auch kinematische *Wirbelviskosität* oder kinematische *Austauschgröße* genannt, die im Gegensatz zu ν keine rein materialbedingte feste Größe besitzt, sondern von der örtlichen Turbulenz abhängt und daher mit der Wandentfernung und dem allgemeinen Geschwindigkeitsniveau variabel ist.

PRANDTL leitete für die Wirbelviskosität aus dem Impulsaustauschansatz ab

$$\nu_t = l^2 \, \frac{dv}{dy}, \tag{2.12}$$

wobei die Größe l der von PRANDTL eingeführte *Mischungsweg* ist. Darunter hat man sich die Strecke vorzustellen, die Wirbelballen von der Wand weg oder zur Wand hin durchlaufen, ehe sie sich auflösen. *In Wandnähe* kann nach PRANDTL für den Mischungsweg angesetzt werden

$$l = \kappa \, y \tag{2.13}$$

mit y =Abstand von der Wand und $\kappa = 0,4$ = V.KARMAN-Konstante, womit Gleichung 2.10 in Wandnähe übergeht in

$$\tau_t = \rho \, \kappa^2 y^2 \left(\frac{dv}{dy}\right)^2. \tag{4.29}$$

Weiteres zur turbulenzbedingten Schubspannung findet man in Kap. 4.2.2.4 auf Seite 44. Eine Lösung für ν_t in offenen Gerinnen gibt Gl. 4.174 auf Seite 112, eine graphische Darstellung Abb. 4.145 auf Seite 194.

2.6 Dampfbildung, Dampfdruck, Kavitation

2.6.1 Dampfbildung

Sowohl feste Stoffe, als auch Flüssigkeiten können an ihrer Oberfläche verdampfen. Ursache ist die Molekularbewegung, deren Heftigkeit von der Temperatur abhängt. Die Menge der austretenden und wieder in das Wasser eintretenden Moleküle ist bei einem bestimmten Druck des umgebenden Wasserdampfs, dem sogenannten Dampfdruck, ausgeglichen. Ist der tatsächliche Druck niedriger als dieser Dampfdruck, setzt Dampfbildung an der Oberfläche und im Inneren der Flüssigkeit ein. Setzt man z.B. Wasser in einem geschlossenen Behälter einem Vakuum aus, so sammelt sich im anfänglichen Vakuum soviel aus dem Wasser austretender Dampf, bis der Druck im Dampfraum gleich dem Dampfdruck ist. Das übrige Wasser verdampft dann nicht mehr. In einem Druck-Kochtopf bildet sich z.B. ein höherer Druck im Dampfraum aus als der Atmosphärendruck. Folglich siedet das Wasser erst bei höherer Temperatur als 100° C. Anstelle des Wasserdampfs kann auch ein anderes Gas, z.B. Luft, den Gegendruck übernehmen.

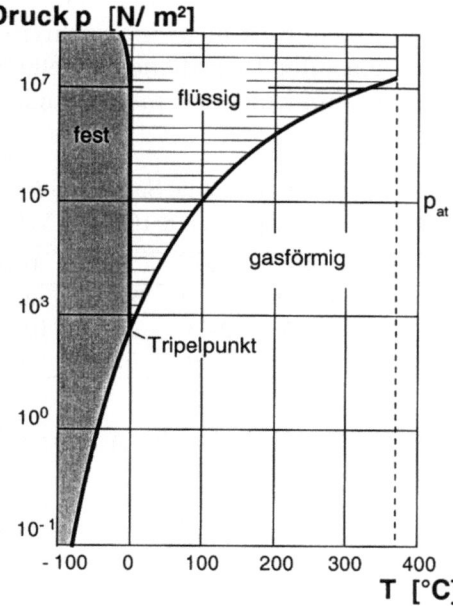

Abb. 2.4: Zustandsdiagramm des Wassers.

Je nach Druck und Temperatur kann nicht nur Wasser in Dampf übergehen, sondern auch Eis. Abb. 2.4 zeigt diesen Zusammenhang.

Der relevante Bereich für Strömungen in Gewässern liegt zwischen 0° C und deutlich unter 30° C.

2.6.2 Dampfdruck, Kavitation

Die Moleküle im Wasser sind, wie oben ausgeführt, in ständiger Bewegung. Je höher die Temperatur ist, desto größer ist der innere Energiegehalt und desto heftiger ist die Molekülbewegung. Ohne einen äußeren Gegendruck würde das Wasser sich in Dampf auflösen. Auf der Erde wird dies bei nicht zu heißem Wasser durch einen ausreichenden Gegendruck, nämlich den von außen auf die Flüssigkeit wirkenden Atmosphärendruck verhindert. Fällt der Druck aber unter einen bestimmten kritischen Druck, den sogenannten Dampfdruck, beginnt Wasser nicht nur an der Oberfläche zu verdampfen, sondern es bilden sich auch im Inneren Dampfblasen: das Wasser siedet. Dieser Zustand tritt für 100° C bei Atmosphärendruck, also bei einer (Gegen-)Druckhöhe von 10,33 m WS ein. Bei einem absoluten Druck von z.B. nur 0,023 bar entsprechend 0,24 m WS reichen bereits 20° C aus, um das Wasser zum Sieden zu bringen (Tabelle 2.4). Der Dampfdruck bestimmt daher u.a. die maximale Saughöhe von Pumpen und Hebern. So ist z.B. bei 20° C theoretisch noch eine Saughöhe (= Höhenlage einer Pumpe über dem Wasserspiegel, aus dem gefördert wird) von 10,33 m - 0,24 m = 10,09 mWS möglich. Wäre die Saughöhe größer, wäre der letztendliche Druck an der Saugseite der Pumpe kleiner als der Dampfdruck bei 20° C. Das Wasser begänne zu sieden und die Pumpe würde Wasserdampf statt Wasser fördern, also versagen. In der Praxis läßt man rd. 7 m Unterdruckhöhe gegenüber dem Atmosphärendruck nicht unterschreiten. Das entspricht 10,33 m - 7 m = 3,33 m ≈ 3 m absoluter Druckhöhe. Tabelle 2.4 gibt den Zusammenhang zwischen Temperatur, Dampfdruck und max. Saughöhe wieder.

Tab. 2.4: Dampfdruck p_D bzw. Dampfdruckhöhe h_{pD} sowie maximale Saughöhe h_S für den Fall Umgebungsdruck = mittlerer Atmosphärendruck entsprechend 10,33 m WS.

Temperatur (T °C)	0	20	40	60	80	100
Dampfdruck p_D (bar)	0,006	0,023	0,074	0,199	0,474	1,013
Dampfdruckhöhe h_{pD} (m WS)	0,06	0,24	0,75	2,03	4,83	10,33
max. Saughöhe h_S (m WS)	10,27	10,09	9,58	8,30	5,50	0

Die Dampfdruckhöhe h_{pD} für Wasser kann befriedigend durch die Anpassungsfunktion

$$h_{pD}(\mathrm{m}) \approx 3,5 \cdot 10^{-12} \cdot (T + 65°\,\mathrm{C})^{5,62} \tag{2.14}$$

bestimmt werden.

Kavitation[4] ist keine Flüssigkeitseigenschaft, aber ein Vorgang, der direkt auf die Eigenschaft der Dampfbildung zurückgeht: In strömender Flüssigkeit kann der Dampfdruck lokal durch Druckabfall, ausgelöst z.B. durch örtlichen Geschwindigkeitsanstieg an Turbinenschaufeln, Pumpenrädern, Schiffsschrauben oder auch an

---
[4] Aushöhlung, von lat. cava=Höhle

Betonbauteilen im Tosbeckenbereich mit lokal scharfer Geschwindigkeitserhöhung, erreicht werden. Die dabei entstehenden Gasbläschen stürzen bei nachfolgendem Druckanstieg mit sehr hohen Beschleunigungen in sich zusammen. Beim Zusammenstürzen schießt Wasser in die Hohlräume. Dadurch entstehen Schläge auf das Wandmaterial, die auch Beton und Metalle zerstören können. Diesen Effekt bezeichnet man als Kavitation. Die Druckschläge erreichen 10^{10} Pa $\approx 10^3$ mWS bei Frequenzen um 2 kHz.

Für Rohrleitungen läßt sich entlang der Leitung mit Kap. 4.4 auf Seite 77 die Druckhöhe h_p und mithin die Kavitationsgefahr ermitteln. An umströmten, selbst noch drehenden Turbinenblättern ist die Druckhöhe nochmals um die lokale Geschwindigkeitshöhe am Bauteil vermindert. Für umströmte Strukturen in offenen Gerinnen läßt sich die kritische Strömungsgeschwindigkeit v_{krit}, oberhalb derer Kavitation einsetzt, mit der BERNOULLI-Gleichung 4.5 direkt ermitteln:

$$\frac{v_{krit}^2}{2\,g} = h_{p0} - h_{pD}. \tag{2.15}$$

D.h., maßgebend ist diejenige lokale Geschwindigkeitshöhe, die den allgemeinen Umgebungsdruck auf den kritischen Druck, den Dampfdruck, herabsetzt. Befindet sich z.B. ein Störkörper in einem Tosbecken in 3 m Wassertiefe, so ist die statische Druckhöhe dort $h_{p0} = 3$ m. Beträgt die Wassertemperatur im Beispiel $T = 20°$ C, dann ist $h_{pD} = 0,24$ m. Die kritische Umströmungsgeschwindigkeit, bei der Kavitation einsetzt, ist dann $v_{krit} = (2\,g\,(10,33 + 3 - 0,24))^{0,5} = 16$ m/s.

Mit Druckerhöhung kann Kavitation vermieden werden. So werden z.B. Wasserturbinen im Rohrstrang bedarfsweise am Tiefpunkt, ggf. sogar unterhalb des Austrittswasserspiegels angeordnet, um einen ausreichend hohen hydrostatischen Druck herzustellen.

2.7 Oberflächenspannung

Zwischen den Flüssigkeitsteilchen wirken *Kohäsionskräfte*. Den Flüssigkeitsteilchen an der Oberfläche fehlen diese Kräfte an der Oberflächenseite, so daß sie resultierend zum Inneren der Flüssigkeit gezogen werden. Die Folge ist eine Restkraft, die eine Tendenz zur Minimierung der Oberfläche zufolge hat. Bei kleinen Volumina, z.B. bei Tropfen, führt dies zu der typischen kugeligen Form. Da die Oberflächenspannung auslösenden Kräfte vergleichsweise schwach sind, macht sich dieser Effekt bei größeren Volumina mit entsprechenden Gewichtskräften kaum noch bemerkbar.

2.8 Kapillarität

An der Grenzfläche zwischen Flüssigkeiten und festen Stoffen wirken *Adhäsionskräfte*. Je nach den Eigenschaften der beiden Stoffe überwiegen die Kohäsions-

oder die Adhäsionskräfte. Im ersten Fall wirkt die Flüssigkeit benetzend, im anderen nicht benetzend (abstoßend). Die zugehörigen Kräfte sind vergleichsweise gering, so daß sie sich nur bemerkbar machen, wenn die Oberfläche im Verhältnis zum Flüssigkeitsvolumen groß ist.

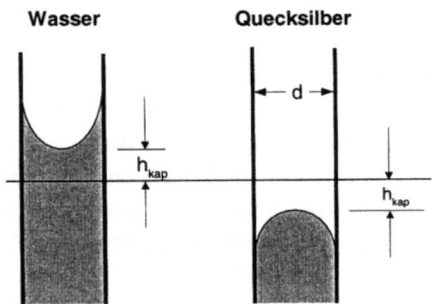

Abb. 2.5: Kapillare Steighöhe und kapillare Depression.

In feinen Röhren und Spalten (Abb. 2.5) steigen benetzende Flüssigkeiten kapillar auf (z.B. Wasser). Bei nicht benetzenden Flüssigkeiten (z.B. Quecksilber) ergibt sich eine kapillare Depression. Die kapillare Auslenkung ist

$$h_{kap} = \frac{4\sigma}{\rho \cdot g \cdot d}, \tag{2.16}$$

womit für die Werte der Oberflächenspannung σ und Dichte ρ von Wasser und Quecksilber folgt

$$\begin{aligned} h_{kap,Wasser} &= \frac{30}{d} \quad \text{(kapillare Steighöhe)} \\ h_{kap,Quecks} &= \frac{14}{d} \quad \text{(kapillare Depression)} \end{aligned} \tag{2.17}$$

mit dem Kapillarendurchmesser d und der kapillaren Auslenkung h_{kap} in (mm).

3 Hydrostatik

3.1 Vorbemerkung

Ziel hydrostatischer Berechnungen ist die Bemessung von Bauwerken und Bauteilen unter der Belastung von ruhenden Flüssigkeiten. Für diese Aufgaben ist die Kenntnis von Druck und Druckkräften erforderlich.

3.2 Druck

Druck ist definiert als Kraft pro Fläche, $p = F/A$. Damit ergibt sich der Druck in der Tiefe y innerhalb von Flüssigkeiten aus der Gewichtskraft F_G der darüber liegenden Flüssigkeitssäule zu

$$p(y) = \frac{F_G(y)}{A} = \int_0^y \frac{\rho(y) \cdot g \cdot A \cdot dy}{A} = \int_0^y \rho(y) \cdot g \cdot dy. \tag{3.1}$$

Hierbei ist zunächst ganz allgemeingültig angenommen, daß die Dichte ρ der Flüssigkeit mit der Tiefe variabel ist. In jeder Ebene parallel zur Oberfläche sind y und somit auch $p(y)$ konstant. Weder die Form des Behälters, in dem sich die Flüssigkeit befindet, noch die Größe der freien Oberfläche haben hierauf Einfluß. Maßgebend ist allein die Tiefe y unter der Oberfläche. Die Dichte von Wasser ist weitestgehend unabhängig vom Druck und mithin ist Gl. 3.1 für die Anwendungsfälle der Hydrostatik genügend genau beschrieben mit $\rho = const.$:

$$p(y) = \rho \cdot g \cdot y \quad \text{(inkompressible Flüssigkeit)}. \tag{3.2}$$

Abb. 3.1 zeigt mit (a) den Druckverlauf einer komprimierbaren Flüssigkeit. In den tieferen Schichten steigt die Dichte aufgrund der Auflast, und damit steigt die Druckzunahme. Mit (b) ist der Druck innerhalb von geschichteten Flüssigkeiten mit unterschiedlicher, aber in sich jeweils konstanter Dichte, z.B. Süßwasser über Salzwasser oder Öl über Wasser, dargestellt. Der Druck an der Oberkante jeder Schicht ergibt sich aus dem Gewicht der darüberliegenden Schichten. Innerhalb der Schichten kommt jeweils der Druck infolge Eigengewicht der Schicht hinzu. Der einfachste Fall (c) ist der Normalfall der Hydrostatik. Er betrifft einheitliche inkompressible Flüssigkeiten. Der Fall (d) ist mit einer der Schichten des Beispiels (b) vergleichbar. Er spiegelt z.B. die Verhältnisse bei unter Druck stehendem (artesischem) Grundwasser oder in einer Druckrohrleitung wider. Der Auflastdruck p_0 für die Flüssigkeit wird hier lediglich auf andere Weise erzeugt: er wird von der Decke übernommen. Von außen aufgebrachter Druck ist innerhalb der Flüssigkeit gleichverteilt, was sowohl in (b) als auch in Bild (d) zum Ausdruck kommt. Druck infolge Eigengewicht und Druck infolge äußerer Belastung überlagern sich ohne gegenseitige Beeinflussung. Im Falle der Erdatmosphäre hat die Druckverteilung den Verlauf des Falls (a). Unter dem Ansatz einer Lufttemperatur von 0° C am Erdboden und in der gesamten Atmosphäre kann man den Luftdruck in der Höhe y über dem Erdboden näherungsweise aus der barometrischen Höhenformel berechnen

$$p_{at}(y) = p_{at,0} \cdot e^{-c \cdot y} \tag{3.3}$$

mit $p_{at,0}$=Luftdruck am Erdboden = 1,013 bar und $c = 0,125/km$, wobei y in (km) einzusetzen ist.

Die Einheit des Drucks ist PASCAL oder N/m² oder bar, wobei 1 Pa = 1 N/m² = 10^{-5} bar ist, bzw.

$$1 \text{ bar} = 10^5 \text{ N/m}^2. \tag{3.4}$$

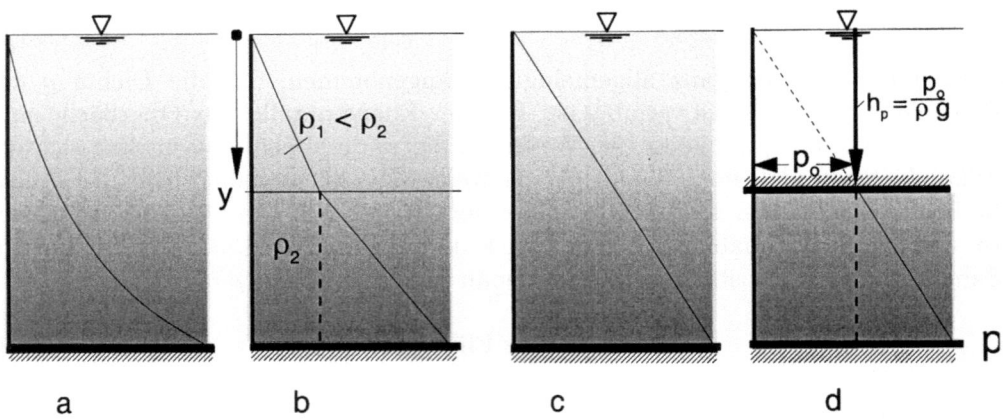

Abb. 3.1: Druckverteilung in Flüssigkeiten unter Eigengewicht und unter Druck (a kompressible Flüssigkeit, b geschichtete Flüssigkeiten, c inkompressible Flüssigkeit, d inkompressible Flüssigkeit unter Druck).

3.3 Überdruck, Unterdruck, Atmosphärendruck

Die Größe des Drucks kann in Bezug auf unterschiedliche Niveaus angegeben werden:

1. als p_{abs} in Bezug auf den absoluten Nullpunkt (Vakuum)

2. als Überdruck $p_ü$ über bzw. Unterdruck p_u unter dem mittleren Umgebungsdruck an der Erdoberfläche in Meereshöhe (Atmosphärendruck $p_{at} = 1,013$ bar).

Gebräuchlich ist der Bezug auf den Atmosphärendruck und Verzicht auf den Index 'ü'. Unterdruck ist dann durch negative Werte oder den Index 'u' gekennzeichnet und lediglich Angaben von absolutem Druck müssen durch den Index 'abs' gekennzeichnet werden.

3.4 Druckhöhe

Häufig verwendet man bei Berechnungen nicht den Druck selbst, sondern die Druckhöhe h_p. Das ist diejenige Höhe einer Flüssigkeitssäule, die auf ihre Unterlage den Druck $p = \rho \cdot g \cdot h_p$ ausübt. Dem Druck von 1 bar entspricht damit eine Wassersäule von

$$h_p = \frac{10^5 \text{ N/m}^2}{1000 \text{ kg/m}^3 \cdot 9,81 \text{ m/s}^2} = 10,194 \approx 10,2 \text{ m}, \tag{3.5}$$

und dem mittleren Atmosphärendruck von $1,013$ bar entspricht eine Druckhöhe von $h_p = 10,2 \cdot 1,013 = 10,33$ m WS (Wassersäule). Wie der Druck, kann auch die Druckhöhe als Über- und Unterdruckhöhe angegeben werden. Dem Vakuum entspricht somit eine Unterdruckhöhe von $h_{u,max} = 10,33$ m.

3.5 Druckkraft

Der Druck selbst ist an einer beliebigen Stelle innerhalb einer Flüssigkeit in allen Richtungen gleich groß. Wenn das nicht so wäre, bestünde kein (hydro)statischer Zustand, und die Flüssigkeit würde von den Bereichen höheren Drucks in Richtung des kleineren Drucks verschoben (fließen). An begrenzenden Flächen A übernimmt die Wand den Gegendruck der fehlenden Flüssigkeit. Die dabei wirksam werdende Druckspannung p wirkt daher normal zur Wandfläche (andernfalls würde die Flüssigkeit parallel zur Wand fließen). Bei nicht gekrümmten Flächen wirken daher auch die Druckkräfte $F_p = p \cdot A_{Wand}$ senkrecht zur Wand. Betrachtet man sehr kleine Wandflächenelemente, so wirkt die Druckkraft in der kleinen Fläche auch bei gekrümmten Flächen senkrecht zur Wandung. Damit sind die Druckkraftverteilungen abhängig von der Wandform (Abb 3.2). Die Größe der Druckkraft folgt aus Gl. 3.2 und die Richtung der Druckkraft aus der Geometrie der Wandfläche. Zu beachten ist, daß die bezüglich der gesamten Wand resultierende Druckkraft F_{res} in einer größeren gekrümmten (oder geknickten) Fläche am Druckpunkt nicht zwangsläufig senkrecht auf der Fläche am Angriffspunkt dieser Kraft steht. Generell gilt:

Die Druckspannung wächst linear mit der Tiefe unter der Oberfläche an und wirkt an jeder Stelle einer begrenzenden Wand senkrecht auf die Wandfläche.

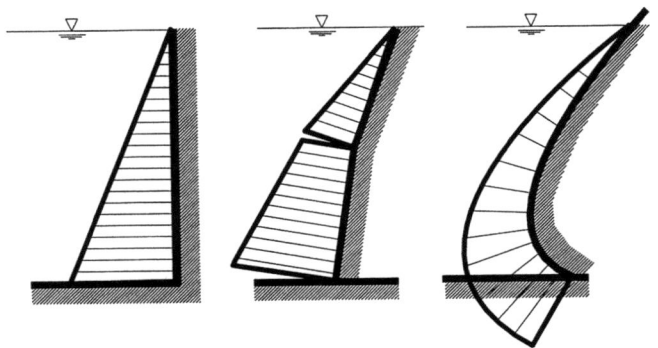

Abb. 3.2: Verteilung der Druckspannung an Wänden.

An umströmten Wandungen ist die Druckverteilung aufgrund der Stromlinienkrümmung nichthydrostatisch (s. hierzu z.B. Abb. 4.14 auf Seite 43 und 4.107 auf Seite 147).

3.6 Lage des Kraftangriffs

Zur Berechnung von Haltekräften F_{halt} muß neben der resultierenden Druckkraft F_{res} (Abb. 3.3 und 3.5) auch deren Angriffspunkt (Druckpunkt D) bekannt sein.

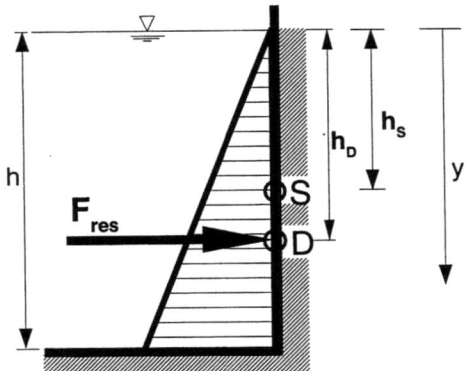

Abb. 3.3: Resultierende Kraft und Lage des Kraftangriffpunktes (Druckpunkt).

Für erstere gilt

$$F_{res} = \rho \cdot g \cdot h_S \cdot A \tag{3.6}$$

mit h_S = Abstand des Schwerpunktes S der belasteten Fläche A von der Oberfläche. Den Druckpunkt findet man bei

$$h_D = \frac{I_{AS}}{h_S \cdot A} + h_S. \qquad (3.7)$$

Hierin ist I_{AS} das Flächenmoment in Bezug auf eine in der Wand parallel zur Oberfläche durch den Schwerpunkt S der Wandfläche verlaufende Drehachse und ergibt sich aus dem Integral aller Teilmomente $y \cdot dA$ um diese Drehachse. Für viele praktisch auftretende Fälle sind die Flächenmomente tabelliert (z.B. [90]). Auf Abb. 3.4 sind Momente und Schwerpunktabstände h_S für einige Fälle zusammengestellt.

Form	A	h_S	I_{AS}
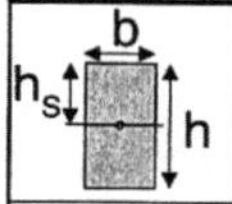 Rechteck (b×h)	bh	$\frac{h}{2}$	$\frac{bh^3}{12}$
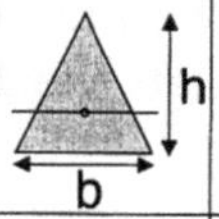 Dreieck (Spitze oben)	$\frac{bh}{2}$	$\frac{2}{3}h$	$\frac{bh^3}{36}$
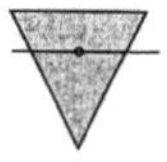 Dreieck (Spitze unten)	$\frac{bh}{2}$	$\frac{1}{3}h$	$\frac{bh^3}{36}$
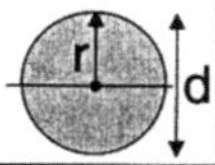 Kreis (r, d)	πr^2	r	$\frac{\pi r^4}{4}$

Abb. 3.4: Schwerpunktabstände und Flächenmomente.

Beispiel: Für Wandflächen mit konstanter Breite b sind $h_S = h/2$ und $I_{AS} = (bh^3)/12$ und $A = bh$ und mithin gemäß Gl. 3.7 $h_D = h/6 + h/2 = 2/3h$. D.h., die resultierende Wasserdruckkraft greift in der Tiefe $(2/3)h$ von der Oberfläche oder $h/3$ über der Sohle an. Beachte: Für alle anders geformten Wandflächen haben h_S und I_{AS} andere Werte, und der resultierende Flüssigkeitsdruck greift in anderer Höhe an.

3.7 Schräge ebene Wände

Bei geneigten Wänden (Abb 3.5) können h_D und h_S ersatzweise für die senkrechte Projektionsfläche (gestrichelt) der Wand ermittelt werden. In der schrägen Wandfläche liegen die Punkte D und S auf gleichem Niveau unter der Oberfläche wie in der Projektionsfläche. Alternativ können alle Abmessungen direkt in der schrägen Fläche liegend angesetzt werden. Bei der Berechnung von F_{res} ist dann die wirkliche Wandfläche einzusetzen.

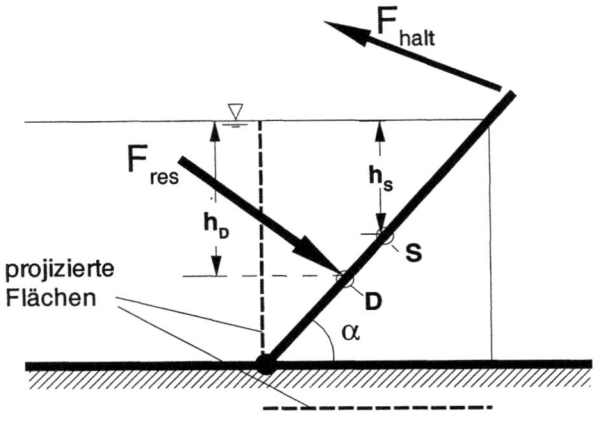

Abb. 3.5: Zur Berechnung der Kräfte an durch Wasserdruck belasteten Wänden.

3.8 Teilflächen unter der Oberfläche

Für Teilflächen in der Tiefe y unter der Oberfläche (Abb. 3.6) gilt $h_D = y + h'_D$ und $h_S = y + h'_S$, wobei h'_D und h'_S die Lage des Druckpunktes und des Schwerpunktes in der belasteten Teilfläche selbst sind. Die weitere Berechnung erfolgt wie für Wände, die bis an die Oberfläche reichen.

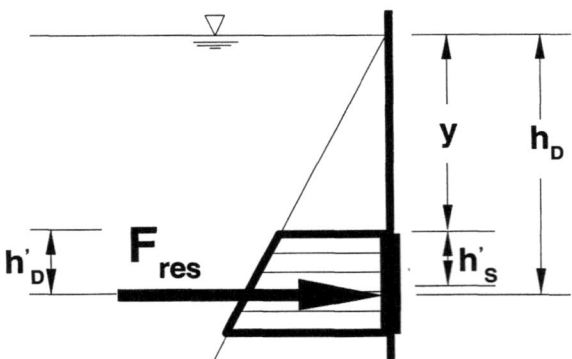

Abb. 3.6: Belastete Teilfläche unter Wasser.

3.9 Gekrümmte Wände

Die Belastung gekrümmter Wände kann näherungsweise berechnet werden, indem die gekrümmten Flächen durch treppenförmige Flächen ersetzt werden (Abb. 3.7). Die vertikalen Teilstücke ergeben zusammen eine projizierte Fläche, die einer senkrechten Wand entspricht. Für diese können $F_{res,h}$ und h_p berechnet werden. Die horizontalen Teilstücke werden vom Gewicht des darüber stehenden Wassers nach unten belastet (an der Position y_2) oder infolge des Flüssigkeitsdrucks hebend belastet (Auftrieb an der Position y_1), wo die Unterseite benetzt ist (der Druck wirkt senkrecht auf die jeweiligen Wandflächen). Dargestellt sind im rechten Bild die wirkenden Druckhöhen h_p (Def. von h_p s. Kap 3.4 auf Seite 17). Für alle horizontal liegenden Ersatzwandflächen ergibt sich je eine vertikale Teilkraft mit jeweils mittigem Angriffspunkt. Die gesamte Vertikalkraft ergibt sich aus der Summe der Einzel-Vertikalkräfte. Haltekräfte sind durch Momentenbildung berechenbar.

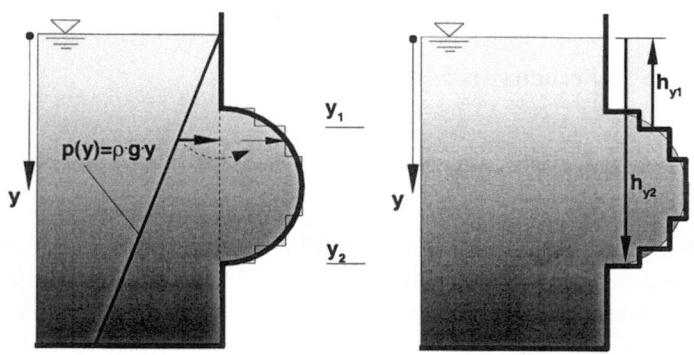

Abb. 3.7: Durch Druck belastete gekrümmte Wand (links realer Fall, rechts Ersatzsystem).

3.10 Innendruck in Rohrleitungen und Behältern

Behälter und Rohre sind u.a. auf den Innendruck p zu bemessen. Bei horizontal liegenden Rohren und Behältern der Länge l ist es meist sinnvoll, die Bemessung auf den Maximalwert (i.d.R. der Wert an der Sohle) abzustellen. Bei kreisförmigem Querschnitt erzeugt der Innendruck eine Ringzugkraft F_z auf die Rohrwand der Stärke s (s. Abb. 3.8)

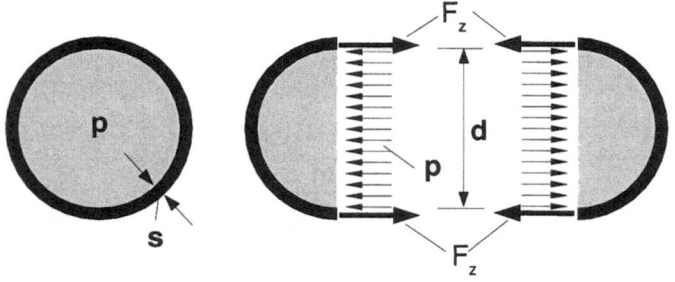

Abb. 3.8: Schnittkräfte an durch Innendruck belasteten Rohren und Behältern.

$$F_z = \frac{1}{2} \cdot p \cdot d \cdot l. \tag{3.8}$$

Die Zugspannung $\sigma = F_z/(s \cdot l)$ in der Wand muß kleiner sein als die zulässige Zugspannung des Wandmaterials, womit sich für die (theoretische) Mindestwandstärke ergibt

$$s = d \cdot \frac{1}{2} \cdot \frac{p}{\sigma_{zul}}. \tag{3.9}$$

Bei senkrecht stehenden Behältern ist für den Innendruck $p = p(y) = \rho \cdot g \cdot y$ einzusetzen und man erhält die von der Tiefenlage abhängige erforderliche Wandstärke $s(y)$.
In der Praxis kommt noch ein Sicherheitszuschlag hinzu.

3.11 Ausrichtung der Oberfläche

Die Oberfläche richtet sich bei Flüssigkeiten so aus, daß keine Kräfte parallel zur Oberfläche auftreten. Ansonsten würde die Flüssigkeit in Richtung dieser Kräfte fließen. Daher stellt sich der Flüssigkeitsspiegel immer rechtwinklig zur resultierend auf die Flüssigkeit wirkenden Kraft ein (Abb 3.9). Im linken Bild wirkt nur die Gewichtskraft, und der Flüssigkeitsspiegel liegt daher horizontal. Im rechten Bild entsteht bei der Beschleunigung a eine zusätzliche, der Bewegung entgegengesetzte Trägheitskraft $F_T = m \cdot a$. Damit verschieben sich alle Flüssigkeitsteilchen, bis keine Kraft mehr parallel zur Oberfläche weiter verschiebend wirkt. Das ist, wie gesagt, der Fall, wenn der Spiegel senkrecht zur resultierenden Kraft F_{res} liegt. Generell gilt, daß der Druck in Flächen parallel zur Oberfläche jeweils gleich ist und sich aus $p(y) = \rho \cdot a_{res} \cdot y$ ergibt. Hierbei ist y der normal zur Fläche gemessene Abstand von der Oberfläche. Im linken Bild ist $a_{res} = g$, im rechten Bild ist die resultierende Beschleunigung $a_{res} = g/\cos \alpha$. Der Winkel der Schrägstellung ist gegeben durch

$$\alpha = arc \tan \frac{a}{g}. \tag{3.10}$$

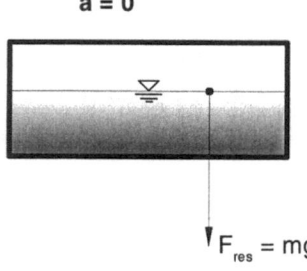
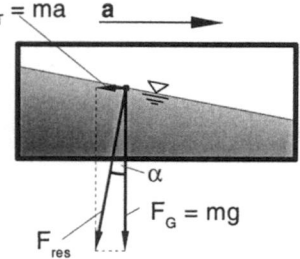

Abb. 3.9: Ausrichtung der Oberfläche, links in Ruhe, rechts unter Beschleunigung a.

4 Hydrodynamik

4.1 Aufgaben, Phänomene und Lösungswege

4.1.1 Aufgabe der Hydrodynamik

Wesentliche Kennzeichen von Strömungen sind die Volumenströme (Durchflüsse, Abflüsse), Wassertiefen und Drücke, Strömungsgeschwindigkeiten und Kräfte auf Berandungen. Aufgabe der Hydrodynamik ist es, Berechnungsgleichungen und Berechnungsmethoden für diese Größen bereitzustellen. Die Lösungsmethoden von Strömungsphänomenen haben zwei Grundlagen, die mit der historischen Entwicklung der Wissenschaften verbunden sind:

- empirische Hydraulik (Koeffizientenhydraulik) und

- theoretische Hydromechanik

4.1.2 Phänomene

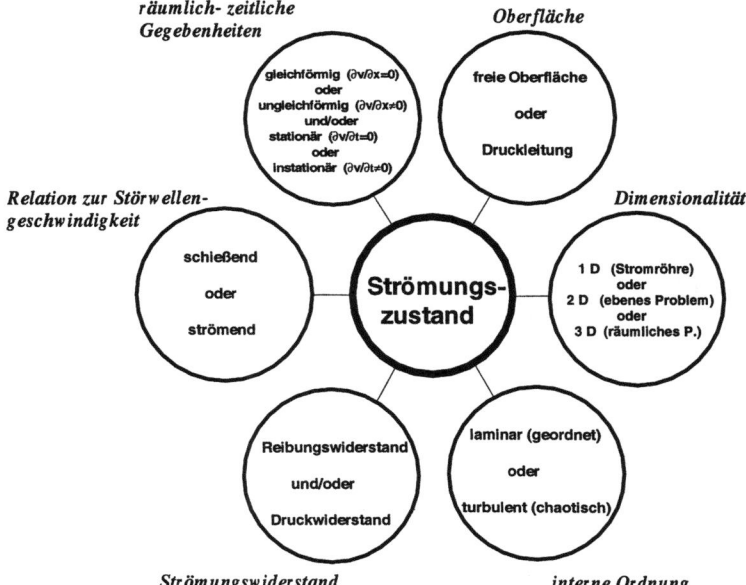

Abb. 4.1: Wesentliche Phänomene der Strömungen.

Strömungen können je nach Randbedingungen sehr verschiedene Ausprägungen haben[1]. Eine Übersicht gibt Abb. 4.1. Je nach dem, ob maßgebende Änderungen der Strömungsmerkmale nur entlang einer Richtung (z.B. entlang der Rohrachse) auftreten, oder ob auch Änderungen über die Breite und ggf. zusätzlich über die Tiefe bedeutend sind, ist die Strömung ein-, zwei- oder dreidimensional zu behandeln. Dabei können sich die Wasserteilchen auf geordneten Bahnen oder turbulent bewegen. Die Oberfläche kann frei sein und sich an neue Bedingungen anpassen, oder die Strömung kann unter einer Zwangsberandung, z.B. im vollgefüllten Rohr, ablaufen. Sind die durchströmten Querschnitte und Gefälle konstant, ist die Strömung gleichförmig, ansonsten ist sie entlang des Fließweges variabel (ungleichförmig). Darüber hinaus kann die Strömung zeitlich unverändert sein (stationär) oder sich mit der Zeit ändern (instationär), was die Berechnung deutlich komplizierter werden läßt.

Bei Flüssigkeitsströmungen mit freier Oberfläche entspricht die Ausbreitungsgeschwindigkeit von Störwellen der Schallgeschwindigkeit der Luft. Je nach dem, ob die aktuelle Fließgeschwindigkeit größer oder kleiner als die Störwellengeschwindigkeit ist, verhalten sich wesentliche Strömungsmerkmale gravierend unterschiedlich, und es existieren Analogien zur Unterschall- und zur Überschallströmung der Luft.

Strömungswiderstände können durch Reibung an den Wandungen sowie durch Druck und Verwirbelung an Elementen entstehen, die in die Strömung hineinragen.

4.1.3 Lösungswege

4.1.3.1 Grundannahmen

Zur Berechnung von Strömungen werden Gleichungen benötigt. Solche Gleichungen lassen sich aus sogenannten Erhaltungsannahmen und aus Gleichgewichtsannahmen gewinnen. Erhaltungsannahmen lassen sich für Masse und Energie formulieren und werden hier wegen des Strömungscharakters für Massen*ströme* und Energie*ströme* angewendet. Die Annahmen besagen, daß auf dem Fließwege Massenstrom und Energiestrom erhalten bleiben. In Kap. 4.2.2 auf Seite 36 werden diese Annahmen näher formuliert. Aus der Annahme der Konstanz der Massenströme resultiert die *Kontinuitätsgleichung*. Die Energie(erhaltungs)gleichung ist von BERNOULLI [2] eingeführt worden und wird darum auch als *Bernoulligleichung* bezeichnet.

Da bei Strömungen reibungsbedingte Verluste entstehen und so ein ständiger Energie*verluststrom* besteht, können Energiestrombilanzen nur angewendet werden, wenn für den betrachteten Fall Berechnungsansätze für die Verluste aufgestellt werden können. Verlustgleichungen lassen sich bis heute nicht vollständig theoretisch herleiten, und sie beinhalten daher empirisch-statistisch gewonnene Anteile. In manchen Fällen läßt sich die Anwendung der Annahme der Energiestromerhal-

---
[1] Für ausführlichere Abhandlungen zu einzelnen Themen siehe z.B. auch [6],[66], [89], [93],[112].
[2] Daniel Bernoulli, 1700-1782

4.1. Aufgaben, Phänomene und Lösungswege

tung (und damit das Verlustproblem) umgehen. Stattdessen wird angenommen, daß die Strömungsverhältnisse (zumindest kleinräumig und kurzzeitig) stationär, also zeitlich unveränderlich, sind. Dann sind die von außen auf die Strömung einwirkenden Kräfte im Gleichgewicht (also keine verzögernden oder beschleunigenden Kräfte sind überschüssig), und man kann ein Kräftegleichgewicht postulieren. Diese Grundannahme läßt sich mit der *Impulsstrombilanz* zum Stützkraftsatz formulieren (Kapitel 4.2.2.3 auf Seite 39).

Diese grundlegende Vorgehensweise wird sowohl auf analytische Berechnungen wie auch hydrodynamisch-numerische Berechnungen angesetzt. Im ersteren Fall werden die Grundbedingungen auf benachbarte Querschnitte angesetzt, im letzteren Fall auf infinitesimal kleine Flüssigkeitselemente (Kapitel 6.2 auf Seite 297).

4.1.3.2 Lösung durch Modelle und Modellvorstellungen

Natürliche Strömungen sind stets dreidimensional, d.h. die Strömungskennwerte sind über die Breite, Länge und die Tiefe in ihrer Größe und Richtung veränderlich, und sie können zeitlich variieren. Das Strömungsgeschehen ist daher meist so komplex, daß eine vollständige und exakte Berechnung nicht möglich ist. Daher müssen vereinfachte Ersatzsysteme definiert werden, indem Effekte vernachlässigt werden, die für das jeweils zu lösende Problem unwesentlich sind. Solche Ersatzsysteme können daher nur Modelle der Natur sein. Je nach der Komplexität der Naturverhältnisse und je nach Anforderung an die Antworten kommen verschiedene Modellklassen in Betracht:

- Hydraulische Modelle (= Modelle mit fließendem Wasser)
- Numerische Modelle oder
- Analytische Modelle.

Analytische Modelle liefern i.d.R. eindimensionale Ergebnisse (v_m und Wasserstand oder Druck entlang des Fließweges). Hydraulische und numerische Modelle können ebenfalls eindimensional betrieben werden, bieten aber zur Analyse komplexerer lokaler Verhältnisse zwei- und dreidimensionale Untersuchungsmöglichkeiten (vgl. Abb. 4.2). Damit lassen sich komplexe Naturverhältnisse, wie Flußabschnitte oder Rohrleitungssysteme, in ihrer Dynamik nachbilden.

4.1.3.2.1 Analytische Modelle (Hydraulik) Bei vielen Fragestellungen ist es ausreichend, nicht das gesamte Strömungsgeschehen zu modellieren, sondern nur Teillösungen anzustreben, die vergleichsweise einfach erzielbar sind. Ist z.B. der Ausfluß aus einem Behälter gefragt, kann es völlig unnötig sein zu modellieren, wie die Flüssigkeit genau auf die Öffnung zuströmt und welche Geschwindigkeits- und Druckverteilungen im Bereich der Öffnung herrschen. Es reicht, eine stark vereinfachte Modellvorstellung zu entwickeln, als deren Ergebnis eine analytische Funktion (Formel) für die Ausflußmenge steht. Bei einem hydrodynamisch-numerischen Modell hingegen würde der gesamte Bewegungsvorgang numerisch simuliert, dessen räumlich-zeitliche Ergebnisse der Wasserbewegung schließlich u.a. auch bezüglich des Ausflusses ausgewertet werden können.

Aus den vereinfachenden analytischen Modellvorstellungen heraus gelingen teiltheoretische Ableitungen, die meist durch Erfahrungswerte und Koeffizienten ergänzt werden müssen. So läßt sich z.B. durch den Ansatz des Gleichgewichts der Gewichtskraft eines Sedimentkornes im Wasser mit seiner Strömungswiderstandskraft eine Gleichung für die Fallgeschwindigkeit aufstellen. Die in der Formel enthaltenen Reibungswiderstände jedoch lassen sich nicht als eigene Formel herleiten und müssen aus Versuchen gewonnen und als empirisch-statistischer Koeffizient[3] hinzugefügt werden. Diese auf die Praxis ausgerichtete Vorgehensweise bezeichnet man als *Hydraulik*.

Ergebnisse der Hydraulik sind dem Grundsatz nach zwar eindimensional, d.h., man erhält z.B. die *mittlere* Geschwindigkeit als Stellvertreter für die wirkliche Geschwindigkeits*verteilung*. Typische Ergebnisse dieser Schule sind die Fließformeln Gl. 4.157 von DE CHEZY und Gl. 4.158 von GAUCKLER/MANNING/STRICKLER.

Mit einer speziellen analytischen Lösung für die Geschwindigkeitsverteilung läßt sich diese bei einfachen Verhältnissen aber auch berechenbar machen (z.B. Kapitel 4.5.3.7 auf Seite 111).

4.1.3.2.2 Hydraulische Modelle In hydraulischen Modellen werden die Naturverhältnisse im verkleinerten Maßstab nachgebaut und mit Flüssigkeit, in der Regel mit Wasser, betrieben. Für viele Fragestellungen lassen sich Modellgesetze für die Kräfte und Bewegungen aufstellen, mit denen die im Modell gemessenen Strömungsvorgänge auf den Naturmaßstab umgerechnet werden können. Die Qualität der Ergebnisse nimmt generell mit kleiner werdenden Modellen ab. In weiten Bereichen jedoch liefern hydraulische Modelle in bezug auf die gestellten Fragen akzeptable Analysen und Prognosen. Der Modellausschnitt ist, genauso wie beim nachstehend beschriebenen numerischen Modell, so zu wählen, daß die zu untersuchenden Zonen weit genug von den Modellgrenzen entfernt liegen, um einen Einfluß der Modellgrenzen auf die Ergebnisse zu vermeiden. Modelle haben undurchströmte Ränder und offene Ränder. An den offenen Rändern fließt Wasser ab oder zu, wobei sowohl die Wasserstände, als auch die Mengen steuerbar sind. *Beim Betrieb hydraulischer Modelle ist es nicht zwingend erforderlich, Berechnungsgleichungen und Gesetzmäßigkeiten der simulierten Vorgänge zu kennen, denn das Wasser 'weiß' selbst wie es fließen muß. Lediglich Ähnlichkeitskriterien (Modellgesetze) müssen für die Übertragung der Vorgänge aus dem Modell in die Natur bekannt sein, für deren richtige Auswahl und Umsetzung jedoch profunde*

---

[3] Empirisch ist die streuende Kurve aus Beobachtungswerten. Mit den Methoden der Statistik wird aus den Werten eine Anpassungsformel oder bei einigermaßen konstanten Werten ein Festwert als Koeffizient gewonnen.

4.1. Aufgaben, Phänomene und Lösungswege   27

Kenntnisse der modellierten Phänomene vonnöten sind (weiteres in Kap. 6.1 auf Seite 292).

4.1.3.2.3 Numerische Modelle Aus Gründen der Rechnerleistung hat die numerische Modellierung mit eindimensionalen Modellen (1D) begonnen (vgl. Abb. 4.2).

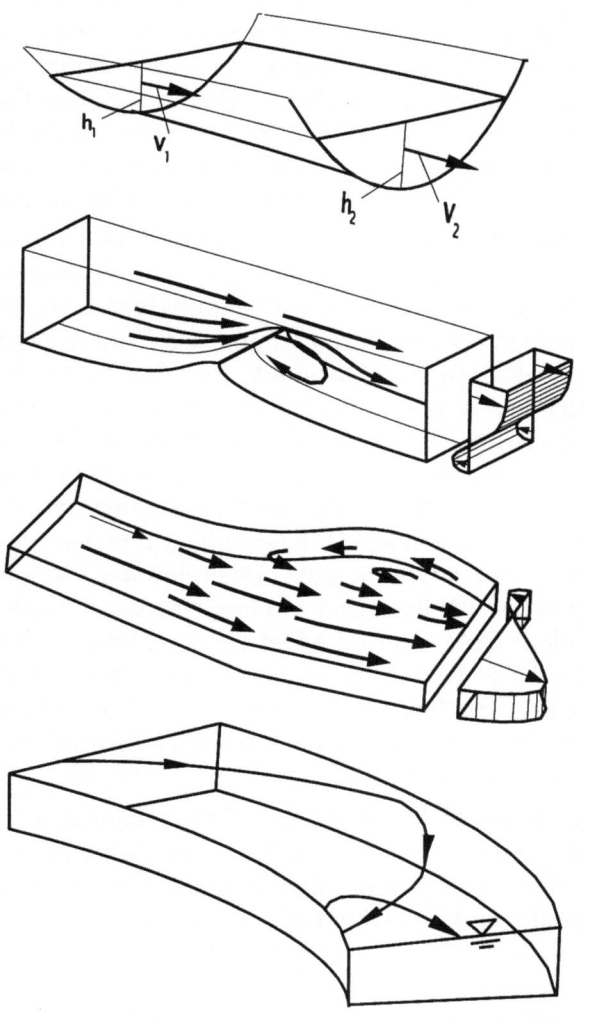

Im Verhältnis zur Breite sehr langer Untersuchungsabschnitt, in dem nur die Wasserspiegellage und v_m entlang der Gerinneachse als Ergebnis genügen:
1d- Betrachtung ausreichend

Es existieren erhebliche und relevante Variationen im Strömungsfeld in der Vertikalen. Über die Breite sind die Variationen unbedeutend:
2d- Betrachtung in der Vertikalen ausreichend (2dV)

Es existieren erhebliche und relevante Variationen im Strömungsfeld in der Horizontalen. Über die Tiefe sind die Variationen weniger bedeutend:
2d- Betrachtung in der Horizontalen ausreichend (2dH)

Es existieren erhebliche und relevante Variationen im Strömungsfeld in allen Richtungen des Raums:
3d- Betrachtung erforderlich

Abb. 4.2: Zur Definition ein-, zwei- und dreidimensionaler Verhältnisse.

In 1D-Modellen erhält man für aufeinanderfolgende Querschnitte eines Gewässers nur *einen* für den gesamten Querschnitt als *repräsentativ* angesehenen Wert für Wasserstand, Durchfluß und Geschwindigkeit. In zweidimensionalen Modellen ist die Geschwindigkeit zusätzlich entweder über die Gewässerbreite (2DH = 2D horizontal oder generell 2D) oder über die Tiefe (2DV = 2D vertikal) veränderlich und neben dem Längsgefälle sind auch Quergefälle darstellbar. 2D-Berechnungen erfordern erheblich mehr Speicherplatz und längere Rechenzeiten. Am naturähnlichsten sind 3D-Modelle. Einsetzbarkeit und Entwicklungsstand der Modelltypen sind fließend und tendieren in Richtung mehrdimensionaler Modelle. Numerische Modelle basieren überwiegend auf den allgemeinen Bewegungsgleichungen der mathematischen Hydromechanik. Empirisch gewonnene Gleichungen müssen aber besonders im Bereich der Reibungsphänomene hinzugezogen werden. Erst wenn die Entwicklung der Rechnerleistung eine Auflösung im mm-Bereich und damit eine echte Simulation der Turbulenz und der Grenzschichteffekte erlaubt, kann die Einbeziehung der Empirie weitgehend eingeschränkt werden. *In numerischen Modellen existieren zwar keine Maßstabsprobleme wie in hydraulischen Modellen, jedoch müssen alle modellierten Vorgänge physikalisch-mathematisch beschrieben werden.*

In eindimensionalen numerischen Modellen wird die Topographie eines Untersuchungsgebietes durch aufeinanderfolgende Querschnitte beschrieben und in mehrdimensionalen Modellen durch viele einzelne (diskrete) Rechenpunkte in einer Datei erfaßt. Dazwischen wird interpoliert. Durch Vermaschung der Punkte ergibt sich ein Netz, in dem jeder Punkt bekannte Nachbarpunkte hat. Ein Gebiet hat wie im hydraulischen Modellversuch geschlossene und offene Ränder. An offenen Rändern werden Randbedingungen (Druck, Wasserstand, Durchfluß) als konstante oder zeitlich veränderliche Werte vorgegeben (eingesteuert). Auf der Grundlage der Bewegungsgleichungen ergeben sich vom Rand ausgehend Strömungskennwerte für jeden Rechenpunkt. Die zugrundeliegenden Differentialgleichungen lassen sich allein schon wegen der i.d.R. nicht durch Gleichungen beschreibbaren Gerinnegeometrie nicht exakt lösen. Daher müssen Näherungsverfahren eingesetzt werden, wie z.B. die Finite-Element-Methode (FEM), die Finite Differenzen-Methode (FD) oder die Finite Volumen-Methode (FV). Weiterhin müssen Vereinfachungen der Naturvorgänge vorgenommen werden, wie beispielsweise eine sog. Parametrisierung der Turbulenz, die nicht die Turbulenz selbst, sondern lediglich ihre Wirkung annähernd (z.B. empirisch-statistisch) beschreibt.

Allein schon wegen der immer begrenzten Gebietsauflösung (Querschnittsabstand oder Punktabstand) und wegen des Zwangs zur Verwendung von Näherungsverfahren liefern numerische Modelle ebenfalls wie hydraulische Modelle keine absolut exakten Ergebnisse (s. unten sowie für weiteres Kap. 6.2 auf Seite 297).

4.1.4 Genauigkeit hydraulischer Berechnungsergebnisse

Die Ergebnisse hydraulischer Berechnungen sind wegen der o.a. erforderlichen Vereinfachungen grundsätzlich unscharf. Das ist im Normalfall unproblematisch, da sich bereits die Grundlagen, auf denen die Berechnungen aufbauen (z.B. Flußquerschnitte, Gefälle, in der Natur vorliegende Abflußgrößen), nur mit einer Unschärfe bestimmen lassen, die die Unvollkommenheit der Formeln und Modelle meist über-

4.1. Aufgaben, Phänomene und Lösungswege

deckt. Ergebnisse hydraulischer Berechnungen werden daher durch Angabe vieler Nachkommastellen, wie sie ein Computer liefert, nicht genauer. Eine solche Angabe demonstriert vielmehr, daß der Anwender kein Gefühl für das von ihm bearbeitete Problem hat. Die Unmöglichkeit exakter Zahlenergebnisse in natürlichen Gewässern ist im Normalfall auch darum unproblematisch, weil die meisten Fragestellungen der Praxis in erster Linie nicht auf absolute Zahlenergebnisse abzielen, sondern auf den Vergleich verschiedener baulicher Anordnungen oder Naturszenarien. Bei solchen Vergleichszenarien werden im Rahmen von *Systemanalysen* einzelne Wirkungsgrößen wie z.B. bauliche Anordnung, Wahl einer Position für Eingriffe oder Abflußzustand gezielt variiert, um die Systemreaktion zu analysieren. Weil alle anderen Voraussetzungen, z.B. die allgemeine Topographie, in allen Vergleichsuntersuchungen gleich sind, eliminiert sich die Auswirkung von Unschärfen dieser Randbedingungen weitgehend und die Ergebnisse solcher Systemanalysen sind erfahrungsgemäß relativ treffsicher.

4.2 Definitionen und Grundzusammenhänge

4.2.1 Definitionen

4.2.1.1 Querschnitt, Geschwindigkeit, mittlere Querschnittsgeschwindigkeit

Strömungen entstehen durch die permanente Verschiebung von Flüssigkeitsvolumina (Abb. 4.3 unten). Tritt ein Volumenstrom $\dot{V} = dV/dt$ unter einem rechten Winkel durch einen Querschnitt A hindurch, so gilt wegen $dV = v \cdot dt \cdot A$ für die mittlere Strömungsgeschwindigkeit (= Verschiebung der Volumina pro Zeiteinheit) $v = \dot{V}/A$. Der Volumenstrom $\dot{V}$ wird im Wasserwesen abhängig vom Anwendungsfall als *Durchfluß, Abfluß* oder *Zufluß* Q bezeichnet, so daß weiter gilt

$$Q = v \cdot A. \tag{4.1}$$

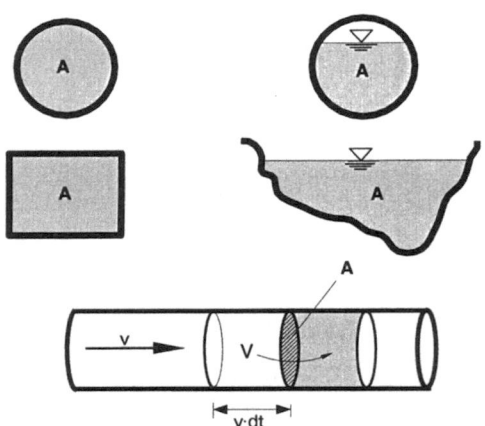

Abb. 4.3: Rohre und offene Gerinne im Querschnitt (oben links Rohre, oben rechts offene Gerinne) sowie zur Definition des Volumenstroms (unten)

Die Strömungsgeschwindigkeit ist örtlich und zeitlich variabel: $v = f(x, y, z, t)$. Wegen der inneren Reibung und des Haftens an den Wandungen ist sie weiter entfernt von Wandungen am größten und fällt zu den Wänden hin ab. Infolge der Turbulenz schwankt die Geschwindigkeit zusätzlich an jedem Ort um einen Mittelwert. Für viele Fragestellungen sind jedoch die Turbulenz und die Verteilung der Geschwindigkeiten im Querschnitt nebensächlich, und nur der Durchfluß und die mittlere Geschwindigkeit sind von Interesse. *Im folgenden werden, wenn nicht anders vermerkt, die realen Geschwindigkeitsverhältnisse $v = f(x, y, z, t)$ vereinfachend durch ihren über die Zeit und den Querschnitt gemittelten Wert $\bar{v}_m = f(x)$, also eindimensional beschrieben.* Der Einfachheit halber wird anstelle von $\bar{v}_m$ für die räumlich-zeitlich mittlere Geschwindigkeit kurz v geschrieben und stattdessen dort, wo nicht die mittlere Geschwindigkeit gemeint ist, speziell gekennzeichnet,

4.2. Definitionen und Grundzusammenhänge

z.B. v_y. Abb. 4.4 veranschaulicht diese Vereinfachungen: Links oben sieht man eine reale, zeitlich gemittelte, dreidimensionale Geschwindigkeitsverteilung im Querschnitt.

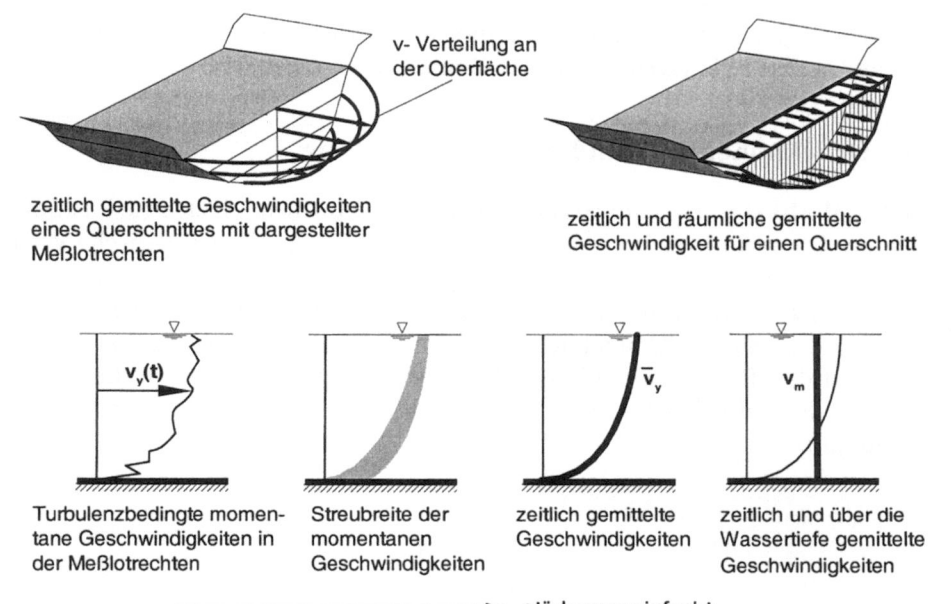

Abb. 4.4: Vereinfachung der räumlich-zeitlich variablen Geschwindigkeit zu einem für den Gesamtquerschnitt repräsentativen Wert

Links unten ist für eine Meßlotrechte eine Momentaufnahme der infolge der Turbulenz schwankenden Geschwindigkeiten gezeigt. Rechts daneben ist der Schwankungsbereich zu sehen, der vereinfachend weiter rechts daneben durch seinen zeitlichen Mittelwert beschrieben wird. Noch weiter vereinfachend kann man die Geschwindigkeit allein durch den Mittelwert über die Meßlotrechte beschreiben. Mittelt man die mittleren Geschwindigkeiten aller Meßlotrechten eines Querschnittes, so erhält man die zeitlich räumlich gemittelte Geschwindigkeit v_m für den Gesamtquerschnitt (oben rechts). Es gehen damit ab hier alle Informationen über die v-Verteilung verloren. Für die somit vernachlässigten Geschwindigkeitsverteilungen lassen sich aber in einigen Fällen analytische Lösungen aufstellen und erforderlichenfalls die Geschwindigkeitsverteilungen nachträglich analytisch ermitteln (Abschnitt 4.5.3.7 auf Seite 111ff).

4.2.1.2 Rohrströmung - Offenes Gerinne

Wegen $p = \rho \cdot g \cdot h$ entspricht die Wassertiefe h beim Fließvorgang mit freier Oberfläche (offenes Gerinne) der Druckhöhe $h_p = p/(\rho g)$ in der Rohrleitung. Ein wesentlicher Unterschied zwischen einer vollgefüllten Rohrleitung und einem offenen Gerinne liegt darin, daß sich im Gerinne mit einer Änderung von $h = p/(\rho g)$ (z.B. durch sich änderndes Gefälle) auch die durchströmte Querschnittsfläche A und somit auch v ändern: Bei Hochwasserabfluß z.B. steigen Wassertiefe und Geschwindigkeit. In diesem Sinne ist ein teilgefülltes Rohr hydraulisch gesehen ein offenes Gerinne (Abb. 4.3 rechts), während der Zustand der Vollfüllung auf Abb 4.3 links hydraulisch als (Druck-)Rohrströmung bezeichnet wird.

4.2.1.3 Druckhöhenlinie und Energiehöhenlinie

4.2.1.3.1 Wahl des Bezugsniveaus für Druckhöhen Der Druck steigt innerhalb eines Querschnittes in einer geraden Rohrleitung (= hydrostatische Verhältnisse) mit dem Durchmesser d vom Scheitel der Leitung bis zur Sohle linear um den Betrag $p = \rho g d$ an. In Rohrachslage herrscht der Mittelwert des Drucks. Daher werden alle Angaben der Einfachheit halber auf die Rohrachse bezogen. Kommt es speziell auf den Druck im Scheitel oder an der Sohle an, läßt sich dieser durch Subtraktion oder Addition von $p = \frac{1}{2}\rho g d$ ermitteln. Abb. 4.5 zeigt die genannten Zusammenhänge.

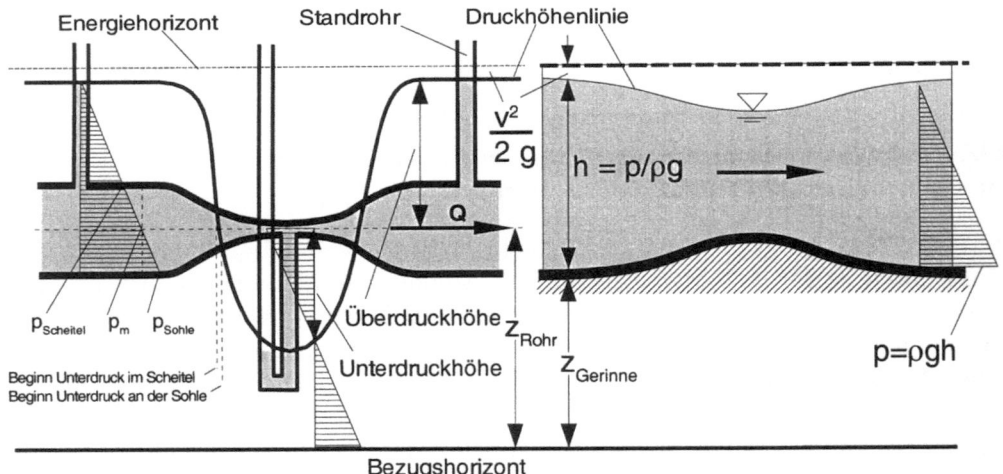

Abb. 4.5: Zusammenhänge zwischen Druckenergie(höhe) und Geschwindigkeitsenergie(höhe)

4.2.1.3.2 Druckhöhenlinie Die *Druckhöhenlinie* ergibt sich, wenn man die Beträge $z + p/(\rho g)$ über dem Bezugshorizont aufträgt und diese Punkte miteinander verbindet. Bei Rohrströmungen würde der Wasserstand in einem Standrohr bis zur Druckhöhenlinie steigen. Bei offenen Gerinnen ist die Wasserspiegellinie die Druckhöhenlinie. Der *Druck* entlang der Rohrachse ergibt sich aus der Druckhöhendifferenz zwischen Rohrachse und Druckhöhenlinie. Er kann steigen

4.2. Definitionen und Grundzusammenhänge

oder fallen, je nach Rohrquerschnitt und Höhenlage der Leitung (Abb. 4.5). Liegt die Druckhöhenlinie genau in Höhe der Rohrachse, herrscht im Rohr Gleichdruck mit der Außenwelt (das gilt im Mittel, denn im Rohrscheitel herrscht in diesem Zustand Unterdruck und an der Rohrsohle gleich großer Überdruck). Maximal kann die Druckhöhenlinie bis zum Erreichen der Dampfdruckhöhe (vgl. Kapitel 2.6 auf Seite 11) unter dem Rohr liegen. Das sind im Normalfall rd. 10 m (s. Tabelle 2.4 auf Seite 12). Praktisch liegt die hinnehmbare Grenze bei 7 bis 8 m Unterdruckhöhe.

Im offenen Gerinne fällt bei Einengung analog zum Druckabfall im Rohr nunmehr der Wasserspiegel. Ein Abfall des Wasserspiegels unter die Sohle ist hier natürlich unmöglich. Die Spiegelabsenkung wird hier auch nicht durch den Dampfdruck begrenzt, sondern durch die mindestens erforderliche Energiehöhe für Strömungen mit freier Oberfläche (s. Abschn. 4.5.2 auf Seite 94ff).

4.2.1.3.3 Energiehöhenlinie Die *Energiehöhenlinie* oder kurz *Energielinie*[4] liegt um die Geschwindigkeitshöhe $v^2/(2\,g)$ über der Druckhöhenlinie. Hält man in eine Rohrleitung oder in ein Gerinne ein Staurohr, so wird vor dem Staurohrmund die Bewegungsenergie in Druckenergie umgewandelt und das Wasser steigt im Rohr um den Betrag $v^2/(2\,g)$ auf die lokale Höhenlage der Energielinie (Abb. 4.9). Die Energielinie ist stets in Fließrichtung geneigt, da der Strömung wegen der Reibung beim Strömungsvorgang Energie entzogen wird. Es besteht somit ein *Energielieniengefälle*. Nur bei stehendem Gewässer liegt sie waagerecht und es fallen Wasserspiegel, Energielinie und Energiehorizont zusammen. In Fließrichtung steigen kann die Energielinie nur bei Energiezufuhr (z.B. an einer Pumpe oder bei Antrieb durch einen Propeller, vgl. Abb. 4.149 auf Seite 202).

4.2.1.4 Gleichförmige oder ungleichförmige Strömung

Bleiben Form und Größe des Strömungsquerschnitts sowie der Durchfluß Q und mithin die Geschwindigkeit entlang des Fließweges konstant, ist der Strömungszustand gleichförmig. Ungleichförmig wird eine Strömung, wenn sich der Strömungsquerschnitt ändert (Abb 4.8, Rohrabschnitte 1 bis 3) oder Wasser seitlich zu- oder abfließt.

4.2.1.5 Stationäre oder instationäre Strömung

Man bezeichnet eine Strömung als stationär, wenn die Strömungsgeschwindigkeit an jedem Punkt über die Zeit unveränderlich ist. Dementsprechend ändert sich die Geschwindigkeit bei der instationären Strömung mit der Zeit. Instationäre Strömungen erfordern höheren Berechnungsaufwand.

---

[4] Nach DE THIERRY und MATSCHOSS ([111], 1926) hat A. KOCH (s. auch Vorwort) den Begriff der Energielinie geprägt.

4.2.1.6 Begriffe: Wirbel und Walzen

Bei turbulenter Strömung sind der mittleren Geschwindigkeit Schwankungen überlagert. Diese entstehen durch die kleinen und großen Wirbel, die die Strömung durchsetzen und die grundsätzlich unterschiedliche hydromechanische Ausprägungen haben können:

- wie auf Abb. 4.6 links mit konstanter Winkelgeschwindigkeit (wie eine sich drehende feste Scheibe, darum auch Festkörperwirbel genannt), oder
- wie auf Abb. 4.6 rechts mit zum Wirbelzentrum hin wachsender Drehgeschwindigkeit.

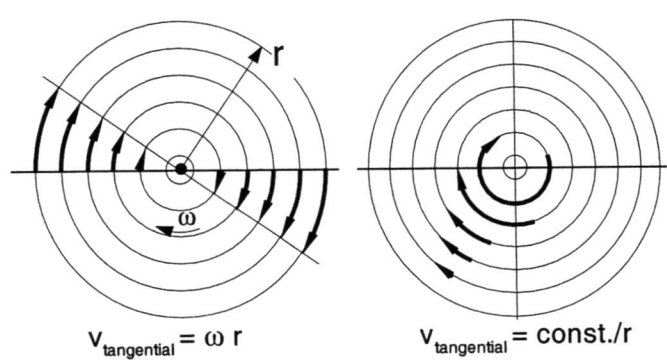

Abb. 4.6: Walze (links) und Potentialwirbel (rechts).

Ortsgebundene Wirbel mit konstanter Winkelgeschwindigkeit bezeichnet man im Wasserwesen als *Walzen*. Solche Walzen treten insbesondere im Strömungsschatten auf, wo das Wasser von der vorbeilaufenden Hauptströmung permanent in Drehung versetzt wird, wie z.B. auf Abb. 4.7 zu sehen ist (vgl. weiter Abb. 4.112 auf Seite 152 und Abb. 4.123 auf Seite 167).

Bei Walzen verschwindet die Umfangsgeschwindigkeit im Zentrum, während bei (Potential-)Wirbeln die Geschwindigkeit zum Wirbelzentrum hin ansteigt. Wirbel entstehen insbesondere dort, wo starke Scherungen der Strömung existieren. Solche Scherungen können durch die Ufer- und Sohlengeometrie hervorgerufen werden (Abb. 4.7) und sind im sehr wandnahen Bereich der Grenzschicht, wo die Geschwindigkeit zur Wandung hin stark abfällt, vorhanden. Hier entstehen regelrechte Minitornados.

Direkt in ihrem Zentrum besitzen Potentialwirbel eine Singularität, hier geht die Geschwindigkeit (theoretisch) gegen ∞.

In der Realität bildet sich im Zentrum ein Luftschlauch oder nur eine Eindellung aus, je nach dem, wie energiereich der Wirbel ist.

4.2. Definitionen und Grundzusammenhänge

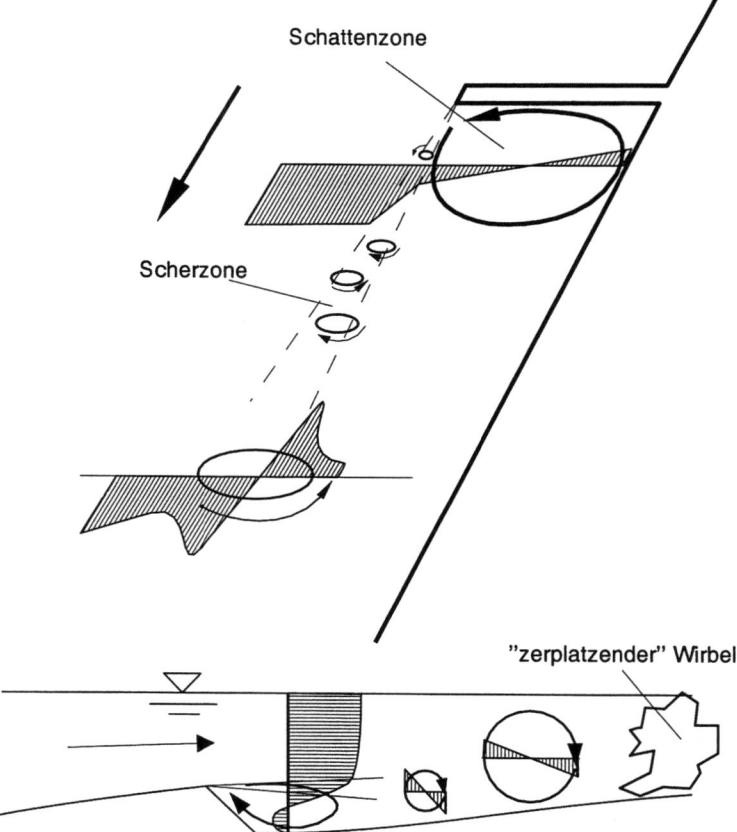

Abb. 4.7: Beispiele zur Entstehung von makroturbulenten Wirbeln und Walzen sowie zugehörige Geschwindigkeitsverteilungen (oben mit vertikaler Achse, unten mit horizontaler Achse).

Die maximale Größe von Wirbeln ist durch die Querschnittsgrößen der Gerinne gegeben. Bei Ausdehnung rotieren Wirbel langsamer und bei Kontraktion schneller. Sie zerfallen mit der Zeit in immer kleinere Wirbel, wobei man das Zerplatzen der besonders intensiven Wirbel, die sich in Lee von großen Transportkörpern (Riffel, Dünen) ausbilden, gut an der Wasseroberfläche sehen kann. Die Reibung begrenzt schließlich die beim Zerfall entstehenden immer kleineren Wirbel. Ausnahmen bilden die ständig angetriebenen stationären Walzen.

In Gewässern können die horizontale und die vertikale Turbulenz deutlich unterschiedlich sein, wie man aus Abb. 4.7 entnehmen kann.

Eine Begleiterscheinung von ortsfesten Walzen in Hafenbecken oder seitlichen Ausbuchtungen sind Sekundärströmungen (s. Kap. 4.8).

4.2.2 Grundgleichungen und grundlegende Zusammenhänge

Zur Berechnung der Strömungsgrößen werden Gleichungen benötigt. Diese Gleichungen lassen sich aus Bilanzierungen der Masse, der Energie und des Impulses der Durchflüsse gewinnen. Dies gilt für einfache analytische Berechnungen wie für komplexe numerische Berechnungen gleichermaßen.

4.2.2.1 Massenerhaltung (Kontinuitätsgleichung)

Wird einem Prozeß weder Masse abgezogen, noch zugeführt, so bleibt die Masse erhalten (m = const.). Bei Strömungen bewegen sich Massenströme $dm/dt = \dot{m}$, und es gilt entsprechend $\dot{m} = const.$; Nimmt man für die Flüssigkeiten mit genügender Genauigkeit Inkompressibilität an, so folgt $\rho = const.$, und man kann wegen $\dot{m} = \rho \cdot \dot{V}$ nun schreiben $\dot{V} = const.$ Im Wasserwesen ist die übliche Bezeichnung für den Volumenstrom $\dot{V}$ der Durchfluß oder Abfluß Q. Also ist Massenerhaltung bei inkompressibler Flüssigkeit gleichbedeutend mit

$$Q = const. \tag{4.2}$$

und wegen $Q = v \cdot A$ (Gl. 4.1) auch gleichbedeutend mit

$$v \cdot A = const. \quad \textbf{Kontinuitätsgleichung}. \tag{4.3}$$

Vergleicht man zwei benachbarte Fließquerschnitte 1 und 2, so gilt mithin $v_1 \cdot A_1 = v_2 \cdot A_2$ usw. (Abb. 4.8).

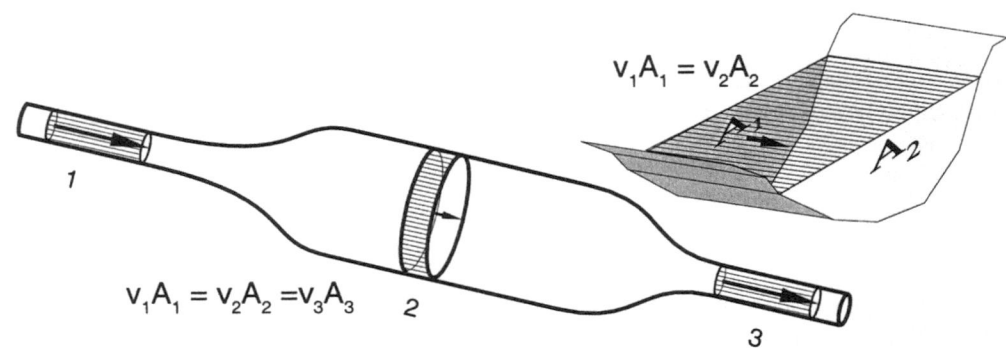

Abb. 4.8: Zur Kontinuitätsgleichung

4.2.2.2 Energieerhaltung (BERNOULLI- Gleichung)

4.2.2.2.1 Begriffliches Bei Strömungen müßte man eigentlich von Energie*strom*erhaltung sprechen, da die in einen Kontrollbereich eintretenden und die aus diesem austretenden Energien/Zeiteinheit betrachtet werden. Es ist jedoch üblich, einfach nur von Energieerhaltung zu sprechen.

4.2. Definitionen und Grundzusammenhänge

4.2.2.2.2 Einheitliche Geschwindigkeit im Querschnitt Wird einem Prozess weder Energie W abgezogen noch zugeführt, so bleibt die Energie erhalten ($W = const.$). Beim verlustfreien Strömungsprozess gilt damit für zwei benachbarte Querschnitte 1 und 2 (Abb. 4.9 und 4.10) Gleichheit von Energieeinstrom und Energieausstrom:

$$\dot{W}_1 = \dot{W}_2.$$

Die in der Strömung enthaltene mechanische Energie W setzt sich aus potentieller Energie, Druckenergie und kinetischer Energie zusammen.

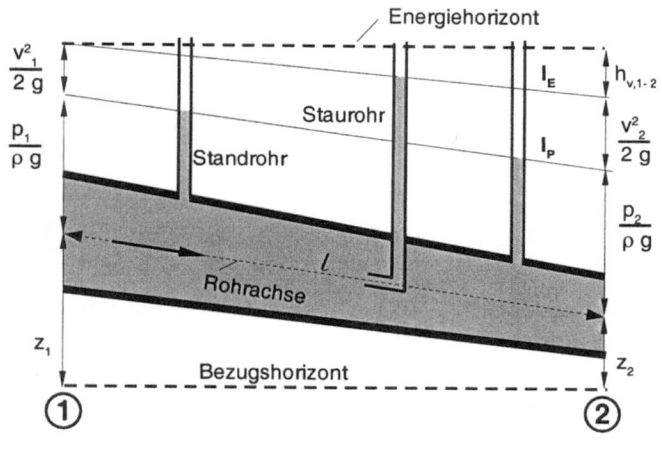

Abb. 4.9: Zur Energie-Erhaltungsgleichung (BERNOULLI-Gleichung) bei Rohrströmungen

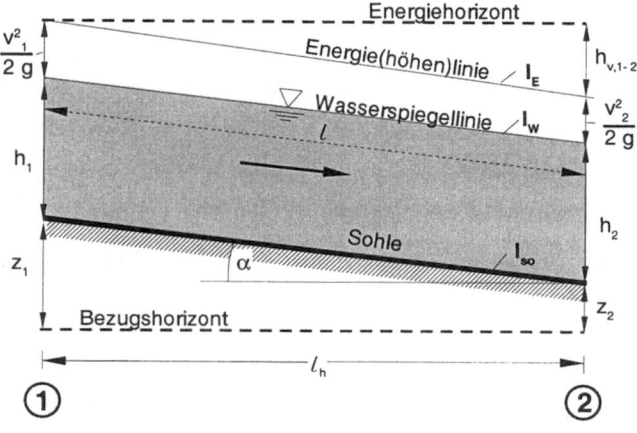

Abb. 4.10: Zur Energie-Erhaltungsgleichung (BERNOULLI-Gleichung) bei Gerinneströmungen

Trägt man die Energieanteile über einem beliebig gewählten *Bezugsniveau* (= Bezugshorizont) auf, so ergibt ihre Summe einen *Energiehorizont* H_E. Beide Horizonte bleiben auf dem weiteren Fließweg bei Energieerhaltung parallel. Diesen Zusammenhang beschreibt die Gleichung von BERNOULLI. Treten längs des Weges noch Verluste z.B. infolge Reibung auf, so wird für deren Überwindung Energie benötigt. Bezieht man diese Energie W_v in die Energiebilanz ein, erhält man die erweiterte BERNOULLI-Gleichung, und es gilt für die *Energieströme* (Energie/Zeiteinheit)

$$\underbrace{\dot{m}\,g\,z}_{E_{pot}} + \underbrace{p\,\dot{V}}_{E_{Druck}} + \underbrace{\dot{m}\,\frac{v^2}{2}}_{E_{kin}} + \underbrace{\dot{m}\,g\,h_v}_{E_v} = const. \tag{4.4}$$

oder in der Form von *Energiehöhen* durch Kürzen mit $\dot{m} \cdot g$

$$z + \frac{p}{\rho\,g} + \frac{v^2}{2\,g} + h_v = const. \tag{4.5}$$

oder für den Vergleich zweier benachbarter Querschnitte 1 und 2 auf einer Fließstrecke mit Verlusten

$$(z_1 - z_2) + \frac{p_1 - p_2}{\rho\,g} + \frac{v_1^2 - v_2^2}{2\,g} = h_{v,1-2} \tag{4.6}$$

mit Wassertiefe $h = p/(\rho \cdot g)$ im offenen Gerinne und h_v = Energieverlusthöhe. Die vorstehenden Gleichungen besagen, daß die Energieverluste entlang des Fließweges l durch Änderungen der Höhenlage und/oder der Druckhöhe (oder Wassertiefe) und/oder der Geschwindigkeitshöhe insgesamt kompensiert werden müssen[5]. Das Energiehöhengefälle I_E, auch Energieliniengefälle oder Energiegefälle genannt, ergibt sich aus der Verbindungslinie der für die Strömung verfügbaren, also um die aufgelaufenen h_v reduzierten, Energiehöhen:

$$I_E = \frac{h_v}{l_h} = \frac{\Delta z + \Delta \frac{p}{\rho\,g} + \frac{\Delta(v^2)}{2\,g}}{l_h} \tag{4.7}$$

Dabei ist der Fließweg l mit der horizontalen Strecke l_h durch den Neigungswinkel α gekoppelt:

$$l_h = l\,\cos\alpha \tag{4.8}$$

4.2.2.2.3 Nicht einheitliche Geschwindigkeit im Querschnitt Die vorstehenden Ergebnisse der Energiestrombilanz setzen voraus, daß überall im Querschnitt die gleiche Geschwindigkeit $v = v_m$ herrscht, also 1d-Verhältnisse vorliegen und der kinetische Energiestrom wie in Gl. 4.4

$$\dot{W}_{kin,1d} = \dot{m}\frac{v^2}{2} = \rho\,Q\,\frac{v^2}{2} = \frac{\rho}{2}\,v^3\,A \tag{4.9}$$

---

[5] Voraussetzungen für die Gültigkeit: inkompressible Flüssigkeit, nur Druck- und Schwerekräfte wirksam, stationäre Strömung, keine Schichtung.

ist. Real fallen die Geschwindigkeiten zu den Wandungen hin jedoch ab und sind z.B. wie auf Abb. 4.4 links oben verteilt. Das bedeutet, daß der kinetische Energiestrom eigentlich zu schreiben ist mit

$$\dot{W}_{kin,real} = \frac{\rho}{2} \int_A v_A^3 \, dA. \tag{4.10}$$

Die Energiegleichung kann man jedoch weiterhin auf v_m beziehen, wenn man den Korrekturwert (Energieausgleichswert) α einführt

$$\alpha = \frac{\dot{W}_{kin,real}}{\dot{W}_{kin,1d}} = \frac{1}{v_m^3 A} \int_A v_A^3 \, dA \tag{4.11}$$

und anstelle von v^2 in Gl. 4.4 bis 4.6 αv^2 schreibt.

Bei laminarer Strömung im Kreisrohr ist $\alpha = 2$. Die fast ausschließlich relevanten turbulenten Strömungen weisen über den Querschnitt viel gleichmäßigere Geschwindigkeitsverteilungen auf, weswegen dann in erster Näherung meist $\alpha \approx 1$ angesetzt werden kann. Je stärker die Turbulenz ist, desto gleichmäßiger ist die Geschwindigkeit verteilt und desto näher liegt α am Wert 1.

Weitere Voraussetzung für die Energiegleichung in der Form von Gl. 4.4 ist, daß die Druckverteilung hydrostatisch ist, d.h. der Gl. 3.2 gehorcht. Nicht hydrostatisch ist der Druck z.B. bei gekrümmten Sohlen verteilt (Abb. 4.14). Den damit erforderlichen weiteren Korrekturwert kann man vermeiden, wenn man die Querschnitte bei der Anwendung der Energiegleichung in Zonen mit hydrostatischer Druckverteilung legt. Ein Beispiel gibt Abb. 4.107 auf Seite 147. In der dort dargestellten Situation sind die Positionen 1, 2 und 3 als Bilanzquerschnitte geeignet, weil dort hydrostatische Verhältnisse vorliegen.

4.2.2.3 Impulsstrom, Kräftebilanz (Stützkraftsatz)

Um die Geschwindigkeit v einer Masse m um den Wert dv zu verändern, muß der Masse ein Impuls $F \cdot dt$ erteilt werden. Mit anderen Worten: es muß eine Zeit lang eine Kraft aufgewendet werden. Eine Kraft in Richtung der Bewegung ($dv > 0$) beschleunigt die Masse, eine Kraft entgegen der Bewegungsrichtung verzögert ($dv < 0$) sie. Es gilt also $m \, dv = F \, dt$. Der Wert $m v$ wird auch als Bewegungsgröße bezeichnet. Mithin ist $m \, dv$ die Änderung der Bewegungsgröße einer Masse. Flüssigkeitsströmungen sind Massen*ströme*, zu deren Geschwindigkeitsänderung dv ein Impuls*strom* $F_I = \dot{F} \cdot dt = \dot{m} \cdot dv = \rho \cdot Q \cdot dv$ erforderlich ist. Der Impulsstrom hat gemäß dieses sog. Impulssatzes mithin die Dimension einer Kraft und ist

$$\vec{F}_I = \rho \, Q \, \vec{v}. \tag{4.12}$$

F_I, v und dv sind vektorielle Größen, d.h. die Richtungen von Bewegungen und Kräften sind maßgebend. Der in einen Kontrollquerschnitt eintretende Impulsstrom $\rho \, Q \, v_1$ wirkt auf den Kontrollquerschnitt in Richtung der Strömung.

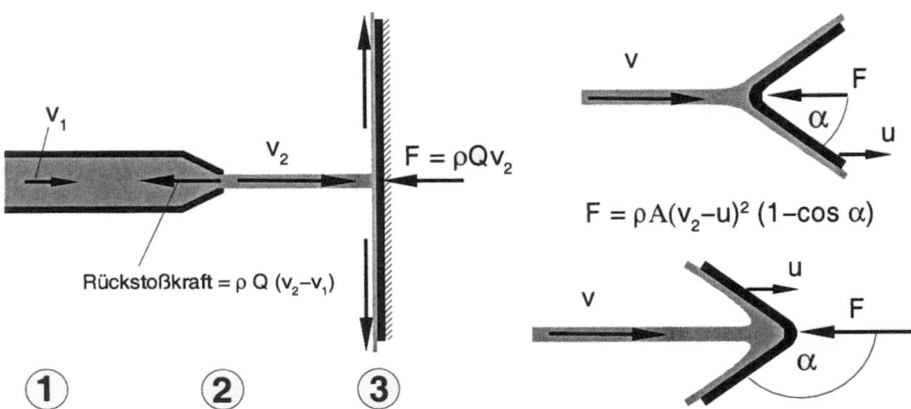

Abb. 4.11: Zu Impulsstrom und Impulskraft auf stehende ebene Prallplatte (links) und auf mitbewegte gewölbte Prallplatten (rechts)

Der austretende Impulsstrom $\rho Q v_2$ bewirkt eine entsprechende Rückstoßkraft auf den Querschnitt. Abb. 4.11 illustriert die Impulskräfte. Wasser wird in einer Düse von v_1 auf v_2 beschleunigt und verläßt die Düse mit dem Impulsstrom $\rho Q v_2$. Die Beschleunigung erfordert eine Kraft, die sich als Rückstoßkraft $\rho Q (v_2 - v_1)$ auf die Leitung bemerkbar macht. Das Wasser behält diese Bewegungsgröße bis zum Auftreffen auf die feste Wand an der Position 3 bei. Dort wird v_2 auf $v_3 = 0$ abgebremst und übt die Kraft $F = \rho Q (v_2 - v_3) = \rho Q v_2$ auf die Wand aus. Die feste Wand übt die gleiche Kraft in umgekehrter Richtung auf das Wasser aus[6]. Das unter $\alpha = 90°$ zu den Seiten wegspritzende Wasser besitzt keine Komponente in der Richtung des Strahls. Bei seitlicher Ablenkung unter einem beliebigen Winkel α ist der in ursprünglicher Strahlrichtung verbleibende Impulsstrom $\rho A v^2 \cos \alpha$, womit die Änderung des Impulsstroms, die von der Kraft F bewirkt wird,

$$F = \rho A v^2 (1 - \cos \alpha) \tag{4.13}$$

ist. Der Fall links im Bild ist, wie man sieht, mit eingeschlossen. Bewegen sich die Prallkörper selbst noch mit der Geschwindigkeit u mit dem Strahl mit, so ist anstelle v nun die Relativgeschwindigkeit $v - u$ maßgebend:

$$F = \rho A (v-u)^2 (1 - \cos \alpha) = \rho \overbrace{A (v-u)}^{Q_{rel}} (v-u)(1 - \cos \alpha). \tag{4.14}$$

Auf die mitbewegte Platte trifft nur noch der relative Volumenstrom Q_{rel} auf. Diese Zusammenhänge sind z.B. bei Freistrahlturbinen (Kap. 4.10.3 auf Seite 202ff) grundlegend.

---

[6] Anm: Bisweilen wird im Schrifttum von der *Erhaltung* des Impulses gesprochen. Real kann sich aber v bei gleichbleibendem Q z.B. durch Querschnittsvariation deutlich ändern, so daß der austretende Impuls dann verschieden vom eintretenden Impuls ist. Richtiger spricht man daher von der Impuls(kräfte)*bilanz*.

4.2. Definitionen und Grundzusammenhänge

4.2.2.3.1 Kräftebilanz Der Strömungszustand in einem Gerinneabschnitt ist stationär, wenn die Kräfte, die diesen Abschnitt von außen stützen, im Gleichgewicht sind. Solche Kräfte sind die Druckkräfte F_p, die Impulskräfte F_I und die Wandreibungskräfte F_R (Abb. 4.12). Mithin gilt für das Kräftegleichgewicht

$$F_{p1} - F_{p2} + F_{I1} - F_{I2} - F_R = 0. \tag{4.15}$$

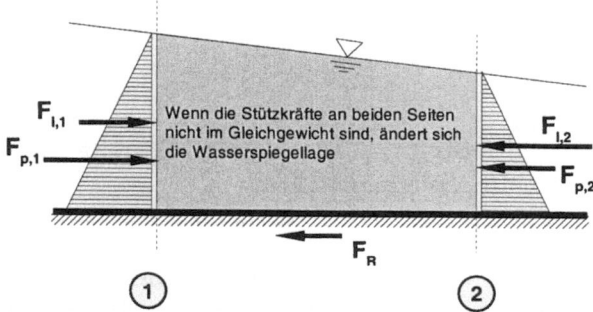

Abb. 4.12: Zur Kräftebilanz am Kontrollvolumen

Die Kräftebilanz beschreibt also einen *Zustand*, die Energiebilanz hingegen einen *Prozeß*. Während man bei der Anwendung des Energiesatzes zusätzliche Berechnungsgleichungen für die Energieverluste beim Durchströmen des Abschnittes benötigt, kann die Kräftebilanz *ohne Kenntnis der Vorgänge innerhalb* des betrachteten Abschnittes angewandt werden. Ihre Anwendung ist daher immer dann von Vorteil, wenn die Ermittlung der Verluste auf einer Fließstrecke problematisch ist. Die Reibungskräfte F_R an der Wandung sind schwer ermittelbar, besonders wenn sich v entlang der Wand ändert. Sie sind jedoch i.d.R. um Größenordnungen kleiner als die übrigen Kräfte, so daß sie oft ohne wesentlichen Verlust an Aussageschärfe vernachlässigt werden können. Man kann die auf einen Abschnitt wirkenden Kräfte daher in vereinfachter Form ansetzen

$$F_{p1} - F_{p2} + F_{I1} - F_{I2} = 0 \quad \text{bzw. für Rechteckquerschnitte:} \tag{4.16}$$

$$\frac{1}{2} \rho g b (h_1^2 - h_2^2) + \rho Q (v_1 - v_2) = 0 \quad \textbf{Stützkraftsatz} \tag{4.17}$$

Die Summe der jeweils rechts und links in Abb. 4.12 angreifenden Druck- und Impulsstromkräfte nennt man auch Stützkräfte. Weiterhin dient der Impulssatz zur Berechnung der Kräfte auf Wandungen, an denen die Strömung umgelenkt wird. Hier treten Kräfte infolge Geschwindigkeitsabbaus in der ursprünglichen Richtung und Geschwindigkeitsaufbaus in der neuen Strömungsrichtung auf, deren resultierende Kraft F_R z.B. einen Rohrkrümmer belastet (Abb. 4.13), was ggf. ein Fundament erfordert. Ein Anwendungsfall ist z.B. auch der Wechselsprung (Kap. 4.5.2.2 auf Seite 100ff). Für Kräftebilanzen eignen sich Querschnitte mit hydrostatischer Druckverteilung. Ein Beispiel gibt Abb. 4.107 auf Seite 147. In der dargestellten Situation sind die Positionen 1, 2 und 3 als Bilanzquerschnitte geeignet, weil dort hydrostatische Verhältnisse vorliegen.

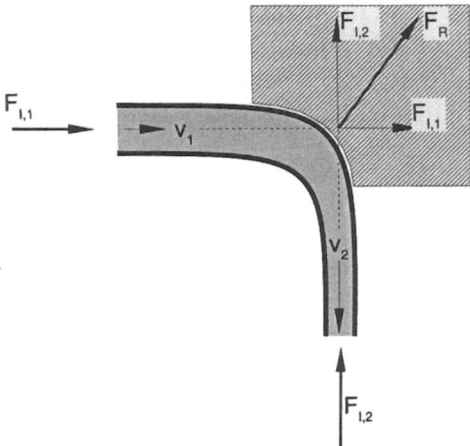

Abb. 4.13: Reaktionskräfte bei Strömungsumlenkung

4.2.2.3.2 Impulsgleichung bei nicht einheitlicher Geschwindigkeit im Querschnitt Die Impulsgleichung kann bei uneinheitlicher Geschwindigkeitsverteilung, wie auch die Energiegleichung, mit der Einführung eines Korrekturbeiwertes

$$\beta = \frac{1}{v_m^2 A} \int_A v^2 \, dA \qquad (4.18)$$

auf der Grundlage der mittleren Geschwindigkeit v_m ausgewertet werden ($F_I = \rho Q \beta v$). In prismatischen Gerinnen wurden β-Werte zwischen 1,01 und 1,12 ermittelt. Auch wenn in der Praxis überwiegend mit $\beta = 1$ als Näherung gerechnet wird, kann es im Einzelfall sinnvoll sein, β genauer zu ermitteln.

4.2.2.3.3 Umlenkungsbedingte Druckänderung quer zur Strömung
Umlenkungen erzeugen, wie weiter oben ausgeführt, einen Impulsstrom und damit auch Druckänderungen quer zur Strömung. Diese überlagern sich den vorhandenen Druckverhältnissen. Für kreisförmige Krümmungen lassen sich aus der Änderung des Impulsstromes Aussagen auf der Grundlage der Geschwindigkeit $v(r)$ des Potentialwirbels

$$v(r) = \frac{c}{r} \qquad (4.19)$$

erhalten (vgl. Abb. 4.6 auf Seite 34). Abb. 4.14 zeigt in der Mitte Strömungen mit hydrostatischen Verhältnissen. Oben und unten sind von der hydrostatischen Druckverteilung abweichende Fälle dargestellt. Im oberen Fall auf der Abbildung ergeben sich zusätzlich zu den ohne Krümmung vorhandenen Druckverhältnissen krümmungsbedingte *Zusatzdruckhöhen* von

$$h_{p,krümm} = \frac{c^2}{2g} \left(\frac{1}{r_a^2} - \frac{1}{r^2} \right) \qquad (4.20)$$

4.2. Definitionen und Grundzusammenhänge

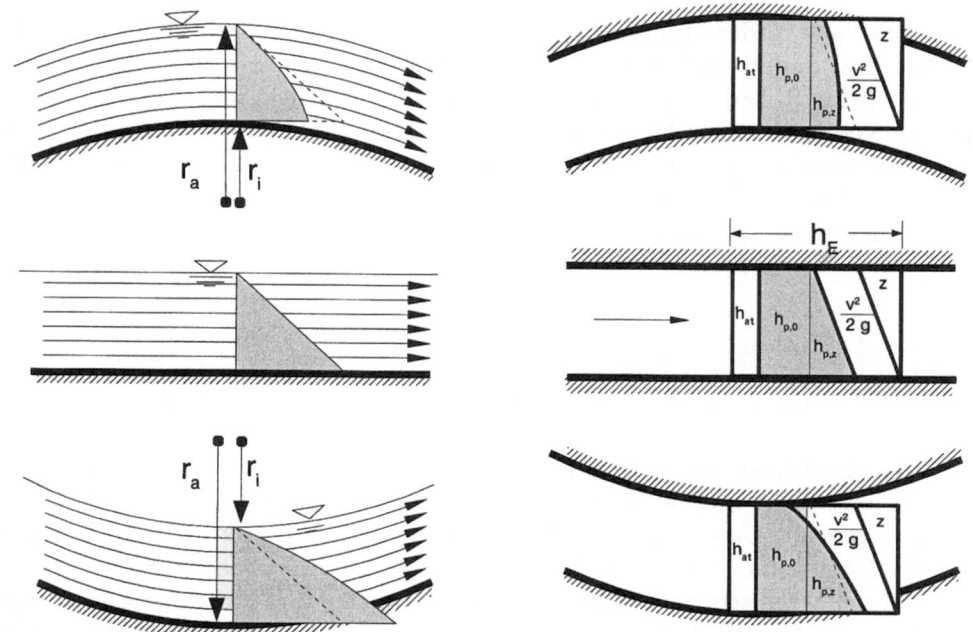

Abb. 4.14: Druckverteilung bei gekrümmten Stromlinien (links offenes Gerinne, rechts Rohrströmung; oben und unten nichthydrostatisch, Mitten hydrostatisch)

und im unteren Fall

$$h_{p,krümm} = \frac{c^2}{2g}\left(\frac{1}{r_i^2} - \frac{1}{r^2}\right). \tag{4.21}$$

Hierin ist

$$c = v_m \frac{r_a - r_i}{\ln(r_a/r_i)} \tag{4.22}$$

mit $v_m = Q/A$.

Im linken Bildteil sind Freispiegelströmung und rechts Rohrströmungen wiedergegeben. Bei der Freispiegelströmung ist die Druckverteilung mit eingetragen und bei der Rohrströmung sind die Energiehöhen dargestellt. Die gesamte Energiehöhe ist in jeder Tiefenlage konstant und setzt sich zusammen aus der Druckhöhe des Atmosphärendrucks h_{at}, der Druckhöhe $h_{p,z}$ aus Eigengewicht, ggf. einer allgemeinen in der Leitung herrschenden Überdruck- oder Unterdruckhöhe $h_{p,0}$, der Geschwindigkeitshöhe $\frac{v^2}{2g}$ und der geodätischen Höhe z. Hervorgehoben ist die gesamte, den Atmosphärendruck übersteigende Druckhöhe. Da die Geschwindigkeitshöhe progressiv zur Innenkurve hin steigt, fällt die Druckhöhe entsprechend zur Innenkurve hin gegenüber dem hydrostatischen Fall ab. Je nach der generellen

Druckhöhe $h_{p,0}$ in der Rohrleitung kann die verbleibende Druckhöhe unter h_{at} absinken und damit auch in den Unterdruckbereich fallen (in den dargestellten Zuständen der Rohrströmung ist überall noch Überdruck vorhanden). Man erkennt im Vergleich mit dem hydrostatischen Fall, in welchen Bereichen der Druck infolge Krümmung steigt oder fällt. Man erkennt ferner, daß Unterdruck im Fall rechts oben bei abnehmender allgemeiner Druckhöhe $h_{p,0}$ im Rohr je nach Q und Krümmung zuerst sowohl im Rohrscheitel, als auch an der Rohrsohle auftreten kann.

4.2.2.4 Turbulenz

Die Turbulenz hat wesentliche Auswirkungen auf das Strömungsgeschehen:

1. **Vermischung.** Die turbulenzbedingte Vermischung, der Wasseraustausch, beeinflußt die Soffhaushalts- und Stofftransportprozesse in den Gewässern maßgebend. Dies betrifft die Lebensgemeinschaften (Biozönosen) bezüglich des Nährstoffaustauschs und des Abtransports von Abbauprodukten genauso wie die Vermischung von eingeleiteter Abwärme und stoffliche Einleitungen aus industriellen Anlagen. Ein wesentlicher Faktor der Sedimenttransportprozesse, nämlich der Transport von Sedimenten in "Schwebe" (genauer als Suspension) ist eine direkte Folge der Turbulenz. Grundlegendes findet man hierzu in Kap. 4.9.2.7 auf Seite 185ff. Einige weitere grundlegende Aspekte, bei denen auch der Wasseraustausch von Bedeutung ist, zeigt Abb. 4.123 auf Seite 167ff.

2. **Strömungswiderstand.** Die Mischbewegung benötigt selbst Energie und bewirkt damit Strömungswiderstand. Sie hat des weiteren zufolge, daß wandferne und schnell fließende Flüssigkeit in Richtung Wandung gewirbelt und dort abgebremst wird. Die im Gegenzug aus den langsameren Zonen herausgeschleuderten Turbulenzballen benötigen Energie für ihre Beschleunigung. Insgesamt bewirkt dieser *Impulsaustausch* eine Vergleichmäßigung der Geschwindigkeiten im Querschnitt (s. auch Kap. 4.5.3.7 auf Seite 111ff). Das Wasser wirkt zäher. Die Erhöhung der wandnahen Geschwindigkeiten bewirkt ein stärkeres Geschwindigkeitsgefälle an der Wand ($v_{wand} = 0$) und dadurch höhere Energieverluste. Die turbulenzbedingten Schubspannungen kann man ableiten. Hierzu betrachtet man eine Fläche dA parallel zur Wand. Entlang dieser Fläche fließt die Strömung mit der Geschwindigkeit $\overline{v}_x + v'_x$ (s. Abb. 4.15). Hierin sind $\overline{v}_x$ die zeitlich gemittelte Geschwindigkeit und v'_x die Schwankungsgröße in x-Richtung.

Diese Hauptströmung in x-Richtung wird infolge der in y-Richtung auftretenden Schwankungen v'_y ständig in y-Richtung versetzt, wie die Strombahn in der Abb. 4.15 zeigt. Also tritt durch die Fläche dA der Impulsstrom

$$d\dot{J}_x = \rho\left(\overline{v}_x + v'_x\right) v'_y\, dA. \tag{4.23}$$

4.2. Definitionen und Grundzusammenhänge

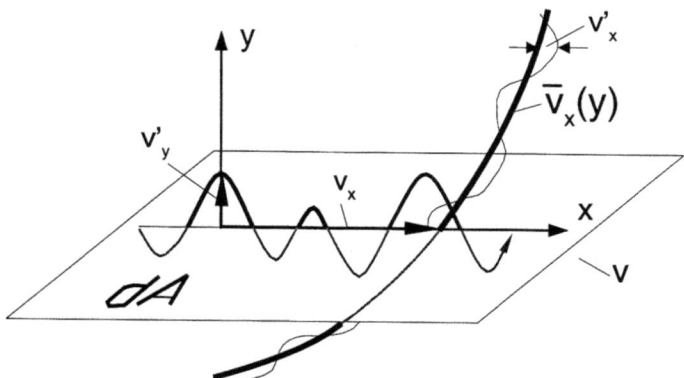

Abb. 4.15: Zur Definition der turbulenzbedingten Schubspannungen

Wegen der in y-Richtung steigenden mittleren Geschwindigkeiten $\bar{v}_x(y)$ führt dieser Impulsaustausch direkt zu den turbulenzbedingten Schubspannungen, indem man den Impulsstrom $\dot{J}$, der einer Kraft entspricht (s. Kap. 4.2.2.3 auf Seite 39), auf die Durchtrittsfläche dA bezieht:

$$\tau_{t,x}(y) = -\overline{\frac{d\dot{J}_x}{dA}} = -\rho(\overline{\bar{v}_x v'_y} + \overline{v'_x v'_y}). \tag{4.24}$$

Man kann Abb. 4.15 anhand der eingezeichneten Strombahn entnehmen, daß die Intensität von v'_y für den Betrag des durch die Fläche ausgetauschten Impulsstromes verantwortlich ist. Bei $v'_y = 0$ tritt auch kein Impulsstrom durch die Fläche dA, und es ergibt sich dann kein Impulsaustausch und damit auch keine turbulenzbedingte Schubspannung in der Fläche dA. Wegen $\overline{\bar{v}_x v'_y} = \bar{v}_x \overline{v'_y} = 0$ folgt

$$\tau_{t,x}(y) = -\rho \, \overline{v'_x v'_y}. \tag{4.25}$$

Die sehr gute Beschreibung der turbulenzbedingten Schubspannungen durch den Term $\overline{v'_x v'_y}$ ist in zahlreichen Versuchen bestätigt worden.

Einen Weg, die turbulenzbedingte Schubspannung in Zusammenhang zur Geschwindigkeitsverteilung zu stellen, hat PRANDTL vorgeschlagen. Dieser Weg ist als Mischungswegtheorie (Impulsaustauschtheorie) bekannt, denn er beinhaltet die schon vorstehend beschriebene Vorstellung, daß die aus einer Schicht $y + l$ eintreffenden Flüssigkeitsballen in der Höhe y einen positiven Wert $+v'_x$ auslösen. Umgekehrt bewirken von $y - l$ eintreffende Flüssigkeitsballen $-v'_x$ (vgl. Abb. 4.16). Im Zusammenwirken ist die Geschwindigkeit in der Höhe y damit $v_x(y) = \bar{v}_x + v'_x - v'_x = \bar{v}_x(y)$. Andersherum lösen aus der Höhe y abgehende $+v'_y$ bei $y + l$ eine Verlangsamung $-v'_x$ aus bzw. bei der Bewegung nach unten dort eine Beschleunigung $+v'_x$. Die Turbulenz wirkt auf diese Weise vergleichmäßigend auf die mittleren Geschwindigkeiten $v_x(y)$. Das Schubspannung auslösende Produkt $v'_x \, v'_y$ ist dabei immer negativ und mithin ist τ in Gl. 4.25 positiv.

Die Distanz l ist der von PRANDTL so genannte Mischungsweg, den die Ballen zurücklegen, ehe sie ihre Identität verlieren. Mit der vorstehenden Modellvorstellung ist

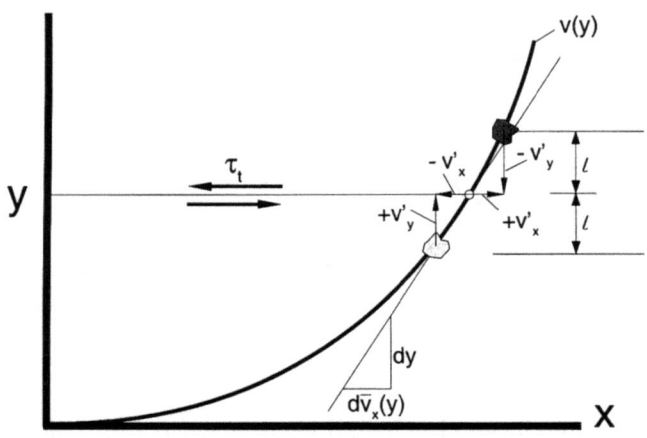

Abb. 4.16: Impulsaustausch durch turbulenzbedingten Flüssigkeitsaustausch

$$\frac{-v'_x(y)}{d\,\overline{v}_x(y)} = \frac{l}{dy} \quad \text{bzw.} \quad v'_x(y) = -l\,\frac{d\,\overline{v}_x(y)}{dy}. \tag{4.26}$$

Da v'_x von der gleichen Größenordnung ist, wie v'_y, wird

$$\overline{v'_x v'_y} = -l^2 \left(\frac{dv}{dy}\right)^2 \tag{4.27}$$

und

$$\tau_t = \rho\, l^2 \left(\frac{dv}{dy}\right)^2. \tag{4.28}$$

In Wandnähe kann nach PRANDTL für den Mischungsweg angesetzt werden $l = \kappa\, y$ mit $\kappa = 0,4 =$ KARMAN-Konstante, womit Gleichung 4.28 wird

$$\tau_t = \rho\,\kappa^2 y^2 \left(\frac{dv}{dy}\right)^2. \tag{4.29}$$

Damit wird τ allgemein zu

$$\tau = \rho\nu\,\frac{dv}{dy} + \rho\,\kappa^2 y^2 \left(\frac{dv}{dy}\right)^2. \tag{4.30}$$

Gl. 4.29 basiert auf wandnahen Gegebenheiten, erfüllt aber die auftretenden Geschwindigkeiten erfahrungsgemäß auch noch in weiterer Entfernung von der Wand recht gut (s. auch Kap. 4.5.3.7 auf Seite 111ff).

In allernächster Nähe von undurchlässigen Wänden wird die Turbulenzbewegung behindert, so daß hier die vertikalen Schwankungen verschwinden.

4.2. Definitionen und Grundzusammenhänge

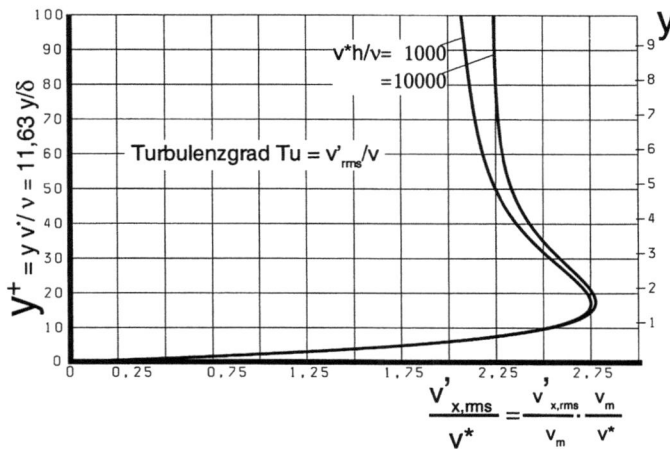

Abb. 4.17: Turbulente sohlenparallele Geschwindigkeitsschwankungen als Funktion des Wandabstandes $(v_m/v^\star$ s. Tab. 4.15 auf Seite 117)

Die horizontale Turbulenz $v'_x(y)$ kann nach NEZU und RODI [70] für glatte Sohlen beschrieben werden durch

$$\frac{v'_{x,rms}(y)}{v^\star} = 0,3\, y^+ \cdot e^{-0,1 y^+} + 2,26 \cdot e^{-0,88 \frac{y}{h}} \cdot (1 - e^{-0,1 y^+}) \qquad (4.31)$$

mit y^+ =dimensionsloser Wandabstand $= v^\star y/\nu$ und $v'_{rms} = \sqrt{\overline{v'^2}}=$ Standardabweichung der zeitlichen Schwankungen $v'_y(t)$ und $v^\star$ (s. Gl. 4.38 auf Seite 49).[7] Der Verlauf von Gl. 4.31 ist auf Abb. 4.17 dargestellt. Man sieht, daß die stärksten Geschwindigkeitsschwankungen bei einem Wandabstand $y^+ \approx 17$ auftreten, in dem die Rauheitshöhen in der Größenordnung der Dicke δ der viskosen Grenzschicht liegen (vgl. Gl. 4.5.3.7.2 auf Seite 112 und Abb. 4.71 auf Seite 116).

4.2.2.5 Energieverluste, Wandschubspannung

4.2.2.5.1 Wandschubspannung An den Wandungen von Rohren und Gerinnen haftet die Flüssigkeit. Schon in sehr geringer Entfernung von der Wandung bewegt sie sich relativ zur Wand, wobei die mögliche Relativgeschwindigkeit zur Wandung abhängt von

1. der Kraft, die verschiebend wirkt und

2. vom Widerstand gegen die Flüssigkeitsscherung, der von der wirksamen Viskosität abhängt.(s. Kap. 2.5 auf Seite 10; maßgebend sind Materialeigenschaft und Turbulenzgrad.)

Da sich benachbarte Flüssigkeitsteilchen immer relativ zueinander bewegen, steigt die Geschwindigkeit von der Wand weg an. Entsprechend sind die Scherung und

---

[7] Aus Gl. 4.291 auf Seite 179 können alternativ die Fluktuationen in Höhe der Körner der Sohle für unterschiedliche Korngrößen entnommen werden.

die Scherspannung (= Schubspannung) wandnah am größten. Die Wandschubspannung ist $\tau_o = F_R/A$ mit F_R = Kraft in Strömungsrichtung zwischen Wand und Flüssigkeit, bezogen auf die Wandfläche A. Die Scherung der Flüssigkeit kostet Energie, die in die Bilanzen der Energiehöhen als (Energie-)Verlusthöhe h_v eingeht.

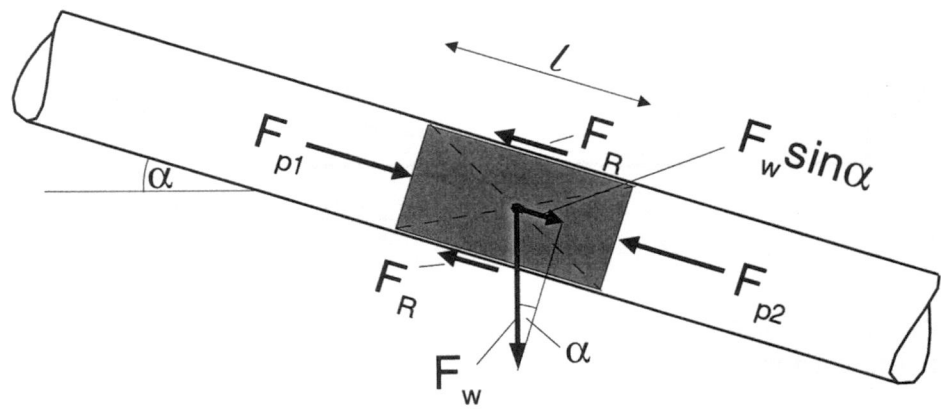

Abb. 4.18: Treibende und bremsende Kräfte

Die gesamte in Bewegung befindliche Wassermasse eines Rohrabschnitts wird angetrieben von der Druckdifferenz an diesem Abschnitt und von der Komponente des Wassergewichts in Strömungsrichtung. Ohne Bremswirkung an den Wandungen würde das Wasser beschleunigt strömen. Mit zunehmender Geschwindigkeit nimmt aber auch die wandbedingte Reibungskraft F_R zu, und die Beschleunigung hört auf, wenn die antreibenden und die bremsenden Kräfte ausgeglichen sind (Abb. 4.18):

Für ein Rohr mit gleichbleibendem Durchmesser führt das auf

$$\underbrace{\overbrace{(p_1 - p_2)A}^{\Delta p}}_{Druckkraft} + \underbrace{\overbrace{\rho g l A}^{Gewicht} \sin\alpha}_{Gewichtskomponente} = \underbrace{F_R}_{Bremskraft} \quad (4.32)$$

(A=durchflossene Querschnittsfläche). Anstelle von $\sin\alpha$ kann auch geschrieben werden

$$\sin\alpha = \Delta z/l. \quad (4.33)$$

Die Wandschubspannung τ_o ist gegeben durch den Bezug der Kräfte auf die Fläche A_R (= Mantelfläche, in der der schraffierte Körper in Abb. 4.18 Reibung produziert), also

$$\begin{aligned}\tau_o &= \rho g(\frac{\Delta p}{\rho g} + \Delta z)\frac{A}{A_R} \\ &= \rho g l I_E \frac{A}{A_R}.\end{aligned} \quad (4.34)$$

4.2. Definitionen und Grundzusammenhänge

Für *Rohrleitungen* mit Kreisquerschnitt und Durchmesser d sind $A = \pi d^2/4$ und $A_R = \pi d l$ und es folgt

$$\tau_o = \frac{1}{4} \rho g d\, I_E. \tag{4.35}$$

Beim *offenen Gerinne* wird das Energiegefälle hier nicht mit h_v/l auf den Fließweg l, sondern mit $I_E = h_v/l_h$ auf die horizontale Strecke l_h bezogen. Daher tritt dann $\cos\alpha$ hinzu. Mit Einführung des Hydraulischen Radius r_{hy} (Kapitel 4.5.3.2 auf Seite 106f) ist dann in nicht zu steil geneigten Gerinnen

$$\tau_o = \rho g\, r_{hy}\, I_E \cos\alpha \tag{4.36}$$

und in Gerinnen mit im Verhältnis zur Tiefe großer Breite

$$\tau_o = \rho g h\, I_E \cos\alpha. \tag{4.37}$$

Bei den typischen Gefällen der Gewässer ist bis auf Ausnahmen $\cos\alpha \approx 1$.

Mit der *Definition der Schubspannungsgeschwindigkeit* $v^\star$ kann auch geschrieben werden

$$\frac{\tau_0}{\rho} = v^{\star 2} = g h\, I_E \qquad \text{bzw.} \qquad v^\star = \sqrt{\frac{\tau}{\rho}} = \sqrt{g h\, I_E}. \tag{4.38}$$

4.2.2.5.2 Schubspannungsverteilung innerhalb der Flüssigkeit Schubspannungen werden nicht nur zwischen Flüssigkeit und fester Wand übertragen, sondern auch im Inneren der Flüssigkeit. Infolge der Haftbedingung an Wandungen ist die Geschwindigkeit in Wandnähe geringer als wandferner, und folglich existiert eine Scherung zwischen den wandnahen und den wandfernen Wasserkörpern. Dieser Zusammenhang wird mit Abb. 4.19 erläutert.

Auf der Abbildung ist ein Kontrollvolumen dargestellt, auf das von außen Druckkräfte F_P, Impulskräfte F_I und Reibungskräfte $F_R = \tau_o \cdot A$ wirken. Das Kontrollvolumen selbst erzeugt Gewichtskräfte F_G. Stationäre Strömungsverhältnisse liegen dann vor, wenn alle Kräfte im Gleichgewicht sind. Die Summe der Druck- und der Impulskräfte ist bei stationärer Strömung an den beiden Seiten des Kontrollbereiches jeweils gleich groß und entgegengesetzt gerichtet. Bei stationär gleichförmiger Strömung (Normalabfluß, vgl. Kap. 4.5.3 auf Seite 103) ist nicht nur die Summe der Druck- und Impulskräfte rechts und links jeweils gleich, sondern es sind $F_{p,1} = F_{p,2}$ und $F_{I,1} = F_{I,2}$ und $I_E = I_{So} = I$. Die talwärts gerichtete Komponente des Gewichtes des Kontrollvolumens wird also nur durch Reibungskräfte kompensiert. Das gilt nicht nur für den gesamten Wasserkörper, der seine talwärts gerichtete Gewichtskraft als Schubkraft auf die Wand überträgt, sondern auch für jede zur Wand parallele Scherfläche $A_{Scher} = l \cdot b$ innerhalb der Flüssigkeit. Der Wasserkörper oberhalb der Position y auf Abb. 4.19 wird z.B. durch die in Strömungsrichtung weisende Komponente seines Gewichtes, $F_G(y) \cdot \sin\alpha$, talwärts getrieben und von der darunter liegenden Flüssigkeit gebremst. In der (gedachten) Trennfläche A entsteht somit eine Schubspannung $\tau(y)$ (= Scherspannung = Scherkraft je Fläche)

$$\tau_{(y)} = \frac{F_G(y) \cdot \sin\alpha}{A} = \frac{\rho g (h-y) b l \sin\alpha}{A}. \tag{4.39}$$

Im Normalfall ist α deutlich kleiner als 10 Grad, so daß für das Gefälle I mit genügender Genauigkeit gilt

$$\sin\alpha \approx \tan\alpha \approx I. \tag{4.40}$$

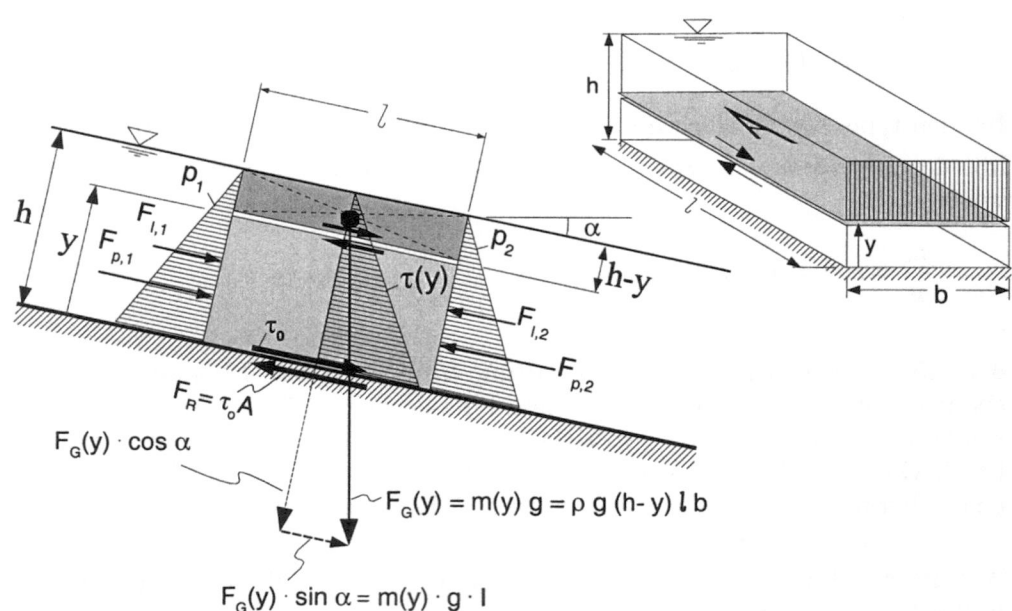

Abb. 4.19: Zur Bestimmung der Schubspannungsverteilung bei stationär-gleichförmiger Strömung (Normalabfluß)

Mit der durchströmten Querschnittsfläche $(h-y) \cdot b$ und der Scherfläche $A = l \cdot b$ wird aus Gl. 4.39

$$\tau_{(y)} = \rho g h I \cdot \left(1 - \frac{y}{h}\right). \tag{4.41}$$

Die Schubspannung τ_0 aus dem gesamten Wasserkörper wird von der Sohle bei $y = 0$ aufgenommen:

$$\tau_0 = \rho g h I. \tag{4.42}$$

4.2. Definitionen und Grundzusammenhänge

Man kann Gleichung 4.41 nun auch auf der Grundlage von τ_0 ausdrücken:

$$\tau_{(y)} = \tau_0 \cdot \left(1 - \frac{y}{h}\right). \tag{4.43}$$

Für Rohrströmungen führt eine entsprechende Ableitung auf

$$\tau(y) = \tau_o \cdot (1 - \frac{y}{r}). \tag{4.44}$$

Abb. 4.20 zeigt die Schubspannungsverläufe in Rohr- und Gerinneströmungen.

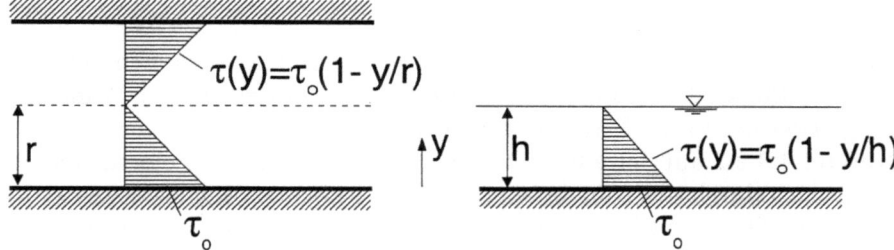

Abb. 4.20: Schubspannungsverlauf in Rohren und Gerinnen

Abbildung 4.21 gibt die Schubspannungsverteilung der Anteile τ_z und τ_t entlang der Tiefe wieder (Index z für Bereich der Zähigkeitsströmung)[8].

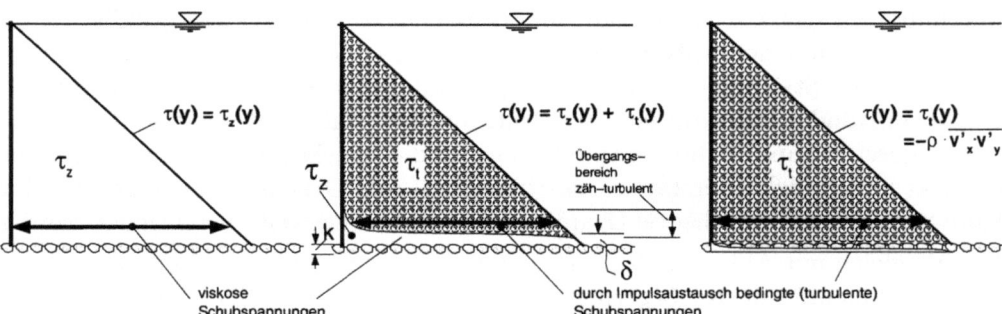

Abb. 4.21: Zur Schubspannungsverteilung. Links Laminarströmung, mitten turbulente Strömung mit wandnah viskoser Strömung, rechts voll turbulente Strömung (schematisch)

4.2.2.5.3 Strömungskräfte auf einzelne umströmte Körper
Außer den kontinuierlichen Verlusten infolge Wandreibung können auch Verluste an einzelnen ganz oder teilweise umströmten Körpern auftreten. Die Art der Umströmung

---

[8] Reicht die von der Zähigkeit dominierte Strömung bis an die Oberfläche oder zur Rohrmitte, so bezeichnet man diesen Zustand als Laminarströmung.

und folglich die Verluste hängen stark von der Form des Körpers und von der REYNOLDS-Zahl des Körpers $Re = v \cdot l_{char}/\nu$ ab. Dabei wird die signifikante Länge l_{char} bei langen Körpern durch deren Länge l repräsentiert und bei kompakten Körpern (z.B. Kugeln) durch den Durchmesser d.

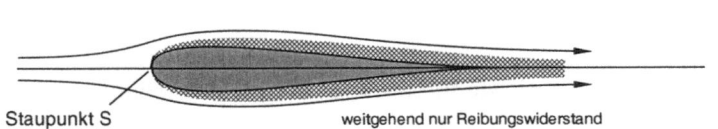

Abb. 4.22: Umströmung und Grenzschicht an einem stromlinienförmigen Körper

An stromlinienförmigen Körpern baut sich vom Staupunkt beginnend eine Grenzschicht auf (Abb. 4.22), und es entsteht wegen des Haftens an der Wand und der Strömungsscherung in der Grenzschicht wandbedingte Reibung am Körper (vgl. auch Kapitel 4.3.2.2 auf Seite 66). Der Druckwiderstand ist in einem solchen Fall gering, was sich durch die Annahme einer (in Wirklichkeit nicht existenten) völlig reibungsfreien Flüssigkeit bei nicht zu großer Geschwindigkeit am Beispiel der umströmten Kugel zeigen läßt. In diesem Fall erfolgt die Umströmung wie auf Abb. 4.23 oben. Im unteren Teil der Abbildung ist der Druck entlang der Randstromlinie dargestellt. Im Staupunkt steigt die Druckhöhe um das Maß der kinetischen Energiehöhe $v^2/2g$. Weiter entlang des Mantels der Kugel steigt die Geschwindigkeit infolge der Stromlinieneinengung, und der Druck fällt entsprechend (vgl. Kap. 4.2.2.2 auf Seite 36ff, insbesondere Gl. 4.5). Es entsteht Unterdruck, der sein Maximum an der stärksten Einengung erreicht. Weiter rückwärtig fällt die Geschwindigkeit mit der Aufweitung des Strömungsfeldes wieder ab und der Druck steigt, bis die Strömung am rückwärtigen Staupunkt zum Erliegen kommt, weil $v^2/2g$ vollständig abgebaut ist. Der Druck hat hier daher den gleichen Betrag wie am vorderen Staupunkt und mithin heben sich die Druckkräfte am Körper auf, und es wirkt kein Druckwiderstand. Das Strömungs- und Druckfeld für diesen Idealfall kann mit der Potentialtheorie (Kapitel 4.2.3) näherungsweise beschrieben werden.

Der Vergleich mit Abb. 4.22 läßt erkennen, daß der Einfluß der Grenzschicht auch bei stromlinienförmigen Körpern einen, wenn auch geringen, Druckwiderstand mit sich bringt, da die Stromlinien nicht, wie im idealen Fall, ganz parallel zur Wand verlaufen. Dadurch heben sich die Druckkräfte vor und hinter dem Körper in der Realität nicht auf.

Strömungsablösung Erheblich höhere Druckwiderstände treten infolge Strömungsablösung auf. Druck und Geschwindigkeit entlang des Körpers verlaufen dann in der Art, wie auf Abb. 4.24 zu sehen ist. Das Auftreten von Ablösungen hat als Ursache den Druckanstieg in der Grenzschicht:

Im Bereich hinter dem größten Querschnitt verzögert die Strömung und es wird kinetische Energie in Druckenergie umgesetzt. Ohne Reibung käme ein Teilchen der Randstromlinie, wie schon oben beschrieben, bis zum rückwärtigen Staupunkt.

4.2. Definitionen und Grundzusammenhänge

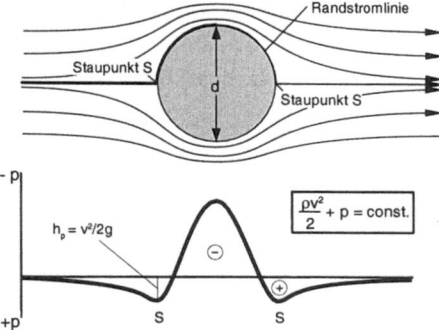

Abb. 4.23: Umströmung einer Kugel mit idealer (= reibungsfreier) Flüssigkeit sowie Druck vor, entlang und hinter dem Körper.

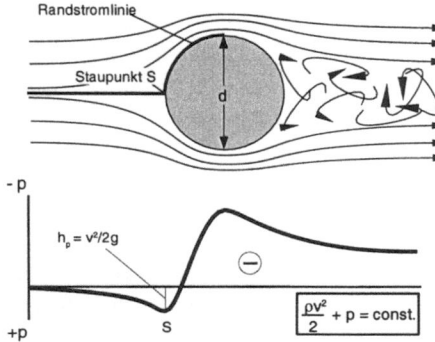

Abb. 4.24: Umströmung einer Kugel mit realer (also viskoser und damit reibungsbehafteter) Flüssigkeit sowie Druck vor, entlang und hinter dem Körper.

Wegen der Reibungsverluste in der Grenzschicht verliert es jedoch Energie, kommt vorher zum Stillstand und wird von der Druckverteilung der Außenströmung wieder zurückgetrieben. Aus der Rückströmung bilden sich Wirbel, wobei im Wirbelgebiet ein Unterdruck herrscht. Je nach Re_d-Zahl ergeben sich hinter dem Körper regelmäßig pendelnde Wirbel (Karmansche Wirbelstraße) oder irreguläre Turbulenz. Abb. 4.25[9] demonstriert den Einfluß der Reynolds-Zahl auf die Ablösung an einer Kugel.

Bei kleinen Kugel-Re_d-Zahlen $Re_d = v \cdot d/\nu$ mit der charakteristischen Länge d ist die Grenzschicht viskos, und es wird im Nachlauf zähe Flüssigkeit mitgeschleppt. Mit steigender Re_d-Zahl kommt es im hinteren Teil zum Strömungsabriß mit regelmäßig pendelnden Wirbeln. Mit weiter erhöhter Re_d-Zahl wandert der Abrißpunkt nach vorne, und im Nachlauf herrscht irreguläre Turbulenz nach dem Abriß. Die Grenzschicht an der Wand ist bisher viskos. Steigt die Re_d-Zahl über etwa $2 \cdot 10^5$ (für Kugeln) an, so zeigen Experimente (vgl. Abb. 4.27) einen fast plötzlichen Abfall des Widerstandsbeiwertes. Dieser ist auf das Turblentwerden der Grenzschicht zurückzuführen[10]. Als Folge der Turbulenz in der Grenzschicht wird mit dem Impulsaustausch vermehrt Energie der Außenströmung zugeführt

---

[9] Für Näheres zu den Grenzschichteffekten, die zu den unterschiedlichen dargestellten Zuständen führen, s. z.B. [19]

[10] Bis hier ist die Grenzschicht bis zum Abrißpunkt der Strömung viskos.

und die mitschleppende Wirkung der Außenströmung ist wesentlich größer als bei der laminaren Grenzschicht [88].

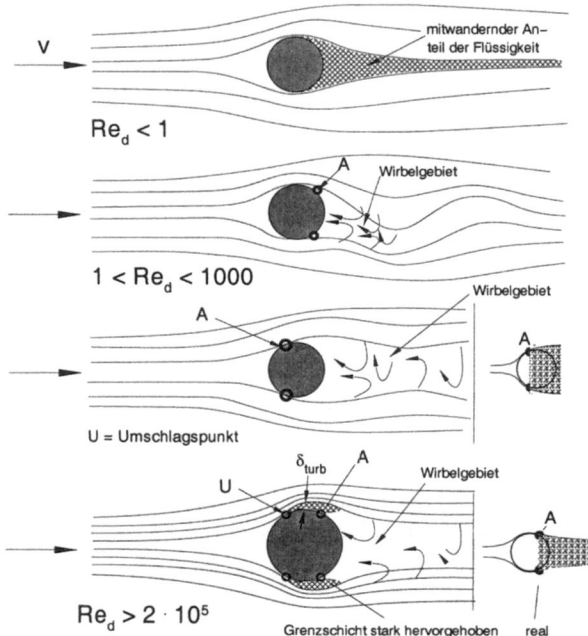

Abb. 4.25: Ablösungen an Kugeln in Abhängigkeit von $Re_d = v \cdot d/\nu$

Dadurch wiederum wird der Srömungsabriß nach unterstrom verschoben, was ein schmaleres Ablösungsgebiet und mithin weniger Widerstand zufolge hat. Bei diesen sogenannten kritischen Re-Zahlen legt sich die laminar abgerissene Grenzschicht turbulent wieder an. Die turbulente Grenzschicht ist durch ihren verstärkten Impulstransport und höheren Energiegehalt im verstärktem Maße in der Lage, gegen den Druckanstieg auf der Kugelrückseite anzuwirken. Folgen sind eine Verlagerung des Ablösepunktes nach hinten, eine Verkleinerung des Wirbelfeldes und ein Abfall des Druckwiderstandes. Bei einem Stromlinienkörper fehlt dieser Effekt, solange an ihm kein Strömungsabriß eintritt.

Beim Anfahren der Umströmung vom Ruhezustand aus werden immer die Stadien der Abb. 4.25 durchlaufen.

Widerstandsberechnung Die resultierende Kraft läßt sich auf zwei Wegen ermitteln:

1. aus der Druckkraftdifferenz am Körper

2. aus dem Geschwindigkeitsverlust der Strömung

Bei kleinen Re-Zahlen dominiert der Reibungswiderstand, danach ist der Druckwiderstand größer. Je nach Form des Körpers und je nach Geschwindigkeit der

4.2. Definitionen und Grundzusammenhänge

Strömung bildet sich im Nachlauf ein mehr oder weniger großes Wirbelgebiet aus, und es entsteht eine mehr oder weniger große Druckdifferenz vor und hinter dem Körper. Druckverlauf und Druckdifferenz sind sehr individuell. In jedem Fall aber existiert an der angeströmten Seite ein Staupunkt und dort ein Anstieg der Druckhöhe um den Betrag der kinetischen Energiehöhe:

$$\frac{\Delta p_S}{\rho g} = \frac{v^2}{2g} \quad \text{und damit} \quad \Delta p_S = \frac{1}{2} \rho v^2 \tag{4.45}$$

Die tatsächlich wirksame Druckdifferenz ist proportional zur Druckerhöhung im Staupunkt, wobei der Proportionalitätsfaktor von der Form abhängt. Die tatsächlich wirksame Fläche, auf der die Druckdifferenz wirkt, ist ebenfalls stark von der Form abhängig. Abb. 4.26 zeigt dies am Beispiel eines strömungsgünstigen und eines ungünstigen Körpers mit gleicher angeströmter Fläche A_{proj}. Der untere Körper wird von der Strömung aufgrund seiner ungünstigen Form als größer "empfunden". Grundsätzlich ist aber die angeströmte Fläche A_{proj} (Projektionsfläche in Strömungsrichtung) bekannt, so daß man mit dieser als Bezugsfläche schreiben kann

$$F \sim \Delta p_S A_{proj} \quad \text{bzw.} \quad F \sim \frac{1}{2} \rho v^2 A_{proj}. \tag{4.46}$$

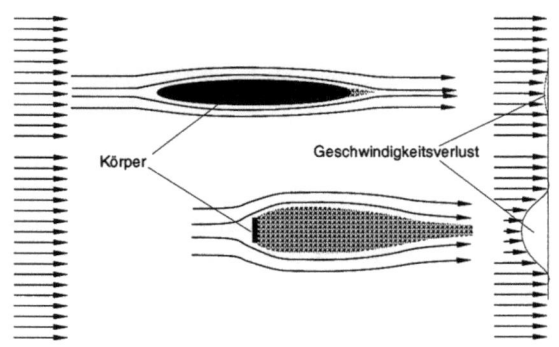

Abb. 4.26: Wirkung der Körperform auf das Wirbelgebiet und damit auf den c_D-Wert

Der Proportionalitätsfaktor wird als Druckwiderstandsbeiwert c_D bezeichnet, so daß man schließlich erhält

$$F = c_D \frac{1}{2} \rho v^2 A_{proj}. \tag{4.47}$$

Der Beiwert c_D ist eine Funktion der Körperform und bei nicht voll ausgebildeter Turbulenz hinter dem Körper auch von der Re_d-Zahl des Körpers $Re_d = vd/\nu$ (d = Körperdurchmesser) abhängig. Einige c_D-Werte sind in Tabelle 4.1 für turbulente Umströmung zusammengestellt. Ausgeprägte irreguläre Turbulenz im Nachlauf stellt sich z.B. bei umströmten Kugeln etwa ab $Re_d > 1000$ ein (vgl. Abb. 4.25 und 4.27). Abb. 4.26 zeigt weiterhin die Wirkung auf die Geschwindigkeit im Nachlauf. Im Fall oben sind das Wirbelgebiet und somit der Geschwindigkeitsverlust deutlich kleiner als im Fall unten. Mit der Entfernung hinter dem Körper verteilt sich der Geschwindigkeitsverlust auf eine immer größere Fläche, wobei der Maximalwert des Verlustes abnimmt. Schließlich ist das gesamte Geschwindigkeitsfeld betroffen, wenn auch nunmehr entsprechend schwach. Man kann die Kraft auf den Körper daher auch aus dem Impulsstromverlust berechnen. Das ist die Kraft, die den Geschwindigkeitsverlust bewirkt[11]. Diese ist $F = Zahl \cdot \rho \cdot Q \cdot v = Zahl \cdot \rho \cdot v^2 \cdot A_{proj}$. Die Zahl berücksichtigt wieder die Gegebenheiten aus Körperform, Grenzschicht und Re_d-Zahl und ergibt sich zu $1/2 \cdot c_D$.[12]

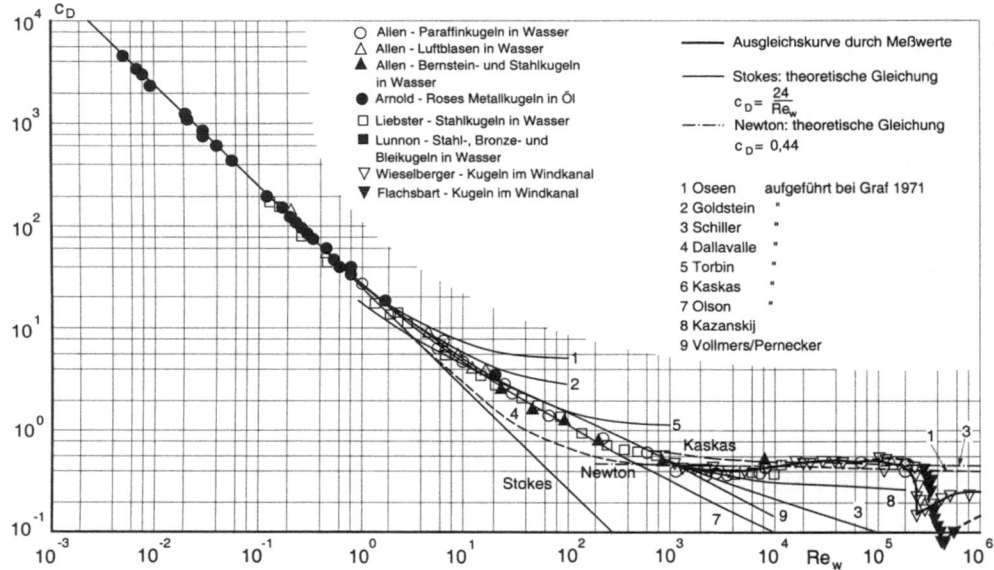

Abb. 4.27: c_D-Werte am Beispiel von Kugeln in Abhängigkeit von der Re-Zahl (aus [120]). Näherungslösung für alle Re_d-Zahlen: $c_D = 24/Re_d + 0,4$ (Bezeichnung $Re_w = w\,d/\nu$ beim Sinkvorgang, allg. Bezeichnung Re_d). Vgl. auch Abb. 4.25

4.2.3 Potentialströmung

4.2.3.1 Grundlagen

Unter der (modellhaften) *Annahme einer wirbelfreien Strömung*, die dann automatisch auch verlustfrei ist, lassen sich wichtige Erkenntnisse gewinnen, so z.B. für die Über- und Unterströmung von Wehren oder bestimmte Effekte der Strömung in

---

[11] Analog erhöht ein abgeschossener Körper die Geschwindigkeit in seinem Nachlauf umso mehr, je größer sein Widerstand ist.
[12] Daß hier $1/2 \cdot c_D$ einzusetzen ist, um auf die gleiche Form wie Gl. 4.47 zu kommen, liegt an der (willkürlichen) Wahl des Staudrucks im Staupunkt als Bezugsgröße in Gl. 4.47.

4.2. Definitionen und Grundzusammenhänge

Körper	c_D
Kugel	0,4
Kreisscheibe	1,16
quadrat. Platte	1,1
Rechteckplatte 1:10	1,29
Halbkugel, hohl, offene Seite angeströmt	1,33
Halbkugel, hohl, kugelige Seite angeströmt	0,34
Halbkugel, voll, Boden angeströmt	1,40
Halbkugel, voll, kugelige Seite angeströmt	0,40
Kegel, von Spitze her angeströmt	0,34 (Öffnungswinkel 30°)
Kegel, von Spitze her angeströmt	0,51 (Öffnungswinkel 60°)

Tab. 4.1: Einige c_D-Werte für turbulente Umströmung.

Kurven. Ein wesentliches Merkmal der vereinfachten Betrachtung einer Strömung als Potentialströmung ist das Außerachtlassen der Trägheitswirkung. Daher macht eine Potentialströmung "willenlos" jede Richtungsänderung mit und kennt keine Ablösungen der Strömung.
Sie ist im Bereich von Ablösungen also nicht zutreffend, kann aber bei schleichenden Strömungen im Boden oder schleichender Umströmung von Körpern, so z.B. wie im Fall Abb. 4.25 oben, wegen der dann vernachlässigbaren Trägkeitseffekte genutzt werden. Die Potentialströmung ist aber selbst in Strömungen mit Ablösung ansetzbar, wenn die Grenzen der Ablösungszone auf andere Weise bekannt sind und dann als Berandung angesetzt werden. Abb. 4.28 zeigt beispielhaft ein *Strömungsfeld*. Strömungsfelder sind i.a. dreidimensional, d.h. die Strömungen sind in allen drei Richtungen des Raumes variabel. In vielen Anwendungsfällen ist die Variabilität in einer Raumrichtung vernachlässigbar oder nicht vorhanden, und das Feld läßt sich auf eine Schnittebene reduzieren. Solche zweidimensionalen (ebenen) Strömungsfelder liegen z.B. in Schnittebenen senkrecht zur Krone eines Wehres oder bei der Unterströmung oder Durchströmung eines Dammes vor.
Ihre Analyse ist mit der Potentialtheorie möglich. Ausgangsansatz ist, daß

- die Verbindungslinie der Tangenten an die Strömungsvektoren eine Stromlinie darstellt, an der nur Strömung in Richtung des Weges und keine Strömung quer hierzu stattfindet, und daß

- für den Durchfluß $dq = dQ/d_3$ durch den Stromfaden zwischen zwei Stromlinien gilt

$$dq = v_s \, d_n \qquad (4.48)$$

mit d_3 = Einheitsabstand in der vernachlässigten dritten Raumrichtung sowie d_s, d_n, v_s, v_n wie in Abb. 4.28.

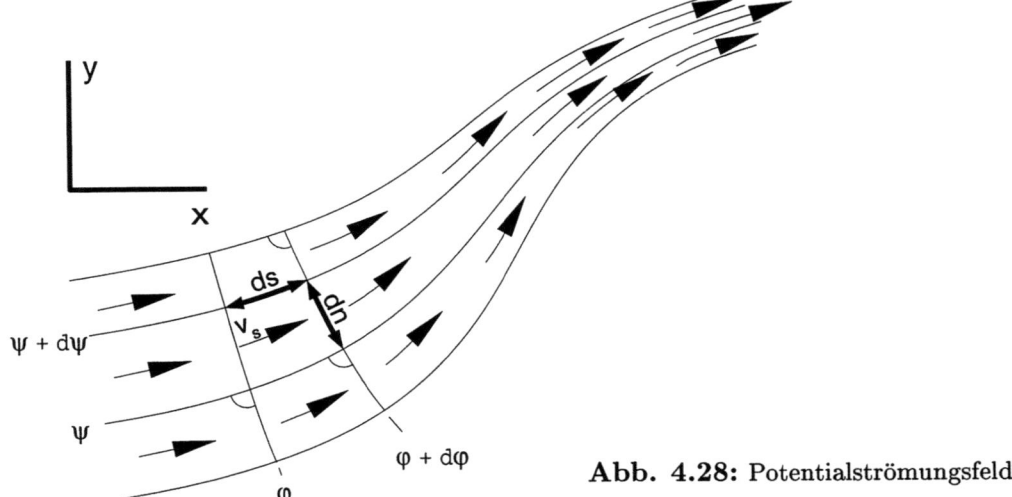

Abb. 4.28: Potentialströmungsfeld

In jedem Stromfaden zwischen zwei Stromlinien gilt wegen der ausschließlich tangentialen Strömungen an Stromlinien

$$dq = const. \qquad (4.49)$$

Mit der Annahme einer verlustfreien Strömung ist das Problem der Reibung (Scherung) zwischen den Stromfäden und die damit verbundene Rückwirkung auf die Strömung ausgeblendet. Bezeichnet man die Stromlinien als Stromfunktion ψ, so entspricht dq dem Stromlinienabstand $d\psi$:

$$dq \sim d\psi. \qquad (4.50)$$

Da normal zu den Stromlinien keine Flüssigkeit bewegt wird, also $v_n = 0$ ist, wird auch

$$v_n\, d_s = 0. \qquad (4.51)$$

Mithin sind senkrecht zu den Stromlinien verlaufende sogenannte Potentiallinien dadurch gekennzeichnet, daß entlang ihrer keine Längsströmung existiert. Entlang einer Potentiallinie ist das Geschwindigkeitspotential φ darum konstant. Stromlinien und Potentiallinien bilden ein rechtwinkliges Potentialnetz. Die Potentiallinien können als Höhenlinien und die Stromlinien als Fall-Linien auf einer im Raum gekrümmten Fläche aufgefaßt werden. Das ebene Potentialnetz ist dann die Projektion dieses Netzes auf eine horizontale Fläche. Engerer Potentiallinien-Abstand bedeutet also größeres Gefälle und damit größere Geschwindigkeit und konstanter Abstand entsprechend konstante Geschwindigkeit. Für die Potentiallinien gilt mit Abb. 4.28

4.2. Definitionen und Grundzusammenhänge

$$\frac{d\varphi}{d\psi} = \frac{d_s}{d_n}, \qquad (4.52)$$

also

$$d\psi = \frac{d\varphi}{d_s} d_n \qquad (4.53)$$

und mit Gln. 4.48 und 4.51

$$\frac{d\varphi}{d_s} = v_s = \frac{d\psi}{d_n} \qquad (4.54)$$

und

$$\frac{d\varphi}{d_n} = v_n = 0 = \frac{d\psi}{d_s}. \qquad (4.55)$$

Die Ableitung im kartesischen System anstelle von s-n-Koordinaten führt auf die LAPLACE-Gleichungen

$$\frac{d^2\psi}{dx^2} + \frac{d^2\psi}{dy^2} = 0 \quad \text{(Stromfunktion)} \qquad (4.56)$$

und

$$\frac{d^2\varphi}{dx^2} + \frac{d^2\varphi}{dy^2} = 0 \quad \text{(Potentialfunktion)}. \qquad (4.57)$$

4.2.3.2 Potentialnetze

Analytische Lösungen der Laplace-Gleichung sind u.a. wegen der Notwendigkeit analytisch beschreibbarer Berandungen nur in wenigen Fällen möglich (z.B. für die Wellenbewegung). Neben numerischen Lösungen, die hier nicht weiter beschrieben werden, ist in der Hydraulik vor allem die graphische Konstruktion von Potentialnetzen von Bedeutung. Günstigerweise wählt man hierzu quasi-quadratische Netze mit konstantem Abstand der Strom- und der Potentiallinien. Der Konstruktion der Netze liegen folgende Vorschriften zugrunde:

1. *Feste (undurchlässige) Berandungen*

   - An festen Berandungen strömt das Fluid parallel zum Rand. Daher ist jede feste Berandung eine Stromlinie und daher müssen
   - Potentiallinien senkrecht auf den undurchlässigen Rand stoßen.

2. *Durchlässige Berandungen*

- An durchströmbaren Berandungen tritt das Fluid senkrecht zum Rand ein oder aus, und
- daher ist jede durchströmte Berandung eine Potentiallinie.

3. *Das Netz muß im gesamten Untersuchungsgebiet ein konstantes Seitenverhältnis aufweisen.*

Bei nicht zu großen Netzmaschen gilt

$$v_s = \frac{d\varphi}{ds} \approx \frac{\Delta\varphi}{\Delta s} \tag{4.58}$$

und beim Quadratnetz zusätzlich

$$v_s = \frac{d\psi}{dn} \approx \frac{\Delta\psi}{\Delta n} \tag{4.59}$$

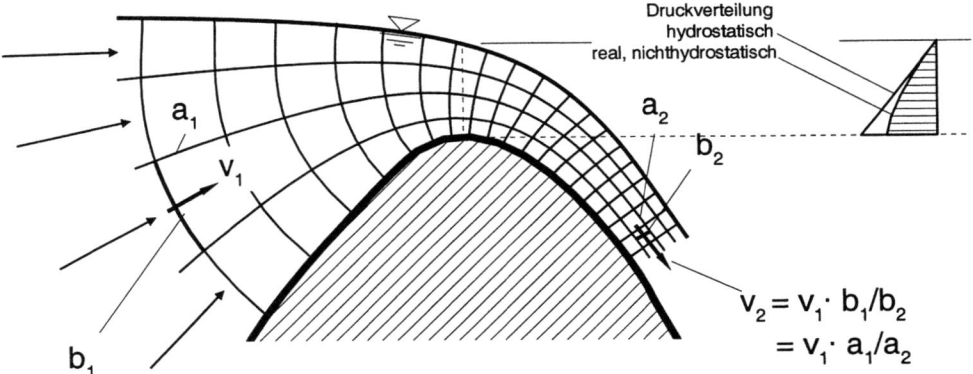

Abb. 4.29: Anwendung des Potentialnetzes auf Strömung mit freier Oberfläche (Beipiel Wehrüberströmung).

Berandungen von Potentialnetzen können sowohl feste Wände als auch Randstromlinien von Ablösungszonen oder freie Oberflächen sein. Sind die Zustromverteilung und die Geometrie der Berandungen bekannt, dann läßt sich mit dem Potentialnetz die Strömung im Untersuchungsgebiet ermitteln. Ein Anwendungsbeispiel für die Überströmung eines Wehres zeigt Abb. 4.29. Infolge der Stromlinienkrümmung ist die Druckverteilung im Wasserkörper z.B. in einem vertikalen Schnitt über der Krone nichthydrostatisch. Dies wird anschaulich, weil man erkennt, daß an der Oberfläche strömungsbedingt eine Potentiallinie höheren Potentials geschnitten wird als an der Sohle. Daher ist der Druck an der Sohle um das Maß des Potentialunterschiedes oben-unten geringer als im hydrostatischen Fall, in dem die Potentiallinien vertikal und nicht gekrümmt verlaufen. Weitere wichtige Anwendungen betreffen die Bauwerksunterströmung und die damit im Zusammenhang stehende hydrostatische Belastung der Bauwerksunterseite (z.B. Auftrieb). Bei diesen Sickerströmungen kann $v^2/(2g)$ als vernachlässigbar angenommen werden und das

4.2. Definitionen und Grundzusammenhänge

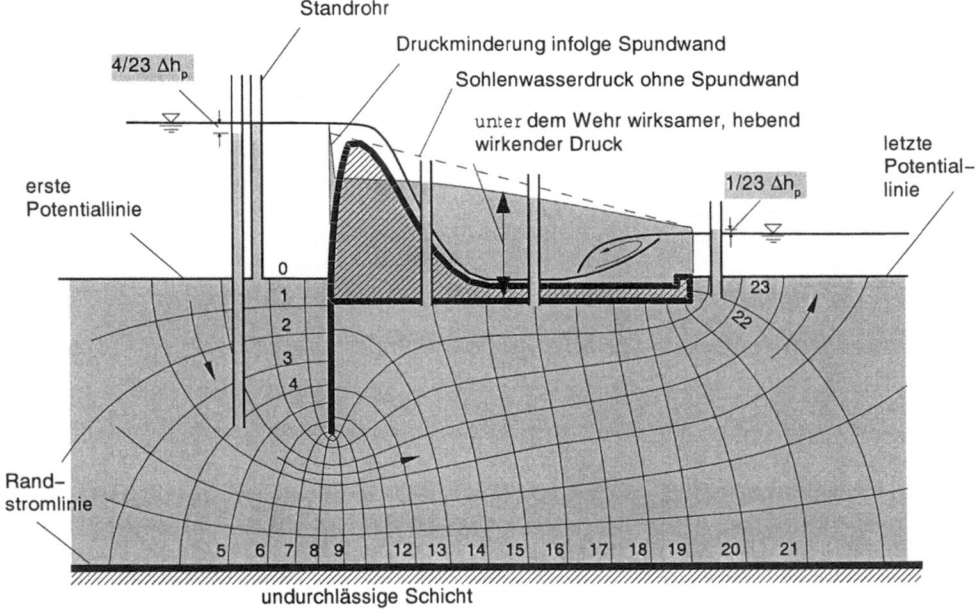

Abb. 4.30: Potentialnetzanwendungen bei Bauwerksunterströmungen

- Potential setzt sich im gesamten Untersuchungsgebiet nur aus geodätischer Höhe und Druckhöhe zusammen ($H = z + h_p$), d.h.

- in einem entlang einer Potentiallinie verschobenen Standrohr weist das Wasser stets die gleiche Standrohrspiegelhöhe auf. Des weiteren ist

- die Druckänderung von Potentiallinie zu Potentiallinie konstant.

Abb. 4.30 zeigt ein Beispiel der Potentialnetzanwendung für die Analyse der Unterströmung eines Bauwerks auf durchlässigem Untergrund. Die erste Potentiallinie ist die Sohle im Oberwasser OW. Ihr Potential entspricht dem darüber befindlichen Wasserstand, gekennzeichnet durch das dargestellte Standrohr. In (hier willkürlich) 23 gleichen Schritten fällt das Potential am Bauwerk auf das Niveau des Unterwasserstandes, womit die örtlichen Druckhöhen leicht ermittelt werden können. An der Spundwand entsteht ein Drucksprung. In Höhe der Bauwerkssohle liegt an der Spundwand der zur Potentiallinie 1 gehörige Druck an. In gleicher Tiefe, jedoch auf der anderen Seite der Spundwand, wirkt etwa der zur Potentiallinie 13 gehörende Druck. Der zugehörige Druckhöhenunterschied ist also ca. 12/23 des gesamten Unterschiedes zwischen OW-Sohle und UW-Sohle. Auf die Spundwand und die vertikalen Stirnseiten des Bauwerks wirkt horizontal gerichteter Druck von beiden Seiten, wobei der oberwasserseitige Druck höher ist. Auch diese Belastung (hier nicht hervorgehoben) läßt sich aus dem Potentialnetz entnehmen.

4.2.3.3 Kreisströmung

Bei der Strömung durch einen Kreisbogen sind die Radien zugleich die Potentiallinien. Der Potentiallinienabstand ist daher proportional zum Radius r (Abb. 4.31). Wegen der konstanten Seitenverhältnisse gilt gleiches für den Abstand der Stromlinien. Mit Gl. 4.48 und der Grundvoraussetzung $dq = const.$ folgt für jeden Stromfaden zwischen zwei Stromlinien

$$v(r) = \frac{c}{r}. \tag{4.60}$$

Die mittlere Geschwindigkeit der Kreisströmung ist einerseits

$$v_m = \frac{q}{r_a - r_i} \tag{4.61}$$

($q = Q/b$ = breitenbezogener Abfluß) und andererseits

$$v_m = \frac{1}{r_a - r_i} \int_{r_i}^{r_a} v(r)\, dr = c \cdot \frac{\ln(r_a/r_i)}{r_a - r_i} \tag{4.62}$$

und daher

$$c = v_m \cdot \frac{r_a - r_i}{\ln(r_a/r_i)}. \tag{4.63}$$

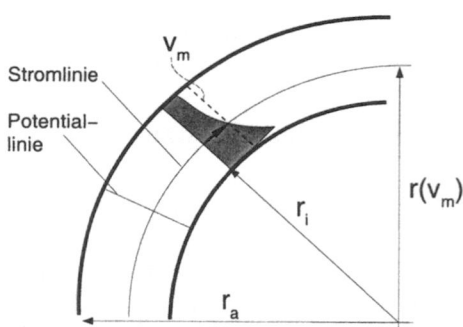

Abb. 4.31: Potentialströmung in kreisförmiger Gerinnekurve

An der Innenkurve ist v gegenüber v_m erhöht und an der Außenkurve ist $v < v_m$. Der neutrale Radius, bei dem $v(r) = v_m$ ist, beträgt

$$r(v_m) = \frac{c}{v_m} = \frac{r_a - r_i}{\ln(r_a/r_i)}. \tag{4.64}$$

Damit kann man die Geschwindigkeiten in der Kreiskurve auch auf v_m bezogen angeben:

4.2. Definitionen und Grundzusammenhänge

$$v(r) = v_m + c \cdot \left(\frac{1}{r} - \frac{\ln(r_a/r_i)}{r_a - r_i} \right) \qquad (4.65)$$

Das Geschwindigkeitsprofil der Potentialströmung in einer Kreiskurve ist auf Abb. 4.31 dargestellt. Neben diesem Potentialströmungseffekt treten bei der Durchströmung von Kurven noch weitere Effekte auf (s. Abschn. 4.8.2.3 auf Seite 168ff).

4.3 Energieverluste in Rohren und Gerinnen

4.3.1 Verlusthöhen, Widerstands- und Verlustbeiwerte

Die Energieverlusthöhen $h_{v,r}$ infolge Reibung ergeben sich aus der Gleichung von DARCY-WEISBACH:

$$h_{v,r} = \lambda \cdot \frac{l}{d} \cdot \frac{v^2}{2g} = \zeta_r \cdot \frac{v^2}{2g}. \tag{4.66}$$

Hierin sind λ und ζ unterschiedlich mögliche Schreibweisen für den *Widerstandsbeiwert* infolge Wandreibung[13] und l ist die Leitungslänge. Treten zusätzlich örtliche Verluste $h_{v,ö}$ z.B. bei Querschnittsänderungen, Einbauten oder Umlenkungen auf, so sind diese hinzuzuaddieren:

$$h_v = h_{v,r} + \sum h_{v,ö} = \frac{v^2}{2g} \cdot \left(\zeta_r + \sum \zeta_ö\right). \tag{4.67}$$

Die Verlustbeiwerte λ bzw. ζ werden von verschiedenen Randbedingungen bestimmt. Zum einen ist der Strömungszustand der Hauptströmung (laminar oder turbulent) von Bedeutung, zum anderen sind die Wandrauheit, die Grenzschichtverhältnisse (zäh oder turbulent) und ggf. plötzliche Querschnittsänderungen bestimmend.

Mit Gl. 4.35 und 4.66 erhält man für den Fall "nur Reibung" und $\cos \alpha \approx 1$ unter Berücksichtigung von

$$I_{E,r} = \frac{h_v}{l} \tag{4.68}$$

dann

$$\lambda = \frac{8\tau_o}{\rho v^2} \tag{4.69}$$

oder

$$\tau_o = \frac{\lambda}{8} \rho v^2 \tag{4.70}$$

oder mit der Schubspannungsgeschwindigkeit (Gl. 4.38) ausgedrückt

$$\lambda = 8 \left(\frac{v^*}{v}\right)^2. \tag{4.71}$$

D.h., das Verhältnis $v*/v_m$ ist nur eine andere Ausdrucksart für den Widerstandsbeiwert λ.

---

[13] Man spricht i.a. von Wandreibung, obwohl es richtiger heißen müßte wandbedingte Reibung, denn die Verluste kommen *innerhalb* der Flüssigkeit durch die starke Scherung der Flüssigkeit infolge des Haftens an der Wand zustande sowie durch Turbulenz als Folge der Scherung und Impulsaustausch als Folge der Turbulenz.

4.3.2 Strömungswiderstand

4.3.2.1 Strömungszustand

Flüssigkeiten können laminar oder turbulent fließen. Maßgebend sind hierfür die Geschwindigkeit v, eine charakteristische Länge l_{char} und die Flüssigkeitseigenschaft *Zähigkeit*. Diese Größen lassen sich zu einer dimensionslosen Kennzahl kombinieren, die nach dem Entdecker, OSBORNE REYNOLDS, als Reynolds-Zahl $Re = v \cdot l_{char}/\nu$ bezeichnet wird. Bei der Rohrströmung wird als charakteristische Länge der Rohrdurchmesser d angesetzt, so daß hier gilt $Re = v \cdot d/\nu$.

Ist $Re = v \cdot d/\nu < 2300$, so bewegen sich die Flüssigkeitsteilchen auf parallelen Bahnen (Schichten) und es findet keine Vermischung statt. Man bezeichnet diesen Fall als laminare Strömung (lamina = lat. Schicht). Bei Überschreiten dieser Grenze wird das Abflußgeschehen instabil und ist ab etwa $Re = 4000$ ausgebildet turbulent (Abb. 4.32). Die Strömungsverluste steigen bei laminarer Strömung linear mit v an, während sie bei turbulenter Strömung mit v^2 wachsen. Es läßt sich zeigen, daß die Re-Zahl das Verhältnis der Trägheitskräfte zu den Zähigkeitskräften wiedergibt[14]. Das bedeutet also, daß bei $Re < 2300$ die Trägheitskräfte von den Zähigkeitskräften dominiert werden und letztere dann jeden Ansatz von Turbulenz wegdämpfen. Umgekehrt wird die Wirkung der Zähigkeit bei hohen REYNOLDS-Zahlen unbedeutend gegenüber der Trägkeitswirkung, was man z.B. am sehr unterschiedlichen Widerstandsverhalten von Wasserfloh und Wal erkennt, denn ersterer bleibt ohne Antrieb sofort stehen.

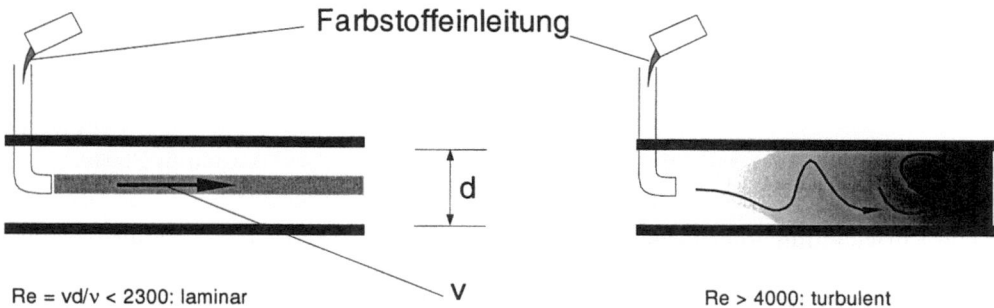

Abb. 4.32: Zum Vermischungsverhalten in laminarer und turbulenter Strömung (schematisch).

---

[14] Die Trägheitsreaktionskräfte sind z.B. für die Rohrströmung $F_T = \rho\, v^2\, \pi\, d^2/4$ (Gl. 4.13 auf Seite 40). Die zähigkeitsbedingten Wandreibungskräfte sind für ein Rohrstück der Länge $l = d$ gegeben durch $F_R = \tau\, A_{wand} = (\lambda/8)\, \rho\, v^2\, \pi\, d\, l$ (vgl. Gl. 4.70). Bei zähigkeitsdominierter Strömung ist gemäß Gl. 4.84 auf Seite 69 $\lambda = 64/Re$. Daraus folgt $F_T/F_R \sim Re$.

4.3.2.2 Grenzschicht

An festen Wänden haften Flüssigkeiten. In sehr geringer Entfernung von Wänden bewegen sich die Teilchen, aber wegen der Zähigkeit sehr langsam. Die etwas weiter entfernten Teilchen verschieben sich gegenüber bereits bewegten Teilchen, sind daher absolut schneller, und so wächst die Geschwindigkeit mit der Entfernung von den Wandungen an. Die Schicht, in der die Reibung vornehmlich wirksam wird, ist die sogenannte *Grenzschicht*. In turbulenten Strömungen ist diese unterteilt in einen sehr wandnahen und dünnen Bereich, der von der Zähigkeit dominiert wird (viskose Grenzschicht[15]), und einen wandferneren Bereich, der turbulenten Grenzschicht. Obwohl die viskose Grenzschicht relativ dünn ist (Größenordnung Millimeter oder auch deutlich darunter), ist sie für die Energieverluste entscheidend. Weiter entfernt von der Wand wird die viskose (= zähe) Grenzschicht instabil und schlägt in eine turbulente Grenzschicht um.

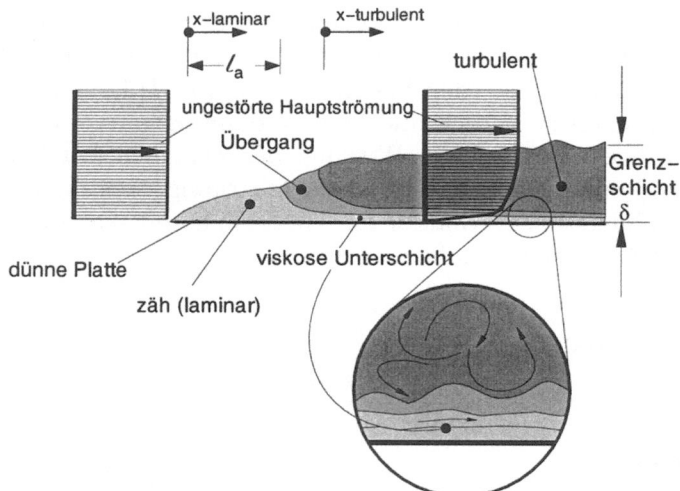

Abb. 4.33: Entstehung einer Grenzschicht entlang einer parallel angeströmten Platte.

Die Entwicklung einer Grenzschicht ist auf Abb. 4.33 am Beispiel einer parallel angeströmten Platte schematisch dargestellt. Wenn die ungestörte Außenströmung auf die feste Wand trifft, bleibt wandnah Flüssigkeit haften, und es baut sich eine den Zähigkeitskräften unterworfene zähe (laminare) Grenzschicht auf. Mit Zunahme ihrer Dicke δ wird diese Schicht instabil und schlägt bei einer kritischen Re-Zahl, in der nunmehr x die maßgebende charakteristische Länge ist, in eine turbulente Grenzschicht um. Dazwischen liegt ein Übergangsbereich, in dem die Zähigkeit die Turbulenz nicht mehr ganz, aber noch merkbar, dämpft. Innerhalb der Grenzschicht fällt die Geschwindigkeit von der ungestörten Außenströmung auf den Wert Null an der Wand ab. Man sieht daraus, daß die Grenzschicht für

---

[15] Die viskose Grenzschicht wurde früher auch als laminare Grenzschicht bezeichnet. Wegen der turbulenten Bombardements aus der Hauptströmung liegt aber keine regelrechte Schichtenströmung vor, sondern eine wellige Strömung mit Dominanz der viskosen Kräfte.

4.3. Energieverluste in Rohren und Gerinnen

Energieverluste maßgeblich ist. Auch in der Einlaufzone einer Rohrleitung (Abb. 4.34) baut sich die Grenzschicht allmählich auf (s. z.B. [89]). Die Anlaufstrecke l_{an}, welche die Grenzschicht benötigt, um sich auszubilden, ist etwa $l_{an} = 50\,d$ (turbulente Anströmung) bis $100\,d$ (laminare Anströmung) lang. Erst am Ende dieser Strecke ist das v-Profil voll ausgebildet. Dies ist zu beachten, wenn Durchflüsse allein auf der Messung der Geschwindigkeit in Rohrachse bestimmt werden sollen. Erreicht die Grenzschicht die Rohrachse bzw. im offenen Gerinne den Wasserspiegel ohne Umschlag in die turbulente Grenzschicht, bleibt die Strömung laminar. Wenn die Strömung turbulent wird, so beginnt dies zuerst in Rohrmitte oder im Bereich des Wasserspiegels.

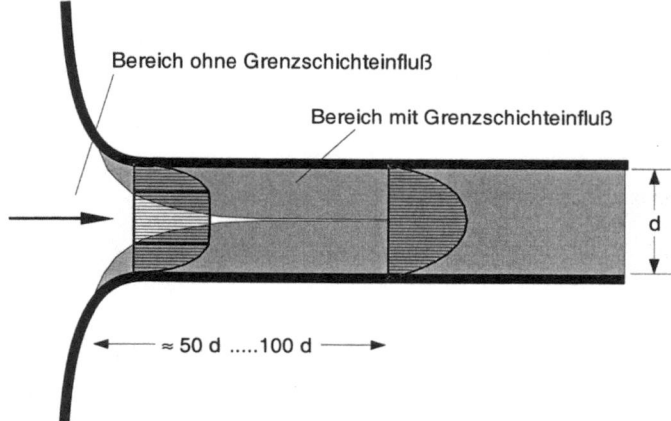

Abb. 4.34: Ausbildung der Strömung in der Rohreinlaufstrecke.

4.3.3 Reibungs-Verlustbeiwerte

Die Strömungswiderstände sind vom allgemeinen Strömungszustand (laminar oder turbulent) und des weiteren im turbulenten Bereich davon abhängig, zu welchem Grad die Strömung *wandnah* laminar oder turbulent ist (Abb. 4.36).

4.3.3.1 Laminare Strömung

Der Widerstandsbeiwert λ läßt sich bei laminarer Strömung aus Gl. 4.66 gewinnen, wenn die mittlere Geschwindigkeit v_m bekannt ist. Diese wiederum läßt sich aus der Bedingung gewinnen, daß bei gleichförmigem Fließen ein Gleichgewicht der antreibenden Kräfte F_a und der bremsenden Reibungskräfte F_R besteht. Für einen Rohrabschnitt der Länge l ergeben sich die treibenden Kräfte aus dem Druckkraftunterschied an beiden Enden des Abschnitts und der Komponente der Gewichtskraft (vgl. Abb. 4.35):

$$\underbrace{F_{p1} - F_{p2} + F_G \sin\alpha}_{F_a} = F_R \qquad (4.72)$$

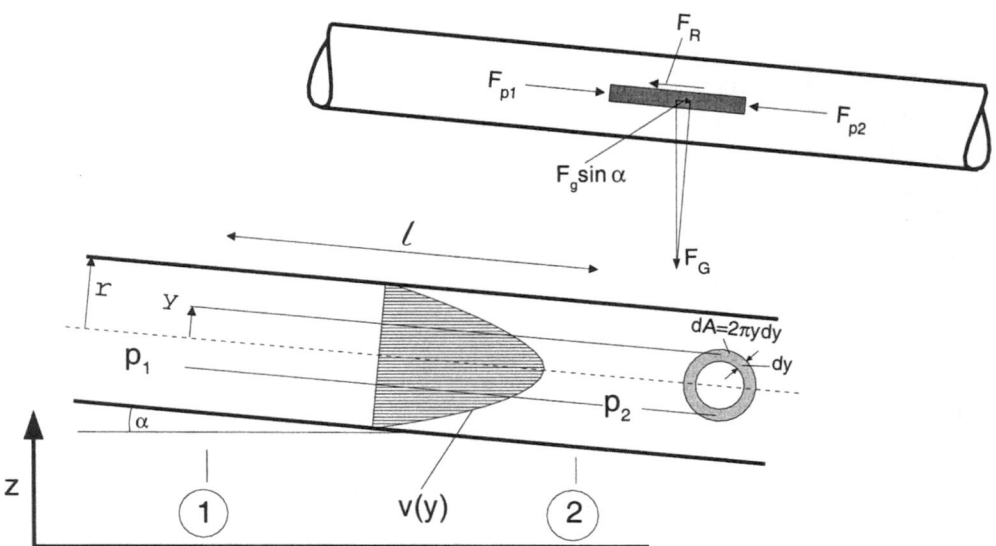

Abb. 4.35: Zur Ableitung der laminaren Rohrströmung.

$$F_a = \underbrace{(p_1 - p_2) \cdot A(y)}_{\text{Druckkraftanteil}} + \underbrace{\overbrace{(\rho \pi y^2 l g)}^{F_G} \cdot \sin \alpha}_{\text{Schwerkraftanteil}} = \Delta p \cdot \pi y^2 + \pi y^2 l \rho g \frac{z_1 - z_2}{l} \quad (4.73)$$

$$F_a = \rho g \pi y^2 (\Delta z + \frac{\Delta p}{\rho g}) \quad (4.74)$$

Für Rohre mit konstantem Durchmesser ist $v_1 = v_2$ und es folgt mit Gl. 4.5

$$\Delta z + \frac{\Delta p}{\rho g} = h_{v,r}. \quad (4.75)$$

Weiter ist $h_{v,r} = l \cdot I_{E,r}$ und man erhält für die treibenden Kräfte schließlich

$$F_a = \rho g \pi y^2 l I_{E,r}. \quad (4.76)$$

Der Index "r" besagt, daß die Verluste reibungsbedingt sind. Bremsend wirkt die Reibung in der Mantelfläche der (gedachten) ineinandergleitenden Röhren:

$$F_R = \tau \cdot A_R = \tau \cdot 2\pi y l = \underbrace{-\rho \nu \frac{dv(y)}{dy}}_{\tau_z} \cdot \underbrace{2\pi l y}_{\text{geriebene Fläche } A_R} \quad (4.77)$$

4.3. Energieverluste in Rohren und Gerinnen

Das Minuszeichen berücksichtigt, daß $v(y)$ mit steigendem y fällt. Für Gleichheit der treibenden und der bremsenden Kräfte, $F_a = F_R$, folgt aufgelöst nach dv

$$dv = -\frac{\rho\, g\, \pi\, y^2\, l\, I_{E,r}}{2\, \rho\, \nu\, \pi\, l\, y}\, dy = -\frac{g I_{E,r}}{2\nu}\, y\, dy \tag{4.78}$$

und integriert

$$v(y) = -\frac{g I_{E,r}}{4\nu} y^2 + C. \tag{4.79}$$

Die Bedingung

$$v(y) = 0 \quad \text{bei} \quad y = r \quad \text{führt auf} \quad C = \frac{g I_{E,r}}{4\nu} r^2 \tag{4.80}$$

und schließlich auf

$$v(y) = \frac{g I_{E,r}}{4\,\nu}(r^2 - y^2). \tag{4.81}$$

Die mittlere Geschwindigkeit ergibt sich aus der Kontinuitätsbedingung

$$Q = v_m A$$

einerseits und aus

$$Q = \int_{y=0}^{y=r} v(y) \cdot \overbrace{dA(y)}^{2\pi y dy} \tag{4.82}$$

andererseits zu

$$v_m = \frac{g I_{E,r}}{8\,\nu} r^2. \tag{4.83}$$

Dies in Gl. 4.66 eingesetzt führt mit $h_{v,r}/l = I_{E,r}$ auf den gesuchten Widerstandsbeiwert

$$\lambda = \frac{64\,\nu}{v\, d} = \frac{64}{Re}. \tag{4.84}$$

Die Maximalgeschwindigkeit tritt in Rohrmitte ein ($y = 0$)

$$v_{max} = \frac{g I_{E,r}}{4\,\nu} r^2 \quad \text{oder} \quad v_{max} = 2 \cdot v. \tag{4.85}$$

Mit $Q = v \cdot A$ und $d = 2\,r$ wird

$$Q = \frac{\pi\, d^4\, g\, I_E}{128\,\nu}. \tag{4.86}$$

Bei laminarer Strömung ist der Durchfluß dem Energiegefälle also direkt proportional, dem Rohrdurchmesser in der 4. Potenz und der Zähigkeit umgekehrt proportional. Weiter ist mit

$$v_m = 0,5\, v_{max} = \frac{g\, I_E}{8\, \nu}\, \frac{d^2}{4} \tag{4.87}$$

$$I_E = \frac{h_v}{l} = \frac{v_m \cdot 32 \cdot \nu}{g \cdot d^2} \tag{4.88}$$

oder

$$h_v = \frac{v_m \cdot 32 \cdot \nu \cdot l}{g \cdot d^2}. \tag{4.89}$$

Diese Zusammenhänge wurden zuerst von HAGEN und POISEUILLE beschrieben. Die laminare Rohrströmung existiert für ($Re <\approx 2300$). Die Wandrauheitshöhe ist dabei bedeutungslos (und auch nicht in der Gleichung enthalten), da die Rauheitselemente durch die zähe Wandströmung "zugeschmiert" und somit wirkungslos werden.

4.3.3.2 Turbulente Strömung

Mit Überschreiten von $Re = \frac{v \cdot d}{\nu} \approx 2300$ wird die Strömung in den schnelleren, weiter von den Wandungen entfernten Zonen instabil. Es entstehen in den Scherflächen Wellen, deren Energie ausreicht, um nicht von der Viskosität weggedämpft zu werden, und es kommt zu turbulenter Mischbewegung. In einem Übergangsbereich bis $Re \approx 4000$ bildet sich die Turbulenz voll aus. Häufig wird von einem *Umschlag* von laminarer zu turbulenter Strömung gesprochen, was damit gerechtfertigt ist, daß der Übergangsbereich im Vergleich zu der Spannweite praktisch relevanter Re-Zahlen sehr schmal ist (vgl. Abb. 4.36).

Turbulenz trägt nicht zur Abflußleistung bei, sondern benötigt Energie für die turbulenzbedingte Mischbewegung. Folglich steigt der Widerstandsbeiwert beim Turbulentwerden erheblich an, und die Widerstandsbeiwerte bleiben auf einem höheren Niveau, als würde weiterhin allein der durch viskose Scherung bedingte Widerstandsbeiwert $\lambda = 64/Re$ wirsam sein.

4.3.3.2.1 Hydraulisch glatt
Zunächst ist mit steigender Re-Zahl nur die Kernströmung turbulent. Die langsame wandnahe Strömung wird noch von der Zähigkeit geprägt. Solange die zähe Strömungsschicht dicker ist als die Höhe k der Rauheitselemente, ist die Wandbeschaffenheit so wirkungslos wie bei vollständiger Laminarströmung. Zusätzliche Widerstände gegenüber der Laminarströmung entstehen aber durch die turbulente Mischbewegung in der Kernströmung.

4.3. Energieverluste in Rohren und Gerinnen

4.3.3.2.2 Übergangsbereich glatt - rauh Mit weiter steigender Re-Zahl wird die wandnahe Zähigkeitsschicht dünner, und schließlich ragen die Rauheitselemente teilweise in die turbulente Strömung hinein. Hinter ihnen bilden sich Nachlaufwirbel aus, und die Elemente erzeugen dadurch zusätzlichen Druckwiderstand. Dieser zusätzliche Widerstand macht sich durch ein Ansteigen der λ-Werte aus der Glatt-Kurve heraus bemerkbar.

4.3.3.2.3 Voll rauh Mit nochmals weiter steigender Re-Zahl schrumpft die wandnahe Zähigkeitsschicht schließlich bis zur Wirkungslosigkeit. Die Wirkung der Rauheitselemente erreicht ihr Maximum, und der λ-Wert wird unabhängig von der Zähigkeit und mithin unabhängig von der Re-Zahl.

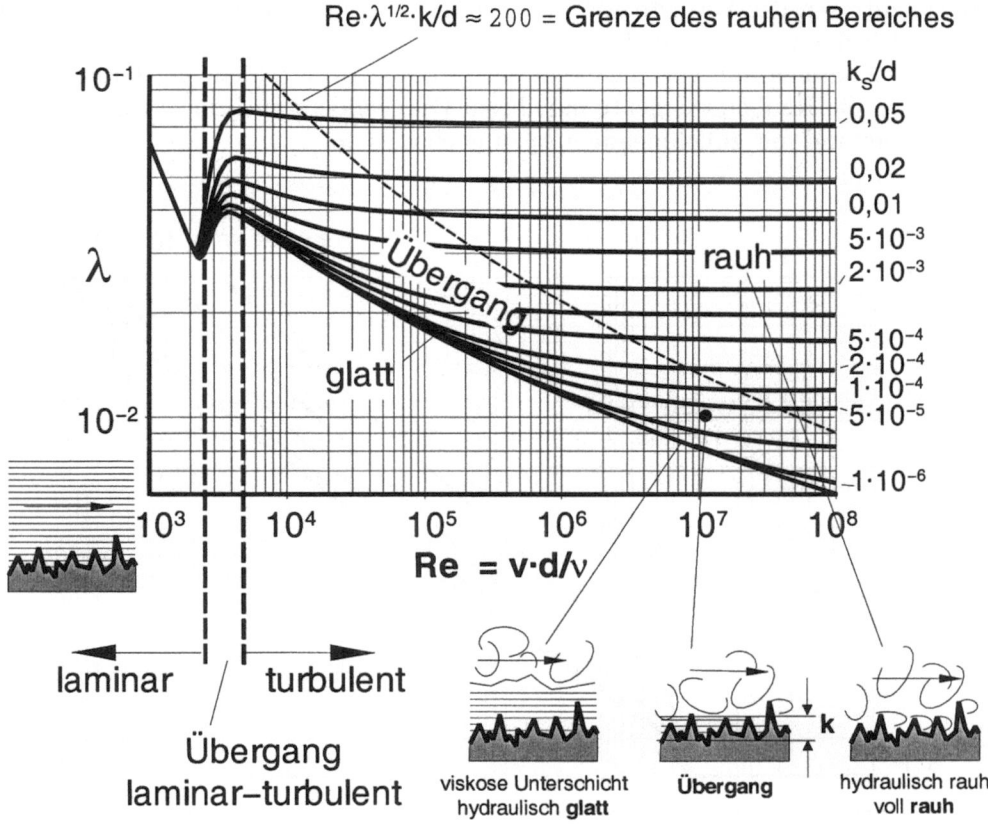

Abb. 4.36: Widerstandsbeiwerte λ als Funktion der Reynoldszahl Re und der relativen Rauheit k_S/d für technisch rauhe Wandungen.

Auf den ersten Blick scheint es widersprüchlich zu sein, daß λ z.B. für hydraulisch glatte Verhältnisse mit steigender Re-Zahl fällt. Das liegt daran, daß die λ-Werte auf den voll turbulenten Fall bezogen werden, indem die DARCY-WEISBACH Gleichung 4.66 zur Berechnung der Energie-Verlusthöhen benutzt wird. Das ist so üblich, jedoch nicht zwingend. Bezieht man sich stattdessen auf Gl. 4.89, so wäre

$$h_v = \tilde{\lambda} \cdot \frac{64}{Re} \cdot \frac{v^2}{2g} \cdot \frac{l}{d}. \qquad (4.90)$$

Mit $\tilde{\lambda} = \lambda \cdot \frac{Re}{64}$ ist dies mit Gl. 4.66 identisch. Der Verlauf des dann maßgebenden Widerstandsbeiwerts $\tilde{\lambda}$ ist auf Abb. 4.37 dargestellt. Hier erkennt man die einzelnen Anteile am Gesamtwiderstand direkter. Der Widerstandsbeiwert ist in dieser Formulierung konstant $= 1$, solange die Strömung laminar ist. Er steigt mit Hinzutreten der Verluste aus turbulenter Mischbewegung sprunghaft an und erhöht sich dann weiter mit der Heftigkeit der Turbulenz, ausgedrückt durch die Re-Zahl. Kommen mit Verschwinden der viskosen Unterschicht der Grenzschicht auch noch die Rauheitselemente mit ihrem Druckwiderstand zur Wirkung, steigt der Widerstand mit zunehmendem k_S/d nochmals an.

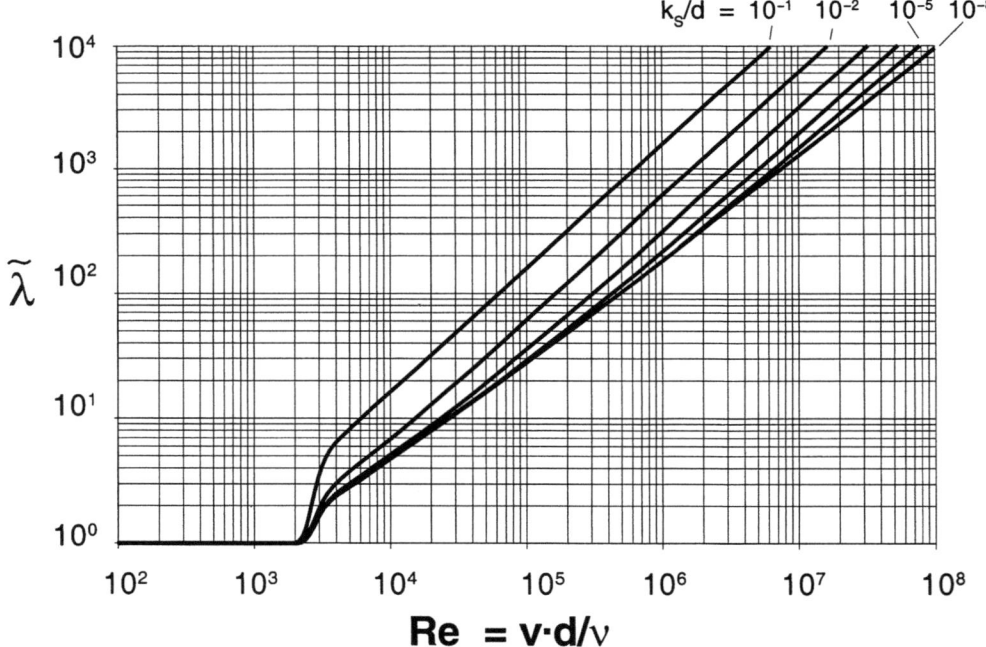

Abb. 4.37: $\tilde{\lambda}$-Werte bei Bezug auf das "viskose" Widerstandsgesetz Gl. 4.90.

4.3.3.3 Berechnungsgleichungen

Für die vorstehend beschriebenen Bereiche

1. laminar
2. turbulent
   a) glatt
   b) Übergang glatt-rauh
   c) rauh

wurde eine Reihe von speziellen beschreibenden Formeln entwickelt. Eine Lösung für den gesamten Bereich turbulenter Strömungen (glatt, Übergang und rauh) geht auf PRANDTL, COLEBROOK und WHITE zurück und wird im deutschen Sprachraum meist als Formel nach PRANDTL-COLEBROOK bezeichnet:

$$\lambda = \left(-2 \cdot \log\left(\frac{2,51}{Re \cdot \sqrt{\lambda}} + \frac{k_S}{3,71\,d}\right)\right)^{-2} \tag{4.91}$$

In dieser Gleichung ist λ implizit vorhanden, d.h. man erhält Lösungen nur durch Iteration. Dieses Problem tritt bei der von ZANKE [122] vorgeschlagenen Näherung

$$\lambda = \left(-2 \cdot \log\left(2,7\frac{(\log Re)^{1,2}}{Re} + \frac{k_S}{3,71\,d}\right)\right)^{-2} \tag{4.92}$$

nicht auf. Die zahlenmäßigen Unterschiede zwischen beiden Lösungen sind unbedeutend. Mit einem Lösungsvorschlag von [122], [124] lassen sich die Teillösungen für laminare Strömung und turbulente Strömung in einer einzigen Gleichung zusammenfassen, wobei die beiden Übergangsbereiche laminar-turbulent und glatt-rauh eingeschlossen sind:

$$\lambda = P_{lam} \cdot \frac{64}{Re} + P_{turb}\left(-2 \cdot \log\left(2,7\frac{(\log Re)^{1,2}}{Re} + \frac{k_S}{3,71\,d}\right)\right)^{-2} \tag{4.93}$$

mit

$$P_{turb} = 1 - P_{lam} = e^{-e^{-(0,0025\,Re-6,75)}} \tag{4.94}$$

Hierin beschreiben P_{lam} und P_{turb} den Grad der Wahrscheinlichkeit, daß die Strömung laminar oder turbulent ist.

4.3.3.4 Äquivalente Sandrauheit k_S

Grundlage für die Ermittlung der Strömungswiderstandsbeiwerte im turbulenten Bereich sind Messungen von NIKURADSE (in [89]) an sandrauhen Rohren. Verschiedene Rauheitstypen (Abb. 4.38) wirken jedoch trotz gleicher geometrischer Rauheitshöhe k hydraulisch unterschiedlich rauh. Neben der absoluten Höhe k

Tab. 4.2: Absolute Rauheiten k bei Rohren und Gerinnen, erweitert nach [127].

Material	≈ k in mm
a) Stahlrohre	
Leitungen aus gezogenem Stahl	0,01 bis 0,05
Verzinkte Rohre handelsüblicher Qualität	0,3
Stahlgeschweißte Rohre handelsüblicher Güte:	
Neu	0,05 bis 0,1
Nach längerem Gebrauch, gereinigt	0,15 bis 0,20
Mäßig verrostet, leichte Verkrustung	0,4
Schwere Verkrustung	3
Neue oder überholte Leitungen mit innenseitig glatten Verbindungen, je nach Güte der inneren Ausführungen	0,05 bis 0,1
Schweißrohre mit Quernieten in gutem Zustand	0,1
Geschweißte Leitungen mit guten Verbindungsstellen	
Leitungen mit geschweißter Längsnaht und transversaler Nietreihe	
Leitungen mit innerem Lacküberzug	0,3 bis 0,4
Genietete Leitungen mit doppelter Längs- und einfacher Quernietung, ohne Verkrustungen	0,6 bis 0,7
Geschweißte Leitungen mit einfacher Quernietung; innen lackiert, ohne Oxidation und Verkrustung, jedoch mit trübem Wasser	1
b) Gußeisenrohre	
Neue Leitungen mit Flansch- oder Muffenverbindung	0,15 bis 0,30
inwendig bituminiert	0,12
neu	0,25 bis 1
angerostet	1 bis 1,5
verkrustet	1,5 bis 3
Alte Leitungen mit Flansch- oder Muffenverbindung	
Wasserversorgungsleitungen, sehr stark verkrustet	1 bis 40
galvanisierte Eisenrohre	0,15
c) Betonrohre und Druckstollen	
Stahlbeton mit sorgfältig geglättetem Verputz	0,01
Beton, Glattputz	0,025
Neue Leitungen aus Schleuderbeton mit glattem Verputz	0,16
Leitungen aus Stahlbeton mit Verputz, seit Jahren in Betrieb	0,2 bis 0,3
Beton, glatt oder mit Zementputz abgeglichen	0,25
Betonrohre, Glattstrich	0,3 bis 0,8
Druckstollen mit Zementverputz	1,5 bis 1,6
Betonrohre, roh	1 bis 3
Beton, schalungsrauh	10
d) Dränrohre	
Tonrohre	0,7
Gewellte PVC-Rohre	2,0
Glatte PVC-Rohre	0,1
e) Sonstige Rohre	
Asbestzementrohre	0,1 bis 1
Holzrohre	0,2 bis 1
f) Stein	
Ziegelmauerwerk, je nach Ausführung	2 bis 8
Bruchsteinmauerwerk, je nach Ausführung	15 bis 40
Fels, gut bearbeitet	7 bis 70
Steinschüttung	200 bis 300
Rasengittersteine	15 bis 30
g) Erdreich und Sedimente	
Sand oder Kies oder Schotter bei ebener Sohle	d_{90}
Ackerboden	20 bis 250
Acker mit Kulturen	250 bis 800
Gras	60 bis 400
Fließgewässer mit Riffeln und/oder Dünen (Höhe H, Länge L), incl. Kornrauheit	ca. $12H \cdot H/L$
Fließgewässersohle mit mittl. Unregelmäßigkeiten	150 bis 350
Fließgewässersohle mit erhebl. Unregelmäßigkeiten	350 bis 500

4.3. Energieverluste in Rohren und Gerinnen

sind ihre Anzahl pro Flächeneinheit und ihre Form maßgebend. Die plattenförmigen Rauheiten unten im Bild sind zwar gleich hoch wie die Sandkörner oben links, wirken aber je nach Abstand u.U. wie bis zu achtfach so große Sandkörner. Mithin wäre deren äquivalente Sandrauheit dann u.U. $k_S = 8 \cdot k$. Extreme Werte k_S/k treten auch bei produktionsbedingten oder natürlich entstandenen Wandwelligkeiten auf. Bei sog. natürlichen Rauheiten handelsüblicher Rohre (auch als technisch rauh bezeichnet) kann in erster Näherung $k_S = k$ angenommen werden (s. auch Tabelle 4.2). Um die vorstehenden Gleichungen bzw. das Diagramm Abb. 4.36 nutzen zu können, ist bei von der Sandrauheit deutlich abweichenden Rauheiten zunächst k_S zu ermitteln (Näheres siehe z.B. [89] und [92]). Hierzu sind Meßwerte aus Rohrleitungen oder Gerinnen mit diesen Rauheitstypen erforderlich, aus denen eine Rückrechnung der Rauheit möglich ist (weiteres s. Kap. 4.5.3.5 auf Seite 109ff).

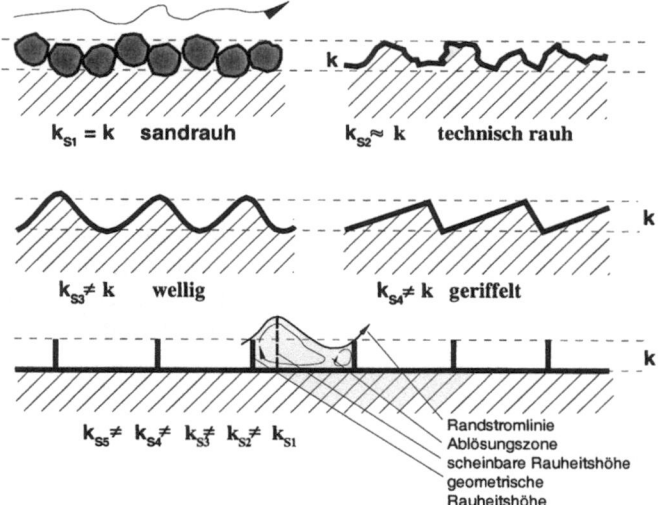

Abb. 4.38: Arten der Wandrauheit.

4.3.3.5 Formrauheiten

In natürlichen Flüssen bilden sich häufig Sandwellen (kleine Riffel oder große Dünen, s. [120]) aus. In richtungskonstanter Strömung besitzen sie Formen wie auf Abb. 4.38 Mitte rechts). Im Tidebereich sind sie symmetrischer, ähnlich den Formen Mitte links. Diese sogenannten Transportkörper sind gekennzeichnet durch die Höhe H, d.i. der Unterschied der Tal- und Kammlage, sowie durch die Länge L. Sie erreichen Höhen bis zu ca. 30 % der Wassertiefe und Längen vom ca. 6 - 8-fachen der Wassertiefe. An diesen Transportkörpern entstehen zusätzlich zur Wandreibung an der sandrauhen Sohle noch Druckverluste infolge Strömungsablösung an den Kämmen der Körper (zu Ablösungen vgl. auch Kapitel 4.2.2.5.3 auf Seite 51). Für ihre wirksame Rauheitshöhe existieren verschiedene empirische

Näherungslösungen. Relativ gute Übereinstimmung mit einer Vielzahl von Meßdaten liefert ein Ansatz von HÖFER [42] und HEINZELMANN/HÖFER [39]:

$$\frac{k_S}{H} = 10,5 \, \frac{H}{L}. \qquad (4.95)$$

Mit diesen k_S-Werten kann dann aus vorstehenden Gleichungen λ bestimmt werden. Die λ-Werte infolge Riffeln und Dünen können ein Mehrfaches der Werte bei alleiniger Kornrauheit ausmachen, aber bei sehr langen Dünen auch deutlich darunter liegen. An Hindernissen und plötzlichen Aufweitungen löst sich die Strömung ab. Die Nachlaufzone (Ablösezone) hinter Störelementen an der Sohle beträgt je nach Form der Abrißkante etwa $8\,H$ bis $12\,H$ (Abb. 4.39). Die Rauheitswirkung eines Kollektivs von Formrauheiten ist, mit Abb. 4.39 verständlich, von der Höhen-Abstandsrelation (sogenannte Steilheit H/L) abhängig.

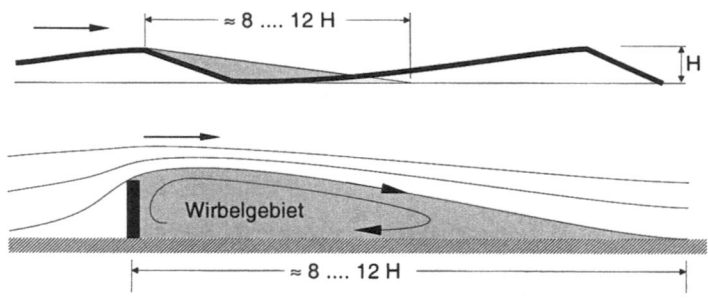

Abb. 4.39: Nachlaufzone hinter Hindernissen, oben Riffel oder Dünen, unten Einzelkörper.

4.3.4 Örtliche Verluste

Örtliche Verluste treten an allen Unstetigkeitsstellen auf, wie z.B. an Einläufen, Querschnitts- und Richtungsänderungen sowie an Kontrollorganen wie Schiebern und Drosselklappen. Die Verluste entstehen vornehmlich durch Ablösungen und Wirbelbildung. Damit sind sie von der kinetischen Energie der Strömung abhängig:

$$h_{v,\ddot{o}} = \zeta \cdot \frac{v^2}{2\,g}. \qquad (4.96)$$

Treten an solchen Störstellen unterschiedliche Geschwindigkeiten vor und hinter der Störstelle auf, so ist die Geschwindigkeit *hinter* der Störstelle maßgebend, da die Verluste dort entstehen.

Analytische Gleichungen sind für die meisten Fälle örtlicher Verluste nicht herleitbar. Daher müssen die Verlustbeiwerte ζ aus Versuchen bestimmt werden. Formeln und tabellarische Zahlenangaben zu Verlusten in Rohren und Gerinnen unterscheiden sich. Sie werden in den jeweiligen Kapiteln 4.4 und 4.5 ausführlicher behandelt.

4.4 Strömungen in Rohren

4.4.1 Allgemeines

Rohrleitungen sind zu bemessen auf

1. **Festigkeit** Zur Dimensionierung muß der maximal auftretende Innendruck ermittelt werden. Dieser Druck erzeugt im Rohrquerschnitt eine Ringzugkraft, welche kleiner sein muß als die zulässigen Zugspannungen des Rohres einschließlich eines Sicherheitszuschlages (s. Abschnitt 3.10 auf Seite 21).

2. **Lagerung** In Krümmungen ändert sich die Richtung des Impulsstroms und damit in der bisherigen Richtung dessen Größe. Die Folge sind Reaktionskräfte in Richtung Außenkurve (Abb. 4.40), die zum einen Zugkräfte auf die Rohrverbindungen hervorrufen und die zum anderen eine Lageverschiebung der Leitung bewirken können (vgl. auch Kap. 4.2.2.3). Diese Kräfte sind u.U. durch Fundamente aufzunehmen.

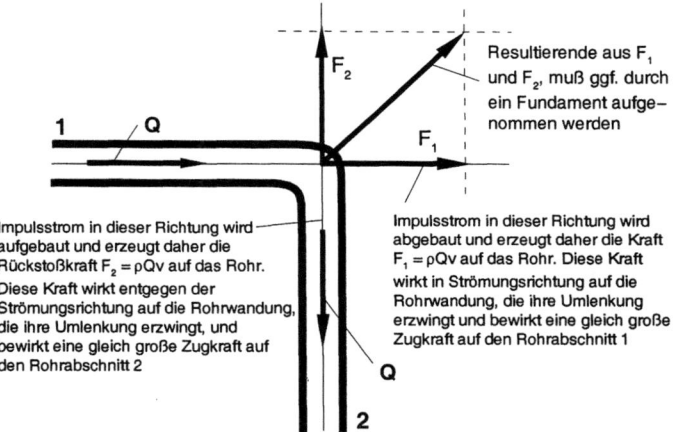

Abb. 4.40: Kräfte bei Richtungsänderungen.

3. **Wirtschaftlichkeit** Die Wirtschaftlichkeit einer Rohrleitung ergibt sich aus den Anschaffungs- und Betriebskosten. Letztere sind von den Energieverlusten in der Leitung abhängig. Während die Anschaffungskosten mit dem Rohrdurchmesser steigen, fallen die Betriebskosten mit größer gewähltem Durchmesser, denn die Geschwindigkeiten und damit auch die Reibungsverluste werden geringer. Beide Kostenkurven verlaufen nicht linear. Das Minimum der Gesamtkosten liegt beim Schnittpunkt der Kurven (Abb. 4.41). Als Folge zu kleiner Rohrdurchmesser können neben höheren Betriebskosten durch hydraulische Verluste auch Schäden am Rohrmaterial selbst auftreten, wenn der Druck an Randunebenheiten (ggf. bereichsweise) in die Nähe

des Dampfdrucks abfällt und Kavitation auftritt (s. Abschnitt 2.6). Erfahrungswerte für wirtschaftliche Fließgeschwindigkeiten findet man z.B. bei BOLLRICH [7], (Tabelle 4.3).

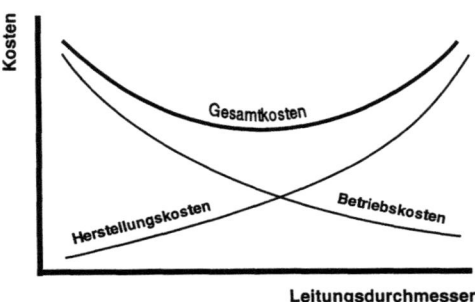

Abb. 4.41: Herstellungs-, Betriebs- und Gesamtkosten in Abhängigkeit vom Rohrdurchmesser.

Einen ersten Anhalt für wirtschaftliche Rohrdurchmesser d_w (m) in Abhängigkeit von $Q(m^3/s)$ und der Betriebsdruckhöhe h_p (m) gibt BUNDSCHU in [7] an mit

$$d_w = 0,655 \cdot \sqrt[7]{Q^2} \qquad \text{für } h_p < 100 \text{ m} \tag{4.97}$$

$$d_w = 1,265 \cdot \sqrt[7]{\frac{Q^2}{h_p}} \qquad \text{für } h_p > 100 \text{ m} \tag{4.98}$$

4.4.2 Berechnungsgrundlagen

Strömung verursacht Verluste. Diese können sich gemäß Gl. 4.6 auf Seite 38 prinzipiell aus der Ortshöhe, der Druckhöhe und der Geschwindigkeitshöhe speisen. In Rohrleitungen sind die Ortshöhen entlang der Leitung fest vorgegeben und auch die kinetische Energie kann von der Strömung nicht von Ort zu Ort verändert werden, denn diese ist über die Kontinuitätsgleichung Gl. 4.3 auf Seite 36 bestimmt. Damit ist klar, daß sich *Energieverlust entlang Rohrleitungen allein als Druckverlust* auswirken muß[16]. Die Berechnung der lokalen Drücke oder lokalen Druckhöhen entlang einer Rohrleitung erfordert die Kenntnis der lokalen Geschwindigkeiten. Diese sind mit der Kontinuitätsgleichung ermittelbar, wenn der Durchfluß vorgegeben ist (vgl. Abb. 4.5 auf Seite 32). In anderen Fällen wird i.a. die Austrittsgeschwindigkeit ermittelt, die dann wiederum mit der Kontinuitätsgleichung die Bestimmung der Geschwindigkeiten an jeder Stelle im Rohr erlaubt.

In Abb. 4.42 ist ein sehr allgemeiner Fall der Rohrströmung dargestellt. Eine Leitung beginnt in einem Behälter. Der Eintritt liegt beliebig tief unter dem Wasserspiegel, und der Behälter steht unter einem beliebigen Luftdruck p_{at}. Beim

---

[16] Im offenen Gerinne kann sich wegen der fehlenden Zwangsberandung neben der Wassertiefe auch die Geschwindigkeit ändern.

4.4. Strömungen in Rohren

Tab. 4.3: Anhaltswerte für wirtschaftliche Fließgeschwindigkeiten (aus [7]).

Art der Rohrleitung	v (m/s)
Saugleitungen von Pumpen (allgemein)	0,5 1,0
Saugleitungen von Kreiselpumpen (kaltes Wasser)	bis 2,0
Druckrohrleitungen von Pumpen	1,5 3,0
Verteilernetze für Trink- und Brauchwasser	
a) Fernwasserleitungen	1,5 3,0
b) Hauptleitungen	1,0 2,0
c) Nebenleitungen	0,5 0,7
Wasserturbinen-Druckrohrleitungen	
a) große Rohrneigung, kleine Durchmesser	2,0 4,0
b) große Rohrneigung, große Durchmesser	3,0 8,0
c) geringe Rohrneigung, lange Leitung	1,0 3,0
Speisewasser - Zulaufleitungen	0,5 1,0
Speisewasser- Druckleitungen	1,5 2,5
Kühlwasser - Saugleitungen	0,5 1,0
Kühlwasser - Druckleitungen	1,0 3,0
Steigleitungen von Wasserhaltungen	1,0 1,5
Presswasser - Druckleitungen	15 20

Eintritt E in die Leitung entsteht eine örtliche Eintrittsverlusthöhe $h_{v,E}$. Weiter wird Energie benötigt, um das Wasser auf die Geschwindigkeit der Rohrströmung zu bringen, weshalb die Drucklinie DL um den Betrag der Geschwindigkeitshöhe unter der Energielinie EL liegt. Neben dem Eintrittsverlust können im weiteren Verlauf noch andere lokale Verluste und Änderungen des Durchmessers vorliegen (wie z.B. auf Abb. 4.43). Schließlich mündet die Leitung am Austrittsquerschnitt in eine Umgebung mit einem gewissen Druckniveau. Letzteres kann wie am Eintritt in die Leitung durch eine Flüssigkeitsüberdeckung bedingt sein, wobei ggf. auch hier wieder ein zusätzlicher Luftdruck zu berücksichtigen ist. Der Luftdruck wird sinnvoll als Druckhöhe $h_{p,at}$ in (m) Wassersäule behandelt. Am Austritt A nimmt das Wasser seine kinetische Energie mit. Diese wird im Becken 2 durch Mischbewegung aufgezehrt bis auf einen Rest $v_2^2/2g$, mit dem das Wasser weiter abströmt. Die Vorgänge hinter dem Austritt haben keinen Einfluß auf die Rohrströmung.
Entlang der Leitung treten Energie(höhen)verluste $h_{v,0-A}$ auf. Diese regeln sich so mit der Geschwindigkeit ein, daß am Austritt nach Abzug von h_v gerade noch die Geschwindigkeitshöhe $v_A^2/2g$ vorhanden ist, mit der das Wasser ausströmt (s. auch Gl. 4.66). Die Energiehöhenbilanz zwischen Eintritt und Austritt führt auf

$$h_{geo,0} + \frac{p_{at,0}}{\rho g} + \frac{v_0^2}{2g} = h_{geo,A} + \frac{p_{at,A}}{\rho g} + \frac{v_A^2}{2g} + \sum h_{v,0-A} \qquad (4.99)$$

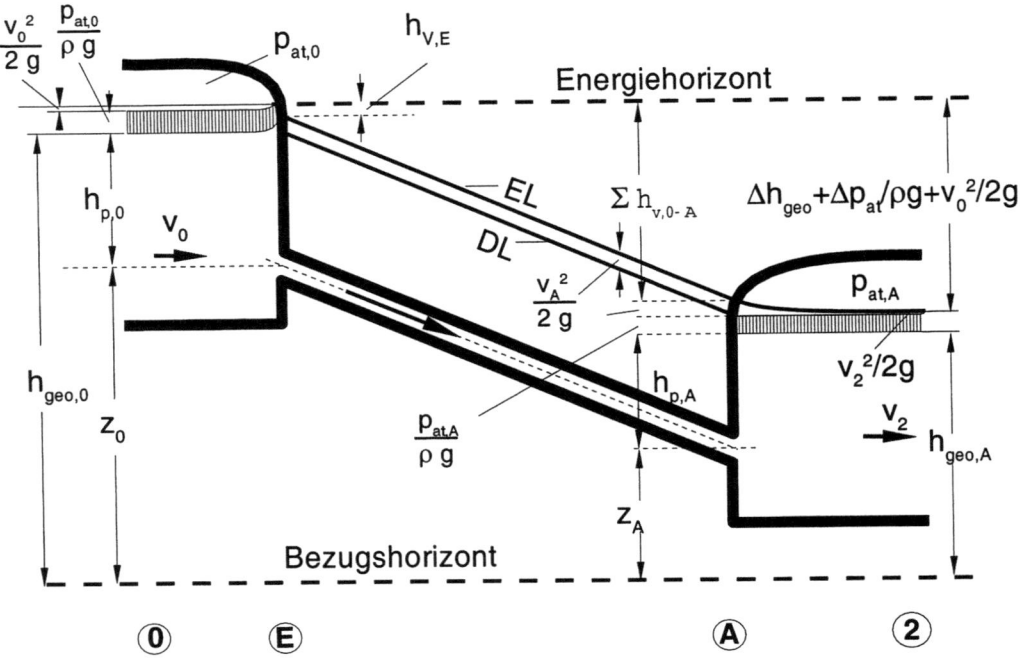

Abb. 4.42: Zur Erläuterung der Rohrströmung.

oder

$$\Delta h_{geo} + \Delta \frac{p_{at}}{\rho g} + \frac{v_0^2}{2g} = \frac{v_A^2}{2g} + \sum h_{v,0-A} \qquad (4.100)$$

und aufgelöst nach der Austrittsgeschwindigkeit v_A auf

$$v_A = \sqrt{2 \cdot g \cdot \Delta h_{geo} + \frac{2}{\rho}(p_{at,0} - p_{at,A}) + v_0^2 - 2 \cdot g \cdot \sum h_{v,0-A}} \qquad (4.101)$$

Die Verluste können sich aus Reibungsverlusten auf n unterschiedlichen weiten Rohrstrecken mit m örtlichen Verlusten zusammensetzen:

$$\sum h_{v,0-A} = \sum_{i=1}^{n} h_{vr,i} + \sum_{j=1}^{m} h_{v\ddot{o},j}. \qquad (4.102)$$

Hierin sind die Reibungsverlusthöhen

$$\sum_{i=1}^{n} h_{v,r} = \sum_{i=1}^{n} \lambda_i \cdot \frac{l_i}{d_i} \cdot \frac{v_i^2}{2 \cdot g} \qquad (4.103)$$

4.4. Strömungen in Rohren

sowie die örtlichen Verlusthöhen

$$\sum_{j=1}^{m} h_{v,ö} = \sum_{j=1}^{m} \zeta_{ö,j} \cdot \frac{v_j^2}{2 \cdot g}. \tag{4.104}$$

Mit der Kontinuitätsbedingung (Gl. 4.3 auf Seite 36) können v_o, v_i und v_j auf die Austrittsgeschwindigkeit umgeformt werden:

$$v_A \cdot A_A = v_0 \cdot A_0 = v_i \cdot A_i = v_j \cdot A_j. \tag{4.105}$$

So ergibt sich für die Austrittsgeschwindigkeit im allgemeinen Fall

$$v_A = \sqrt{\frac{2 \cdot g \cdot \left(\Delta h_{geo} - \left(\frac{p_{at,0}}{\rho g} - \frac{p_{at,A}}{\rho g}\right)\right)}{1 - \left(\frac{A_A}{A_0}\right)^2 + \sum_{i=1}^{n} \lambda_i \cdot \frac{l_i}{d_i} \cdot \left(\frac{A_A}{A_i}\right)^2 + \sum_{j=1}^{m} \zeta_{ö,j} \cdot \left(\frac{A_A}{A_j}\right)^2}}. \tag{4.106}$$

Der Durchfluß folgt dann aus

$$Q = v_A \cdot A_A.$$

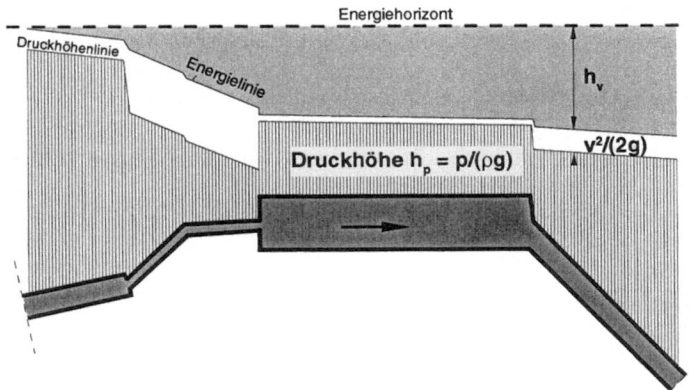

Abb. 4.43: Auswirkung örtlicher Verluste (schematisch).

Im einfachsten Fall hat die Leitung einen gleichbleibenden Durchmesser, unterliegt keinen Luftdruckunterschieden, mündet ins Freie (Abb. 4.44) und hat eine vernachlässigbare Anströmgeschwindigkeitshöhe $v_0^2/2g$, was gleichbedeutend mit $(A_A/A_0)^2 \approx 0$ ist. Dann vereinfacht sich die Gleichung für die Austrittsgeschwindigkeit [17] zu

$$v_A = \sqrt{\frac{2 \cdot g \cdot \Delta h_{geo}}{1 + \lambda \cdot \frac{l}{d} + \sum \zeta_ö}}. \tag{4.107}$$

---

[17] Anm: Wenn keine Verluste eintreten würden, ergäbe sich mit $v_A = \sqrt{2 \cdot g \cdot \Delta h_{geo}}$ die maximal mögliche Geschwindigkeit. In der Realität sind die Geschwindigkeiten verlustbedingt immer deutlich kleiner als dieser Wert.

Setzt man nicht Δh_{geo} sondern h_v als bekannt oder vorgegeben voraus, so folgt unter Außerachtlassung von örtlichen Verlusten direkt aus der Gleichung von DARCY-WEISBACH (Gl. 4.66 auf Seite 64 aufgelöst nach v)

$$v_A = \sqrt{\frac{2}{\lambda}} \cdot \sqrt{g \cdot d \cdot \frac{h_{v,r}}{l}}. \tag{4.108}$$

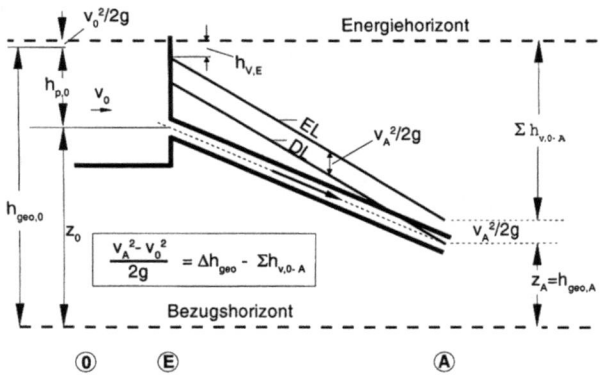

Abb. 4.44: Rohrströmung mit gleichbleibendem Rohrdurchmesser.

4.4.3 Berechnungs-Grundfälle

Nach den Anforderungen an die Berechnungen können zwei Grundfälle unterschieden werden:

Grundfall 1: Q vorgegeben

gegeben des weiteren	gesucht	Lösung
d	v und h_v	v aus $Q = v \cdot A$ und h_v aus Gl. 4.102 mit z.B. Gl. 4.101
v	d und h_v	d aus $Q = v \cdot A$ und h_v aus Gl. 4.102 mit z.B. Gl. 4.101
Δh_{geo}	d und v	$Q = v \cdot A \rightsquigarrow d = \sqrt{\frac{4Q}{\pi v}}$ und Gl. 4.106 oder Gl. 4.107 für v iterativ unter Schätzung von d

Grundfall 2: Q gesucht

gegeben	gesucht	Lösung
d und Δh_{geo}	Q und v	v aus Gleichung für v_A unter Anfangsschätzung von v iterativ. $Q = vA$
v und Δh_{geo}	Q und d	$d = (\lambda + d/l + d/l \cdot \sum \zeta_{\ddot{o}}) \cdot l \cdot v^2/(2 \cdot g \cdot \Delta h_{geo})$ und des weiteren $Q = v\pi d^2/4$
v und d	Q und h_v	$Q = v \cdot \pi \cdot d^2/4$ und h_v aus Gl. 4.102 und Gl. 4.101

4.4.4 Örtliche Verluste

4.4.4.1 Querschnittsänderungen

Allmähliche Querschnittsänderungen (Abb. 4.45) verursachen vergleichsweise geringe Verluste, wobei die Verluste bei Verengungen noch geringer als bei Aufweitungen sind. Für **allmähliche Verengungen** gilt nach IDELCIK (in [7]) Tabelle 4.4:

Tab. 4.4: Örtliche Verluste an Verengungen nach IDELCIK.

$\beta(°)$	ζ
< 15	0,09
15 bis 40	0,04
40 bis 60	0,06

Für $\beta = 60°$ bis $180°$ steigt ζ etwa linear bis auf den zur plötzlichen Verengung gehörenden Wert an.

Bei **plötzlichen Verengungen** erfüllt

$$\zeta = 0,5 - 0,4 \cdot \frac{A_2}{A_1} - 0,1 \cdot \left(\frac{A_2}{A_1}\right)^6 \tag{4.109}$$

Meßwerte von IDELCIK mit guter Näherung.

Allmähliche Aufweitungen bis ca. 8° sind praktisch verlustfrei, da die Strömung dann auch im Aufweitungsbereich noch anliegt. Erst bei größeren Aufweitungswinkeln löst sie sich unter Wirbelbildung ab (zur Ablösung s. auch Kap. 4.2.2.5.3). Dann gilt nach IDELCIK angenähert

$$\zeta = 3,2 \cdot (\tan \beta/2)^{1,25} \cdot \left(1 - \frac{A_1}{A_2}\right)^2. \tag{4.110}$$

Plötzliche Aufweitungen

Der Verlustbeiwert an plötzlichen Aufweitungen läßt sich, als eine der wenigen Ausnahmen bei Verlusten, theoretisch herleiten. Hierzu benötigt man die Kontinuitätsgleichung, die Stützkraftbilanz und die Energiebilanz am gestrichelt in Abb. 4.45 rechts unten eingetragenen Kontrollraum. Weil der Strahl erst im aufgeweiteten Bereich expandiert, liegt die Stelle "1" hier im bereits aufgeweiteten Rohr, was die Berechnung vereinfacht. Am Kontrollraum greifen in Achsrichtung der Strömung Druckkräfte an beiden Querschnittsflächen 1 und 2 an. Weiterhin tritt ein Impulsstrom ein und ein Impulsstrom aus, deren Differenz eine Kraft auf den Kontrollraum ausübt (s. hierzu Kap. 4.2.2.3). Parallel zur Rohrwand greift eine Schubspannung an, die, weil von untergeordneter Bedeutung, in der folgenden Rechnung außer Acht gelassen wird. Außerdem wird angenommen, daß das Rohrstück horizontal liegt, womit $z_1 = z_2$ ist.

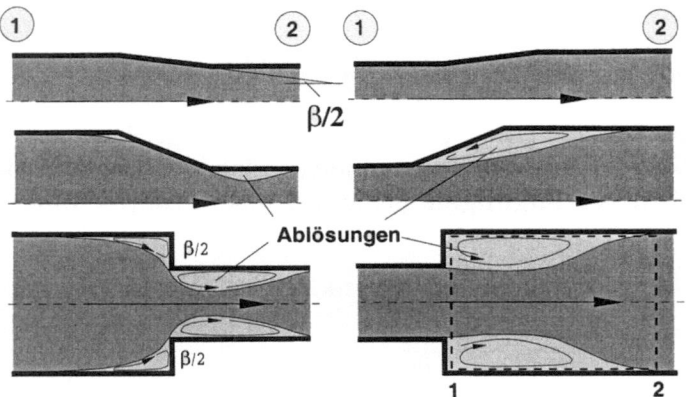

Abb. 4.45: Allmähliche und plötzliche Querschnittsveränderungen.

Die Strömung kann nicht ohne weiteres beliebig große Richtungsänderungen mitmachen. Daher entstehen Ablösungszonen, in denen kein Abfluß stattfindet, aber Energie benötigt wird.

Dann ergibt sich aus der Bilanz der angreifenden Kräfte

$$p_1 A_1 + \rho Q v_1 = p_2 A_2 + \rho Q v_2 \tag{4.111}$$

und, da $A_1 = A_2$ ist,

$$\frac{p_1 - p_2}{\rho g} = \frac{Q}{A_2 g}(v_2 - v_1) \tag{4.112}$$

bzw. mit der Kontinuitätsgleichung $Q/A_2 = v_2$

$$\frac{p_1 - p_2}{\rho g} = \frac{v_2}{g}(v_2 - v_1). \tag{4.113}$$

Die Energiebilanz Gl. 4.6 auf Seite 38 liefert

$$h_v = \frac{p_1 - p_2}{\rho g} + \frac{v_1^2 - v_2^2}{2g}. \tag{4.114}$$

Gl. 4.113 in Gl. 4.114 eingesetzt liefert weiter

$$h_{v,1-2} = \frac{v_2}{g}(v_2 - v_1) + \frac{v_1^2 - v_2^2}{2g} = \underbrace{\left(2(1 - \frac{v_1}{v_2}) + (\frac{v_1^2}{v_2^2} - 1)\right)}_{zeta} \cdot \frac{v_2^2}{2g} \tag{4.115}$$

Damit wird schließlich[18]

$$\zeta = \left(\frac{v_1}{v_2} - 1\right)^2 \tag{4.117}$$

---

[18] Wenn, wie bei manchen Ableitungen, $v_1^2/2g$ als Bezug gewählt wird, ergibt sich

$$\zeta_{v_1} = \left(1 - \frac{A_1}{A_2}\right)^2 \tag{4.116}$$

4.4. Strömungen in Rohren

oder mit $v_1 A_1 = v_2 A_2$

$$\zeta = \left(\frac{A_2}{A_1} - 1\right)^2. \tag{4.118}$$

Ein formal identisches Ergebnis erhält man für den Energieverlust beim Stoß zweier plastischer Festkörper, weshalb man den Verlust bei plötzlicher Erweiterung auch bisweilen als *Stoßverlust* bezeichnet, auch wenn hier gar kein Stoß im eigentlichen Sinne auftritt.

4.4.4.2 Einlauf

Verlustbeiwerte an Einläufen sind in den Tabellen 4.5 und 4.6 sowie auf Abb. 4.46 zusammengefaßt (für detailliertere Angaben s. z.B. [7])

Tab. 4.5: Verlustbeiwerte an kreisförmig ausgerundeten Einläufen.

r_a/d	0	0,01	0,02	0,04	0,06	0,08	0,12	0,16	0,2
ζ	0,5	0,43	0,36	0,26	0,2	0,15	0,09	0,06	0,03

Tab. 4.6: Verlustbeiwerte an hervorstehenden scharfkantigen Einläufen, Bezeichnungen s. Abb. 4.46.

		\multicolumn{6}{c}{ζ für b/d =}
		0	0,01	0,1	0,2	0,3	>= 0,5
	< 0,01	0,50	0,68	0,86	0,92	0,97	1,00
	0,01	0,50	0,57	0,71	0,78	0,82	0,86
	0,02	0,50	0,52	0,60	0,66	0,69	0,72
s/d	0,03	0,50	0,51	0,54	0,57	0,59	0,61
	0,04	0,50	0,50	0,50	0,52	0,52	0,54
	>=0,05	0,50	0,50	0,50	0,50	0,50	0,50

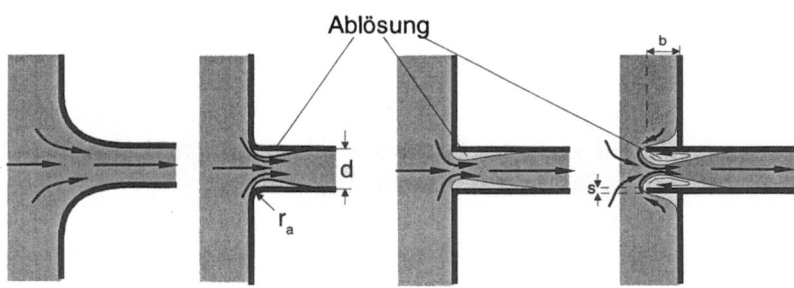

trompetenförmig $\zeta = 0{,}04$ bis $0{,}1$ ausgerundet $\zeta = 0{,}03$ bis $0{,}5$ scharfkantig bündig $\zeta \approx 0{,}5$ scharfkantig hervorstehend $\zeta = 0{,}5$ bis 1

Abb. 4.46: Arten von Einlaufausbildungen.

4.4.4.3 Krümmer

Krümmer (Abb. 4.47) verursachen analytisch schwer zu erfassende Verluste. Von Einfluß sind:

- Ablenkungswinkel
- Verhältnis Krümmungsradius zu Rohrdurchmesser (r_K/d)
- Querschnittsform
- relative Rauheit
- Reynoldszahl

Krümmerverluste ergeben sich aus

$$h_{v,Kr} = a \cdot \zeta_{90} \cdot \frac{v^2}{2\,g}. \tag{4.119}$$

Hierin ist ζ_{90} der Verlustbeiwert für 90°-Krümmer (Tabelle 4.7). Andere Krümmungswinkel können mit dem Beiwert a (Tabelle 4.8) berücksichtigt werden. Wegen der Vielzahl an Einflußgrößen sind nur Näherungsangaben für die Krümmerverlustbeiwerte möglich.

Tab. 4.7: Verlustbeiwerte für hydraulisch glatte 90-Krümmer [9].

r_K/d	0	1	2	3	4	5	6	7
ζ_K	1,3	0,7	0,33	0,25	0,25	0,3	0,34	0,35
r_K/d	8	9	10	11	12	13	14	15
ζ_K	0,33	0,3	0,27	0,23	0,2	0,19	0,19	0,19

Tab. 4.8: Einfluß des Ablenkwinkels.

α (°)	30	60	90	120	150
a	0,15	0,4	1	1,6	1,8

Für hydraulisch rauhe Krümmer kann der Rauheitseinfluß auf den Umlenkverlust in erster Näherung durch einen Faktor 2 berücksichtigt werden.

4.4.4.4 Segmentkrümmer

Die Verluste in Segmentkrümmern (Abb. 4.47) liegen zwischen denen eines bezüglich r_K/d vergleichbaren Krümmers und Kniestücks, wobei die Annäherung an den Krümmer mit wachsender und an das Kniestück mit fallender Segmentanzahl steigt. Zur zahlenmäßigen Auswertung wird auf [7] verwiesen.

4.4. Strömungen in Rohren

4.4.4.5 Kniestücke

Tabelle 4.9 (nach FRANKE in [7]) gibt Anhaltswerte der Verlustbeiwerte für Kniestücke (Abb. 4.47) unter Einschluß des Rauheitseinflusses auf die Verluste wieder.

Tab. 4.9: Anhaltswerte der Verlustbeiwerte für Kniestücke.

α (°)	10	15	20	22,5	30	45	60	90
ζ_{glatt}	0,029	0,044	0,065	0,075	0,12	0,245	0,470	1,150
ζ_{rauh}	0,043	0,064	0,091	0,105	0,165	0,325	0,600	1,300

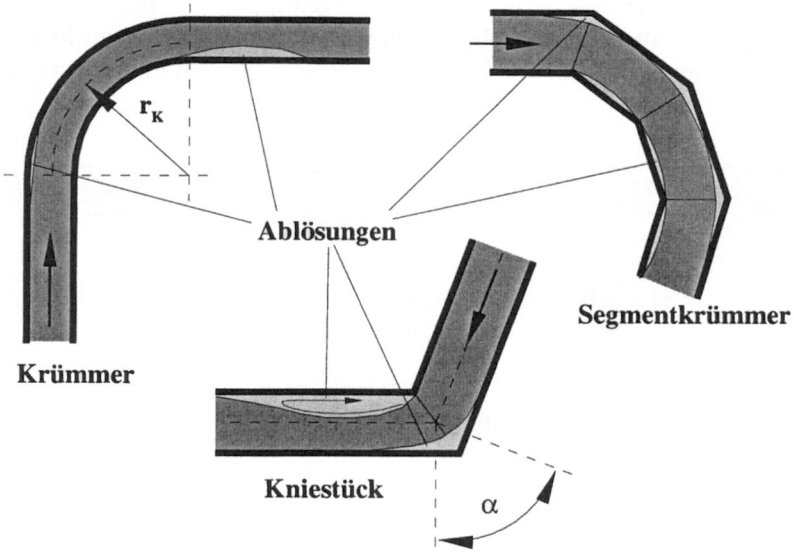

Abb. 4.47: Krümmer, Segmentkrümmer und Kniestück.

4.4.4.6 Rohrvereinigungen und Abzweige

Zusätzlich zum Reibungsverlust entstehen an Rohrvereinigungen und -verzweigungen (Abb. 4.48) lokale Verluste durch Ablösungen und Verwirbelungen. Von Einfluß sind die Verhältnisse der Teilströme, der Zweigwinkel δ und die Rohrdurchmesser. Für gleiche Durchmesser von Haupt- und Nebenstrang gibt [85] für 45° und für 90° folgende Werte an:

Tab. 4.10: Verluste an Rohrvereinigungen und -verzweigungen.

	Q_a/Q	0	0,2	0,4	0,6	0,8	1	δ
Trennung	ζ_a	0,9	0,66	0,47	0,33	0,29	0,35	
	ζ_a	0,04	-0,06	-0,04	0,07	0,2	0,33	$45°$
Vereinigung	ζ_a	-0,9	-0,37	0,00	0,22	0,37	0,38	
	ζ_a	0,05	-0,17	0,18	0,05	-0,20	-0,57	
Trennung	ζ_a	0,96	0,88	0,89	0,96	1,10	1,29	
	ζ_a	0,05	-0,08	-0,04	0,07	0,21	0,35	$90°$
Vereinigung	ζ_a	-1,04	-0,4	0,10	0,47	0,73	0,92	
	ζ_a	0,06	0,18	0,30	0,4	0,50	0,60	

In der Tabelle bedeuten Q = Gesamtdurchfluß, Q_a = abzweigender bzw. zuströmender Durchfluß, ζ_a = Verlustbeiwert für Abzweigung, ζ_d = Verlustbeiwert für den durchgehenden Strom bei Verzweigung. Negative Werte bedeuten keinen Energiegewinn, sondern kommen durch Bezug auf den gemeinsamen Rohrstrang zustande.

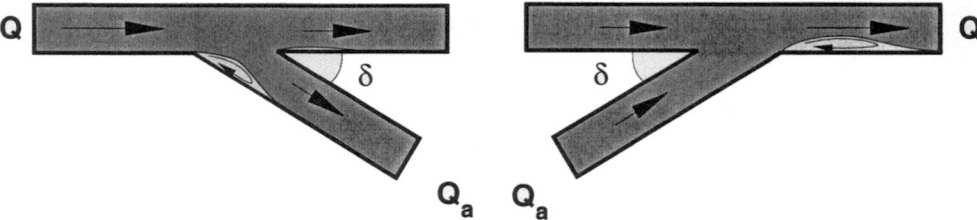

Abb. 4.48: Rohrverzweigung und -vereinigung.

4.4.4.7 Verschlußorgane

Absperr- und Regulierorgane verursachen insbesondere in teilgeschlossenen Zuständen, aber auch in voll geöffnetem Zustand Verluste. Für nicht voll geöffnete Verschlußorgane sind die Verlustbeiwerte aus Kennlinien der Hersteller zu entnehmen. Für den Fall voll geöffneter Absperrorgane ergeben sich je nach Bauart etwa folgende Verlustbeiwerte (Abb. 4.49)

a) Drosselklappe $\zeta = 0,2$ bis $0,4$
b) Kugelschieber $\zeta \approx 0$
c) Ringschieber $\zeta = 1,2$ bis 2
d) Flachschieber $\zeta = 0,12$ bis $0,28$

Verlustbeiwerte kleiner Verschlußorgane sind in Abb. 4.50 zusammengestellt.

4.4. Strömungen in Rohren

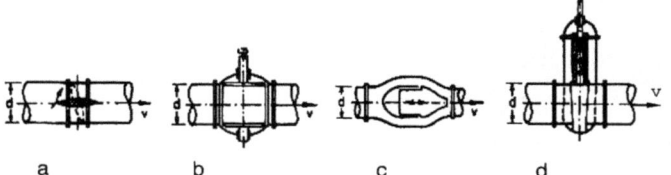

  a   b   c   d

Abb. 4.49: Große Verschlußorgane.

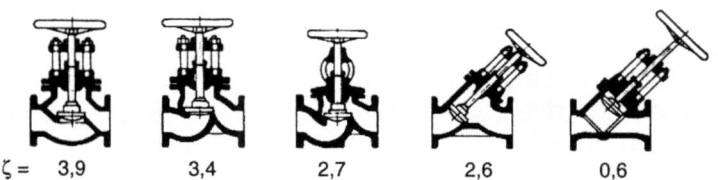

$\zeta =$ 3,9   3,4   2,7   2,6   0,6

Abb. 4.50: Kleine Verschlußorgane.

4.4.4.8 Einbauten

Hebel für die Betätigung von Regelorganen, Streben, Staurohre u.s.w. verursachen Einzelverluste (Abb. 4.51). Die Verlustbeiwerte ζ_{Einbau} ergeben sich nach BOLLRICH [7] aus

$$\zeta_{Einbau} = c_D \cdot \frac{A_E/A}{\left(\Psi_E \cdot (1 - A_E/A)\right)^3}. \tag{4.120}$$

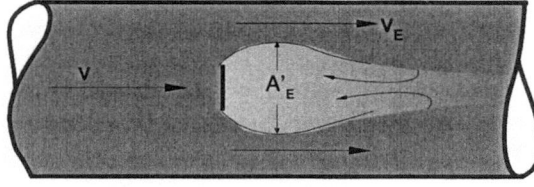

Abb. 4.51: Strömungsverhältnisse an Druckwiderstand erzeugenden Einbauten.

Hierin sind $A =$ Querschnittsfläche des Rohres, $A_E =$ Querschnittsfläche des eingebauten Objektes (Projektion in Strömungsrichtung), $A'_E =$ Querschnittsfläche der je nach Formgebung hydraulisch wirksamen Einbaugröße, $\Psi_E = (A - A'_E)/(A - A_E)$. Für eine im Vergleich mit dem Rohrdurchmesser kleine Kreisscheibe sind $c_D = 1,16$ und $\Psi_E = 0,61$; für weitere Einbauobjekte s. z.B. Tabelle 4.1 auf Seite 57.

Auf die Einbauobjekte wirken Kräfte F der Größe (s. Gl. 4.47 auf Seite 55)

$$F = c_D \cdot \frac{\rho}{2} \cdot v_E^2 \cdot A_E. \tag{4.121}$$

4.4.4.9 Austrittsverluste

Das aus Rohrleitungen ausströmende Wasser nimmt seine kinetische Energie mit. Diese ist damit für die Rohrströmung verloren. Für manche Zielstellung ist dies von Vorteil, für andere von Nachteil. Vorteilhaft nutzt man den Energieabgang aus dem Rohr in ein anderes System z.B. mit einer Enddüse. Das mit hoher kinetischer Energie austretende Wasser erreicht (z.B. für Feuerlöschzwecke) eine hohe Wurfweite. Weiterhin erzeugt es beim Auftreffen auf Hindernisse große Aufprallkräfte, was für den Betrieb einer Freistrahlturbine (s. Kapitel 4.10.3.1 auf Seite 202ff) günstig ist. In der Rohrleitung ist die Geschwindigkeit um den Faktor $A_{Rohr}/A_{Düse}$ kleiner, weshalb die Verluste im Rohr klein sind und der Druck bis zur Düse hoch bleibt. Die Verluste in einer Düse sind i.A. sehr klein.

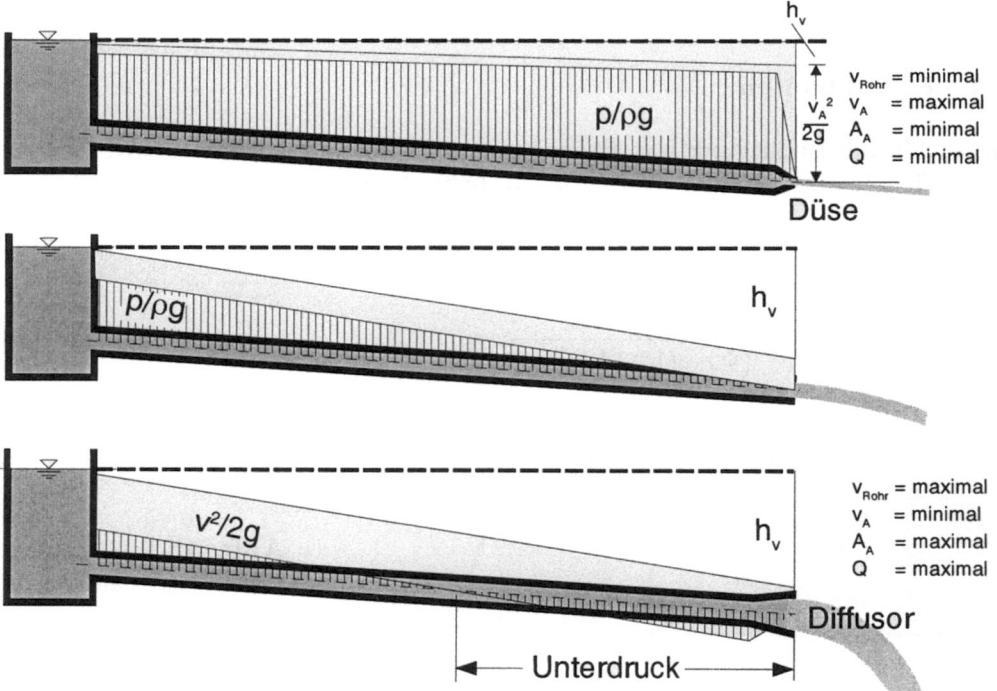

Abb. 4.52: Wirkung von Düse und Diffusor am Rohrende (schematisch, relativer Vergleich gegen den mittleren Fall).

Von Nachteil ist der Energieaustritt am Leitungsende z.B., wenn die Strömung *innerhalb* der Leitung zur Energieerzeugung mit einer eingebauten Turbine genutzt

4.4. Strömungen in Rohren

werden soll. Dann muß v in der Leitung möglichst groß bei minimalem Energieabgang am Austritt sein. Das läßt sich durch das Gegenteil eines düsenförmigen Endstücks, einen sog. Diffusor (Aufweitung) erzielen. Bei einem Diffusor verringert sich die Geschwindigkeit im Austritt um den Faktor $A_{Diffusor}/A_{Rohr}$, und entsprechend weniger kinetische Energie verläßt das Rohr. Die so für die Strömung *in* der Leitung gewonnene kinetische Energie führt zu einer Erhöhung von v im Rohr und mithin auch an der Wasserkraftmaschine. Die Verluste im Diffusor entsprechen denen des Übergangsdiffusors (= allmähliche Aufweitung, Kap. 4.4.4.1ff). Sie sind bei Aufweitungen unterhalb $6°$ bis $8°$ klein, da dann noch keine Ablösungen eintreten. Dies ist z.B. bei der Ausbildung von Saugschläuchen in Wasserkraftanlagen zu beachten (s. Kap. 4.10.3.2 auf Seite 208). In den Randzonen herrscht bei größeren Aufweitungswinkeln Rückströmung mit entsprechend steigenden Verlusten. Geometrischer und hydraulisch wirksamer (= durchflossener) Querschnitt sind dann unterschiedlich! In Abb. 4.52 ist der Einfluß des Durchmessers am Austritt aus einer ansonsten identischen Leitung auf die Energiehöhenanteile dargestellt.

4.4.5 Geschwindigkeits- und Durchsatzmessung

Engt man eine Rohrleitung durch geeignete Formgebung nahezu verlustfrei ein (Abb. 4.53), so steigt die Geschwindigkeitshöhe in der Engstelle, und die Druckhöhe fällt um den gleichen Betrag. Durch Messung der Druckhöhendifferenz erhält man damit Kenntnis der Geschwindigkeit. Die Nutzung dieses Zusammenhanges geht auf VENTURI zurück, weshalb man zur Geschwindigkeitsmessung verengte Fließstrecken als VENTURI-Rohre oder Venturi-Kanäle bezeichnet. Treten infolge der Einengung Verluste auf, so gilt mit Gl. 4.6 auf Seite 38:

$$\frac{p_1}{\rho g} - \frac{p_2}{\rho g} = \Delta h_p = \frac{v_2^2}{2g} - \frac{v_1^2}{2g} + h_{v,1-2} \qquad (4.122)$$

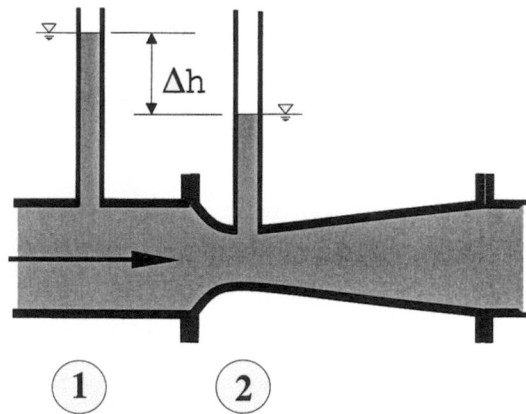

Abb. 4.53: VENTURI-Rohr.

Die Verluste sind proportional zu v_2^2. Mit der Kontinuitätsgleichung kann v_2 auf v_1 umgerechnet werden. Damit folgt (vgl. auch DIN 1952)

$$Q = A_1 \cdot \sqrt{\frac{2 \cdot g \cdot \Delta h}{\left(\frac{A_1}{A_2}\right)^2 \cdot (1+\zeta) - 1}}. \tag{4.123}$$

In erster Näherung können die Verluste beim Venturirohr vernachlässigt werden, womit man vereinfacht erhält:

$$Q = \sqrt{\frac{2 \cdot g \cdot \Delta h}{\frac{1}{A_2^2} - \frac{1}{A_1^2}}} = \frac{\pi}{4} \cdot \sqrt{\frac{2 \cdot g \cdot \Delta h}{\frac{1}{d_2^4} - \frac{1}{d_1^4}}} \tag{4.124}$$

An einem entsprechend geformten Rohrstück läßt sich Q mithin indirekt aus der Messung von Δh angeben.

4.5 Strömungen in offenen Gerinnen

4.5.1 Allgemeines

Wesentliche Berechnungsziele für offene Gerinne sind die Ermittlung der

- Leistungsfähigkeit für Hochwassersituationen oder

- Leistungsfähigkeit für technische Zwecke wie z.B. von Bewässerungskanälen oder Werkkanälen sowie

- Prognosen der Wirkung geplanter Eingriffe auf Wasserstände und Strömungsgeschwindigkeiten und

- die Abschätzung der hydraulischen Verhältnisse nach Eintritt absehbarer natürlicher Veränderungen im Gewässer.

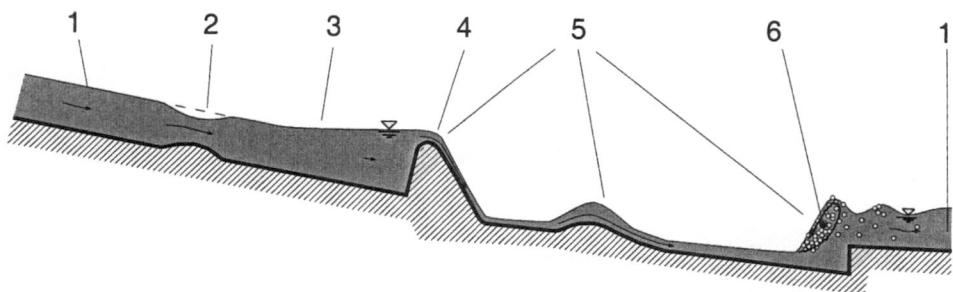

Abb. 4.54: Phänomene der Gerinneströmung (Kapitel 4.5.3 (1), 4.2.1.3 (2), 4.6 (3), 4.5.9 (4), 4.5.2 (5), 4.5.9.8 (6).

Abb. 4.54 demonstriert Phänomene der Gerinneströmung. Von links kommend strömt Wasser zunächst im Normalabflußzustand (1). Entlang des Fließweges führt eine örtliche Anhebung der Sohle zu einer örtlichen Absenkung des Wasserspiegels (2, vgl. auch Abb. 4.5 auf Seite 32). Anschließend stellt sich wieder Normalabfluß ein, bis die Rückstauwirkung eines Staubauwerks die Strömung verzögert, wobei sich der Wasserspiegel am Bauwerk der Horizontalen nähert (3). Dann fällt das Wasser über die Krone des Staubauwerks. Es beschleunigt erheblich, und die Wassertiefe verringert sich (4). Bei genügend langer Steilstrecke bildet sich auf dieser wiederum Normalabfluß aus. Am Ende der Steilstrecke wechselt das Gefälle wieder in Größenordnungen wie vor dem Staubauwerk, jedoch fließt das Wasser hier wegen der Vorgeschichte ganz erheblich schneller bei gleichzeitig kleinerer Wassertiefe. Da das Gefälle hier aber nicht ausreicht, um die aufgrund der großen Geschwindigkeit auch größeren Verluste zu kompensieren, verzögert die Strömung längs des Weges und die Wassertiefe steigt (5, kein Normalabfluß). Im weiteren

Verlauf trifft das immer noch sehr schnell fließende Wasser wieder auf eine Anhebung der Sohle. Hier reagiert es jedoch umgekehrt wie über der Sohlschwelle vor dem Staubauwerk: Beim Hinaufschießen auf die Schwelle fällt die Geschwindigkeit und die Wassertiefe steigt. Mit dem Passieren der höchstgelegenen Stelle der Schwelle beschleunigt das Wasser wieder. Nach einer weiteren Gefällestrecke trifft es auf ein plötzliches Hindernis, an dem die Wasseroberfläche sprunghaft unter starker Turbulenzproduktion ansteigt (6). Nach dieser Stufe fließt es mit erheblich verminderter Geschwindigkeit und vergrößerter Tiefe weiter und paßt sich an den neuen Normalzustand an (1). Diese und weitere Phänomene werden in den folgenden Abschnitten behandelt.

4.5.2 Strömen-Schießen-Wechselsprung

Die Beobachtung (z.B. Abb. 4.54) zeigt, daß der gleiche Abfluß bei verschiedenen $h-v$-Kombinationen möglich ist. Die *möglichen* Kombinationen von h und v in einem Querschnitt sind von den Verhältnissen in den Nachbarbereichen unabhängig. Daher stellt die um z und h_v reduzierte Energiegleichung 4.5 auf Seite 38 eine Zustandsgleichung für einen Querschnitt dar. Sie beschreibt die *spezifische Energiehöhe* $h_{E,s}$ im Querschnitt, die sich allein aus Druckenergiehöhe (= Wassertiefe) und kinetischer Energiehöhe zusammensetzt:

$$h_{E,s} = h + \frac{v^2}{2\,g} = h + \frac{Q^2}{2\,g\,[A(h)]^2}. \tag{4.125}$$

Die folgenden Überlegungen werden zunächst für die Annahme eines rechteckförmigen Querschnitts (b = const.) ausgeführt. In diesem Fall ist

$$Q/b = q = \quad \text{Abfluß je m Gerinnebreite} \tag{4.126}$$

und mithin

$$h_{E,s} = h + \frac{q^2}{2\,g\,h^2}. \tag{4.127}$$

Gleichung 4.127 ist in Abb. 4.55 für einen Abfluß q_1 dargestellt und für einen anderen Abfluß q_2 angedeutet. Man erkennt:

1. Es muß eine Mindestenergiehöhe $h_{E,min}$ vorhanden sein, um eine gegebene Wassermenge q abfließen zu lassen. Ist weniger Energiehöhe vorhanden, kann q nicht abgeführt werden und der Wasserstand steigt solange, bis h_E das Minimum in Abb. 4.55 erreicht hat.

2. Bei größerer spezifischer Energiehöhe $h_{E,s}$ hat das Wasser zwei Möglichkeiten. Es kann

    (a) mit großer Wassertiefe und geringer Geschwindigkeit abfließen (strömender Abfluß), oder es kann

4.5. Strömungen in offenen Gerinnen

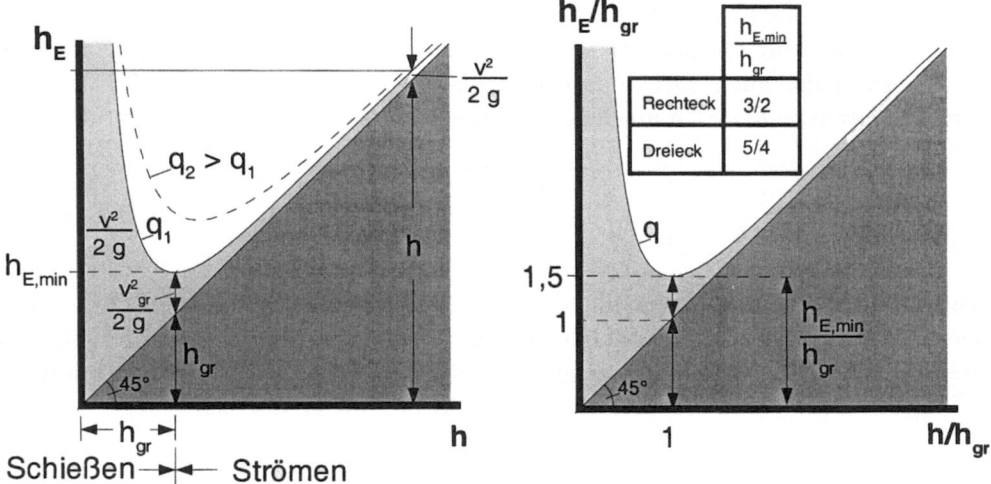

Abb. 4.55: Zustandsdiagramm für einen Fließquerschnitt in dimensionsbehafteter und in dimensionsloser Darstellung.

(b) mit geringer Wassertiefe bei großer Geschwindigkeit abfließen (schießender Abfluß).

4.5.2.1 Grenzzustand

Eine nähere Untersuchung des Minimums (Grenzzustand "gr" zwischen Strömen und Schießen) führt beim Rechteckquerschnitt und bei im Verhältnis zur Tiefe sehr breiten Gerinnen zu dem Ergebnis

$$h_{gr} = \sqrt[3]{\frac{Q^2}{g \cdot b^2}} = \sqrt[3]{\frac{q^2}{g}}. \tag{4.128}$$

Dieses folgt aus Gl. 4.127, wenn man q als gegeben annimmt, so daß die Gleichung nur noch eine Funktion von h ist. Dann kann man für das Minimum $dh_E/dh = 0$ bilden.
Setzt man in Gl. 4.128 nun wieder $q = v\,h$ ein, so ergibt sich die Grenzgeschwindigkeit, d.i. die Strömungsgeschwindigkeit im Grenzfall, zu

$$v_{gr} = \sqrt{g \cdot h_{gr}}. \tag{4.129}$$

Ein Vergleich von v_{gr} mit der Ausbreitung von Störungen (z.B. von Wellen nach einem Steinwurf oder wandernder Wasserspiegeländerung nach Anheben eines Wehres) führt zu weiteren Erkenntnissen, denn solche Störungen breiten sich näherungsweise mit der Geschwindigkeit

$$c = \sqrt{g \cdot h} \tag{4.130}$$

gegenüber dem umgebenden Wasser aus (s.auch Kap. 4.7.2 auf Seite 160ff und 5.3.4 auf Seite 262ff). Im Grenzzustand ist also $v = v_{gr} = c$. Mithin läßt sich der Abflußzustand also auch durch das Verhältnis der aktuellen Geschwindigkeit v zur *Störwellengeschwindigkeit* c ausdrücken. Dieser Quotient wird als FROUDE-Zahl

$$Fr = \frac{v}{c} = \frac{v}{\sqrt{g \cdot h}} \quad \left(= \sqrt{2\left(\frac{h_{E,s}}{h} - 1\right)} = \sqrt{\left(\frac{h_{gr}}{h}\right)^3} \right) \quad (4.131)$$

bezeichnet. Die Schreibweisen in der Klammer erhält man mit den Gln. 4.125 sowie 4.129 und der Kontinuitätsgleichung. Es läßt sich durch Erweitern für ein Flüssigkeitselement der Länge h zeigen, daß die FROUDE-Zahl auch das Verhältnis der Trägheitsreaktion des Wassers zu den Schwerekräften darstellt:

$$Fr^2 = \frac{v^2}{g \cdot h} = \frac{m \cdot v^2}{m \cdot g \cdot h} = \frac{\rho \cdot b \cdot h \cdot v^2}{\rho \cdot b \cdot h \cdot g \cdot h} \sim \frac{Trägheitsreaktion}{Schwerkraft}. \quad (4.132)$$

Kleine Fr-Zahlen bedeuten Dominanz der Schwerewirkung, große Fr-Zahlen hingegen Dominanz der Trägheitswirkung beim Strömungsvorgang. In Tabelle 4.11 sind die Definitionen des Strömungszustandes zusammengefaßt:

Tab. 4.11: Definitionen des Strömungszustandes.

Strömen	Grenzzustand	Schießen
$v < v_{gr}$	$v = v_{gr}$	$v > v_{gr}$
$h > h_{gr}$	$h = h_{gr}$	$h < h_{gr}$
$Fr < 1$	$Fr = 1$	$Fr > 1$

Vom festen Ufer aus gesehen breiten sich Störungen mit $c - v$ nach oberstrom und mit $c + v$ nach unterstrom aus. Störungen (= Veränderungen) des Wasserstandes können sich also nur im strömenden Zustand nach oberstrom auswirken. Eine wesentliche Konsequenz hiervon ist, daß schrittweise Berechnungen des Wasserspiegels bei schießendem Abfluß mit der Fließrichtung erfolgen müssen, denn v und h im Querschnitt oberstrom sind dann völlig unabhängig von den Gegebenheiten unterstrom, da sie von diesen wegen $v > c$ keine Information erhalten können[19]. Bei strömendem Abfluß pflanzen sich Störungen hingegen auch nach oberstrom fort (vgl. z.B. die u.U. mehrere km lange Staukurve auf Abb. 4.117 auf Seite 159). In diesem Fall erfolgen Berechnungen der Wasserspiegellage entgegen der Fließrichtung. Abb. 4.56 zeigt die Ausbreitung von Störwellen z.B. nach einem Steinwurf, bei stehendem Wasser, bei unterkritischer Strömungsgeschwindigkeit, im Grenzzustand und bei überkritischer Geschwindigkeit[20].

---

[19] Mathematisch sind grundsätzlich stets beide Berechnungsrichtungen möglich. Im praktischen Anwendungsfall ergeben sich aber nur dann sichere Ergebnisse, wenn man die Rechnung an einer Position startet, die den Fließvorgang kontrolliert. Im strömenden Bereich ist das z.B. an einem Wehr der Fall, weil dort nach Oberstrom hin die Staukurve erzwungen wird.
[20] Zwischen den Zuständen Schießen/Strömen im Wasser und Unterschall-/Überschallgeschwin-

4.5. Strömungen in offenen Gerinnen

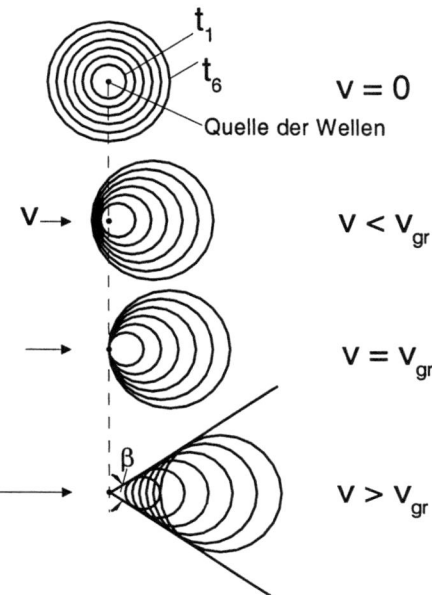

Abb. 4.56: Zur Ausbreitung von Störungen am Beispiel von Wellen einer Punktquelle zu verschiedenen Zeitpunkten t.

Im Grenzzustand wird ein gegebener Abfluß mit der minimal möglichen Energiehöhe abgeführt. Diese beträgt mit den Gln. 4.127 und 4.128

$$h_{E,min} = h_{gr} + \frac{v_{gr}^2}{2g} \quad \text{bzw. mit } q = vh \tag{4.133}$$

$$= h_{gr} + \frac{1}{2} \cdot \underbrace{\frac{q^2}{g}}_{h_{gr}^3} \cdot \frac{1}{h_{gr}^2} \tag{4.134}$$

$$= 1,5 \cdot h_{gr}. \tag{4.135}$$

In einem kritischen Querschnitt stellt sich stets $h_{E,min}$ ein (Beispiel Abb. 4.57 a). Ist weniger Energiehöhe als $h_{E,min}$ vorhanden, z.B. wegen einer Anhebung der Krone bei einem beweglichen Wehr, so kann nicht mehr alles ankommende Wasser abgeführt werden (Abb. 4.57 b). Als Folge steigt der Wasserspiegel vor dem Hindernis, bis über dem Hindernis wieder $h_{E,min}$ vorhanden ist (Abb. 4.57 c). Das Wasser wird in kritischen Querschnitten also immer mit dem Minimum an Energie abgeführt (*Extremalprinzip*).

---

digkeit in Luft bestehen Analogien. Der der FROUDE-Zahl entsprechende Quotient v/c wird bei Luftströmungen als MACH-Zahl Ma bezeichnet. Für den Winkel β in Abb. 4.56 gilt $\sin(\beta/2) = 1/Fr = 1/Ma$. Wechselsprung und Überschallknall sind analoge Phänomene, ebenso die Ausbreitung von brechenden Schwallwellen und Schockwellen. Bis in die 1950er Jahre hinein wurden aerodynamische Überschallversuche in Wasserkanälen ausgeführt.

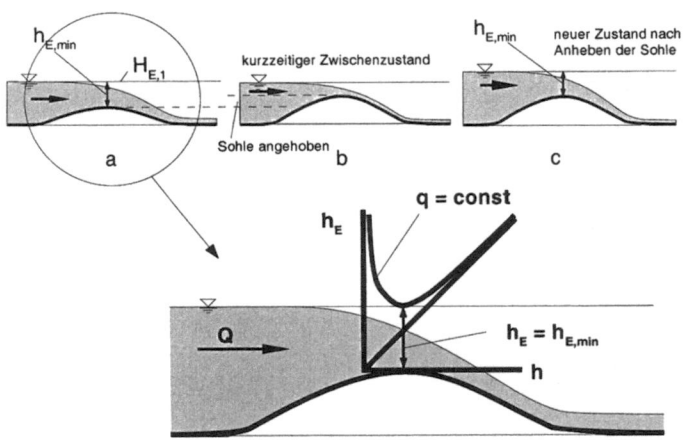

Abb. 4.57: Aufstau bei nicht ausreichender Energiehöhe.

Das bedeutet auch, daß der maximale Abfluß bei gegebener spezifischer Energiehöhe unter Grenzbedingungen "gr" stattfindet:

$$q_{max} = q_{gr} = v_{gr} \cdot h_{gr} = \sqrt{g\, h_{gr}^3} = \sqrt{\frac{8}{27}\, g\, h_E^3} \qquad (4.136)$$

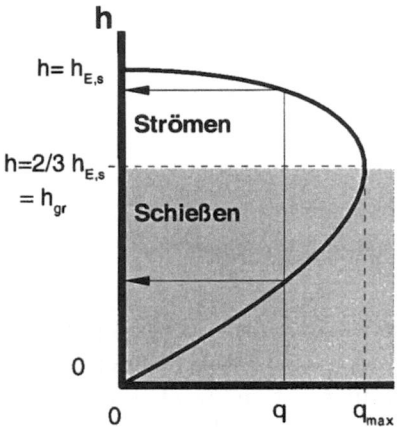

Abb. 4.58: Zum maximalen Abfluß q bei vorgegebener lokaler Energiehöhe (KOCHsche Kurve, Gl. 4.137).

Zu diesem Ergebnis gelangt man, indem man Gl. 4.127 nach q auflöst, $h_{E,s}$ als gegeben annimmt und für die so gebildete Beziehung[21] (s. auch Abb. 4.58)

$$q(h) = h\sqrt{2\,g\,(h_{E,s} - h)} \qquad (4.137)$$

---

[21] Der Gebrauch dieser Kurve geht auf A. Koch zurück, weswegen sie im internationalen Schrifttum bisweilen als KOCH-Kurve bezeichnet wird (s. a. [52])

4.5. Strömungen in offenen Gerinnen

dq/dh bildet und die Bedingungen für das Maximum von q(h) bestimmt.
Man erhält dabei als weitere Ergebnisse, daß der gleiche Abfluß q nit zwei unterschiedlichen Wassertiefen abgeführt werden kann und daß der maximale Abfluß q bei vorgegebener lokaler Energiehöhe eintritt, wenn die Wassertiefe

$$h = \frac{2}{3} h_{E,s} \qquad (4.138)$$

ist. Geht $h \to 0$, wird bei vorgegebener Energiehöhe dann auch $q = 0$. Geht $h \to h_{E,s}$, bleibt keine Energie für die Bewegung, und man hat einen stehenden See.

Verengungen sind Sohlanhebungen äquivalent, denn wegen $q = Q/b$ erhöht sich in Engstellen q und mithin $h_{E,min}$ (vgl. Abb. 4.59).

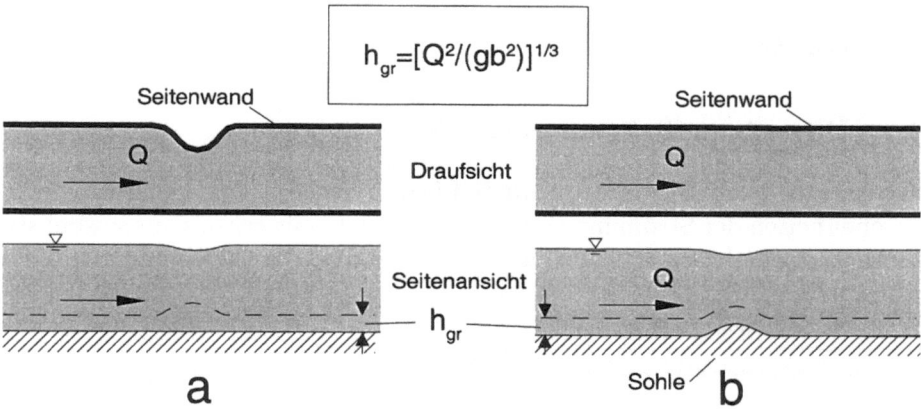

Abb. 4.59: Grenztiefe h_{gr} bei Verengungen (links) und bei Sohllagenänderungen (rechts).

Die Abb. 4.60 zeigt typische Überströmungszustände von Hindernissen bei unterschiedlichen FROUDE-Zahlen. Oben herrscht strömender Abfluß. Im mittleren Bild treten über dem Hindernis Fr-Zahlen zwischen 1 und 1,7 auf, während im unteren Bild eindeutig schießender Abfluß erzeugt wird. Im Bereich zwischen Grenzzustand und Fr-Zahlen bis ca. $Fr = 1,7$ ist der Wasserspiegel unterwasserseitig des Grenzzustandes sehr unruhig. Geringe Änderungen Δh_E der Strömungsenergiehöhe rufen hier relativ große Änderungen Δh im Wasserstand hervor (vgl. Abb. 4.60). Daher ist dieser Strömungszustand sehr labil, neigt zu erheblichen Wasserspiegelschwankungen und wird als gewellter Abfluß charakterisiert. Die Strömung pendelt dabei zwischen der geringen Wassertiefe bei Fr nur wenig > 1 und der großen Wassertiefe bei Fr nur wenig unter < 1. Die makroturbulenzbedingten Schwankungen des Energiehöhengefälles können bereits auslösend sein.

Der Grenzzustand und ein Fließwechsel können eintreten bei Gefällewechseln, in Engstellen, zwischen Pfeilern sowie bei allen Einbauten, die bewirken, daß $h_{E,vorh} = h_{E,min}$ wird.

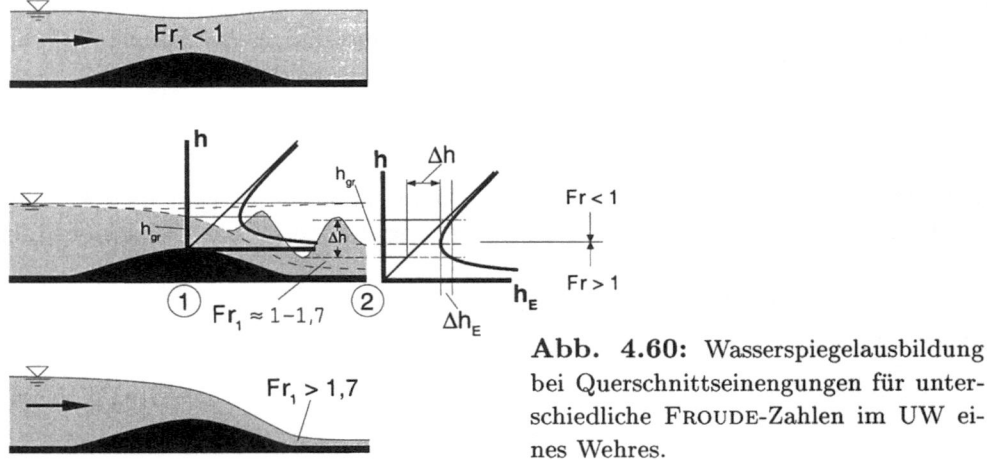

Abb. 4.60: Wasserspiegelausbildung bei Querschnittseinengungen für unterschiedliche FROUDE-Zahlen im UW eines Wehres.

4.5.2.2 Übergänge Strömen - Schießen - Strömen

Der **Übergang vom Strömen zum Schießen** verläuft kontinuierlich, weil sich die Gegebenheiten der Strömung von der Stelle des Fließwechsels aus sowohl stromauf als auch stromab bemerkbar machen (Abb. 4.61). Die Gegebenheiten in einem

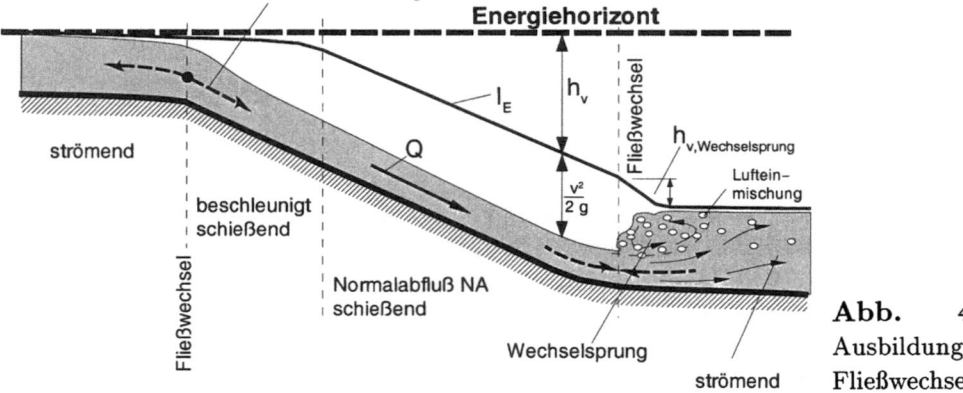

Abb. 4.61: Ausbildung von Fließwechseln.

Bereich mit strömendem Abfluß können sich nicht in einen ggf. oberstrom gelegenen schießenden Bereich hinein auswirken. Daher kann sich das Wasser im schießenden Bereich auch nicht kontinuierlich auf die voraus liegenden neuen Bedingungen anpassen, und daher verläuft der **Übergang vom Schießen zum Strömen** diskontinuierlich. Man kann sich diesen Vorgang auch so vorstellen, als ob die Strömung "blind" in den strömenden Bereich, der von unterstrom gestaut wird, hineinläuft. Folge hiervon ist ein Wassersprung (sogenannter Wechselsprung), der sich als Deckwalze ausbildet. Der Wechselsprung ist lagestabil, wenn die von

4.5. Strömungen in offenen Gerinnen

beiden Seiten auf ihn einwirkenden Kräfte (vgl. Abschn. 4.2.2.3 auf Seite 39ff) im Gleichgewicht sind. Andernfalls wandert er nach unterstrom, oder er wird an den Schußstrahl gedrückt. Für einen lagestabilen Wechselsprung bei horizontaler Sohle folgen aus dem Ansatz des Kräftegleichgewichts der Druckkräfte F_p und der Impulskräfte F_I (Abb. 4.62) nach einigen Umformungen und Einbeziehen der Kontinuitätsbeziehung $v_1\,h_1 = v_2\,h_2$ die sogenannten *konjugierten Wassertiefen*:

$$\frac{h_2}{h_1} = \frac{1}{2} \cdot \left(\sqrt{8 \cdot Fr_1^2 + 1} - 1\right) \tag{4.139}$$

oder

$$\frac{h_1}{h_2} = \frac{1}{2} \cdot \left(\sqrt{8 \cdot Fr_2^2 + 1} - 1\right). \tag{4.140}$$

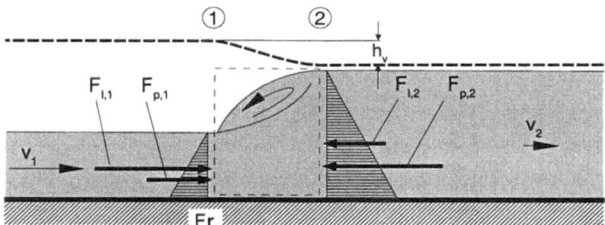

Abb. 4.62: Kräftebilanz am ebenen Wechselsprung.

Hierbei werden, wie schon beim Stützkraftsatzt, die Wandreibungskräfte vernachlässigt, da sie gegenüber den anderen Kräfte sehr klein sind. In der *Deckwalze* des Wechselsprungs wird der Strömung in erheblichem Maße Energie entzogen. Dies ist i.d.R erwünscht, weil sonst die Gewässerufer im Unterstrombereich auf weiter Strecke hoch belastet würden. Der **Energiehöhenverlust** im Wechselsprung auf ebener Sohle folgt aus dem Energiehöhenvergleich zu beiden Seiten des Wechselsprungs und beträgt

$$h_v = h_1 - h_2 + \frac{v_1^2}{2\,g} - \frac{v_2^2}{2\,g}. \tag{4.141}$$

oder als Energieverluststrom

$$P_v = \rho\,g\,Q\,h_v = \rho\,g\,b\,q\,h_v \tag{4.142}$$

Den Stützkraftsatz Gl. 4.17 auf Seite 41 kann man mit $Q = v\,h\,b$ umformen in

$$\begin{aligned}\frac{v_1^2}{2\,g} &= \frac{1}{4}\frac{h_2}{h_1}(h_1 + h_2) \quad und \\ \frac{v_2^2}{2\,g} &= \frac{1}{4}\frac{h_1}{h_2}(h_1 + h_2)\end{aligned} \tag{4.143}$$

und kommt damit auf

$$\frac{h_v}{h_1} = \frac{(h_2 - h_1)^3}{4\,h_1^2\,h_2}. \tag{4.144}$$

Mit den konjugierten Wassertiefen nach Gl. 4.140 kann man alternativ schreiben

$$\frac{h_v}{h_1} = \frac{1}{16} \cdot \frac{\left(\sqrt{8\cdot Fr_1^2 + 1} - 3\right)^3}{\left(\sqrt{8\cdot Fr_1^2 + 1} - 1\right)}. \tag{4.145}$$

Fr_1	Deckwalze	UW-Abfluß	Energie-umsatz	Strömungsbild
1,0 1,7	keine, gewellter Abfluß	gewellt	keiner	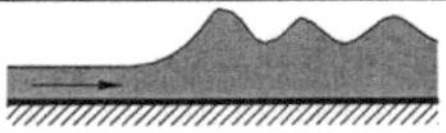
1,7 2,5	klein	mit Wellen	wenig	
2,5 4,5	pulsierend	oszillierend	mäßig	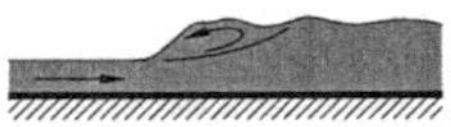
4,5 9	gut ausgebildet und stetig	ruhig	gut	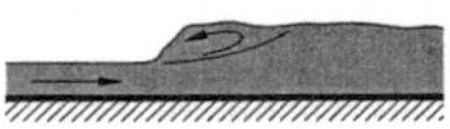
> 9	vehement	unruhig	mäßig	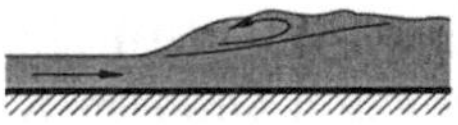

Abb. 4.63: Kenngrößen des Wechselsprungs (nach W. SCHRÖDER ET AL. [96]).

Für das Ziel der Energieumwandlung sind Fr_1-Zahlen zwischen ca. 4,5 und 9 anzustreben. In diesem Fr_1-Zahlen-Bereich stellen sich Deckwalzen mit intensiver Durchmischung, zugleich relativ kurzer Ausdehnung und guter Fixierbarkeit der Lage ein. Abb. 4.63 gibt einen qualitativen Überblick über die Art des Wechselsprungs und den Energieverlust in der Deckwalze.

4.5.2.3 h_{gr} und v_{gr} bei anderen Querschnittsformen

Ist der Querschnitt nicht rechteckförmig, so ergeben sich abweichende Lösungen. Ausgehend von Gl. 4.127 erhält man für den Grenzzustand (Energieminimum):

$$\frac{\partial h_E}{\partial h} = 1 + \frac{\frac{Q^2}{2g}\cdot(-2)}{(A(h))} \cdot \frac{\partial A(h)}{\partial h} \stackrel{!}{=} 0. \tag{4.146}$$

4.5. Strömungen in offenen Gerinnen

Mit $\partial A/\partial h = b_o =$ Breite an der Oberfläche wird

$$\frac{Q^2 \cdot b_o}{g \cdot A^3} = Fr^2 = 1. \qquad (4.147)$$

Allgemeines Kennzeichen des Grenzzustandes ist also $Fr^2 = 1$. Für die Grenzgeschwindigkeit folgt im beliebigen Querschnitt mit $v = Q/A$ aus Gl. 4.147

$$v_{gr} = \sqrt{g\frac{A}{b_o}}. \qquad (4.148)$$

Für spezielle Querschnitte ergeben sich h_{gr} und v_{gr} durch Einsetzen der jeweiligen Geometrie $A(h)$. Einige Beispiele sind in Tabelle 4.12 zusammengefaßt.

Tab. 4.12: h_{gr} und v_{gr} in verschiedenen Querschnitten.

Rechteck	$A = b \cdot h$	$h_{gr} = \sqrt[3]{\frac{Q^2}{g b^2}}$	$v_{gr} = \sqrt{g\, h_{gr}}$
Dreieck	$b_o = 2 \cdot n \cdot h \quad A = n \cdot h^2$ n = Böschungsverhältnis (vgl. Abb. 4.83 auf Seite 129)	$h_{gr} = \sqrt[5]{\frac{2\,Q^2}{g\,n^2}}$	$v_{gr} = \sqrt{\frac{1}{2} g\, h_{gr}}$
Kreis	$h = d \cdot \sin^2(\alpha/4)$ $A = d^2/8 \cdot (\alpha - \sin\alpha)$	$h_{gr} = d \cdot \sin^2(\alpha_{gr}/4)$ mit α_{gr} implizit aus $\frac{(\alpha_{gr} - \sin\alpha_{gr})^3}{\sin(\alpha_{gr}/2)} = \frac{512\,Q^2}{g\,d^5}$	$v_{gr} = \sqrt{\frac{g\,d\,(\alpha_{gr} - \sin\alpha_{gr})}{8\sin(1/2\,\alpha_{gr})}}$

4.5.3 Normalabfluß

In offenen Gerinnen mit gleichbleibender Querschnittsform stellt sich v über längere Strecken so ein, daß die reibungsverursachten Energieverluste gerade genau so groß sind, wie der Gewinn an potentieller Energie durch das Abwärtsfließen. In diesem Zustand, den man als Normalabflußzustand[22] bezeichnet, liegen Sohle, Wasserspiegel und Energielinie parallel und es gilt

$$I_E = I_W = I_{So} = I. \qquad (4.149)$$

Normalabfluß kann sowohl schießend als auch strömend sein.

---
[22] Anm: In Druckrohren ist die Geschwindigkeit über den Durchfluß und den Rohrdurchmesser vorgegeben ($v = Q/A$), und die Druckhöhenlinie kann daher beliebig zur Rohrachse verlaufen, auch ansteigend. Mithin gibt es bei Rohrströmungen keine Entsprechung zum Normalabfluß. Ausnahme ist der Grenzfall *Scheitelabfluß*, bei dem die Druckhöhenlinie entlang des Rohrscheitels verläuft und mithin der Grenzfall zwischen Rohrströmung und Gerinneströmung vorliegt.

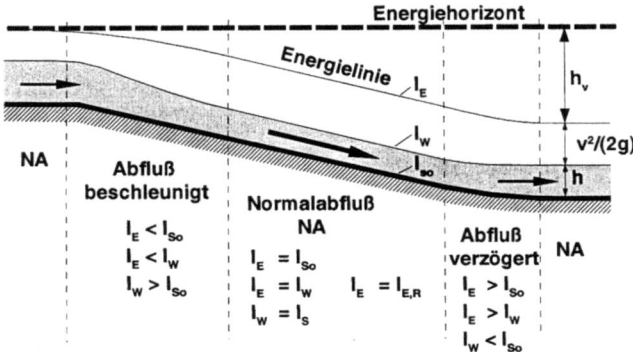

Abb. 4.64: Beschleunigter Abfluß, Normalabfluß und verzögerter Abfluß im Gerinne.

Bei Normalabfluß ist die totale Beschleunigung dv/dt, die sich aus der lokalen Beschleunigung $\partial v/\partial t$ und der konvektiven Beschleunigung $v \cdot \partial v/\partial x$ zusammensetzt, gleich Null (Tabelle 4.13). D.h., das Wasser beschleunigt weder mit dem Ort, noch mit der Zeit; *es fließt stationär-gleichförmig*. Nicht-Normalabfluß kann lediglich in Zonen oder zu Zeiten mit Beschleunigung oder Verzögerung der Strömung auftreten (Abb. 4.64). In Tideflüssen fließt das Wasser nicht im Normalabflußzustand, weswegen die zugehörigen Berechnungsansätze dort nicht anwendbar sind.

Tab. 4.13: Zur Definition des Normalabflusses.

	$dv/dt = \partial v/\partial t + v\partial v/\partial x$	
	$\partial v/\partial t$	$\partial v/\partial x$
0	stationär	gleichförmig
$\neq 0$	instationär	ungleichförmig

Abb. 4.65 zeigt Fälle von Normalabfluß und von Nicht-Normalabfluß. Ungleichförmigkeit kann durch Änderungen des Querschnitts ($dA/dx \neq 0 \rightsquigarrow dv/dx \neq 0$), oder durch seitlichen Zufluß mit der Folge von $\partial Q/\partial x \neq 0$ zustandekommen (Kapitel 4.6). Instationarität tritt bei zeitlich variablem Abfluß auf (Kapitel 4.7).

4.5.3.1 Fließformeln für Normalabfluß

In Abb. 4.66 sind die auf einen Kontrollabschnitt wirkenden Kräfte dargestellt. Unter der Voraussetzung von Normalabfluß sind die Summen der Impulskräfte und der Wasserdruckkräfte in den Schnitten 1 und 2 entgegengesetzt gleich und heben sich auf. Wirksam bleiben die talwärts treibende Komponente des Eigengewichts $F_G = m \cdot g \cdot \sin \alpha$ und die dieser entgegengesetzte Wandreibungskraft F_R. Damit gilt

$$m \cdot g \cdot \sin \alpha = F_R. \qquad (4.150)$$

Hierin sind $m = \rho \cdot A \cdot l$ und $F_R = \tau \cdot l \cdot l_U$ mit τ = Schubspannung in der Scherfläche $l \cdot l_U$ zwischen Wasser und Wandung und l_U = benetzter (reibungsproduzierender)

4.5. Strömungen in offenen Gerinnen

Umfang. Weiterhin gilt für $F_R = \lambda/4 \cdot \rho \cdot v^2/2 \cdot A$ und somit $\tau = F_R/A = \lambda/8 \cdot \rho \cdot v^2$ (s. auch Kap. 4.2.2.5 auf Seite 47ff und 4.3.1 auf Seite 64).

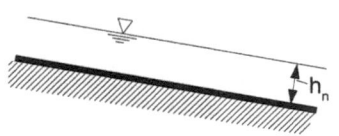

$\partial v/\partial x = 0$ und $\partial v/\partial t = 0$
stationär–gleichförmige Strömung =
Normalabfluß mit der Tiefe h_n

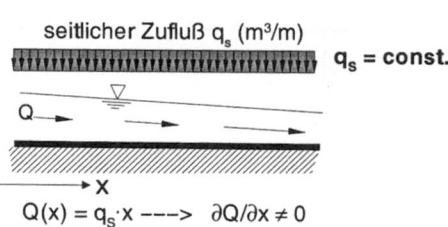

$Q(x) = q_s \cdot x$ ---> $\partial Q/\partial x \neq 0$
ungleichförmige Strömung

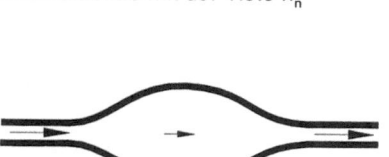

$\partial v/\partial x \neq 0$: ungleichförmige Strömung

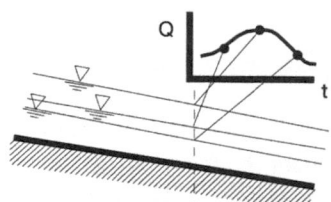

$\partial Q/\partial t \neq 0$: instationäre Strömung
(zugleich automatisch $\partial v/\partial x \neq 0$,
also ungleichförmig)

Abb. 4.65: Abflußzustände.

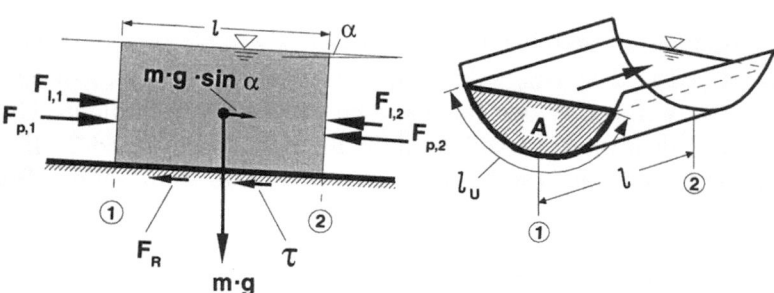

Abb. 4.66: Kräftebilanz am Kontrollabschnitt.

Schließlich ist $I_{E,R} = I = \tan\alpha = \sin\alpha/\cos\alpha$, also $\sin\alpha = I \cdot \cos\alpha$, woraus folgt

$$v = \sqrt{\frac{8g}{\lambda}} \cdot \sqrt{\frac{A}{l_U} \cdot I \cdot \cos\alpha}. \qquad (4.151)$$

Hierin sind λ = Reibungsbeiwert, A = Querschnittsfläche. Der Quotient A/l_U wird als **hydraulischer Radius** r_{hy} bezeichnet. Im Normalfall ist α sehr klein und somit $\cos\alpha \approx 1$. Dann folgt

$$v = \sqrt{\frac{8g}{\lambda}} \cdot \sqrt{r_{hy} \cdot I}. \qquad (4.152)$$

4.5.3.2 Hydraulischer Radius

Der hydraulische Radius $r_{hy} = A/l_U$ kann sinngemäß als hydraulisch wirksame mittlere Wassertiefe einer beliebigen Querschnittsform aufgefaßt werden. Für Rechteckquerschnitte mit der Breite b und der Wassertiefe h ist $r_{hy} = bh/(b+2h) = h/(1+2h/b)$, d.h. wenn

$$h \ll b \quad \leadsto \quad r_{hy} \to h. \tag{4.153}$$

Ansonsten ist $r_{hy} < h$.

Beim kreisförmigen Rohrquerschnitt sind $A = \pi d^2/4$ und $l_U = \pi d$. Damit ist dann

$$r_{hy} = \frac{A}{l_U} = \frac{d}{4} \quad \text{oder } d = 4\, r_{hy}. \tag{4.154}$$

Der Rohrdurchmesser d kann also durch $4A/l_U = 4r_{hy}$ substituiert werden. Ersetzt man weiter $h_v/l = I_{E,R} \cdot \cos\alpha$, so ist die aus dem Ansatz von DARCY-WEISBACH gewonnene Formel (Gl. 4.108 auf Seite 82) für Rohrleitungen von konstantem Durchmesser mit der Fließformel Gl. 4.152 für den Normalabfluß im offenen Gerinne formal identisch.

4.5.3.3 Widerstandsbeiwerte λ

Die Gleichungen für λ in Rohrleitungen (Gl. 4.91 auf Seite 73 oder 4.92 auf Seite 73 und Abb. 4.36 auf Seite 71) sind auch für offene Gerinne anwendbar, wenn man gemäß Gl. 4.154 $d = 4r_{hy}$ substituiert. Gewisse Abweichungen entstehen in offenen Gerinnen, weil die Widerstandsanteile von Ufer und Sohle im Gerinne unterschiedlich sind, während im vollgefüllten Kreisrohr alle Wand-Teilflächen den gleichen Beitrag zum Widerstand liefern. Dieser Einfluß kann bei der Berechnung von λ durch Korrekturfaktoren f erfaßt werden:

$$\lambda = \left(-2 \cdot log \left(2,7 \cdot \frac{(logRe)^{1,2}}{Re \cdot f} + \frac{k_S}{3,71 \cdot f \cdot 4 r_{hy}} \right) \right)^{-2} \tag{4.155}$$

($d = 4r_{hy}$ und entsprechend $Re = v \cdot 4 \cdot r_{hy}/\nu$). Für Rechteckquerschnitte der Breite b und der Tiefe h hat R. SCHRÖDER [92] aus Messungen ermittelt

$$f \approx 0,9 - 0,38 \cdot e^{-5\,h/b}. \tag{4.156}$$

Für den zweidimensionalen Fall des im Verhältnis zur Breite sehr tiefen Gerinnes wird $f \approx 0,6$. Näheres zu dieser Thematik findet man auch bei SOEHNGEN [105].

4.5.3.4 Empirische Fließformeln

Bis zu den umfassenden Untersuchungen des Wandreibungswiderstands durch NIKURADSE in der Zeit um 1930 waren nur empirische oder teilempirische Fließformel

4.5. Strömungen in offenen Gerinnen

verfügbar. Bereits 1753 entwickelte BRAHMS [8] eine Fließformel der Form

$$v = C \sqrt{r_{hy} I} \qquad [\text{BRAHMS - DE CHEZY}], \tag{4.157}$$

in der der Reibungseinfluß empirisch durch einen Faktor C erfaßt wurde. Unabhängig von BRAHMS fand 1775 DE CHEZY die gleiche Lösung. Der Koeffizient C soll hierin allein die Rauheitswirkung beschreiben. Da jedoch C sich als für eine gegebene Wandbeschaffenheit nicht genügend konstant herausstellte, wurden weitere Lösungen gesucht. Auf die unabhängig voneinander erarbeiteten Lösungen von GAUCKLER, MANNING und STRICKLER (GMS) geht die empirische Fließformel

$$v = k_{St} \cdot r_{hy}^{2/3} \cdot I^{1/2} \qquad [\text{GMS}] \tag{4.158}$$

zurück[23], die einen relativ weiten Anwendungsbereich hat, ausreichend genau ist und darum auch heute noch viel benutzt wird. Die GMS-Formel, im deutschen Sprachraum meist als MANNING-STRICKLER-Gleichung oder als STRICKLER-Gleichung ([109]) bezeichnet, läßt sich auch schreiben als[24]

$$v = k_{St} \cdot r_{hy}^{1/6} \cdot \sqrt{r_{hy} \cdot I}, \tag{4.159}$$

womit, wie auch schon bei der BRAHMS/CHEZY-Formel, eine strukturelle Ähnlichkeit mit der theoretisch fundierten Gleichung 4.152 ersichtlich wird. Die Unterschiede liegen in der Beschreibung der Rauheitswirkung:

$$\underbrace{C}_{\text{BRAHMS/CHEZY}} \cong \underbrace{k_{St}\, r_{hy}^{1/6}}_{\text{MANNING/STRICKLER}} \cong \underbrace{\sqrt{8\,g/\lambda}}_{\text{PRANDTL/COLEBROOK}} = \sqrt{g}\,\frac{v}{v^\star}. \tag{4.160}$$

Die Wirkung der Zähigkeit ist in $k_{St}\, r_{hy}^{1/6}$ nicht enthalten. Anwendungen der GMS-Gleichung sind daher auf den hydraulisch rauhen Bereich beschränkt (vgl. hierzu Abb. 4.36 auf Seite 71). Zwischen k_{St} und der Wandrauheitshöhe k_S besteht auf STRICKLER zurückgehend angenähert der Zusammenhang

$$k_{St} \approx \frac{23,5}{k_S^{1/6}}, \tag{4.161}$$

wobei k_S in (m) einzusetzen ist und bei Kornmischungen etwa dem Wert von d_{90} entspricht.[25] Damit kann im rauhen Bereich λ angenähert werden mit

$$\lambda \approx 0,14 \cdot (k_S/r_{hy})^{1/3} \tag{4.162}$$

---

[23] Im amerikanischen Sprachraum wird anstelle k_{St} geschrieben $n = 1/k_{St}$.
[24] Unabhängig kam 1876 auch HAGEN [38] zum Ergebnis, daß C etwa mit $r_{hy}^{1/6}$ variiert.
[25] STRICKLER gab als Zahlenwert 21 an und nach MEYER-PETER/MÜLLER [62] wäre 26 einzusetzen. Nach neueren Untersuchungen von SCHÖBERL [91] sowie JÄGGI [48] ist der von MPM vorgeschlagene Wert zu hoch. SCHÖBERL schlägt 23,5 vor.

Tab. 4.14: MANNING-STRICKLER-Rauheitsbeiwerte.

Sohle und Ufer	$\approx k_{St}$ (m$^{1/3}$/s)
a) Flüsse und Bäche	
feste Sohle ohne wesentliche Unregelmäßigkeiten	40
mäßiger Geschiebetrieb	33 bis 35
verkrautet	30 bis 35
mit Gröll und Unregelmäßigkeiten	30
stark geschiebeführend	28
b) Wildbäche	
sehr grobes Gröll ohne Geschiebebewegung	25 bis 28
sehr grobes Gröll bei Geschiebebewegung	19 bis 22
c) Erdkanäle	
festes Material, glatt	60
fester Sand mit etwas Ton und Schotter	50
Sohle aus Sand und Kies, gepflasterte Böschungen	45 bis 50
Feinkies 10-30 mm	45
Mittelkies 20-60 mm	40
Grobkies 50-150 mm	35
scholliger Lehm	30
grobe Steine	25 bis 30
Sohle aus Sand, Lehm oder Kies mit starkem Bewuchs	20 bis 25
d) Felskanäle	
mittelgrober Felsausbruch	25 bis 30
Felsausbruch bei sorgfältiger Sprengung	20 bis 25
sehr grober und unregelmäßiger Felsausbruch	15 bis 20
e) Gemauerte Kanäle	
Ziegelsteinmauerwerk, Klinker gut gefugt	80
Hau-Steinquader	70 bis 80
Sorgfältiges Bruchsteinmauerwerk	70
Mauerwerk	60
Normales (gutes) Bruchsteinmauerwerk, behauene Steine	60
Bruchsteinwände, gepflasterte Böschungen mit Sohle aus Sand und Kies	45 bis 50
f) Betonkanäle	
Zementglattstrich	100
Beton bei Verwendung von Stahlschalung	90 bis 100
Glattverputz	90 bis 95
Beton geglättet	90
gute Verschalung, glatter, unversehrter Zementputz, glatter Beton mit hohem Zementgehalt	80 bis 90
Beton bei Verwendung von Holzverschalung, ohne Verputz	65 bis 70
Ungleichmäßige Betonflächen	50 bis 95
Alter Beton, saubere Flächen	60
Betonschalen mit 150 bis 200 kg Zement je m^3, je nach Alter und Ausführung	50 bis 60
Grobe Betonauskleidung	55
Ungleichmäßige Betonflächen	50
Beton geglättet	90
g) Gerinne mit Holzwandungen	
Neue glatte Gerinne	95
Gehobelte, gut gefügte Bretter	90
Ungehobelte Bretter	80
Ältere Holzgerinne	65 bis 70
h) Blechgerinne	
Glatte Blech	90 bis 95
Neue gußeiserne Rohre	90
i) Asphaltwandungen	
Walzgußasphalt-Auskleidungen bei Werkkanälen	70 bis 75

und die GMS-Gleichung kann auch in der Form

$$v \approx 23,5 \cdot (r_{hy}/k_S)^{1/6} \cdot \sqrt{r_{hy} \cdot I} \qquad (r_{hy} \text{ in m}, v \text{ in m/s}) \qquad (4.163)$$

geschrieben werden. Abb. 4.67 zeigt für den hydraulisch rauhen Bereich einen Ver-

4.5. Strömungen in offenen Gerinnen

gleich von Gl. 4.163 mit Gl. 4.152. Zwischen $k_S/r_{hy} \approx 3 \cdot 10^{-4}$ und $k_S/r_{hy} \approx 0,1$ beträgt die Abweichung weniger als 10 %. Eine ähnliche Aussage ist auch bei DALLWIG [15] zu finden. In Tabelle 4.14 sind Erfahrungswerte für k_{St} zusammengestellt.

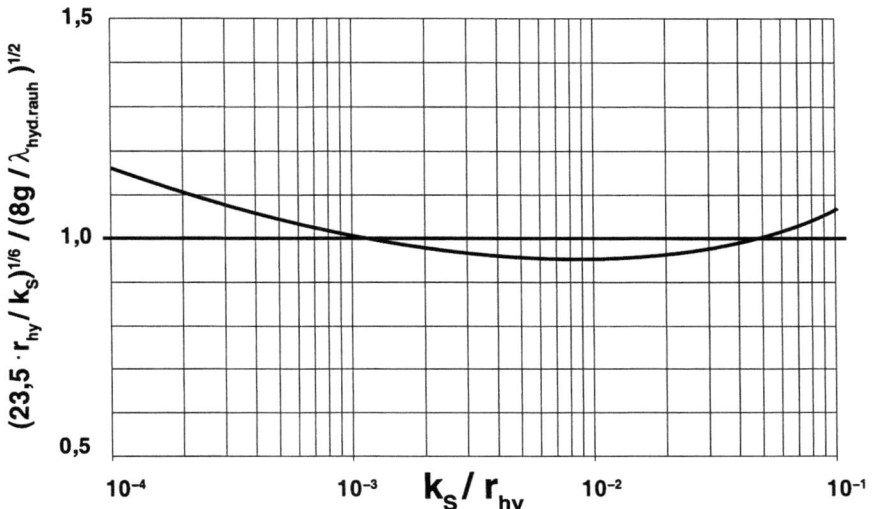

Abb. 4.67: Gegenüberstellung der Fließformeln nach Gl. (4.152, Rauheit nach PRANDTL-COLEBROOK) und (4.163, Rauheit nach GMS) im hydraulisch rauhen Bereich.

4.5.3.5 Genauigkeitsrahmen und Rückrechnung der Rauheit

Die Werte von v, r_{hy}, I und k bzw. k_{St} sind aufgrund der komplexen natürlichen Verhältnisse nur mit einer begrenzten Genauigkeit erfaßbar. Damit sind die Eingangsdaten für Fließformeln unscharf, und zwangsläufig sind auch die Ergebnisse unscharf. Wegen der Meßungenauigkeit und wegen der unvollkommenen Wiedergabe der Geometrie (meist aus einigen Polygonpunkten bestehende Querprofile in größeren Abständen) sind andererseits exakte Rechenergebnisse in der Natur gar nicht verifizierbar. Angaben von mehr als ein bis zwei Nachkommastellen sind daher erfahrungsgemäß sinnlos.[26] Gegenüber diesen unvermeidbaren Unschärfen sind die Abweichungen zwischen der GMS-Gleichung 4.163 und der DARCY-WEISBACH-Widerstandsformel mit λ nach PRANDTL-COLEBROOK, Gl. 4.152, meist von untergeordneter Bedeutung.

Die Wahl der einen oder anderen Gleichung ist daher "Geschmacksache" sofern die Verhältnisse hydraulisch rauh und einfach gelagert

---
[26] Das betrifft Endaussagen. Bei der internen Genauigkeit von z.B. schrittweisen iterativen Spiegellinienberechnungen oder Ähnlichem ist hingegen hohe Stellengenauigkeit wichtig, um die numerische Dispersion klein zu halten.

sind, weil die GMS-Gleichung nur für den rauhen Bereich gültig ist. Ein wesentlicher Aspekt spricht allerdings in Fällen mit unterschiedlichen Rauheitsproduzenten (z.B. Kornrauheit, Formrauheit und ggf. Pflanzen) im Querschnitt für die PC-Formel: λ-Werte darf man addieren, k_{St}-Werte jedoch nicht![27]

In natürlichen Gewässern setzt sich die wirksame Rauheit aus verschiedenen Anteilen zusammen, wie der Kornrauheit, der Rauheitswirkung infolge Unregelmäßigkeiten von Sohle und Ufer sowie von Bewuchs. Die wirksame Gesamtrauheit ist nur unscharf berechenbar. Die sicherste Methode bei der Bestimmung einer äquivalenten Rauheitshöhe k_S oder eines äquivalenten k_{St}-Wertes ist die Auflösung der Fließformeln nach k_S bzw. k_{St} und Rückrechnung der Rauheit aufgrund von Messungen von Q, A, l_U und I. Für Planungsfälle sind Messungen an Gewässerabschnitten empfehlenswert, die dem geplanten Zustand ähneln (sog. Musterstrecken), und aus denen sich auf der Grundlage der GMS-Gleichung ergibt:

$$k_{St} = \frac{v_m}{r_{hy}^{2/3} \cdot I^{1/2}} \qquad (4.164)$$

sowie auf der Grundlage der Gln. 4.91 und 4.152

$$k_S = 14{,}84\, r_{hy} \cdot \left(10^{-\frac{1}{2}\left(\frac{8 \cdot g \cdot r_{hy} \cdot I}{v^2}\right)^{-\frac{1}{2}}} - \frac{0{,}628\,\nu}{r_{hy}\sqrt{8 \cdot g \cdot r_{hy} \cdot I}}\right). \qquad (4.165)$$

4.5.3.6 Abflußkurve (Schlüsselkurve)

Unabhängige, d.h. vorgegebene und nicht veränderbare Größe ist bei den meisten hydraulischen Berechnungsfällen der Abfluß Q (außer im Tidegebiet, wo Q sich als Folge von Wasserstandsdifferenzen ergibt). In natürlichen Gewässern ist Q analytisch nicht vorhersagbar. Daher wird der Abfluß an (möglichst vielen) Pegelstellen gemessen und statistisch für vieljährige Meßreihen ausgewertet.

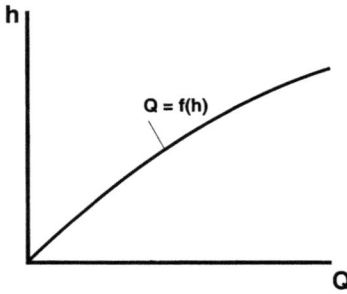

Abb. 4.68: Abflußkurve (Schlüsselkurve).

---

[27] Beachte: Auch die Rauheitshöhen unterschiedlicher Rauheiten dürfen mit der Absicht, zu einer Gesamtrauheitshöhe zu gelangen, nicht addiert werden. Eine Gesamtrauheitshöhe, sofern sie von Interesse ist, kann man nur auf dem Umweg über die Addition der einzelnen λ-Werte und die nachfolgende Bestimmung von k_S aus Gl. 4.155 erreichen.

4.5. Strömungen in offenen Gerinnen

An den Pegelstellen kann Q jedoch nicht direkt gemessen werden, sondern der Wasserstand W und damit indirekt auch die Wassertiefe h. Herrscht im Pegelquerschnitt Normalabfluß und sind k_S oder k_{St} bekannt, so läßt sich mit den Fließformeln ein funktionaler Zusammenhang zwischen Q und h herstellen. Diese Q-h-Abhängigkeit wird als Schlüsselkurve oder als Abflußkurve bezeichnet (Abb. 4.68).[28]

4.5.3.7 Geschwindigkeitsverteilung in geraden Fließstrecken

In Rohrleitungen mit gleichbleibendem Durchmesser und konstantem Durchfluß ist das Geschwindigkeitsprofil in genügender Entfernung von Störstellen ausgebildet und gleichbleibend. In offenen Gerinnen gilt entsprechendes für den Normalabfluß. Das Geschwindigkeitsprofil läßt sich dann aus der Schubspannungsverteilung über die Wassertiefe ableiten, die mit Gln. 2.11 auf Seite 10 und 4.43 auf Seite 51 Geschwindigkeitsgefälle und Viskositäten und Spannungsverteilung miteinander verbindet:

$$\tau_{(y)} = v^{*2} \cdot \rho \cdot \left(1 - \frac{y}{h}\right) = \rho\left(\nu + \nu_t\right) \cdot \frac{\mathrm{d}v}{\mathrm{d}y}. \tag{4.166}$$

In viskoser Strömung ist $\nu_t = 0$ und in turbulenter Strömung ist ν unmaßgeblich. Die Anteiligkeiten der viskositätsbedingten und der impulsaustauschbedingten Schubspannungen sind auf Abb. 4.21 auf Seite 51 dargestellt.

4.5.3.7.1 Laminarströmung Mit ν als Materialkonstante erhält man nach Integration aus vorstehender Gl. 4.166 das Geschwindigkeitsprofil bei Laminarströmung

$$\frac{v_{(y)}}{v^*} = \frac{v^* y}{\nu}\left(1 - \frac{1}{2}\frac{y}{h}\right) \qquad \text{Profil der Laminarströmung.} \tag{4.167}$$

Die maximale Geschwindigkeit der Laminarströmung stellt sich an der Oberfläche bei $y = h$ ein

$$\frac{v_{\max}}{v^*} = \frac{1}{2}\frac{v^* h}{\nu} = \frac{1}{2}Re_h^* = \frac{1}{2}h^+. \tag{4.168}$$

Durch Integration über die Wassertiefe findet man für die mittlere Geschwindigkeit

$$\frac{v_m}{v^*} = \frac{1}{3}Re_h^* = \frac{1}{3}h^+. \tag{4.169}$$

---

[28] Alternativ und auch zur Kontrolle kann die Schlüsselkurve auch gewonnen werden, indem die Geschwindigkeitsverteilung im Meßquerschnitt erfaßt wird und dann Q aus $Q = v_m A$ gebildet wird. Wird diese Prozedur bei vielen unterschiedlichen Abflüssen wiederholt, ergibt sich die Abflußkurve als Ausgleichskurve der (immer) streuenden Meßpunkte. Mit einer Regressionsfunktion kann man die Ausgleichskurve funktional beschreiben. Sie hat dann die typische Form $Q = a h^b$.

4.5.3.7.2 Turbulente Strömung
Mit höherer Geschwindigkeit wird zunächst die Hauptströmung turbulent, während sohlennah noch von der Zähigkeit dominierte Verhältnisse bestehen bleiben. Diese *viskose Unterschicht* der Grenzschicht wird mit steigender Geschwindigkeit immer dünner, bis sie schließlich verschwindet (s. hierzu auch Kapitel 4.3.3.2 auf Seite 70ff).

Viskose Unterschicht In der viskosen Unterschicht ist $y \ll h$, und somit gilt hier das Profil Gl. 4.167 in der Form

$$\frac{v_{(y)}}{v^*} = \frac{v^* y}{\nu} = Re_y^* = y^+ \qquad \text{Profil in der viskosen Unterschicht.} \qquad (4.170)$$

Viskose Unterschicht und turbulente Strömung gehen nicht abrupt ineinander über. Insofern gibt es keine eindeutige Dicke der viskosen Unterschicht. Ihre Dicke δ, oder besser ein repräsentativer Wert für ihre Dicke, wird häufig dort angesetzt, wo sich die Profile nach Gl. 4.170 der viskosen Strömung und der turbulenten Strömung mit glatter Sohle (s. Tab. 4.15) schneiden. Daraus ergibt sich dann

$$\delta = 11{,}63 \frac{\nu}{v^*}. \qquad (4.171)$$

An dieser Stelle weisen das "viskose" Profil und das "turbulente" Profil rechnerisch gleiche Geschwindigkeiten auf. Das viskose Profil bildet sich in der viskosen Unterschicht aus. In der turbulenten Schicht darüber schließt sich dann ein turbulentes Profil an. Da die viskose Unterschicht die Rauheitselemente "zuschmiert" und unwirksam macht, spricht man von *hydraulisch* glatter Sohle. Verschwindet die viskose Unterschicht ganz, was durch größere Rauheitshöhen oder höhere Geschwindigkeit bewirkt wird, so treten die Rauheitselemente heraus und es bildet sich das *hydraulisch* rauhe Profil aus. Ausgenommen ist der Fall $k = 0$, der immer hydraulisch glatt bleibt. "Glattes" und "rauhes" Geschwindigkeitsprofil werden nachfolgend besprochen.

Turbulente Hauptströmung Gl. 4.166 hat bei turbulenter Strömung die Form

$$\tau_{(y)} = v^{*2} \cdot \rho \cdot \left(1 - \frac{y}{h}\right) = \rho \, \nu_t \cdot \frac{dv}{dy}. \qquad (4.172)$$

Die kinematische *Wirbelviskosität* ν_t ergibt sich aus der Kombination von Gl. 4.29 auf Seite 46 mit Gl. 4.172. Zunächst erhält man mit Gl. 4.29 und Gl. 2.13

$$\underbrace{v^{*2} \rho}_{\tau} = \rho \, \kappa^2 \, y^2 \left(\frac{dv}{dy}\right)^2 \qquad \text{und daraus} \qquad \frac{dv}{dy} = \frac{v^*}{\kappa \, y}. \qquad (4.173)$$

Dies eingesetzt in Gl. 4.172 ergibt

$$\nu_t = \kappa \, v^* \, y \left(1 - \frac{y}{h}\right) \qquad \text{und} \qquad \nu_t = \kappa^2 \, y^2 \, \frac{dv}{dy} \qquad (4.174)$$

4.5. Strömungen in offenen Gerinnen

(graphische Darstellung auf Abb. 4.145 auf Seite 194 rechts). Man kann Gl. 4.174 wieder in Gl. 4.172 einsetzen oder direkt Gl. 4.173 integrieren, um die Geschwindigkeitsverteilung zu erhalten:

$$\frac{v_y}{v*} = \frac{1}{\kappa} \cdot \ln y + C_1, \tag{4.175}$$

was man auch schreiben kann als

$$\frac{v_y}{v*} = 2,5 \cdot \ln \frac{y}{k_S} + C \quad \textbf{Profil der turbulenten Hauptströmung.} \tag{4.176}$$

wobei k_S die äquivalente Sandrauheitshöhe der Wand und $1/\kappa = 2,5$ sind. Dieses Geschwindigkeitsprofil wird als *logarithmisches Geschwindigkeitsverteilungsgesetz* oder auch als *Wandgesetz* bezeichnet, weil es auf der Annahme von PRANDTL aufbaut, daß der Mischungsweg l dem Wandabstand proportional ist (s. Kap. 4.2.2.4 auf Seite 44ff).

Integriert man Gl. 4.176 über die Wassertiefe in den Grenzen von $y = k_S$ bis h und ist $k_S \ll h$, so ergibt sich für die mittlere Geschwindigkeit

$$\frac{v_m}{v^*} = 2,5 \left(\ln \frac{h}{k_S} - 1 \right) + C. \tag{4.177}$$

Die zur Lösung erforderliche Schubspannungsgeschwindigkeit v^* erhält man aus der Schubspannung τ zwischen Wasser und Sohle mit $v^* = (\tau/\rho)^{1/2}$ (Gl. 4.38 auf Seite 49). Bei breiten Gerinnen ist $\tau = \rho \cdot g \cdot h \cdot I$ (Gl. 4.37) und in Rohren ist $\tau = 1/4 \cdot (p_1 - p_2) \cdot d/l$ mit d = Rohrdurchmesser und l = Strecke, auf der sich der Druck von p_1 auf p_2 ändert.[29] Alternativ kann man v^* aus dem Geschwindigkeitsprofil entnehmen:

$$v^\star = \kappa \frac{v_y - v_{max}}{\ln(y/h)} \tag{4.178}$$

Integrationskonstante C Die Abhängigkeit der Integrationskonstante C dieser universellen Geschwindigkeitsfunktion wurde auf dem Versuchswege für *Sandrauheit* von NIKURADSE als Funktion des dimensionslosen Wandabstandes $k_S^+ = k_S \frac{v^*}{\nu}$ ermittelt (Abb. 4.69).

Aus den Meßwerten läßt sich entnehmen

$$C_{glatt} = 2,5 \ln \frac{v^* k_S}{\nu} + 5,5 \quad \text{............ für } \frac{v^* k_S}{\nu} = k_S^+ \lesssim 5 \tag{4.179}$$

$$C_{rauh} = 8,5 \quad \text{............ für } \frac{v^* k_S}{\nu} = k_S^+ \gtrsim 70. \tag{4.180}$$

---

[29] Für horizontal liegende Leitung mit gleichbleibendem Durchmesser, ansonsten ist der strömungsverustbedingte Anteil der Druckänderung herauszurechnen

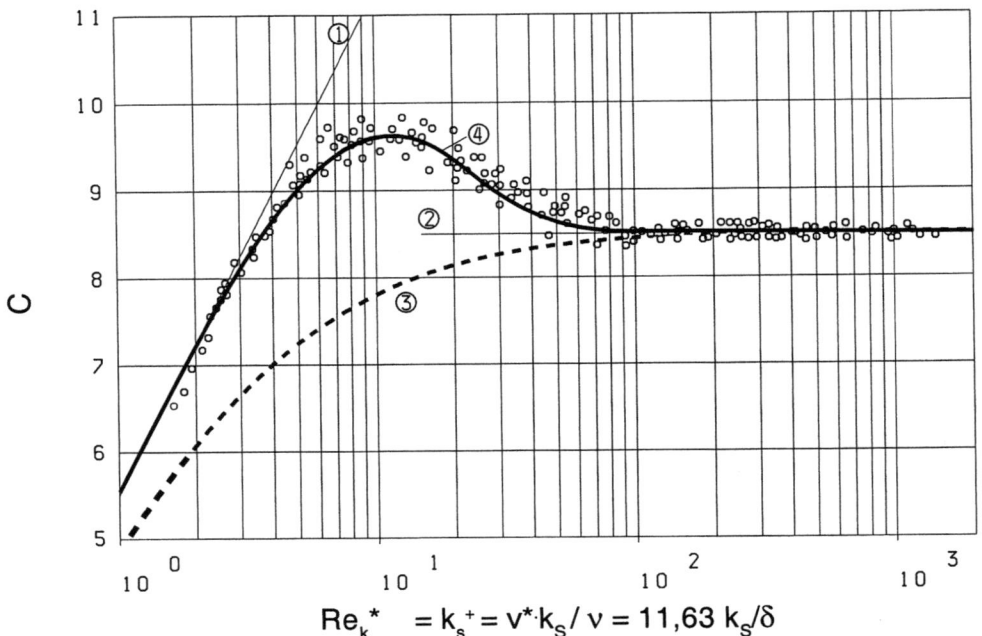

Abb. 4.69: Integrationskonstante C der logarithmischen Geschwindigkeitsverteilung nach Messungen an sandrauhen Wandungen von NIKURADSE (bei SCHLICHTING [88]). Kurve 1: Einzellösung "Hydraulisch glatt" nach Gl. 4.179, Kurve 2: Einzellösung "Hydraulisch rauh" nach Gl. 4.180, Kurve 3: Generelle Lösung für natürliche Rauheit nach Gl. 4.183, Kurve 4: Generelle Lösung für Sandrauheit nach Gl. 4.181.

Zwischen den Strömungszuständen "glatt" und "rauh" liegt ein Übergangsbereich, der bei unterschiedlichen Rauheitstypen anders verläuft. *Für sandrauhe Verhältnisse* kann die gesamte C-Kurve durch

$$C = P_{glatt} \cdot C_{glatt} + P_{rauh} \cdot C_{rauh} \tag{4.181}$$

beschrieben werden [124], wobei in Gl. 4.179 mit 5,25 anstelle von 5,5 beste Übereinstimmung mit den Meßwerten erreicht wird. In Gl. 4.181 ist

$$P_{glatt} = 1 - P_{rauh} = e^{-0,08\, k_S^+} \tag{4.182}$$

die Wahrscheinlichkeit, daß die viskose Unterschicht wirksam ist. Für *natürliche (= sog. technische) Rauheiten* kann C mit

$$C = 2,5 \ln \frac{1}{0,033 + \frac{0,11}{k_S^+}} \tag{4.183}$$

beschrieben werden (Abb. 4.69). Die C-Werte nach den Gl. 4.181 oder 4.183 decken den gesamten Bereich der turbulenten Strömung ab. Bei natürlichen Gerinnen

4.5. Strömungen in offenen Gerinnen

dürfte vorwiegend der Typ "natürlich rauh" vorliegen, während z.B. in Betonrohren Sandrauheit wirksam ist.

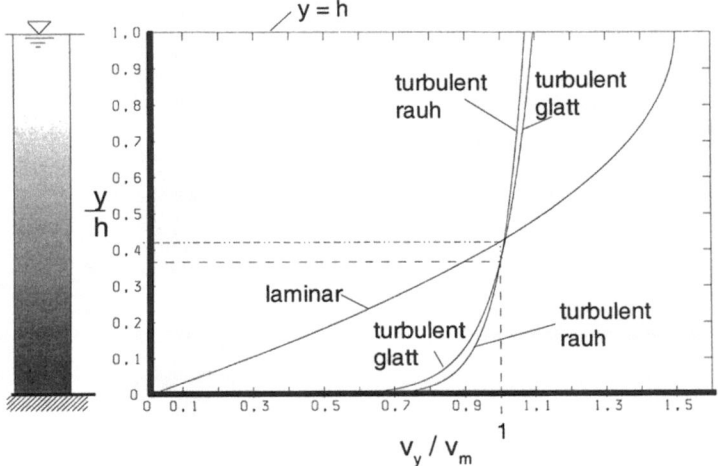

Abb. 4.70: Geschwindigkeitsprofile bei laminarer, hydraulisch glatter und hydraulisch voll rauher Sohle, zum besseren Vergleich normiert auf gleiche mittlere Geschwindigkeiten

Auf Abb. 4.70 sind die wesentlichen Auswirkungen des Grenzschichtzustandes auf die Geschwindigkeitsverteilungen im offenen Gerinne veranschaulicht. Man erkennt, daß je nach hydraulischen Gegebenheiten unterschiedliche Verhältniswerte zwischen mittlerer und wandnaher Geschwindigkeit auftreten. Je turbulenter die Strömung ist, desto mehr bewirkt die Turbulenz

- eine Vergleichmäßigung der Geschwindigkeiten und damit
- wandnah relativ höhere Geschwindigkeiten und damit
- höhere Widerstände.

Man kann dies aus Abb. 4.70 entnehmen, indem man sich das "rauhe" Profil so verschoben vorstellt, daß es sohlennah gleiche Geschwindigkeiten wie das "glatte" Profil aufweist. Dabei ist seine mittlere Geschwindigkeit und damit die Abflußleistung geringer. D.h., es erzeugt bereits bei geringerer mittlerer Geschwindigkeit Reibungswiderstände, wie sie im hydraulisch glatten Zustand erst bei höherer mittlerer Geschwindigkeit auftreten.

Allgemeine und spezielle Lösungen sind in Tabelle 4.15 und auf Abb. 4.71 zusammengestellt. Eine allgemein gültige Lösung der Geschwindigkeitsverteilung in der turbulenten Hauptströmung ist durch Gl. 4.176 in Verbindung mit Gl. 4.181 oder Gl. 4.183 gegeben ([125]). ZANKE [124] entwickelte darüberhinaus eine Lösung, die durchgehend in der viskosen Unterschicht und in der turbulenten Hauptströmung gilt (Tabelle 4.15).

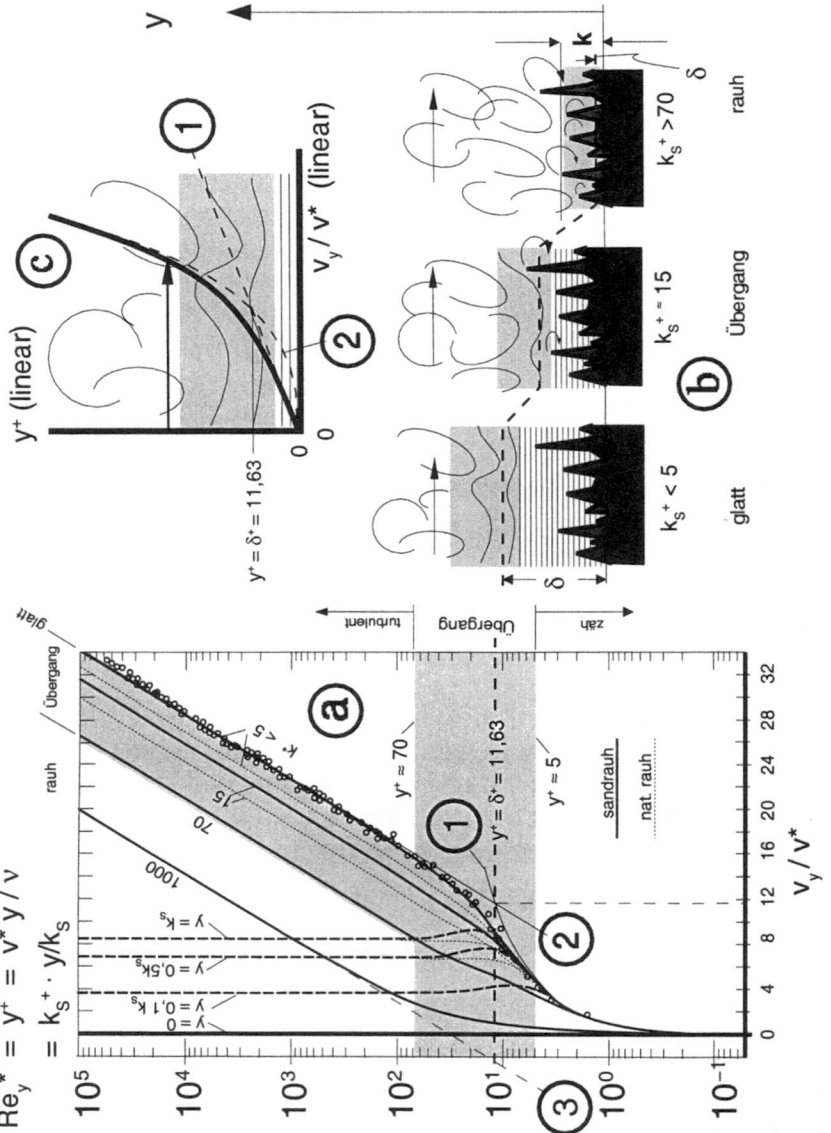

Abb. 4.71: Universelles Geschwindigkeitsverteilungsgesetz. (a): $\frac{v_y}{v^*}$ in Abh. des dimensionslosen Wandabstands y^+. Meßwerte für den hydraulisch glatten Zustand sowie Auswertungen der generellen Lösung nach Tab. 4.15 für einige Werte von k_S^+. Zu Vergleichszwecken mit eingetragen sind die Kurven 1 (viskos nach Gl. 4.167) und 2 (hydraulisch glatt nach Tabelle 4.15), deren Schnittpunkt etwa das Ende der Dominanz der viskosen Kräfte markiert. Übergangsbereich von $k_S^+ \approx 5$ bis $k_S^+ \approx 70$. Kurven für ausgewählte Werte von y/k_S: Kurve 3 = Verlauf der Lösung "hydraulisch rauh". (b): Grenzschichtverhältnisse im Übergang "glatt-rauh", (c): Geschwindigkeitsverteilung im Übergang "viskose Unterschicht - turbulente Hauptströmung" in linearer Auftragung. Grau angelegt sind die Übergangsbereiche zwischen "viskose wandnahe Strömung" und "turbulente Hauptströmung" sowie in der turbulenten Hauptströmung zwischen der "Glattkurve" und dem Bereich "voll rauh".

4.5. Strömungen in offenen Gerinnen

Tab. 4.15: Zusammenstellung der Lösungen zur Geschwindigkeitsverteilung.

Laminarströmung	
$\frac{v_y}{v_*} = \frac{v_* y}{\nu} \cdot (1 - \frac{1}{2}\frac{y}{h}) = y^+ \cdot (1 - \frac{1}{2}\frac{y}{h})$	$\frac{v_m}{v_*} = \frac{1}{3}\frac{v_* h}{\nu} = \frac{1}{3} y^+$

generelle Lösung (Zanke [124])
$\frac{v_y}{v_*} = \left((y^+)^{-2} + (1 - e^{-0{,}08 y^+})(2{,}5 \ln \frac{y+y_0}{k_S} + C)^{-2} \right)^{-\frac{1}{2}}$

nur turbulente Hauptströmung (hydraul. glatt, Übergang und rauh)
$\frac{v_y}{v_*} = 2{,}5 \left(\ln \frac{y}{k_S} \right) + C = 2{,}5 \ln \left(e^{\kappa C} \cdot \frac{y}{k_S} \right)$
$\frac{v_m}{v_*} = 2{,}5 \left(\ln \frac{h}{k_S} - 1 \right) = 2{,}5 \ln \left(e^{\kappa C - 1} \cdot \frac{h}{k_S} \right)$

	nur bereichsweise gültige Lösungen	
viskose Unterschicht	turbulente Hauptströmung	
	hydraulisch glatt	hydraulisch rauh
$\frac{v_y}{v_*} = \frac{v_* y}{\nu}$	$\frac{v_y}{v_*} = 2{,}5 \ln \left(9 \frac{v_* y}{\nu} \right)$	$\frac{v_y}{v_*} = 2{,}5 \ln \left(30 \frac{y}{k_S} \right)$
$\frac{v_m}{v_*} = \frac{1}{3}\frac{v_* h}{\nu}$	$\frac{v_m}{v_*} = 2{,}5 \ln \left(3{,}32 \frac{v_* h}{\nu} \right)$	$\frac{v_m}{v_*} = 2{,}5 \ln \left(11 \frac{h}{k_S} \right)$

Wandabstand, in dem $v_y = v_m$ ist	
Laminarströmung	$y(v_m) = 0{,}42 h$ [$0{,}293\, r$ im Rohr]
turbulente Strömung	$y(v_m) = h/e = 0{,}368 h$ [$0{,}242\, r$ im Rohr]
$y^+ = y \cdot \frac{v_*}{\nu}$	$k_S^+ = k_S \cdot \frac{v_*}{\nu}$

Wenn die Sohle aufgrund der Verhältnisse im Einzelfall eindeutig hydraulisch glatt ist ($k_S^+ < 5$), oder wenn sie eindeutig hydraulisch rauh ist ($k_S^+ > 70$) und die Geschwindigkeit nicht in allernächster Sohlennähe gefragt ist, sind die jeweiligen einfachereren Sonderlösungen, die sich mit den Gln. 4.179 und 4.180 ergeben, ausreichend.

Das hydraulisch rauhe Profil hat seinen Geschwindigkeitsnullpunkt bei

$$y_0 = \frac{k_S}{30} \qquad (4.184)$$

(Abb. 4.72 auf der nächsten Seite), weshalb oft auch diese Ersetzung genutzt wird. Näher an der Sohle werden falsche, negative Geschwindigkeiten berechnet (vgl. auch Kurve 3 auf Abb. 4.71). Entsprechendes gilt bei der Lösung "hydraulisch glatt", die etwa bis hinunter zu ca. $y^+ = 11$ zutrifft.

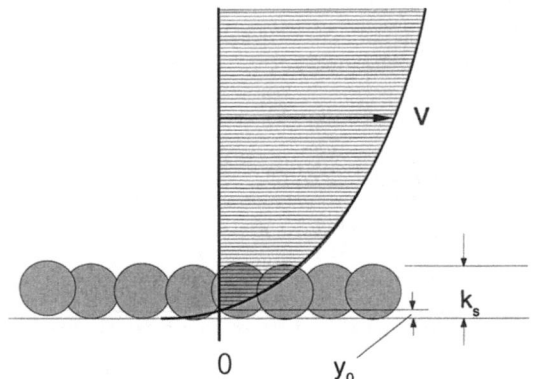

Abb. 4.72: Geschwindigkeitsnullpunkt des Profils "hydraulisch rauh".

Näher an der Wand liefert sie zunächst zu große Werte, um dann unterhalb $y^+ = 0,11$ sogar (falsche) negative Geschwindigkeiten zu berechnen (vgl. auch die Verläufe der mit "1" und "2" gekennzeichneten Kurven).

4.5.3.8 Geschwindigkeitsverteilung in Kurven offener Gerinne

Wirkt außer der Gewichtskraft eine weitere Kraft $F = m \cdot a$ auf eine Flüssigkeit, so richtet sich die Oberfläche mit einem Winkel α gegen die Horizontale so aus, daß keine zur Oberfläche parallelen Kräfte verbleiben: (vgl. Abb. 3.9 auf Seite 22)

$$\alpha = \arctan \frac{a}{g}. \tag{3.10}$$

In einer Kurve wirkt die Fliehkraft und mithin die Zentrifugalbeschleunigung

$$a_{quer} = \frac{v^2}{r}. \tag{4.185}$$

Die weiteren Betrachtungen werden für einen Rechteckquerschnitt vorgenommen. Ist der Krümmungsradius r und die örtliche Wassertiefe $h(r)$, so gilt für den Wasserspiegel

$$\frac{dh(r)}{dr} = \frac{v(r)^2}{g \cdot r}. \tag{4.186}$$

Setzt man über die Breite konstante Energiehöhe an,

$$h_E = h(r) + \frac{v(r)^2}{2g} = const. \tag{4.187}$$

so folgt

$$\frac{dh(r)}{dr} = \frac{2(h_E - h(r))}{r}, \tag{4.188}$$

4.5. Strömungen in offenen Gerinnen

was integriert und aufgelöst nach v ergibt

$$v(r) = v_i \frac{r_i}{r} \quad (\text{i = Innenkurve}) \tag{4.189}$$

oder

$$v(r) = \frac{c}{r} \quad \text{mit } c = v_i \cdot r_i, \tag{4.190}$$

oder mit Bezug auf v_m

$$v(r) = v_m \cdot \frac{r_a - r_i}{r} \frac{1}{\ln \frac{r_a}{r_i}}. \tag{4.191}$$

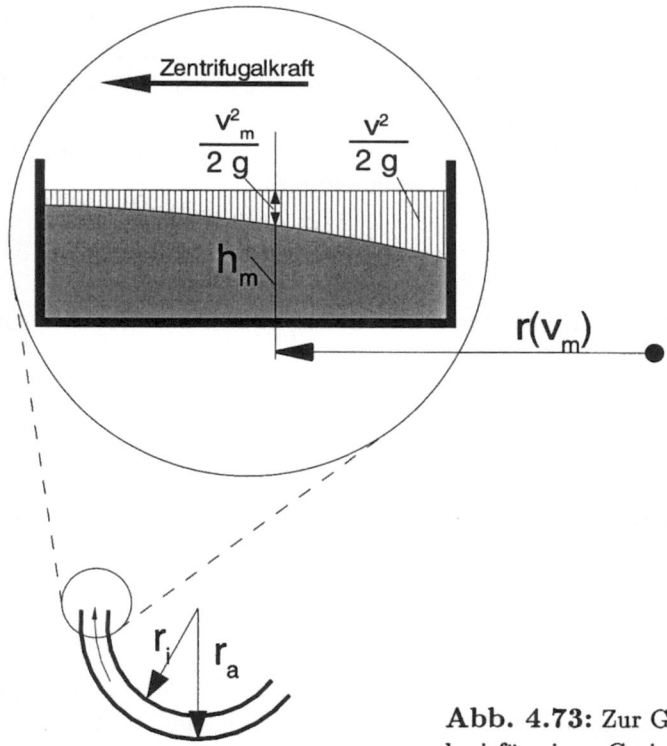

Abb. 4.73: Zur Geschwindigkeitsverteilung in kreisförmigen Gerinnekrümmungen.

Die Lösung ist identisch mit der aus der Potentialtheorie gewonnenen Lösung Gl. 4.65ff. Die Wasserstände folgen aus

$$h(r) = h_m + \left(\frac{v_m^2}{2g} - \frac{v(r)^2}{2g} \right) \tag{4.192}$$

zu

$$h(r) = h_m + \frac{v_m^2}{2g} \cdot \left(1 - \left(\frac{r_a - r_i}{\ln r_a/r_i} \cdot \frac{1}{r}\right)^2\right). \qquad (4.193)$$

In den vorstehenden Gleichungen ist h_m die mittlere Wassertiefe, die wiederum identisch ist mit der generellen Wassertiefe im Vergleichsfall ohne Krümmung. Betrachtet man nicht nur Krümmungen in der Horizontalen, sondern auch der Sohle in der Vertikalen, so ist die hydrostatische Druckverteilung zu überlagern (vgl. Abb. 4.14 auf Seite 43). Stellt man Gl. 4.193 von der Bezugsgröße h_m auf die Bezugsgrößen $h_i = h(r_i)$ oder entsprechend h_a um, so nimmt Gl. 4.193 die Gestalt der Gln. 4.20 bzw. 4.21 an. In offenen Gerinnen ist der Druck an der Oberfläche Null. Abb. 4.73 auf der vorherigen Seite zeigt die Verteilung von Wassertiefe und Geschwindigkeitshöhe über die Gerinnebreite bei horizontaler Sohle.

Zu beachten ist, daß die Strömung in Kurven noch durch Sekundärströmungseffekte (Kapitel 4.8 auf Seite 166ff) und in sehr großen Flüssen und an Tideküsten auch durch die CORIOLISkraft (s. Kap. 5.1.4.1.1 auf Seite 229ff) beeinflußt wird. Die CORIOLISkraft rührt aus der Erdrotation her und bewirkt auf der Nordhalbkugel eine in Fließrichtung nach rechts und auf der Südhalbkugel eine nach links gerichtete Ablenkungskraft, deren zugehörige Beschleunigung

$$a_c = 2 \cdot v \cdot \omega \cdot \sin\varphi \qquad (4.194)$$

mit ω = Winkelgeschwindigkeit der Erde ($= 7{,}27 \cdot 10^{-5}$ 1/s) und φ = Breitengrad ist.

4.5.4 Örtliche Verluste (Querschnittsänderungen, Einbauten, Richtungsänderungen)

4.5.4.1 Umströmung von Inseln

Abb. 4.74 zeigt schematisch eine umströmte Insel. Grundlage für eine näherungsweise Berechnung der Teilabflüsse ist die für beide Teilströme gleiche Sohlhöhendifferenz Δz zwischen A und B sowie die gleichen Wasserstände und Energiehöhen vor der Teilung und nach dem Zusammenfluß. Mit der GMS Fließformel erhält man für das Verhältnis der Durchflüsse unter Außerachtlassen der Verzweigungs- und Vereinigungsverluste

$$\frac{Q_1}{Q_2} = \frac{A_1 \, k_{St,1} \, r_{hy,1}^{2/3} \, I_{So,1}}{A_2 \, k_{St,2} \, r_{hy,2}^{2/3} \, I_{So,2}}. \qquad (4.195)$$

4.5. Strömungen in offenen Gerinnen

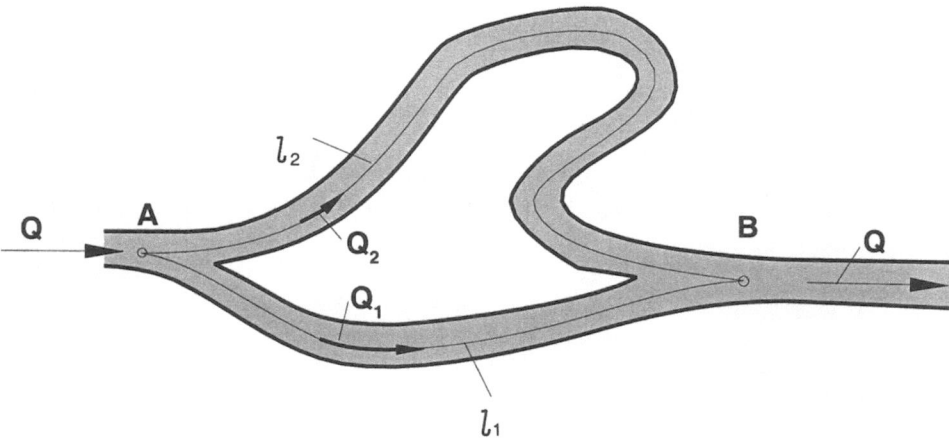

Abb. 4.74: Stromverzweigung um eine Insel.

Dabei ist $I_{S_o} = \Delta z / l$. Kann man näherungsweise von gleicher STRICKLER-Rauheit der Teilgerinne ausgehen, folgt

$$\frac{Q_1}{Q_2} = \frac{A_1\, r_{hy,1}^{2/3}\, l_2}{A_2\, r_{hy,2}^{2/3}\, l_1}. \tag{4.196}$$

Kann man weiter vereinfachend von etwa gleichen r_{hy} in den Teilgerinnen ausgehen, dann folgt

$$\frac{Q_1}{Q_2} \approx \frac{b_1}{b_2} \cdot \frac{l_2}{l_1}. \tag{4.197}$$

Sind auch die Breiten gleich, wird

$$\frac{Q_1}{Q_2} \approx \frac{l_2}{l_1}. \tag{4.198}$$

Die Durchflüsse verhalten sich unter den genannten Vereinfachungen also umgekehrt wie die Längen der Teilstrecken. Mit bekanntem Q lassen sich die Teilströme und $Q_1 + Q_2 = Q$ ermitteln. Die örtlichen Verzweigungsverluste bei A und örtlichen Vereinigungsverluste bei B sind, falls nennenswert, zusätzlich zu berücksichtigen. Genauere Ergebnisse erhält man durch iterative Berechnung des Wasserspiegels (Kap. 4.6.2 auf Seite 155).

4.5.4.2 Verluste an Einläufen

An Einläufen aus Becken in offene Gerinne treten je nach Formgebung, wie auch bei Rohreinläufen, Ablösungen auf. Die dadurch verursachten Verlusthöhen werden mit

$$h_{v,E} = \zeta_E \frac{v^2}{2g} \qquad (4.199)$$

erfaßt. Dabei ist v die Geschwindigkeit unterstrom der Eintrittsposition. Typische Einlaufformen sind mit den zugehörigen Verlustbeiwerten auf Abb. 4.75 dargestellt.

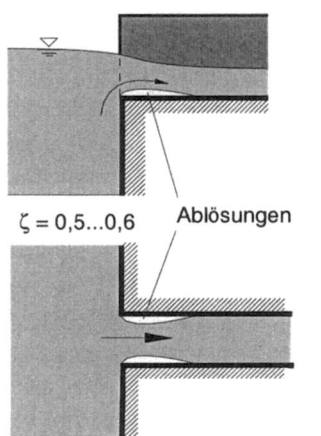
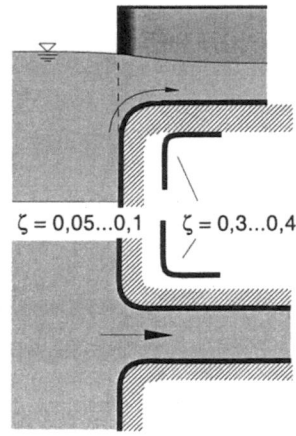

Abb. 4.75: Einlaufverlustbeiwerte (links scharfkantige, rechts ausgerundete Einläufe; oben Seitenansichten, unten Draufsichten).

4.5.4.3 Pfeiler

Bei Brücken und Wehren sind häufig Pfeiler im Strom erforderlich. Diese engen den Fließquerschnitt ein (Abb. 4.76). Baugrubenumschließungen wirken hydraulisch ähnlich. Wesentliche Frage ist der Aufstau infolge des Querschnittsverbaus. Es sind hydraulisch vier Fälle zu unterscheiden, die sich danach klassifizieren lassen, wie der Strömungszustand ohne die Bauwerke wäre. Bestimmendes Kriterium ist in allen Fällen das Verhältnis der mindestens erforderlichen spezifischen Energiehöhe $h_{E,min}$ zur vorhandenen Energiehöhe h_E. Die Mindest-Energiehöhe $h_{E,min}$ wiederum steigt mit geringer werdender Durchflußbreite (Gl. 4.128 auf Seite 95 sowie Abb. 4.59 auf Seite 99). Mit b_{rest} als Restdurchflußbreite im Pfeilerbereich gilt für breite Querschnitte, die sich näherungsweise als Rechteck beschreiben lassen, mit Gl. 4.135 auf Seite 97

$$h_{E,min} = 1,5 \cdot \sqrt[3]{\frac{Q^2}{g \cdot b_{rest}^2}}. \qquad (4.200)$$

4.5. Strömungen in offenen Gerinnen

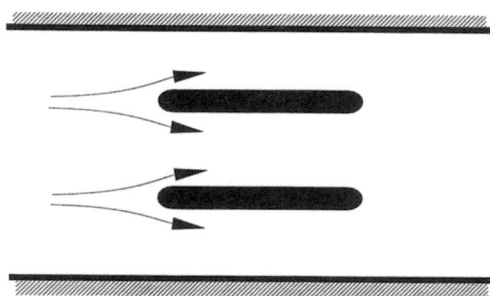

Abb. 4.76: Mit Pfeilern eingeengter Durchflußquerschnitt in der Draufsicht.

Grundfälle 1 und 2: Durchgehend schießender Abfluß im Fall ohne Verbau

Fall 1: Großer Durchflußquerschnitt
Bei schießendem Abfluß macht sich die Störstelle des Bauwerks nicht nach oberstrom bemerkbar. Die Strömung im OW ist mithin vom Bauwerk unbeeinflußt und hat beim Eintreten in den verengten Bereich eine Energiehöhe $h_{E,vorh} = h_{E,1}$. Ist $h_{E,vorh} > h_{Emin}$, so bleibt die Strömung schießend, und es tritt kein Aufstau vor dem Bauwerk ein. Abb. 4.77 erläutert die Zusammenhänge.

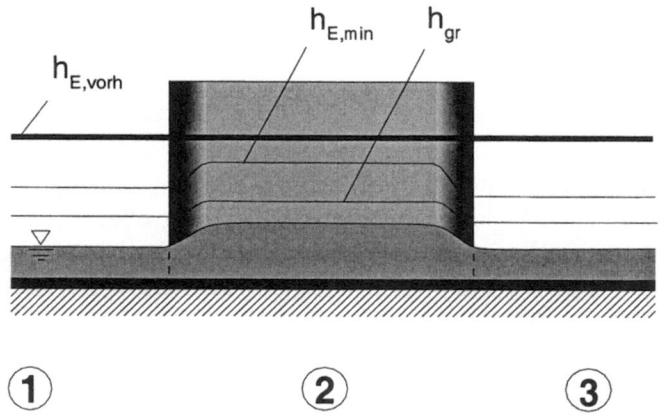

Abb. 4.77: Mit Pfeilern eingeengter Durchflußquerschnitt bei durchgehend schießendem Abfluß.

Fall 2: Kleiner Durchflußquerschnitt
Auf Abb. 4.78 oben ist ein Fließzustand dargestellt, der nach Einbau der Pfeiler hydraulisch nicht mehr möglich ist, weil $h_{E,vorh}$ im Anströmungsbereich kleiner ist als $h_{E,min}$ im Durchflußbereich. Daher steigt der Wasserstand mit Herstellung der Verengung an, bis am Ende der Engstelle (Stelle 2) $h_E = h_{E,min}$, wobei gleichzeitig $h = h_{gr}$ ist. Infolge der Reibungsverluste und der Eintrittsverluste h_v müssen h_E und der Wasserstand am Eintritt in den Durchflußbereich noch etwas höher liegen als an der Stelle 2. Dadurch muß das schießend ankommende Wasser vor dem Bauwerk sprunghaft steigen.

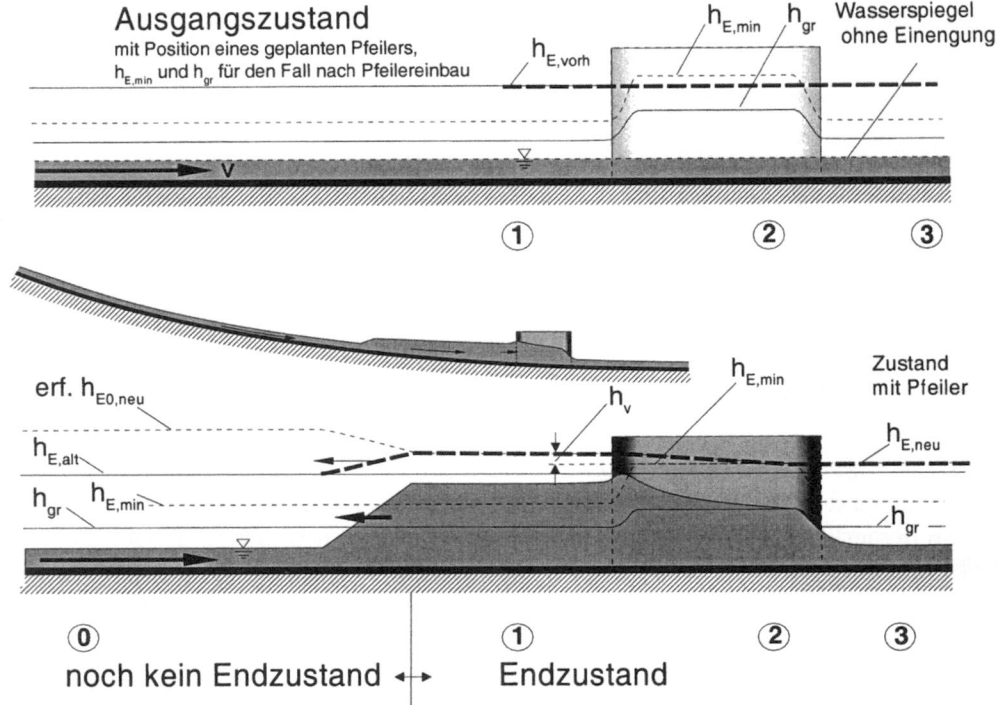

Abb. 4.78: Strömungen in verbautem Querschnitt bei schießender Anströmung und erzwungenem Fließwechsel.

Dieser erzwungene Wechselsprung wandert nun nach oberstrom, weil h_E wegen des Anstaus im Bauwerk an der UW-Seite des Wechselsprungs größer ist, als das zuvor vorhandene $h_{E,alt}$ vor dem Wechselsprung. Sollte der Wechselsprung stabil stehen, müßte auch noch die im Wechselsprung selbst auftretende Verlustenergie von oberstrom her verfügbar sein. Solange das nicht der Fall ist, wandert der Wechselsprung nach oberstrom, bis infolge ansteigender Sohle $h_{E0,alt} = h_{E0,neu,erf}$ ist (kleine Skizze). Dabei wird die Sprunghöhe je nach Sohlenanstieg kleiner und die Verluste im Wechselsprung werden es ebenfalls, womit erf. $h_{E0,neu}$ an der Position des Wechselsprungs als am Bauwerk selbst. Mit anderen Worten: der Wechselsprung wandert, solange sich nicht beiderseits des Sprunges die konjugierten Wassertiefen nach Gl. 4.139 auf Seite 101 einstellen können.

Grundfälle 3 und 4: Im Fall ohne Einbauten durchgehend strömender Abfluß
Fall 3: Geringe Einengung (Abb. 4.79)
Ist im Durchflußquerschnitt $h_{E1,ohne} = h_{E3} > h_{E,min}$, dann sinkt die Wassertiefe im Durchflußbereich nicht auf h_{gr} ab, und die Strömung bleibt auch mit Verbau durchgehend im strömenden Zustand.

4.5. Strömungen in offenen Gerinnen

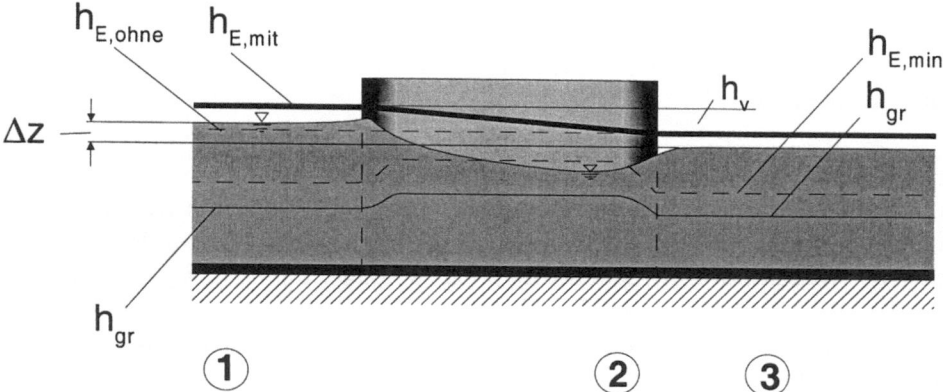

Abb. 4.79: Pfeilerstau bei durchgehend strömendem Abfluß.

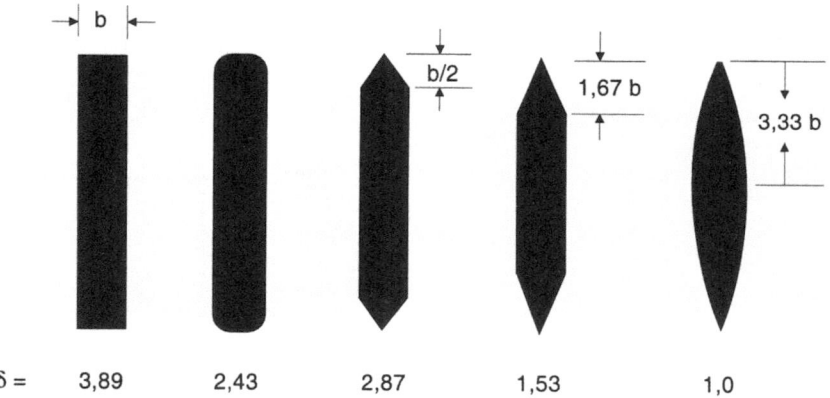

Abb. 4.80: Formbeiwerte für Pfeiler.

Dieser Fall tritt in der Praxis häufig auf, ist jedoch bezüglich der Stauwirkung analytisch schwierig erfaßbar. Eine Vielzahl empirischer Formeln mit einer beträchtlichen Streubreite der Ergebnisse wurde entwickelt. Bevorzugt wird die Brückenstauformel von REHBOCK [80][30] verwendet:

$$\Delta z = \alpha(\delta - \alpha(\delta - 1)) \cdot (0,4 + \alpha + 9\alpha^3) \cdot (1 + \frac{v_3^2}{g\,h_3}) \cdot \frac{v_3^2}{2\,g}. \qquad (4.201)$$

Hier ist $\Delta z =$ Aufstau, $\alpha =$ Verbauungsverhältnis = Restdurchflußbreite/ursprüngliche Breite und $\delta =$ Formbeiwert der Pfeiler (vgl. Abb. 4.80). Mit Querschnitts-

---

[30] Umfangreiche Untersuchungen zum Brückenstau wurden u.a. auch von A. KOCH [52] angestellt. Von KOCH stammt ein Kriterium zur Erkennung rein strömender Fließverhältnisse im Durchflußbereich, das nach GERDES [31] Bestandteil der amerikanischen Hydraulic Design Criteria ist. Es gestattet bei Kenntnis der FROUDE-Zahl im Unterwasser und dem Grad der Verengung zu ermitteln, ob der Fall rein strömenden Durchflusses vorliegt. Zum Brückenstau s. weiterhin auch SCHWARZE [99].

verbau muß h_E vor dem Bauwerk um den Betrag h_v höher liegen als ohne das Bauwerk.

Möglich ist auch eine Abschätzung des Aufstaus durch Ermittlung der Eintritts- und Austrittsverluste.

Fall 4: Erhebliche Einengung
Ist $h_{E,min}$ wegen geringer Breite im Durchflußbereich größer als h_E ohne Einbauten, dann kann nicht alles ankommende Wasser durch die Engstelle abgeführt werden. Der Wasserstand im Oberstrom steigt solange, bis $h_2 = h_{gr}$ und $h_{E,2} = h_{E,min}$ ist. Da die hydraulischen Verhältnisse an der Stelle 3 nur vom unterstrom gelegenen Gerinneverlauf bestimmt wird, d.h. von den Vorgängen in der Engstelle unbeeinflußt ist, gibt $h_{E,3}$ auch den ursprünglichen Wert $h_{E,1}$ (= $h_{E,ohne}$) wieder. Mithin ist h_v die Differenz zwischen $h_{E,3}$ und dem neuen $h_{E,1}$. Mit dem Verlustbeiwert ζ für die Verluste im Eintritts- und Durchflußbereich erhält man

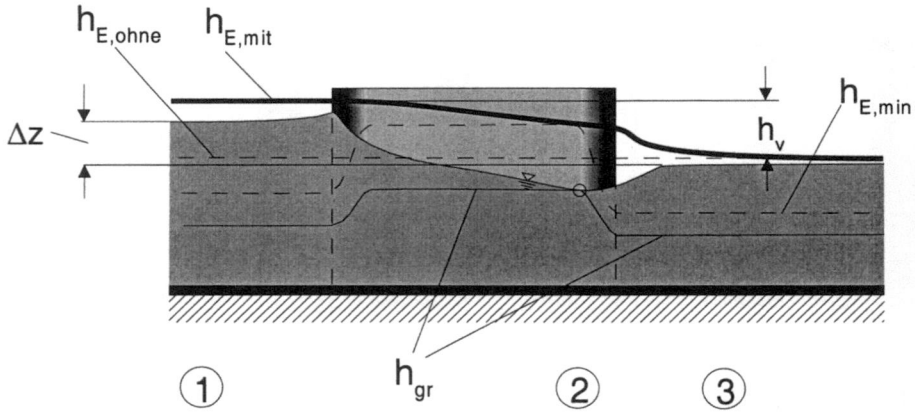

Abb. 4.81: Strömungen in verbautem Querschnitt bei strömener Anströmung und Grenztiefe in der Engstelle.

$$h_v = \zeta \frac{v_{gr}^2}{2g} = \zeta \frac{1}{3} h_{E,min}. \tag{4.202}$$

Die Energiehöhe $h_{E,1}$ an der Stelle 1 muß um h_v höher sein als $h_{E,min}$, also

$$h_{E1,mit} = \frac{v_1^2}{2g} + h_1 = h_{E,min} + \zeta \frac{1}{3} h_{E,min} = h_{E1,min}(1 + \frac{1}{3}\zeta). \tag{4.203}$$

In Verbindung mit der Kontinuitätsgleichung lassen sich h_1 und damit Δz hieraus berechnen. Die hydraulischen Zusammenhänge sind in Abb. 4.81 dargestellt. Mit

4.5. Strömungen in offenen Gerinnen

zunehmender Verengung rückt die Position der Grenztiefe weiter nach vorne, und der Abfluß ist im hinteren Teil der Engstelle schießend.

4.5.4.4 Rechen

Vor Anlagen, die gegen Treibgut zu schützen sind, wie z.B. vor Einläufen in Stollen oder vor Kraftwerkseinläufen, werden Rechen angeordnet. Diese bestehen aus einer i.a. vertikal angeordneten Stabreihe. Beim Durchströmen treten Verluste $h_v = \zeta \cdot v^2/(2g)$ auf. Diese lassen sich mit dem empirischen Ansatz von KIRSCHMER [49]

$$\zeta = \delta \left(\frac{d}{a}\right)^{4/3} \cdot \sin \alpha \qquad (4.204)$$

abschätzen. Es ist d = Stabdicke, a = lichter Abstand der Stäbe, δ = Formbeiwert und α = Neigungswinkel des Rechens (senkrecht $\alpha = 90°$). Als Geschwindigkeit ist die Zuflußgeschwindigkeit vor dem Rechen anzusetzen. Für Rechenstäbe mit Kreisquerschnitt ist $\delta = 1,79$. Für Stäbe mit Rechteckquerschnitt ist $\delta = 2,42$. Sind die Ecken abgerundet, ist $\delta \approx 1,7$. In der Praxis ist für den Rechenverlust stets zusätzlich ein gewisser Grad an Durchflußquerschnittsverlust anzusetzen. Dieser hängt vom Anfall an Treibgut und der Häufigkeit der Reinigung ab.

Schräg von der Seite angströmte Rechen können auch im gereinigten Zustand erhebliche Stauwirkung hervorrufen, so daß sich in Fällen mit unklarer Anströmung Modellversuche empfehlen. Ein ungünstig angeordneter Rechen an einem Kraftwerk kann bereits bei nur einigen Zentimetern unnötigem Stau schon erhebliche (Finanz-) Verluste bewirken, wie das Beispiel auf S. 199 unten zeigt.

4.5.5 Gerinne - Querschnitte

4.5.5.1 Hydraulisch günstige Querschnittsformen

Bei Gerinnen für den Zweck, möglichst viel Wasser zu transportieren (z.B. in technischen Anlagen oder Bewässerungszuleitern) können die Querschnittsabmessungen optimiert werden. D.h., Aufgabe ist die Entwicklung einer Querschnittsform, bei der bei vorgegebener Querschnittsfläche A unter sonst gleichen Bedingungen ein maximaler Durchfluß zustande kommt. Bei gegebenen Werten für k bzw. k_{St} sowie I und A variiert die Abflußleistung nur noch in Abhängigkeit von r_{hy} und mithin von der Querschnittsform:

$$Q = v \cdot A = k_{St} \cdot r_{hy}^{\frac{2}{3}} I^{\frac{1}{2}} \cdot A. \tag{4.205}$$

Bezüglich der Abführungsleistung an Wasser optimal ist ein Querschnitt demgemäß dann, wenn r_{hy} maximal wird. Für eine vorgegebene durchflossene Querschnittsfläche A läuft dies wegen $r_{hy} = \frac{A}{l_U}$ auf eine Minimierung des benetzten Umfanges l_U hinaus. Ohne weitere Berechnung ist klar, daß der **Halbkreis** von allen möglichen Grundformen an Querschnitten das Optimum darstellt. Er besitzt den absolut minimalen benetzten Umfang bei gegebener durchflossener Fläche A. Für andere Grundformen, wie z.B. Trapez- oder Rechteckquerschnitte ist dann erwartungsgemäß diejenige Breiten-Tiefen-Kombination optimal, die den Halbkreis tangiert.

Für einen **Rechteckquerschnitt** läßt sich dies leicht beweisen, wenn man

$$l_U(b,h) = b + 2h \quad \text{überführt in} \quad l_U(h) = \frac{bh}{h} + 2h = \frac{A}{h} + 2h. \tag{4.206}$$

Man erhält dann

$$\frac{dl_U(h)}{dh} = -\frac{A}{h^2} + 2 \quad \text{und daraus} \quad (\frac{b}{h})_{opt} = 2. \tag{4.207}$$

Bei **Trapezprofilen** ist das halbe Sechseck hydraulisch besonders günstig. Von praktischer Bedeutung ist das Trapezprofil mit vorgegebener Böschungsneigung (z.B. bei Erdkanälen), für das sich analog zum Rechengang beim Rechteckprofil Abmessungsverhältnisse bestimmen lassen. Mit vorgegebener Böschungsneigung ergibt sich hier für die günstigsten Abmessungen (vgl. Abb. 4.82):

$$\text{Wassertiefe: } h_{g\ddot{u}} = \frac{\sqrt{A}}{\sqrt{2\sqrt{1+n^2}-n}} \tag{4.208}$$

$$\text{Sohlenbreite: } b_{So,g\ddot{u}} = 2\,h_{g\ddot{u}}(\sqrt{1+n^2}-n) \tag{4.209}$$

4.5. Strömungen in offenen Gerinnen

Breite an der Oberfläche: $b_{o,gü} = 2\,h_{gü}\sqrt{1+n^2}$ (4.210)

hydraulischer Radius: $r_{hy,gü} = h_{gü}/2$ (4.211)

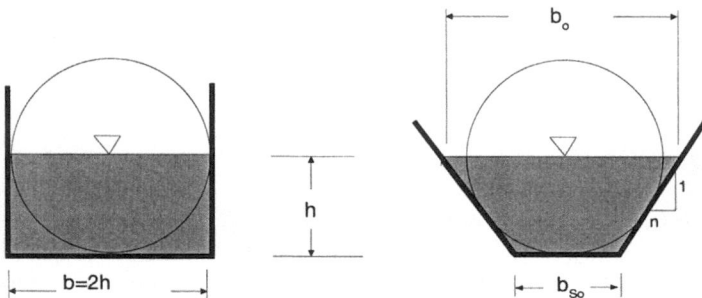

Abb. 4.82: Hydraulisch günstige Querschnitte.

Die mögliche Böschungsneigung wird durch das anstehende Erdreich bestimmt (Abb. 4.83).

Bodenart	
Grobkies	1:1,5
Feinkies	1:2
Grobsand	1:2
Feinsand	1:2 bis 1:1,25
Lehm, Ton	1:3 und auch steiler

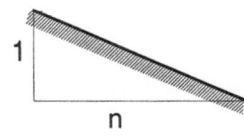

Abb. 4.83: Maximale Böschungsneigungen verschiedener durchnäßter Böden.

Beispiel: Künstliches Gerinne, Böschungsneigung 1 : 2, $Q = 3,3$ m³/s, $k_{St} = 35$ m$^{1/3}$/s, $I=0,55$ gesucht: günstige Abmessungen für Trapezprofil. Ergebnis: $h_{gü} = (A/2,472)^{1/2}$, $A = 2,472\,h_{gü}^2$, $r_{hy} = h_{gü}/2$. Aus $Q = v \cdot A = A \cdot k_{St} \cdot r_{hy}^{2/3} \cdot I^{1/2}$ folgt aufgelöst nach $h_{gü}$ dann $h_{gü} = 1,43$ m. Weiter folgt $b_{So,gü} = 0,675$ m , $b_o = 6,4$ m und $v = 0,66$ m/s.

4.5.5.2 Natürliche Querschnittsformen und Ersatzquerschnitte

Die Breiten/Tiefenverhältnisse natürlicher Querschnitte sind weit entfernt von den hydraulisch günstigen Querschnitten. Flüsse haben Breiten vom 10-40 -fachen der Wassertiefe und z.T. noch ganz erheblich darüber. Ihre Querschnittsformen sind vielgestaltig und analytisch nicht beschreibbar. Für Überschlagsberechnungen kann es daher von Vorteil sein, natürliche Querschnitte in analytisch beschreibbare Formen zu überführen, also z.B. in einen Rechteckquerschnitt oder in einen Trapezquerschnitt. Ein hydraulisch gleichwertiger Querschnitt hat (angenähert) gleiche Werte von A und l_U (Abb. 4.84). Mit sich änderndem Wasserstand ist das Ersatzprofil anzupassen.

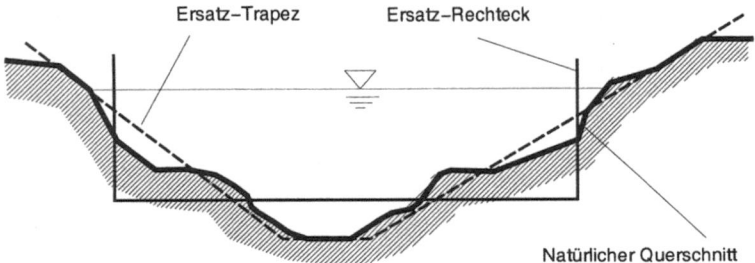

4.5.5.3 Gegliederte Querschnitte

Bei Hochwasser werden häufig Vorländer überströmt (Abb. 4.85). Die Strömungsgeschwindigkeiten sind dort besonders bei geringer Wassertiefe klein im Vergleich zum Hauptstrom. Wegen der sehr unterschiedlichen Strömungsbedingungen zwischen Hauptstrom und Seitenbereichen ist auch die Rauheitswirkung sehr unterschiedlich. Würde man eine Fließformel mit einem einheitlichen hydraulischen Radius anwenden, käme man zu dem falschen Ergebnis, daß der Abfluß Q stark zurückgeht, sobald die Vorländer auch nur geringfügig Wasser führen (vgl. Diagramm in Abb. 4.85).

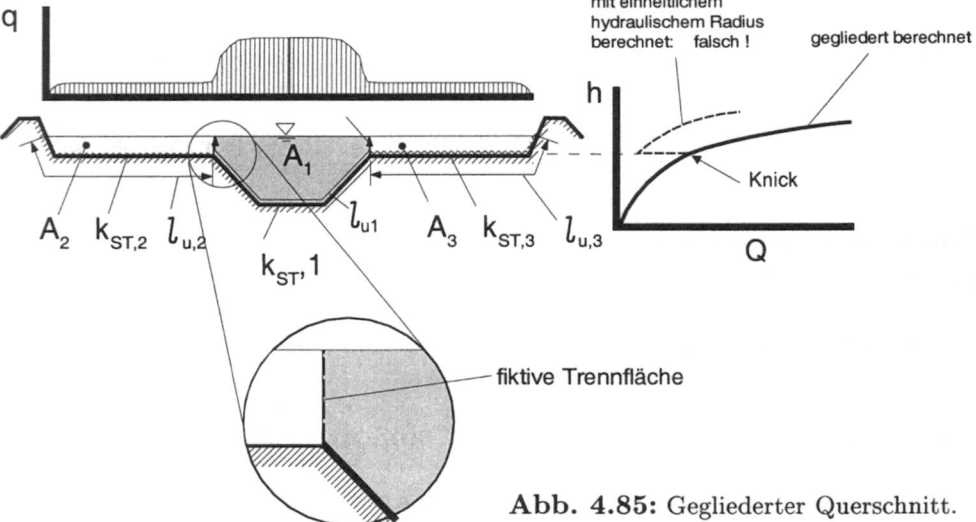

Abb. 4.85: Gegliederter Querschnitt.

Der Grund liegt in der plötzlichen Zunahme des benetzten, Reibung produzierenden Umfanges bei zunächst kaum geändertem Fließquerschnitt. Man darf also einen gegliederten Querschnitt nicht wie einen kompakten Querschnitt behandeln. In erster Näherung kann ein gegliederter Querschnitt in Bereiche unterteilt werden, die in sich etwa ausgeglichene Strömungsverhältnisse haben, wie der Bereich 1 einerseits und die Bereiche 2 und 3 auf Abb. 4.85 andererseits. Der Gesamtabfluß

4.5. Strömungen in offenen Gerinnen

ergibt sich dann aus der Summe der Teilabflüsse:

$$Q = v_1 \cdot A_1 + v_2 \cdot A_2 + v_3 \cdot A_3. \qquad (4.212)$$

Bei der Berechnung des hydraulischen Radius auf den Vorländern (Bereiche 2 und 3) wird die fiktive Trennfläche zum Hauptstrom bei diesem Lösungsansatz nicht berücksichtigt, da dort für die Vorlandströmung keine Bremswirkung stattfindet. Für den Hauptstrom selbst ist es umgekehrt. Das langsamer fließende Wasser auf dem Vorland bremst den Hauptstrom. Die Trennfläche wird hier bei der Berechnung von r_{hy} näherungsweise (mangels besserer Kenntnisse) wie eine feste Wand angesetzt, die die gleiche Rauheit wie das Hauptgerinne hat.

4.5.6 Gerinne mit Bewuchs

Vegetation behindert den Abfluß durch Querschnittsverbau und durch Energieverluste infolge Wirbelbildung. Bei gleichmäßiger Verteilung von Bewuchs im gesamten Gerinnequerschnitt kann die Vegetation als Rauheit in Ansatz gebracht werden.

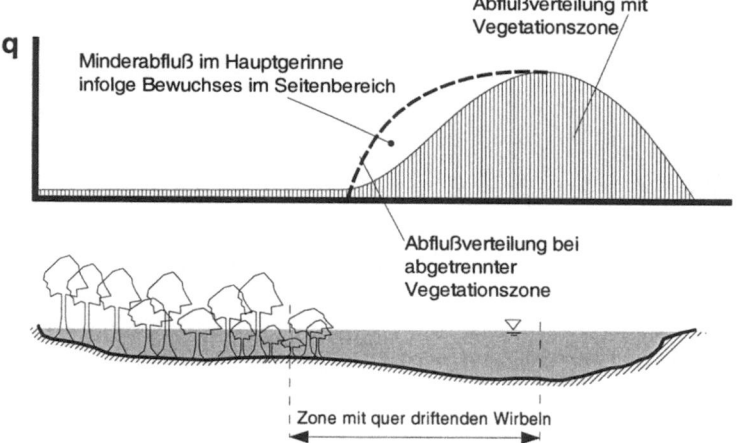

Abb. 4.86: Einfluß von bereichsweiser Vegetation auf den Abfluß (bei vorgegebenem Wasserstand).

Bei ungleichmäßiger Verteilung (Uferzonen bewachsen, Hauptgerinne frei) bewirkt Bewuchs einen weiteren Widerstand: Die starke Strömungsscherung beim Übergang von der schnellen Hauptströmung in die Bewuchszone führt zur Entstehung großer Wirbel. Diese wandern quer zur Strömungsrichtung. Ein Teil der Wirbel gerät aus schneller fließenden Bereichen in die Randzone des Bewuchses, wo ihre Energie für die Strömung verloren geht. Andere Wirbel gelangen aus langsamen Zonen in die schnellere Hauptströmung. Ihre Beschleunigung entzieht der Hauptströmung Energie. Der Impulsaustausch in der Horizontalen bewirkt hier dasselbe, wie die Turbulenz für die Geschwindigkeitsprofile (vgl. Kap. 4.2.2.4 auf Seite 44 und Abb. 4.70 auf Seite 115). Diese Interaktionszone reicht weit in die Hauptströmung hinein. Die Abflußleistung wird dadurch bei gegebenem Wasserstand u.U. sogar kleiner, als im Fall, daß der bewachsene Querschnitt überhaupt nicht vorhanden ist (Abb. 4.86).

Die analytische Berechnung ist vergleichsweise kompliziert und dennoch unsicher. Erwähnt sei in diesem Zusammenhang allein das Problem der Definition und der Klassifizierung des Bewuchses. Selbst wenn der Bewuchs regelmäßig angeordnet ist und alle Bewuchselemente identisch sind, bleiben erhebliche Schwierigkeiten. Je nach Eintauchtiefe kann z.B. das gleiche Bewuchselement ganz unterschiedliche Strömungswiderstände erzeugen. Wenn nur der Stamm eintaucht, wirkt es anders, als wenn auch ein Teil der Krone eintaucht. Wenn das Element höher überstaut ist, wirkt es wiederum anders (für Weiterführendes s. z.B. [20], [76], [77], [78]), [95], [97]).

4.5.7 Steilgerinne

Stark geneigte Gerinne treten in gebirgigen Lagen sowie im Flachland auf künstlich angelegten Rampenstrecken auf. Bei glatten Rampen (Abb. 4.87) wird die hohe kinetische Strömungsenergie am Auslauf der Rampenstrecke durch einen Wechselsprung (s. Kapitel 4.5.2 auf Seite 94ff) abgebaut.

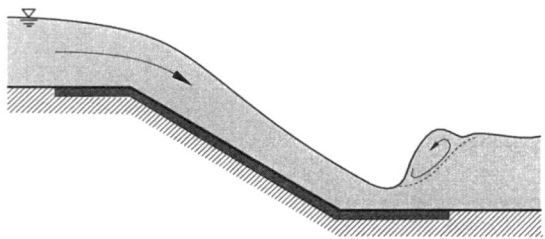

Abb. 4.87: Glatte Rampe.

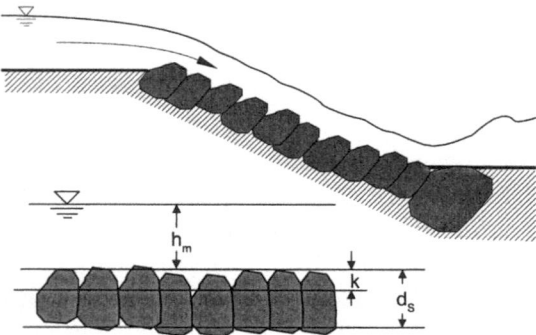

Abb. 4.88: Rauhe Rampe.

Bei rauhen Rampen (Abb. 4.88) wird ein erheblicher Teil der Energie in Form von Reibungsverlusten bereits auf der Rampe entzogen. Ist ein Gerinne so steil, daß nicht mehr gilt $\cos \alpha \approx 1$, so ergibt sich v_m nach Gl. 4.151 auf Seite 105. In der Regel ist in diesen Fällen die Wassertiefe h sehr viel kleiner als die Gerinnebreite b.

4.5. Strömungen in offenen Gerinnen

Dann kann r_{hy} durch h_m ersetzt werden. Bei Steilgerinnen mit erheblicher Rauheit ist h_m so definiert, wie in Abb. 4.88 dargestellt. KNAUS [50] empfielt für λ in steilen Rauhgerinnen einen Ansatz von SCHEUERLEIN [87]:

$$\frac{1}{\sqrt{\lambda}} = -3,2 \, log\left(c \cdot \frac{k}{4\,h_m}\right) \tag{4.213}$$

mit $k = 1/3 d_S$ und $c = 1,7 + 4,05 \cdot I$. Wesentliches Kriterium von rauhen Steilgerinnen ist die Sicherheit gegen Bewegen der Steine der Deckschicht. Nach [50] läßt sich den Steinen der Deckschicht ein maximal zulässiger Abfluß q zuordnen

$$q_{max,zul} = \left(1,2 + \frac{0,064}{I}\right) \cdot \sqrt{g} \cdot d_S^{3/2}. \tag{4.214}$$

Die Ergebnisse der Bemessung nach KNAUS beinhalten eine eine sehr große Sicherheit. Alternativ kann nach WHITTAKER und JÄGGI [117] angesetzt werden

$$q_{max,zul} = 0,235 \sqrt{\rho' g} \, I^{-7/6} \, d_S^{3/2}. \tag{4.215}$$

Am Fuß von Steilgerinnen ist in jedem Falle eine Sohlen- und Ufersicherung gegen Auskolkungen vorzusehen.

4.5.8 Teilgefüllte Rohrleitungen

Kanalisationsleitungen weisen häufig Kreis-, Ei- oder Maulprofile auf (Abb. 4.89). Sie werden i.d.R. für Vollfüllung bemessen. Dieser Bemessungsfall tritt aber nur selten ein. Bei allen anderen Abflüssen sind die Leitungen teilgefüllt, und der Abfluß findet nicht unter Druck als Rohrströmung, sondern als Gerinneströmung mit freier Oberfläche statt. Für praktische Berechnungen wird das Verhältnis Q/Q_{voll} herangezogen. Eine Untersuchung dieses Verhältniswertes bei verschiedenen Teilfüllungsgraden ergibt, daß Q_{max} und v_{max} bei 93 % bis 95 % der Vollfüllung eintreten. Für den Kreisquerschnitt (Abb. 4.90) ergibt sich mit α in (rad)

$$\frac{Q}{Q_{voll}} = \left(1 + \frac{\lg\frac{\alpha - \sin\alpha}{\alpha}}{\lg\frac{3,71}{k_S/d}}\right) \cdot \frac{(\alpha - \sin\alpha)^{3/2}}{2\,\pi \cdot \alpha^{1/2}} \tag{4.216}$$

und

$$\frac{v}{v_{voll}} = \frac{Q}{Q_{voll}} \cdot \frac{A_{voll}}{A} = \frac{Q}{Q_{voll}} \cdot \frac{2\,\pi}{\alpha - \sin\alpha}. \tag{4.217}$$

BOLLRICH [7] empfiehlt für den Bereich $0,3 < h/d < 0,85$ als Näherungsansatz

$$\frac{Q}{Q_{voll}} = 1,46 \cdot h/d - 0,24. \tag{4.218}$$

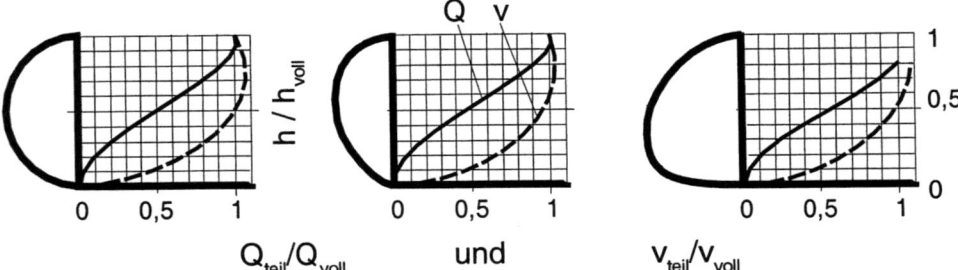

Abb. 4.89: Teilfüllungskurven gängiger Kanalprofile.

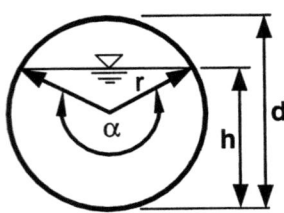

Abb. 4.90: Definitionen für den teilgefüllten Kreisquerschnitt.

Die Ursache für die Position der maximalen Geschwindigkeit bei etwa 80 % Füllung ist im Verhältnis von $\frac{A}{l_U} = r_{hy}$ begründet, das sich beim Kreisprofil zu

$$\frac{r_{hy}}{h_{voll}} = \frac{1}{4} \cdot (1 - \frac{\sin \alpha}{\alpha}) \tag{4.219}$$

ergibt. Zwischen dem Winkel α und dem Füllstand besteht der Zusammenhang

$$\frac{h}{h_{voll}} = \sin^2 \frac{\alpha}{4}. \tag{4.220}$$

Grafisch dargestellt erkennt man daraus auf Abb. 4.91, wie der hydraulische Radius in Relation zur Fülltiefe h mit steigender Tiefe abnimmt und in Relation zum Vollfüllstand zunächst ansteigt, aber dann oberhalb von 80 % wieder abfällt.

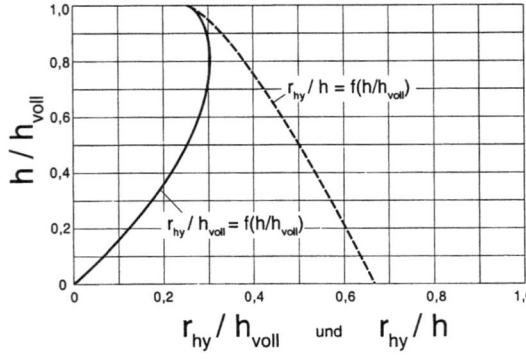

Abb. 4.91: Hydraulischer Radius bei verschiedenen Teilfüllungsgraden im Kreisprofil.

4.5. Strömungen in offenen Gerinnen

4.5.9 Ausfluß und Überfall

4.5.9.1 Allgemeines

Ausfluß und Überfall (Abb. 4.92) sind hydraulisch verwandt. Ausflußvorgänge sind dadurch gekennzeichnet, daß die Oberkante der Ausflußöffnung überstaut ist. In der Ausflußöffnung ändert sich der Wasserstand sprunghaft um h_1. Bei der Überfallströmung fehlt die obere Stauwand, und der Wasserspiegel beginnt bereits vor der Überfallkrone zu fallen.

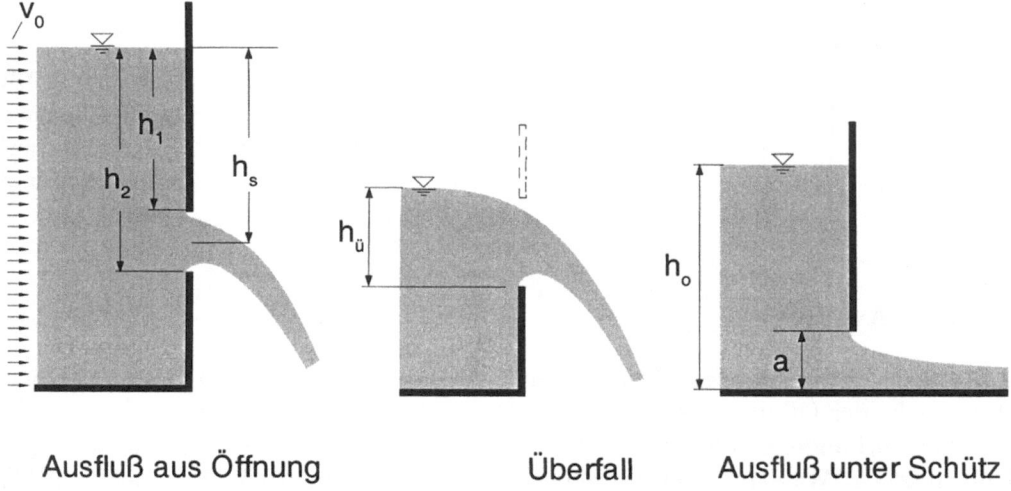

Abb. 4.92: Ausfluß und Überfallströmung.

Ausfluß und Überfall können mit und ohne Fließwechsel ablaufen. Ist in einer Ausflußöffnung $Fr = v/(gA/b_o)^{0,5} > 1$, so beeinflussen die Verhältnisse unterstrom der Öffnung diejenigen oberstrom der Öffnung nicht (vgl. Kapitel 4.5.2 auf Seite 94ff). Dem entspricht beim Überfall der Abflußzustand, bei dem sich über der Krone die Grenztiefe h_{gr} und $Fr = 1$ einstellen und weiter stromab schießender Abfluß herrscht. Man spricht dann vom **vollkommenen** Ausfluß und von vollkommenem Überfall. Die ausfließende oder überfallende Wassermenge wird im vollkommenen Zustand also nur von der Energiehöhe im OW, die wegen kleiner Zuströmgeschwindigkeit v_o[31] meist nur sehr geringfügig höher ist als der OW-Stand, sowie von der Form der Öffnung bestimmt. Als **unvollkommen** wird der Strömungszustand bezeichnet, wenn das Unterwasser so hoch steht, daß es eine Rückstauwirkung ausübt. Dann werden der Abfluß und der Wasserstand auch oberstrom der Krone durch den Unterwasserstand beeinflußt, und die Wassertiefe im Bereich der Krone ist größer als h_{gr}, bzw. in der Ausflußöffnung ist $Fr < 1$ (Abb. 4.93).

---

[31] Die Zuströmgeschwindigkeit ist einem Querschnitt "0" zugeordnet, in dem die Geschwindigkeit noch unbeeinflußt ist.

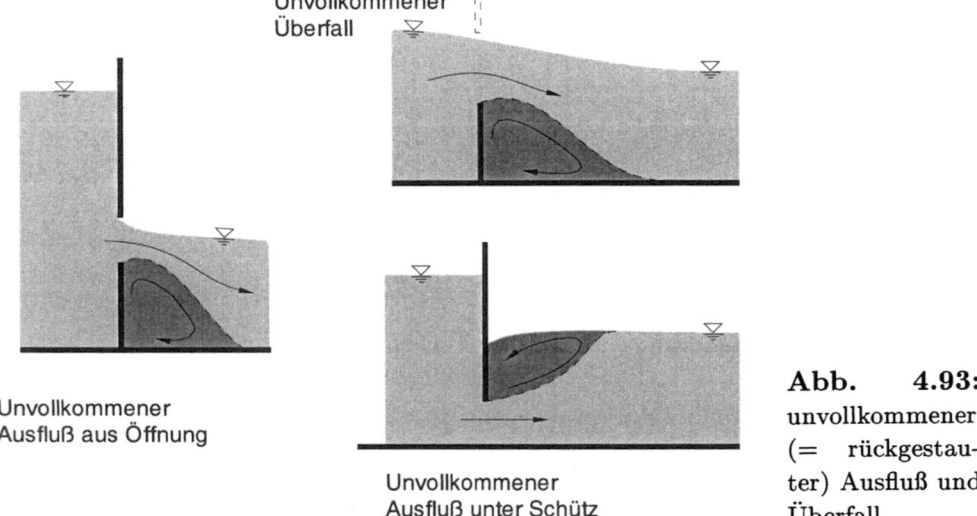

Abb. 4.93: unvollkommener (= rückgestauter) Ausfluß und Überfall.

4.5.9.2 Ausfluß

4.5.9.2.1 Allgemeines Der Ausfluß aus Öffnungen ist von der Höhe der Überstauung h_I der Öffnung, der Anströmgeschwindigkeit v_0 (Abb. 4.94 links) und einem ggf. vorhandenen Luftdruckunterschied beidseits der Ausflußöffnung abhängig. Unterliegt der Wasserspiegel im Behälter einem anderen Druck als in der Ausflußumgebung, so ist anstelle von h mit $(h \pm \Delta p/(\rho\, g))$ zu arbeiten. Der Ausfluß Q ist durch die mittlere Ausflußgeschwindigkeit v_m und die Querschnittsfläche der Öffnung gegeben: $Q = v_m \cdot A$.

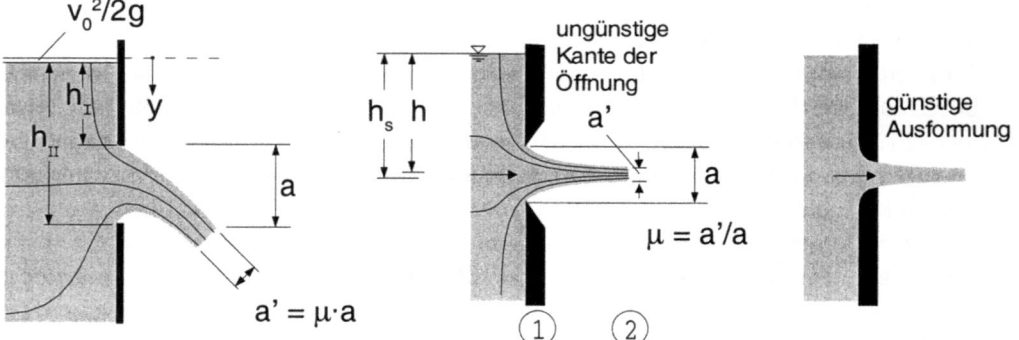

Abb. 4.94: Ausfluß aus Seitenöffnungen (Die beiden rechten Bilder demonstrieren den Einfluß der Form der Austrittskante auf die Kontraktion des Strahls und mithin auf den Ausflußbeiwert μ).

4.5. Strömungen in offenen Gerinnen

In der Austrittsöffnung selbst verlaufen die Stromlinien aufgrund der beschleunigten Anströmung nicht parallel. Erst ein Stück später verlaufen sie parallel, und bis dahin hat noch eine Kontraktion mit Folge einer weiteren Geschwindigkeitserhöhung stattgefunden. Die durchflossene Querschnittsfläche ist aber nur in der Austrittsöffnung bekannt. Abgesehen von einem kleinen Fehler wegen des gekrümmten Durchflußquerschnittes in der Öffnung gilt

$$A_1 \cdot v_1 = A_2 \cdot v_2 = \mu \cdot A_1 \cdot v_2 \tag{4.221}$$

mit μ = Ausflußbeiwert und

$$\mu = A_2/A_1 \quad \text{bzw.} \quad \mu = v_1/v_2. \tag{4.222}$$

Bei rechteckförmiger Ausflußöffnung der Breite b und der Höhe a ist $\mu = a_2/a_1 = a'/a$.

4.5.9.2.2 Ausfluß aus großer Öffnung Ist die Öffnung groß in Relation zur Wasserüberdeckung (Abb. 4.94 links), so ändert sich die Austrittsgeschwindigkeit entlang der Höhe der Öffnung merkbar, und der Ausfluß Q ergibt sich mit $h_E = h + v_0^2/2g$ zu

$$Q = \mu \cdot \int_{y=h_{E,I}}^{h_{E,II}} v(y) \cdot dA = \mu \cdot \int_{y=h_{E,I}}^{h_{E,II}} \sqrt{2\,g\,y} \cdot b(y) \cdot dy. \tag{4.223}$$

Hierin ist v_o die ungestörte (noch nicht von der Ausfluß-/Überfallstelle beeinflußte) Anströmungsgeschwindigkeit. Der Ausflußbeiwert $\mu < 1$ berücksichtigt im wesentlichen die Kontraktion des austretenden Strahls, als deren Folge die hydraulisch wirksame Austrittsöffnung kleiner als die tatsächliche Fläche ist (vgl. Abb. 4.94). Für Ausflußöffnungen mit $b = const.$ folgt

$$\begin{aligned} Q &= \frac{2}{3} \mu b \sqrt{2g} \left(h_{E,II}^{1,5} - h_{E,I}^{1,5} \right) \\ &= \frac{2}{3} \mu b \sqrt{2g} \left(\left(h_{II} + \frac{v_0^2}{2g} \right)^{1,5} - \left(h_I + \frac{v_0^2}{2g} \right)^{1,5} \right). \end{aligned} \tag{4.224}$$

Nach [7] entsteht kein großer Fehler, wenn man bei anders geformten Ausflußöffnungen (z.B. Kreisform) ersatzweise mit einer flächengleichen Rechtecköffnung mit $b = A/a$ rechnet. Die Ausflußbeiwerte μ sind neben der Ausflußform noch von der Gestalt der Ausflußkante abhängig. Bei sehr guter Ausrundung der Öffnung ist die Strahlkontraktion gering, und es werden Werte $\mu \approx 0,95$ erreicht (Der restliche Unterschied zu $\mu = 1$ ist reibungsbedingt). Tabelle 4.16 gibt Ausflußbeiwerte für scharfkantige rechteckförmige Öffnungen an.

Tab. 4.16: Ausflußbeiwerte für scharfkantige Öffnungen.

a/b	≈ 0	0,5	1	1,5	2
μ	0,67	0,64	0,58	0,5	0,44

4.5.9.2.3 Kleine Seitenöffnung Ist die Höhe a der Öffnung klein im Vergleich zur Druckhöhe h in Achslage der Öffnung ($a <$ rd. $0,2\,h$, Abb. 4.94 Mitte und rechts), so ist die Ausflußgeschwindigkeit genügend genau beschrieben mit der Tiefenlage h_S des Schwerpunkts des Ausflußquerschnitts (TORRICELLI-Gesetz)

$$v_m = \mu \sqrt{2\,g\,h_S}, \qquad (4.225)$$

und man erhält

$$Q = \mu\,A\,\sqrt{2\,g\,h_S} \qquad (4.226)$$

mit $A =$ Querschnittsfläche der Öffnung.

4.5.9.2.4 Bodenöffnung Für Bodenöffnungen (Abb. 4.95) ist die Überstauung h an jeder Stelle in der Öffnung gleich, und es wird

$$Q = \mu\,A\,\sqrt{2\,g\,h}. \qquad (4.227)$$

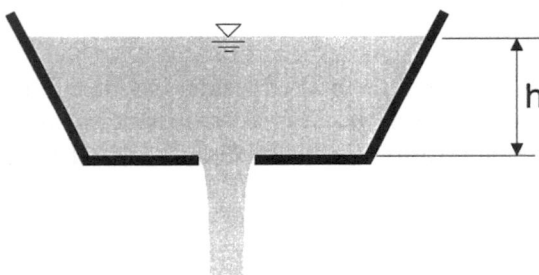

Abb. 4.95: Ausfluß aus Bodenöffnung.

4.5.9.3 Abfluß über Wehre

4.5.9.3.1 Allgemeines Wehre sind Stau-Bauwerke, über deren Krone Wasser abgeführt werden kann. Abb. 4.96 zeigt Grundformen von Wehrkronen im Schnitt. Bei scharfkantiger Krone liegt der Hochpunkt der freien Strahlunterseite um $0,126\,h_{\ddot{u}}$ über der Krone. Ein Überfallrücken in der Form der Strahlunterkante dieses freien Strahles weist günstige Eigenschaften auf und wird als *Standardprofil* bezeichnet (Abb. 4.96 Mitte). Wölbt man den Überfallrücken leicht in den Strahl hinein, so hat man sicher positive Druckwerte auf dem Rücken und daher dort

4.5. Strömungen in offenen Gerinnen

geringe Kavitationsgefahr. Nachteil ist ein etwas geringerer Überfallbeiwert μ (= geringerer Abfluß bei gegebener Stauhöhe). Liegt $h_{ü}$ für den Fall einer Überlastung ($Q > Q_B$) über der zum *Bemessungsabfluß* Q_B gehörigen Überfallhöhe $h_{ü,B}$, so hebt der Strahl vom Wehrrücken ab. Folge sind Kavitationsgefahr und ggf. Schwingungen des Strahls. Diese Gefahr besteht nach SCHIRMER (in [7]) nicht, solange $h_{ü} < 3h_{ü,B}$ ist.

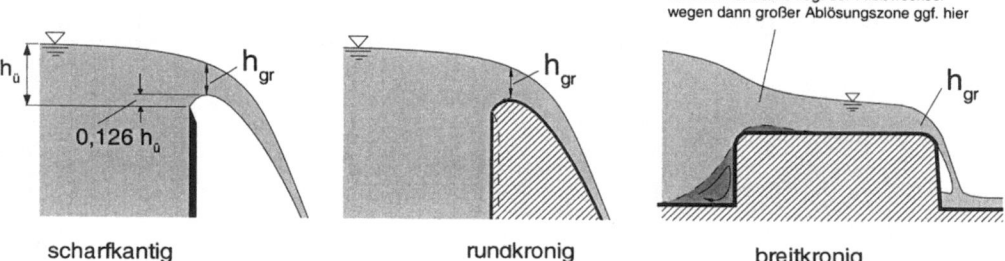

Abb. 4.96: Freier Überfall und Kronenformen fester Wehre.

Abb. 4.97 zeigt die Druckverteilung bei unterschiedlichen Abflüssen an einem festen Wehr. Bei kleinem Abfluß liegt der Strahl auf, denn ohne den Wehrrücken würde der dann freie Strahl nicht so weit springen. Mit größerem Abfluß erreichen die Unterseite des freien Strahls und der Wehrrücken etwa gleichen Verlauf. Dies ist der Bemessungsfall. Deutlich höhere Abflüsse führen zu einer Strahlablösung. Der gleiche Effekt entsteht bei unverändertem Abfluß durch unterschiedliche Ausrundung der Krone. Bei großem Krümmungsradius bleibt der Druck an der Sohle der Krone größer, während mit immer schärferem Krümmungsradius Gleichdruck und Unterdruck mit nachfolgender Strahlablösung eintreten.

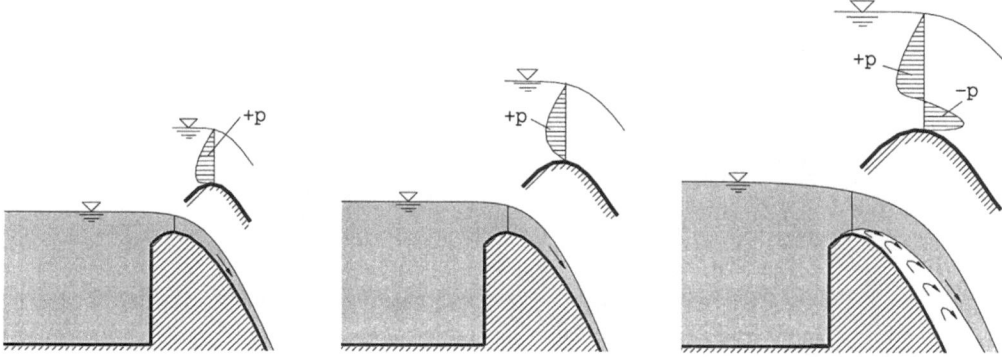

Abb. 4.97: Druckverteilung an der Krone bei unterschiedlichem Abfluß (links: $Q < Q_B$, Strahl liegt auf, Mitte: $Q \approx Q_B$, Wehrrücken $\approx$ Kontur des freien Strahls, rechts: $Q >> Q_B$, Strahl hebt ggf. ab).

Für die in Abb. 4.98 dargestellte, am freien Überfallstrahl orientierte Wehrform, macht GZYWIENSKI (in [94]) Angaben zur Form des Standardprofils (Tabelle 4.17 und Abb. 4.98)).

Tab. 4.17: Dimensionslose Koordinaten für festes Wehr, Überfallbeiwert 0,733.

$x/h_{ü}$	-0,315	-0,3	-0,2	-0,1	0				
$z/h_{ü}$	0,126	0,112	0,046	0,012	0,000				
$x/h_{ü}$	0	0,1	0,3	0,5	0,7	0,9	1,1	1,4	1,7
$z/h_{ü}$	0,000	0,007	0,063	0,153	0,267	0,410	0,590	0,920	1,310

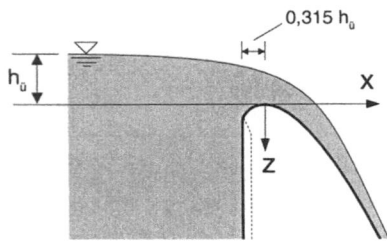

Abb. 4.98: Zur Bemessung der Form des Überfallrückens am festen Wehr; Standardprofil nach der Form der Strahlunterseite des freien Überfalls am scharfkantiger Überfall.

Um die Abflußleistung bei gegebener Stauhöhe zu vergrößern, kann die wirksame Wehrbreite durch Schräganordnung der Krone im Grundriß vergrößert werden (Abb. 4.99), weil die Krone selbst stets senkrecht überströmt wird. Bei ringförmiger Krone ist die Kronenbreite $b = \pi D$ mit D = Durchmesser des Kronenrings.

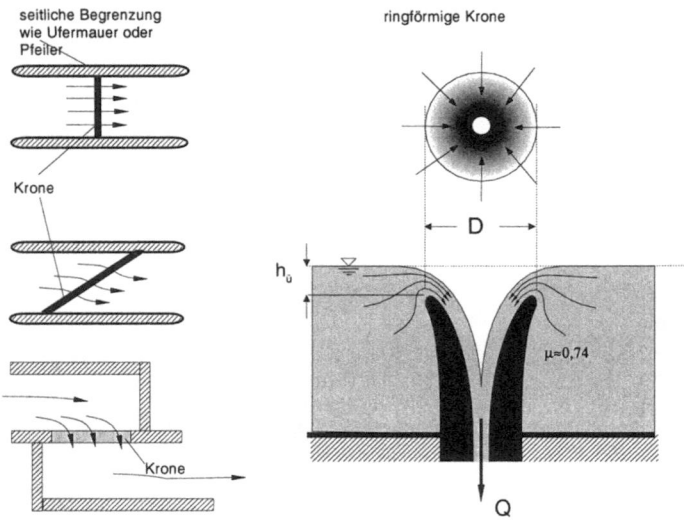

Abb. 4.99: Leistungserhöhung durch Variation der Kronenbreite (links) und ringförmiges Wehr (rechts).

4.5. Strömungen in offenen Gerinnen

Wenn vom Unterwasser UW her kein Rückstau vorliegt, wechselt die Strömung über der Wehrkrone vom strömenden in den schießenden Abflußzustand, und es liegt vollkommener Überfall vor. Änderungen des Unterwasserstandes wirken sich dann im Oberwasser und mithin auf den überfallenden Abfluß nicht aus. Unvollkommen wird die Überfallströmung, wenn ein Rückstau vom Unterwasser her vorliegt. Sowohl die Abflußleistung, als auch derjenige Wasserstand im UW, bei dem unvollkommener Abfluß beginnt, sind abhängig von der Kronenform. Sicher liegt vollkommener Abfluß vor, wenn das UW unterhalb der Wehrkrone liegt.

Der *Fließwechsel* ($h = h_{gr}$) stellt sich für das scharfkantige Wehr im Hochpunkt der freien Strahlunterkante und entsprechend bei ausgerundeter Wehrkrone auf der Krone ein (Abb. 4.96). Bei sogenannten breitkronigen Wehren sind die Formgebung der Kanten und die Kronenbreite (hier ist die Breite der Krone in Fließrichtung gemeint) für die Lage des Fließwechsels entscheidend. Bei gut abgerundeten breitkronigen Wehren tritt der Grenzzustand etwa am Ende der Krone ein. Ist das breitkronige Wehr relativ kurz und scharfkantig, so bildet sich hinter dem Kronenbereich eine erhebliche Ablösungszone aus (Abb. 4.100). Für die Strömung nimmt das Wehr damit eine strömungsgünstiger ausgerundete, scheinbare Form an, jedoch mit höher liegender Krone. Das zwar von der Form effektive günstigere, aber auch effektiv größere Wehr und die Verwirbelungen in den Totzonen bewirken in summa einen ungünstigeren Abflußbeiwert. Wenn Ablösungen von untergeordneter Bedeutung sind, liegt der Grenzzustand bei sehr breitkronigen Wehren mit einem Kronengefälle $I_{so,Wehr} \approx I_{gr}$ irgendwo auf dem Wehr, sonst entweder am Ende ($I_{so,Wehr} < I_{gr}$) oder am Anfang ($I_{so,Wehr} > I_{gr}$).

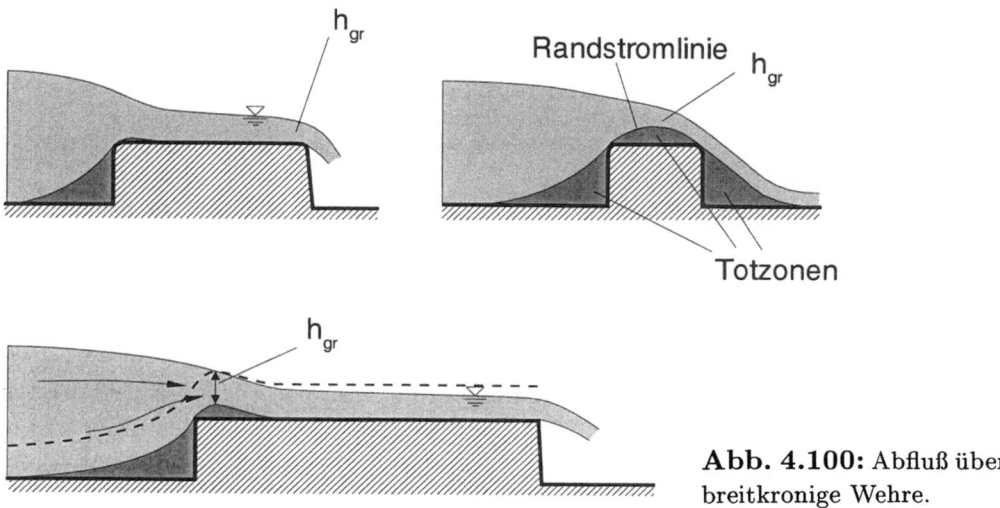

Abb. 4.100: Abfluß über breitkronige Wehre.

4.5.9.3.2 Abfluß bei vollkommenem Überfall Eine Berechnungsgleichung für den Abfluß Q über Wehre läßt sich auf verschiedene Weisen herleiten. Eine

Möglichkeit ist die Betrachtung des Abflusses über eine Wehrkrone als Ausfluß aus einer seitlichen Öffnung (Gl. 4.224) mit $h_I = 0$ und $h_{II} = h_{\ddot{u}}$:

$$Q = \frac{2}{3}\mu b\sqrt{2g}\left[\left(h_{\ddot{u}} + \frac{v_0^2}{2g}\right)^{1,5} - \left(\frac{v_0^2}{2g}\right)^{1,5}\right] \qquad (4.228)$$

Diese Beziehung wurde erstmals von WEISBACH angegeben. Für vernachlässigbare Anströmgeschwindigkeitshöhe $v_0^2/2g \ll h_{\ddot{u}}$ wird daraus die nach POLENI benannte Wehrformel

$$Q = \frac{2}{3}\mu b\sqrt{2g}\,h_{\ddot{u}}^{1,5}. \qquad (4.229)$$

Hierin wird die für den Ausflußvorgang maßgebende Energiehöhe $h_{\ddot{u}} + v_0^2/2g$ dort angesetzt, wo der Wasserspiegel noch unbeeinflußt ist. Von da an beginnt die Umwandlung von Lageenergie in kinetische Energie, und der Wasserspiegel sinkt. Die Stelle, ab der die Fließquerschnitte nicht mehr eben sind (Stromlinien gekrümmt), liegt etwa im Abstand $4,5\,h_{gr}$ bis $6\,h_{gr}$ oberstrom der Wehrkrone. Dort ist daher $h_{\ddot{u}}$ anzusetzen (Abb. 4.101).

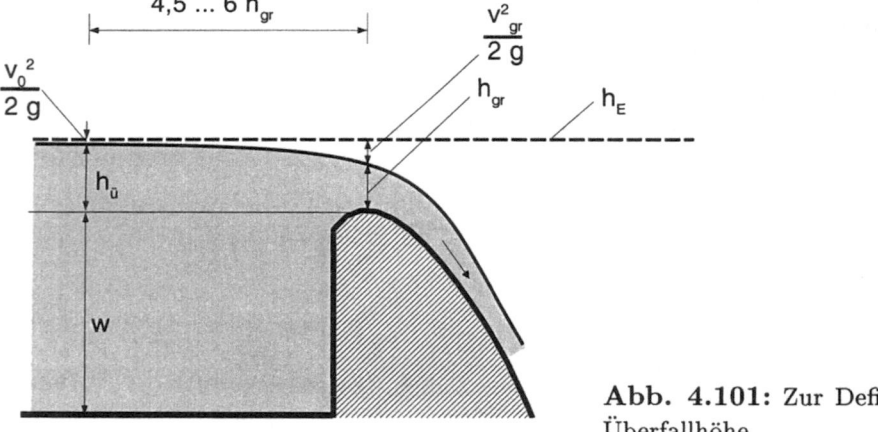

Abb. 4.101: Zur Definition der Überfallhöhe.

4.5.9.3.3 Unvollkommener Überfall Die Rückstauwirkung bei unvollkommenem Überfall kann durch einen Abminderungsfaktor c berücksichtigt werden:

$$Q_{unvollk} = c \cdot Q_{vollk}. \qquad (4.230)$$

Die c-Werte sind abhängig von der Kronenform und dem Verhältnis $h_u/h_{\ddot{u}}$. Aus Abb. 4.102 ist neben den c-Werten ersichtlich, daß der Abflußzustand bei manchen Kronenformen trotz merkbarer Überstauung der Krone vom Unterwasser noch vollkommen ist (vor allem beim breitkronigen Wehr mit runden Kanten).

4.5. Strömungen in offenen Gerinnen

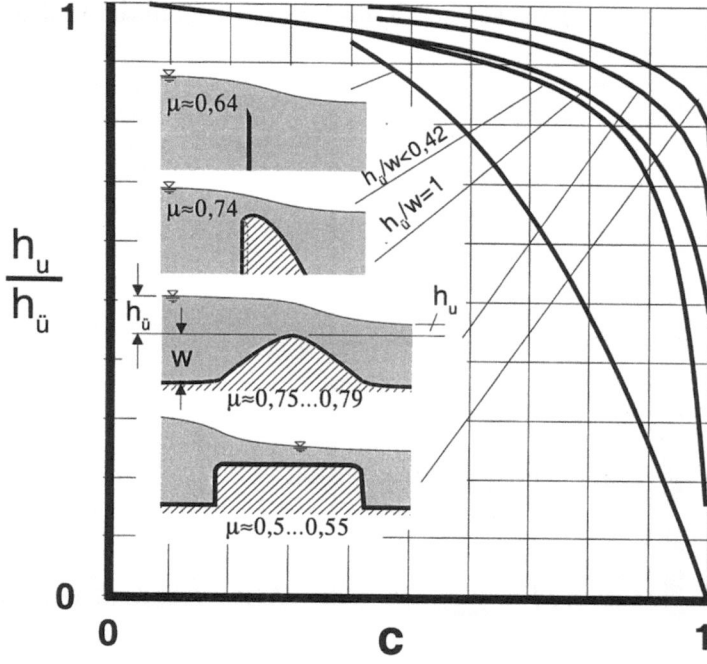

Abb. 4.102: Abminderungsfaktoren c bei unvollkommenem Überfall sowie Überfallbeiwerte einiger Wehrtypen.

4.5.9.3.4 Meßwehre Zur Abflußmessung sind insbesondere scharfkantige Wehre geeignet. Am gebräuchlichsten sind rechteckförmige und dreieckförmige Ausflußquerschnitte (Abb. 4.103). Nach REHBOCK gilt für *Rechteck-Meßwehre (sog. Rehbock-Überfall)* mit gleicher Breite b von Krone und Zulaufkanal

$$Q = \left(1,782 + 0,24 \cdot \frac{h_e}{w}\right) \cdot b \cdot h_e^{3/2} \tag{4.231}$$

mit $h_e = h_{\ddot{u}} + 0,0011$ (m), $h_{\ddot{u}} =$ Überfallhöhe (m), $b =$ Kronenbreite (m), $w =$ Wehrhöhe (m). Die Gleichung gilt für $w > 0,06$ m und $0,01$ m $< h_{\ddot{u}} < 0,8$ m sowie $h_{\ddot{u}}/w < 0,65$.

Wichtig ist eine gute Belüftung der Unterseite des Überfallstrahls. Ansonsten würde der Strahl Luft aus dem Hohlraum unter sich mitreißen. Der dort entstehende Unterdruck würde den Strahl verformen und somit zu anderen Überfallbeiwerten und mithin zu ungenaueren Ergebnissen führen. Des weiteren besteht die Gefahr, daß der Strahl mit dem Luftpolster in Resonanz gerät und schwingt, was zu schweren Schäden an größeren Wehren führen kann.

Alternativ kann der überfallende Abfluß nach REHBOCK auch mit der Wehrformel Gl. 4.229 und dem Ansatz

$$\mu = 0,605 + \frac{0,001}{h_{\ddot{u}}} + 0,08 \frac{h_{\ddot{u}}}{w} \tag{4.232}$$

ermittelt werden, wobei $h_{ü}$ in (m) einzusetzen ist und die vorgenannten Gültigkeitsgrenzen gelten.

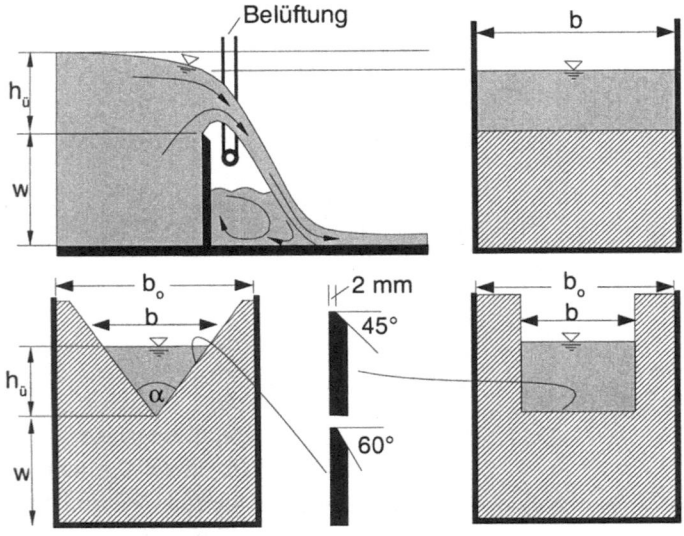

Abb. 4.103: Meßwehre.

Ist $b < b_o$, kann μ berechnet werden aus der empirischen Beziehung

$$\mu = \left[0,578 + 0,037 \left(\frac{b}{b_o}\right)^2 + \frac{3,615 - 3(b/b_o)^2}{1000\, h_{ü} + 1,6}\right] \cdot \left[1 + \frac{1}{2}\left(\frac{b}{b_o}\right)^4 \left(\frac{h_{ü}}{h_{ü}+w}\right)^2\right]. \tag{4.233}$$

Die Beziehung gilt in den Grenzen $w > 0,3$ m, $b/w > 1$ und $0,025 \cdot b_o/b < h_{ü} < 0,8$ ([7], alle Werte in m).

Zur relativ genauen Ermittlung auch kleiner Abflüsse eignen sich Dreiecküberfälle (THOMSON-Wehre), für welche gilt

$$Q = \frac{8}{15} \mu \cdot \tan(\frac{\alpha}{2}) \sqrt{2g}\, h_{ü}^{5/2} \tag{4.234}$$

Bei $\alpha = 90°$ ist

$$Q = 1,352\, h_{ü}^{2,483}. \tag{4.235}$$

Gültigkeitsgrenzen: $0,05$ m $< h_{ü} <$ ca. $0,5$; $h_{ü}/w < 0,4$ m; $h_{ü}/b_o < 0,2$; $w > 0,45$ m

4.5.9.4 Ausfluß unter Schützen

Beim Ausfluß unter Schützenwehren (Abb. 4.104) wird ein Schußstrahl erzwungen, sofern die Höhe a der Öffnung $< h_{gr}$ ist. Im Fall des vollkommenen Ausflusses ergibt sich

4.5. Strömungen in offenen Gerinnen

$$Q = \mu_A \cdot A \cdot \sqrt{2\,g \cdot h_0}, \qquad (4.236)$$

mit $A = a \cdot b$. Der Ausflußbeiwert $\mu < 1$ ist durch die Strahlkontraktion bedingt und ist

$$\mu_A = \frac{\psi}{\sqrt{1 + \frac{\psi \cdot a}{h_0}}}. \qquad (4.237)$$

Für den Kontraktionsbeiwert eines senkrechten ebenen Schützes gibt VOIGT (bei [7]) an:

$$\psi = \frac{1}{1 + 0{,}64 \cdot \sqrt{1 - (a/h_0)^2}}. \qquad (4.238)$$

Wird eine Strahlkontraktion durch strömungsgünstige Ausrundung der Schützunterkante vermieden, so sind μ_A-Werte nahe 1 erreichbar. Für schräg liegende Schütze kann der Kontraktionsbeiwert aus Abb. 4.105 entnommen werden.

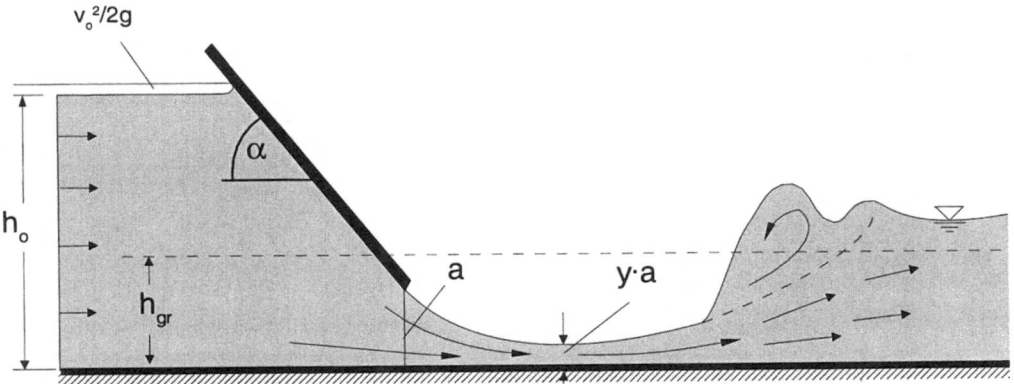

Abb. 4.104: Ausfluß unter einem Schütz.

Rückt der Fuß eines sich nach dem Austritt ausbildenden Wechselsprungs in den Austrittsquerschnitt hinein, so wird der Ausfluß unvollkommen. Für den rückgestauten Ausfluß ergibt sich der Abfluß mit den Abminderungsbeiwerten κ gemäß Abb. 4.106 zu

$$Q_{unvollk} = \kappa \cdot Q_{vollk}. \qquad (4.239)$$

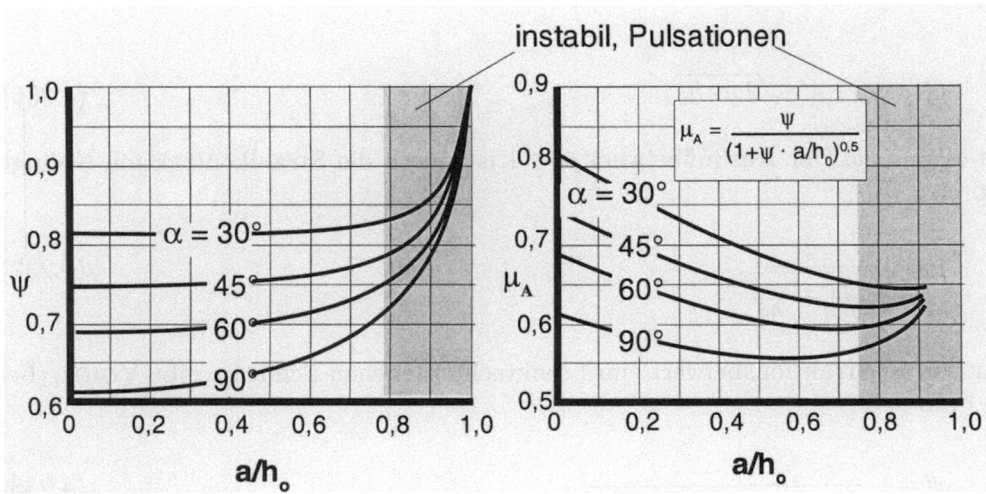

Abb. 4.105: Beiwerte μ und ψ für Schützenwehre.

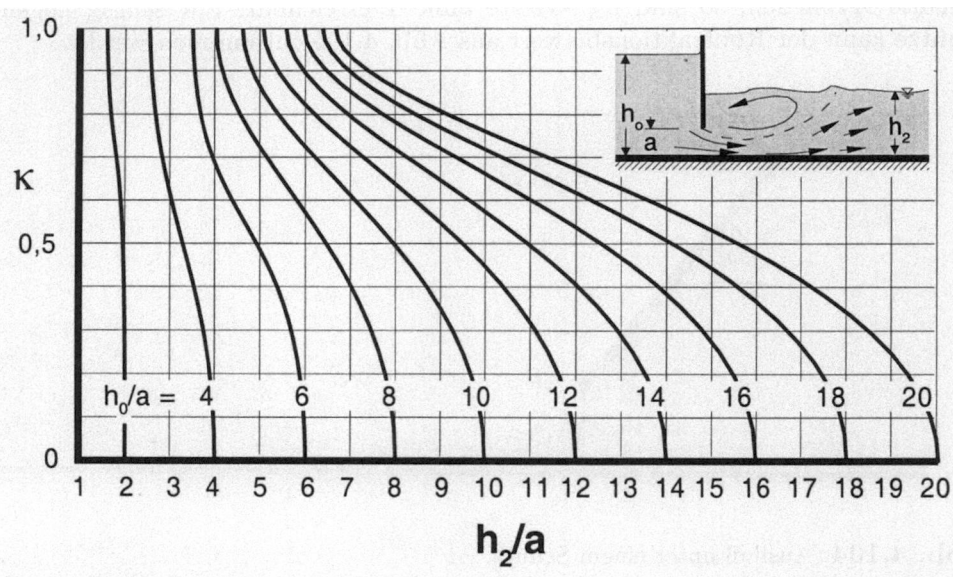

Abb. 4.106: Abminderungsbeiwerte κ für rückgestauten Ausfluß unter einem Schütz.

4.5.9.5 Druckkräfte auf Schützen und Klappen

Abb. 4.107 gibt die Druckverteilung an einer angeströmten Wand wieder. In genügender Entfernung sind die Stromlinien parallel, und die Druckverteilung ist hydrostatisch. An der Wand staut sich das Wasser, und der Wasserspiegel steigt um den Betrag $\frac{v_o^2}{2g}$. Bei geschlossenem Schütz wäre die Druckverteilung hydrostatisch.

4.5. Strömungen in offenen Gerinnen   147

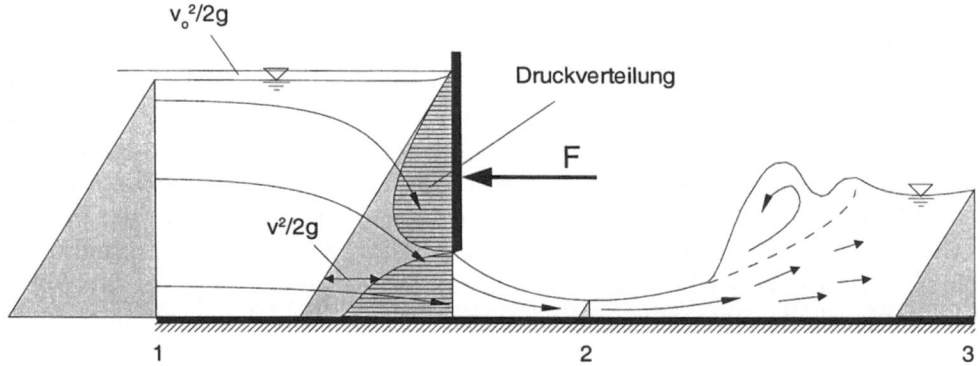

Abb. 4.107: Druckverteilung an angeströmter Wand.

Infolge der Strömung sind die Stromlinien aber gekrümmt und die Druckverteilung ist nichthydrostatisch. Mit dem Ansatz der Impulskräftebilanz (s. Abschn. 4.2.2.3 auf Seite 39ff) kann die Kraft F auf die Wand auch ohne Kenntnis der genauen Druckverteilung berechnet werden. Hierzu sind die Kräfte in den Querschnitten 1 und 2 (dort herrschen hydrostatische Verhältnisse wegen Parallelströmung) und die gesuchte Kraft F zu bilanzieren.

4.5.9.6 Heber

Heberwehre (Abb. 4.108 auf der nächsten Seite) sind feste Wehre, bei denen durch Anordnung eines Heber-Daches ein rohrartiger Heberschlauch entsteht. Dieser wirkt bei Vollfüllung wie eine Rohrleitung, d.h. der Energiehöhenunterschied zwischen Eintritt und Austritt ist maßgebend für den Durchfluß. Damit kann ein Wehr mit Heberdach unter ansonsten gleichen Bedingungen u.U. erheblich mehr Abfluß leisten, als ohne Heberdach. Heber werden daher oft zur Hochwasserentlastung eingesetzt. Faßt man die Verluste am Eintritt und die Reibungsverluste im Heberschlauch zu einem Heber-Abflußbeiwert μ_H (i.M. $\mu_H = 0,7$ bis $0,8$) zusammen, so ist die Austrittsgeschwindigkeit aus dem Heberschlauch

$$v = \mu_H \sqrt{2g\,\Delta h_{geo}} \tag{4.240}$$

und der Abfluß folgt aus $Q = (v \cdot A)_{Austritt}$. Im Betrieb beginnt das Wasser bei steigendem OW-Spiegel zunächst wie beim festen Wehr mit freier Oberfläche über die Krone zu fallen. Hydraulisch ist das Heberwehr in diesem Zustand ein normales Wehr mit freiem Überfall, und maßgebend für Q ist $h_{ü}$. Anspringhilfen sorgen dann für eine rasche Luftentleerung des Hebers. Nach Luftentleerung gilt Gl. 4.227 (Ausfluß aus Gefäßen). Bei fallendem OW-Stand hört die Heberwirkung auf, sobald der Wasserspiegel im Oberstrom unter den Hebermund sinkt. Dann tritt Luft ein, und die Strömung reißt schlagartig ab. Abb. 4.108 zeigt im Diagramm links den Arbeitsbereich des Hebers.

Heberwehre eignen sich zur Regelung von Wasserständen zwischen etwa dem Niveau der Krone des Daches und dem Niveau der Eintrittskante des Heberdachs (Hebermund), ohne daß irgendwelche Regelorgane erforderlich sind. Das plötzliche Anspringen und Abreißen der Strömung kann allerdings im beidseitig anschliessenden Gerinne problematisch sein, denn es bewirkt dort Schwall- und Sunkwellen (s. Abschn. 4.7.2 auf Seite 160ff). Mit einer geeigneten Luftzumischung können die plötzlichen Durchflußänderungen gemindert werden. Im größten Teil des Heberschlauchs herrscht Unterdruck. Der geringste Druck tritt im Heberscheitel auf (Abb. 4.108), jedoch nicht unbedingt an der Decke, sondern oft an der Sohle. Grund dafür ist die sohlennah größte Krümmung der Stromfäden, die dort wegen $v \sim 1/r$ zu großen Geschwindigkeiten und damit zu einem Druckabfall führt, der die tiefenlagenbedingte hydrostatische Druckzunahme überwiegen kann (vgl. Abschn. 4.2.2.3 auf Seite 39, insbesondere Abb. 4.14, rechts oben mit der Gegebenheit, daß $v^2/(2g)$ sehr groß ist.

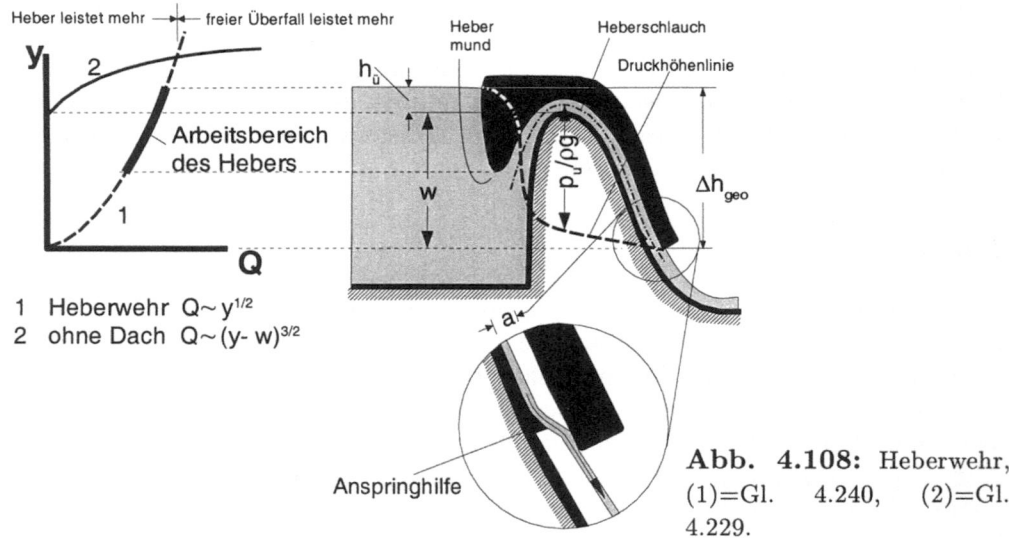

Abb. 4.108: Heberwehr, (1)=Gl. 4.240, (2)=Gl. 4.229.

Dann kann der Druck an der Sohle auch unter p_{at} fallen, und es herrscht dort Unterdruck). Um Kavitation zu vermeiden, darf die Unterdruckhöhe $p_u/(\rho g)$ einen kritischen Wert nicht unterschreiten. Damit lassen sich Grenzwerte $Q_{max,Dach}$ unter Berücksichtigung des Drucks direkt unter dem Heberdach sowie $Q_{max,Sohle}$ unter Berücksichtigung des Drucks an der Sohle des Heberscheitels ermitteln:

$$Q_{max,Dach} = b \cdot r_a \cdot \ln(1 + \frac{a}{r_i} \sqrt{2g\left(h_{\ddot{u}} - a + \frac{p_{u,krit}}{\rho g}\right)}, \qquad (4.241)$$

$$Q_{max,Sohle} = b \cdot r_i \cdot \ln(1 + \frac{a}{r_i} \sqrt{2g\left(h_{\ddot{u}} + \frac{p_{u,krit}}{\rho g}\right)}. \qquad (4.242)$$

4.5. Strömungen in offenen Gerinnen

Hierin sind a und b die Höhe und Breite des Heberschlauchs sowie r_i und r_a die Krümmungsradien der Sohle und des Scheitels. Der kleinere der beiden Q_{max}-Werte ist maßgebend. Die kritische Unterdruckhöhe $p_u/(\rho g)$ liegt bei etwa -7 m WS. Die größte zulässige Fallhöhe $h_{geo,max}$ wird bei vorgegebenem $Q_{max,krit}$ bei

$$\Delta h_{geo,max} = \frac{1}{2g}\left(\frac{Q_{max}}{a \cdot b \cdot \mu_H}\right)^2 \qquad (4.243)$$

erreicht.

4.5.9.7 Abstürze

Abstürze (Abb. 4.109) sind Bauwerke, mit denen bezüglich der Sedimentumlagerungen zu steile Gewässer in Teilbereiche mit schwacher Strömung unterteilt werden können. D.h., ein Teil des Gefälles wird von der freien Fließstrecke auf den Absturz konzentriert. In vielen Fällen lassen sich die naturfernen Abstürze durch naturnähere Rampen (Abb. 4.87 und 4.88 auf Seite 132) ersetzen. Die am Absturz freigesetzte kinetische Energie muß der Strömung zum Schutz des Unterwassers auf möglichst kurzem Fließweg wieder entzogen werden. Das läßt sich durch einen Schußstrahl auf dem Absturzrücken mit einem anschließenden Wechselsprung mit intensiver Deckwalze erreichen. Maßgebend für die Wirksamkeit des Wechselsprungs ist die FROUDE-Zahl Fr_1 am Fuß des Wechselsprungs. Aus der Energiebilanz der Stellen "gr" und "1" (Abb. 4.109) ergibt sich unter der Annahme $h_{v,gr-1} \approx 0$ nach Umformung[32]

$$h_1 = h_{gr} \cdot Fr_1^{-2/3} \qquad (4.244)$$

und

$$\Delta h = h_{gr} \cdot (Fr_1^{-2/3} + 0,5 \cdot Fr_1^{4/3} - 1,5). \qquad (4.245)$$

Für gute Energieumwandlung soll $4,5 < Fr_1 < 9$ betragen, vgl. Abb. 4.63 auf Seite 102). Damit folgt als Bemessungskriterium für die Höhe Δh des Absturzes

$$2,6 < \frac{\Delta h}{h_{gr}} < 7,9. \qquad (4.246)$$

Ist Δh kleiner als nach dieser Forderung, besteht zunehmend die Gefahr der Ausbildung eines Tauchstrahls (vgl. Abb. 4.112 oben) und damit einer größeren Belastung von Ufer und Sohle im Unterwasser. Zum Schutz des Unterwassers ist die Energieumwandlungsanlage als Tosbecken auszubilden. Zum Schutz der Sohle oberstrom der Absturzkante und ggf. zur Erhöhung der wirksamen Absturzhöhe kann die Absturzkante mit einem *Höcker* wie in Abb. 4.109 versehen werden. Die

---
[32] Ohne diese Annahme würde die Analyse ganz eheblich komplizierter und im Ergebnis nur unwesentlich genauer.

maximal mögliche Höhe w des Höckers ergibt sich aus der Forderung, daß der Höcker gerade keinen Aufstau bewirkt, sich über ihm also der Grenzzustand bei dem gegebenen Energiehorizont des Oberwassers einstellt. Der Wasserspiegel fällt dann nicht schon weiter oberstrom, sondern erst über dem Höcker ab. Mit dieser Forderung liefert ein Energiehöhenvergleich der Stellen "gr" und "0"

$$w_{max} = \left(h_0 + \frac{v_0^2}{2g}\right) - 1,5\, h_{gr} - h_{v,0\ldots gr}, \qquad (4.247)$$

wobei die Verlusthöhe $h_{v,0\ldots gr}$ i.d.R. vernachlässigbar klein ist.

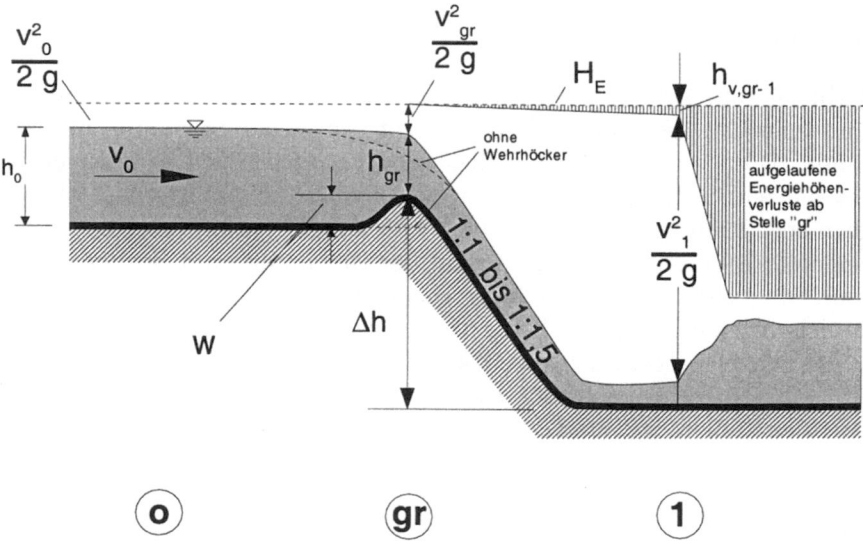

Abb. 4.109: Sohlabsturz.

4.5.9.8 Tosbecken

An einer Vielzahl wasserbaulicher Anlagen ist die Strömungsgeschwindigkeit unterstrom der Anlagen stark erhöht, und der Abfluß ist schießend (z.B. an Stauanlagen und Abstürzen). Die hohe kinetische Energie kann sehr erhebliche Erosionen (Auskolkungen) an der Sohle und den Ufern hervorrufen. Kolke vom Mehrfachen der Wassertiefe können innerhalb von Tagen entstehen und ggf. das gesamte Bauwerk zum Einsturz bringen. Abb. 4.110 zeigt die nur langsame Abnahme der Sohlenbeanspruchung bei unbeeinflußtem Schußstrahl. Zur Abwehr dieser Gefahren wird eine Energieumwandlung auf möglichst kurzer Strecke in einem befestigten Bereich, dem *Tosbecken*, angestrebt. Dieses Tosbecken ist dann an Sohle und Ufern ausreichend gegen Erosion zu sichern (I.d.R. wird es mit schweren Steinen oder in Beton ausgeführt). Tosbecken können in vielfältiger Form angelegt werden. Sie können mit gleicher Breite wie das Gerinne, aber auch breiter ausgebildet sein, wobei dann auch seitliche Walzen mit senkrechter Drehachse auftreten können. Bei

4.5. Strömungen in offenen Gerinnen

diesen räumlichen Tosbecken findet Energieumwandlung nicht gleichmäßig über die Breite statt. Die analytisch-hydraulische Abhandlung von Tosbecken ist bisher nur für Tosbecken mit gleichbleibender Breite und ebener Sohle gelungen. Die Wirksamkeit von komplexeren Tosbecken kann nur in Modellen nachgewiesen werden. Hierbei können die analytischen Lösungen des einfachen Tosbeckens zur Vorplanung dienen.

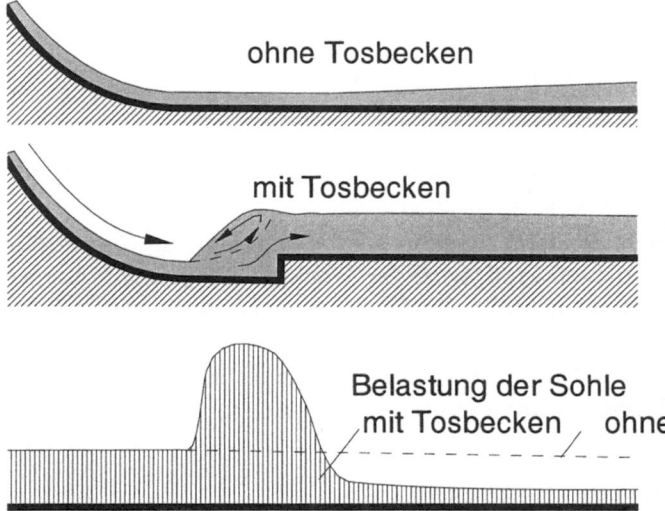

Abb. 4.110: Wirkung von Tosbecken (schematisch).

Die Tosbeckenbemessung basiert auf der Forderung nach einem stationären Wechselsprung mit guter Energieumwandlung. Sind die Wassertiefe und die Strömungsgeschwindigkeit im Schußstrahl bekannt, erhält man aus Gl. 4.139 auf Seite 101 die für einen lagestabilen Wechselsprung erforderliche Wassertiefe $h_{2,erf}$ an der Unterstromseite des Wechselsprungs (Abb. 4.111).

Abb. 4.111: Zur Ermittlung der Tosbeckeneintiefung.

Das weiter unterstrom gelegene Gerinne hat aber Wassertiefen h_u, die durch Form, Rauheit und Gefälle dieses Gerinnes bestimmt sind (Kap. 4.5.3 auf Seite 103) und daher in keiner Abhängigkeit zum Wechselsprung stehen. Im Normalfall ist $h_{2,erf}$ größer als h_u. Die Folge wäre ein Auswandern des Wechselsprungs nach unterstrom mit entsprechenden Erosionsfolgen. Die Forderung gleicher Wasserstände am Ende des Wechselsprungs und im anschließenden Gerinne läßt sich in erster Näherung durch Eintiefung der Sohle um $\Delta z = h_{2,erf} - h_u$ vor dem Übergang in das Gerinne erreichen. Wegen der größeren Geschwindigkeit bei "u" im Vergleich mit der Stelle "2" darf der Wasserspiegel jedoch bei 'u' etwas tiefer liegen. Das Gleichgewicht der Kräfte in den Schnitten "2" und "u" liefert für die erforderliche Eintiefung:

$$\Delta z = h_{2,erf} - \sqrt{h_u^2 - \frac{2\,q^2}{g}\left(\frac{1}{h_{2,erf}} - \frac{1}{h_u}\right)}. \qquad (4.248)$$

Erfahrungsgemäß gibt eine leichte Vergößerung von $h_{2,erf}$ um etwa 5 % eine gute Sicherheit gegen Abwandern des Wechselsprungs.

Ist die Eintiefung deutlich zu klein, wandert der Wechselsprung teilweise ins Unterwasser ab. Ist Δz deutlich zu groß, wird der Wechselsprung nach oberstrom an den Schußstrahl gedrückt. Dann fällt die Energieumwandlung stark ab, und der Schußstrahl läuft unter der schwachen Deckwalze als sog. Tauchstrahl hindurch bis weit ins Unterwasser (Abb. 4.112). In beiden Fällen findet die Energieumwandlung dann zu wesentlichen Teilen im ungeschützten Gerinne statt.

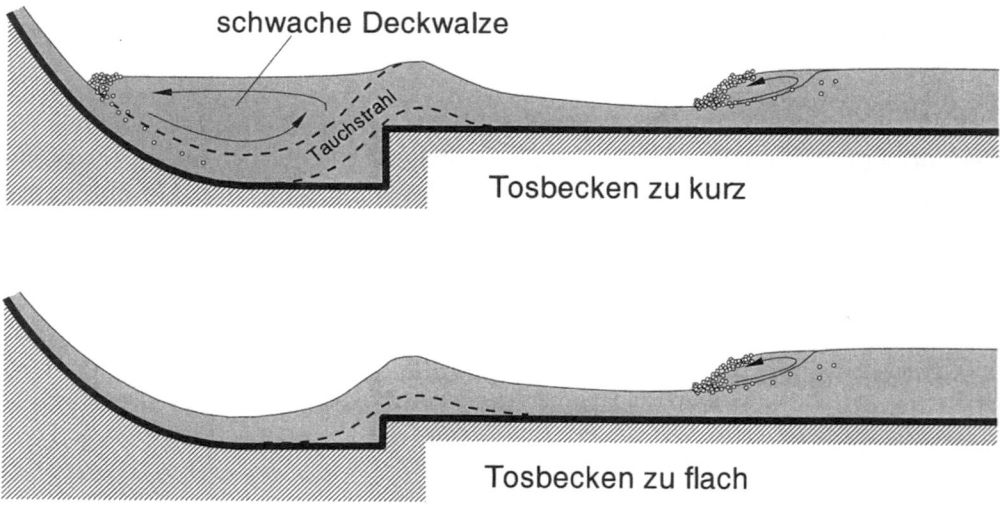

Abb. 4.112: Auswirkung falsch dimensionierter Tosbecken.

Weitere Bemessungsgröße ist die Tosbeckenlänge l_T. Diese orientiert sich an der Länge des Wechselsprungs, die analytisch nicht gelöst ist. Für den bei Tosbecken in Frage kommenden Fr-Zahlenbereich zwischen ca. 4,5 und 9 liegt die Länge des ebenen Wechselsprungs nach Daten des U.S. Bureau of Reclamation (in [12]) bei

4.5. Strömungen in offenen Gerinnen

$l_T \approx 6\, h_2$. Aus einer Anzahl empirischer Ansätze wird für einfache Tosbecken ohne Schikanen häufig ein Ansatz von SMETANA benutzt:

$$l_T \approx 6\,(h_2 - h_1). \tag{4.249}$$

In der ersten strömenden Fließstrecke nach dem Tosbecken ist die Sohle noch durch erhöhte Turbulenz belastet. Daher ist im wasserbaulichen Entwurf noch eine weitere Sicherungsstrecke, z.B. mit ausreichend bemessener Stein-Deckschicht, vorzusehen (Kap. 4.9.5 auf Seite 196).

Ein weiteres Problem ist die Gegebenheit, daß die Tosbeckenbemessung nur für einen Abfluß zutrifft. Als Bemessungsabfluß ist derjenige Abfluß zu ermitteln, der die größte Eintiefung erfordert. Dies ist nicht unbedingt der maximale Abfluß.

4.6 Ungleichförmige Strömung

4.6.1 Differentialgleichung der Wasserspiegellinie

Wenn sich entlang des Fließweges das Gefälle, die Gerinnegeometrie oder die Rauheit verändern, oder wenn durch Einbauten Stauwirkungen oder Absenkungen erzwungen werden, weicht der Fließzustand vom Normalabfluß ab. Es ist $\partial v/\partial x \neq 0$. Die Wasserspiegellinie verläuft dann gekrümmt und nicht mehr parallel zur Sohle (vgl. z.B. Abb. 4.54 auf Seite 93). Sofern auf dem betrachteten Abschnitt keine Zu- oder Abflüsse auftreten, also der Abfluß $Q = const.$ ist, kann die Wasserspiegellinie durch Energiehöhenvergleich aus der BERNOULLIgleichung 4.6 auf Seite 38 abgeleitet werden. Ersetzt man dort

$$z_1 - z_2 = I_{So} \cdot \Delta x \quad \text{und} \quad h_{v,1-2} = I_E \cdot \Delta x \qquad (4.250)$$

und schreibt für infinitesimal kleine Gerinneabschnitte

$$h_2 - h_1 = dh \quad \text{und} \quad \frac{v_2^2 - v_1^2}{2g} = d(\frac{v^2}{2g}), \qquad (4.251)$$

erhält man die Differentialgleichung der Wasserspiegellienie (vgl. auch Abb. 4.113)

$$dh = (I_{So} - I_E) \cdot dx - d(\frac{v^2}{2g}). \qquad (4.252)$$

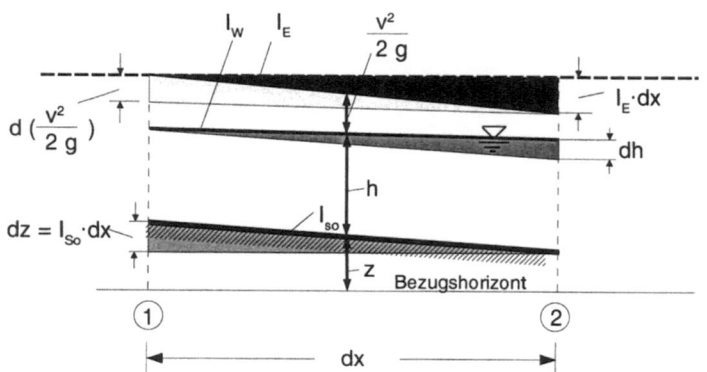

Abb. 4.113: Zur Differentialgleichung der Wasserspiegellinie.

Die *analytische Auswertung* dieser Differentialgleichung gelingt jedoch nur für wenige Sonderfälle, die wegen der heutigen Möglichkeiten zur numerisch-iterativen Auswertung nur wenig Bedeutung haben.

4.6.2 Iterative Wasserspiegelberechnung

Für die *praktische Nutzung* wertet man die Differenzenform der Gleichung rechnerisch per Handrechnung oder per Programm aus:

$$\Delta h = h_2 - h_1 = (I_{So} - I_E) \cdot \Delta x - \beta \frac{v_2^2 - v_1^2}{2g} - h_{v,ö}. \qquad (4.253)$$

Mit β wird der zusätzliche verwirbelungsbedingte Verlust bei Aufweitungen erfaßt. Bei allmählicher Aufweitung bis rd. 10° Öffnungswinkel ist $\beta \approx 2/3$ anzusetzen. Bei plötzlicher Aufweitung ist $\beta \approx 1/2$, bei gleichbleibender Breite ist $\beta = 1$ und bei Verengung ist $\beta \approx 1$. Für den Fall örtlicher Verluste sind diese mit $h_{v,ö}$ zu berücksichtigen. Schwache Krümmungen können vernachlässigt werden. Bei scharfen Krümmungen kann ein Krümmungsverlustbeiwert angesetzt werden.

Für I_E kann bei hinreichend kleinen Berechnungsabschnitten Δx für jeden Abschnitt der Mittelwert des Reibungsgefälles des Normalabflusses angesetzt werden:

$$I_{E,m} = \frac{\lambda_m}{4 r_{hy,m}} \cdot \frac{Q^2}{2g A_m^2} \qquad (4.254)$$

oder mit dem GMS-Ansatz

$$I_{E,m} = \frac{1}{k_{St}^2 r_{hy,m}^{4/3}} \cdot \frac{Q^2}{A_m^2}. \qquad (4.255)$$

Hierin sind $A_m = (A_1 + A_2)/2$, $r_{hy} = A_M/l_{U,m}$ mit $l_{U,m} = (l_{U,1} + l_{U,2})/2$, sowie des weiteren

$$\frac{Q^2}{A_m^2} = v_m^2. \qquad (4.256)$$

Für die *praktische Auswertung* ist es einfacher, nicht die Änderung der Wasser*tiefen*, sondern direkt die Änderung Δh_p der Wasser*stände* zu ermitteln (Abb. 4.114). Hierzu faßt man an den beiden Enden des Berechnungsabschnittes $h_p = h + z$ zusammen und berechnet $\Delta h_p = h_{p,1} - h_{p,2}$. Weiterhin ist die *Orientierung von Unterstrom nach Oberstrom* angesetzt, damit sich positive Δh_p ergeben. Die Vorzeichen (bzw. die Indizes) sind deshalb gegenüber den weiter oben stehenden Gleichungen vertauscht:

$$\Delta h_p = \frac{v_m^2 \cdot \Delta x}{k_{st}^2 \cdot r_{hy,m}^{4/3}} - \beta \cdot \frac{v_1^2 - v_2^2}{2g} + \sum h_{v,ö}. \qquad (4.257)$$

Zur eigentlichen Berechnung teilt man das Gewässer in Abschnitte ein (Abb. 4.115). Im ersten Berechnungsquerschnitt müssen h_2 und v_2 als Anfangswerte bekannt sein. Dies ist in einem Abschnitt mit annähernd Normalabfluß oder bei einem Fließwechsel (z.B. an einem Wehr mit h_{gr} oder $h_{ü}$) gegeben. Dann schätzt man die Wasserspiegellage $h_{p,1}$ und mithin auch h_1 und ermittelt im Profil 1 die zugehörigen Werte A_1 und $v_1 = Q/A_1$ und die Mittelwerte im Abschnitt für $r_{hy,m}$, A_m und v_m. Dann folgt aus vorstehender Gleichung $\Delta h_{p,1}$. War die Schätzung gut, stimmen der geschätzte und der errechnete Wert von h und h_p an der Stelle "1" ausreichend genau überein. Ansonsten muß solange neu geschätzt werden, bis man genügend genaue Übereinstimmung erzielt hat. Die Werte mit dem Index "1" sind dann die Anfangswerte mit dem neuen Index "2" für den nächsten Abschnitt.

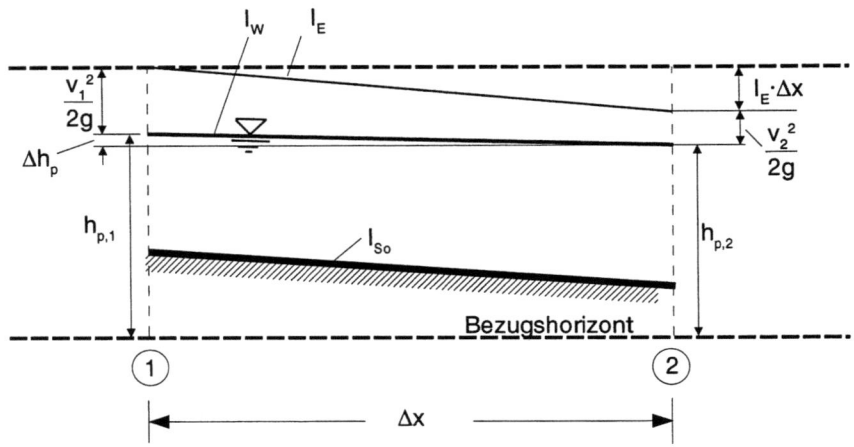

Abb. 4.114: Zur iterativen Berechnung der Wasserpiegellinie.

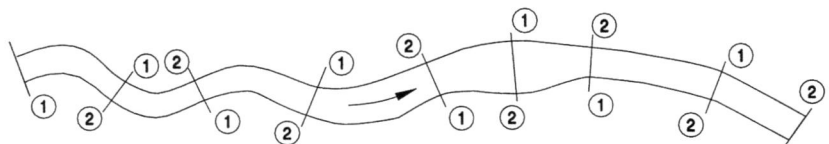

Abb. 4.115: Einteilung in Berechnungsabschnitte.

Dieses Verfahren kann angewandt werden, wenn

1. die Querschnittsänderungen mäßig sind und
2. kein Fließwechsel im Berechnungsabschnitt auftritt.

Entsprechend den Ausführungen zu den Abflußarten Schießen und Strömen wird, ausgehend von einer bekannten Randbedingung,

- bei strömendem Abfluß entgegen der Fließrichtung,
- hingegen bei schießendem Abfluß mit der Strömung

gerechnet (vgl. S. 96).

4.6.3 Ungleichförmigkeit infolge Zu- oder Ableitung

In Hochwasserentlastungsanlagen am Hang, in Abwasserreinigungsanlagen, auf Flugplätzen und zur Straßenentwässerung z.B. kommen *Sammelrinnen* zum Einsatz. In Sammelrinnen herrscht wegen des von Ort zu Ort steigenden Durchflusses ungleichförmige Strömung. In diesen Fällen ist $\partial Q/\partial x \neq 0$. Auf Abb. 4.116 ist beispielhaft eine Sammelrinne mit seitlichem Zufluß q ($m^3/(m \cdot s)$) dargestellt. Der Durchfluß ist am oberstromseitigen Ende der Rinne $Q = 0$ und steigt von dort zum Rinnenende hin an. Die Wasserspiegellinie läßt sich nicht wie im vorstehenden Fall aus einer Energiebilanzierung ermitteln. Grund ist die zur Beschleunigung des seitlich zuströmenden Wassers erforderliche Energie. Mit einer Impulsbilanz hingegen ist das Problem lösbar, und man erhält eine Differentialgleichung, die in Differenzenform geschrieben werden kann als

$$h_2 - h_1 = (I_{So} - I_{E,m}) \cdot \Delta x - \frac{Q_2^2 - Q_1^2}{2\,g\,A_m^2} - \frac{v_2^2 - v_1^2}{2\,g}. \quad (4.258)$$

Hierin sind I_{So} = Sohlengefälle, Q_1 und v_1 = Durchfluß und Geschwindigkeit an der Stelle 1 (entsprechend Q_2 und v_2), A_m = mittlere durchflossene Querschnittsfläche auf der Strecke Δx.

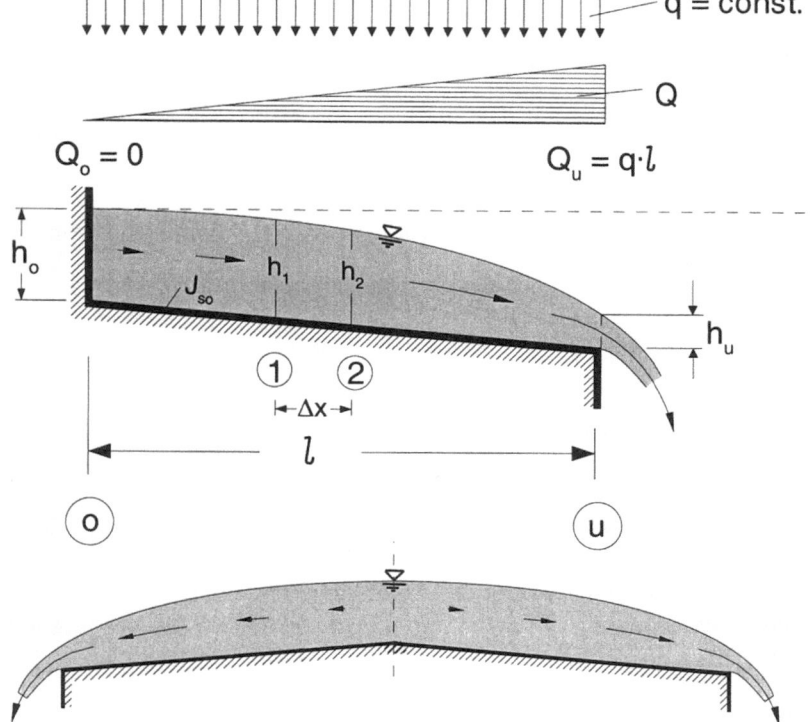

Abb. 4.116: Sammelrinne.

Vernachlässigt man die Reibung, ergibt sich als Näherungslösung für h_o (Abb. 4.116)

$$h_o = h_u \left(\sqrt{2 \frac{h_{gr}}{h_u} + \left(1 - \frac{1}{3} \frac{I_{So} \cdot l}{h_u}\right)^2} - \frac{2}{3} \frac{I_{So} \cdot l}{h_u} \right). \tag{4.259}$$

In einer Rinne mit strömendem Abfluß und einem Rinnenende mit freiem Ausfluß ohne Rückstau stellt sich am Ausfluß $h_u = h_{gr}$ ein und mithin wird dann

$$h_o = h_{gr} \left(\sqrt{2 + \left(1 - \frac{1}{3} \frac{I_{So} \cdot l}{h_{gr}}\right)^2} - \frac{2}{3} \frac{I_{So} \cdot l}{h_{gr}} \right). \tag{4.260}$$

Liegt die Rinnensohle auch noch horizontal, ist $I_{So} = 0$, und man erhält

$$h_o = h_{gr} \sqrt{3}. \tag{4.261}$$

Durch die vernachlässigte Reibung wird der Rechenwert von h_o etwas zu gering. Dies kann durch eine Erhöhung von h_o auf $h_o \cdot (1+\alpha)$ angenähert korrigiert werden. Hierin ist

$$\alpha = 0{,}0517 \cdot \left(\frac{g \cdot l}{k_{St}^2 \cdot r_{hy}^{4/3}} \right)^{0{,}96} \cdot \left(1{,}027 + 0{,}523 \cdot \ln\left(\frac{Q_u^2}{g\,b^2} \cdot \left(\frac{1}{h_u}\right)^3 \right) \right). \tag{4.262}$$

Ist $h_u = h_{gr}$, vereinfacht sich Gl. 4.262 zu

$$\alpha = 0{,}953 \left(\frac{g \cdot l}{k_{St}^2 \cdot r_{hy}^{4/3}} \right)^{0{,}96} \tag{4.263}$$

Für praktisch vorkommende Fälle liegt die reibungsbedingte Erhöhung von h_o unter 10 % ($\alpha < 0{,}1$).

4.6.4 Überschlägige Berechnung der Stauweite

Die Stauwirkung von Stauanlagen läuft nach oberstrom hin asymptotisch aus. Praktisch wird das Stau-Ende dort angesetzt, wo die Wasserspiegellage gegenüber der Normalabflußtiefe h_n durch den Stau noch um 1 % erhöht ist. Bei annähernd konstantem Sohlengefälle und gleichbleibender Querschnittsform kann die hydrodynamische Stauweite (vgl. Abb. 4.117) dort angesetzt werden, wo der verlängerte Stauspiegel die Sohle schneidet, d.h.

$$l_{Stau} = \frac{h_{Stau}}{I_{So}} \tag{4.264}$$

4.6. Ungleichförmige Strömung

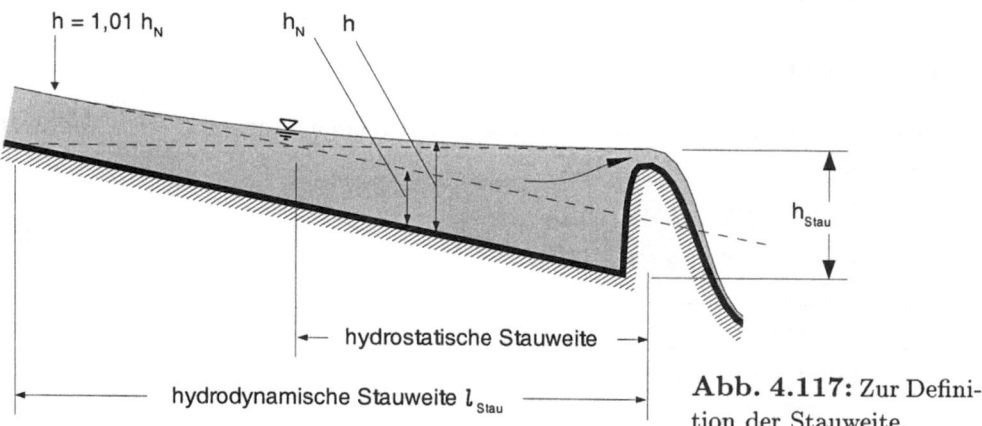

Abb. 4.117: Zur Definition der Stauweite.

mit h_{Stau} = Wassertiefe vor dem Staubauwerk. Für eine detaillierte Berechnung der Staukurve empfiehlt sich eine iterative Berechnung der Spiegellinie nach Kap. 4.6.2.

4.7 Instationäre Strömung

4.7.1 Allgemeines

Allgemein gilt für eindimensionale Strömungen das Gleichungspaar (ST. VENANT-Gleichungen)

$$\underbrace{\underbrace{I_E = I_{So}}_{stat.-gleichf.} - \frac{\partial h}{\partial x} - \frac{v}{g}\frac{\partial v}{\partial x}}_{stat.-ungleichförmig} - \frac{1}{g}\frac{\partial v}{\partial t} \qquad (4.265)$$

$$instat.-ungleichförmig$$

$$\frac{\partial Q}{\partial x} + b \cdot \frac{\partial h}{\partial t} - q = 0. \qquad (4.266)$$

Instationäre Strömungen ($\frac{\partial Q}{\partial t} \neq 0$ bzw. $\frac{\partial v}{\partial t} \neq 0$) haben zeitlich veränderliche Durchflüsse. Ursachen für Instationarität können z.B. Hochwasserereignisse oder die astronomisch bedingte Gezeitenbewegung wie auch künstliche Regelvorgänge sein.

Bezüglich der hydraulischen Berechnung läßt sich unterscheiden zwischen schwach instationären Vorgängen, die z.T. angenähert auch noch als "quasi stationäre" Strömungen behandelt werden können (lange Hochwasserwellen), sowie stark instationären Vorgängen, bei denen derartige Näherungen zu unbrauchbaren Ergebnissen führen (Gezeitenströmungen (Tiden), Oberflächenwellen, Druckstoßwellen usw.). Zur Berechnung solcher Strömungen sind numerische Verfahren besser als analytische Verfahren geeignet. Einige wesentliche Phänomene wie z.B. Schwall- und Sunkwellen sowie Druckstöße in Rohren lassen sich für viele Fälle aber analytisch behandeln oder zumindest überschlägig ermitteln.

4.7.2 Schwall und Sunk

Plötzliche Durchflußänderungen führen bei Strömungen mit freier Oberfläche zu wellenförmigen Störungen, die sich im Gewässer ausbreiten. Wird z.B. plötzlich Wasser zugeleitet, so entsteht eine *Schwallwelle*, die nach allen Seiten läuft (strömender Fließzustand vorausgesetzt, vgl. Abb. 4.56 auf Seite 97). Wird ein Wehr oder der Turbinendurchfluß eines Kraftwerks schnell geschlossen (Abb. 4.118 links), so entsteht oberstrom ein schlagartiger Anstau, weil am Ort der Absperrung nur noch $Q - dQ$ durchfließt. Dieser Anstau läuft dann als Schwallwelle stromauf. Unterstrom führt der plötzliche Minderzufluß zu einem schlagartigen Absinken des Wasserstandes, das sich als *Sunkwelle* weiter nach unterstrom fortpflanzt. Eine plötzliche Wasserentnahme bewirkt entsprechendes, wie z.B. das plötzliche Anheben eines Schützes (Abb. 4.118 rechts), das an der Oberstromseite zu einem

4.7. Instationäre Strömung

Entnahmesunk sowie unterstrom zu einem Füllschwall führt. Weiter verdeutlicht die Abbildung die möglichen Probleme in hintereinandergeschalteten Gewässerabschnitten, deren Schwall- und Sunkerscheinungen sich überlagern können. Die Kenntnis möglicher Überlagerungen ist z.B. wichtig für die Steuerung einer Kette von Stauhaltungen, in denen eine Mindesttiefe für die Schiffahrt sichergestellt sein muß. Von praktischer Relevanz können neben den schnellen Wasserstandsänderungen auch die gleichzeitig auftretenden Änderungen der Fließgeschwindigkeit sein.

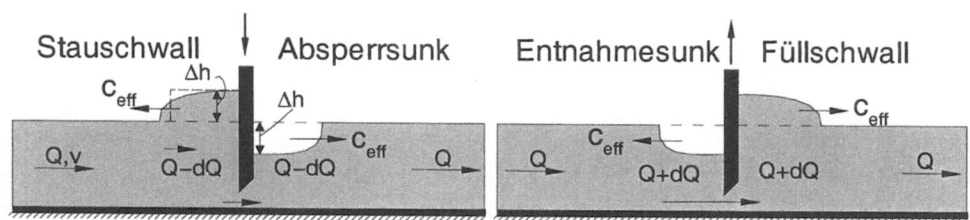

Abb. 4.118: Schwall- und Sunk.

Mit der Bilanz der Stützkräfte auf den Kontrollabschnitt zwischen den Stellen "1" und "2" in Abb. 4.119 und der vereinfachenden Annahme von senkrechten Ufern im Bereich zwischen Schwalltal und -kamm, also konstanter Breite b_o im Bereich des Wasserspiegels, ergibt sich die Geschwindigkeit c der Wellen gegenüber dem Wasser

$$c = \sqrt{g\left(\frac{A_1}{b_o} \pm \frac{3}{2}\Delta h + \frac{b_o\,\Delta h^2}{2\,A_1}\right)} \tag{4.267}$$

bzw. im Rechteckquerschnitt

$$c = \sqrt{g\,h_1\left(1 \pm \frac{3}{2}\frac{\Delta h}{h_1} + \frac{1}{2}\left(\frac{\Delta h}{h_1}\right)^2\right)}. \tag{4.268}$$

Hierin sind A_1 = Querschnittsfläche im ungestörten Querschnitt vor dem Schwall oder Sunk, Δh = Schwallhöhe bzw. Sunktiefe, b_o = Breite der Oberfläche. Das optionale Minuszeichen (-) unter der Wurzel gilt für Sunkwellen.

Weil die Wassertiefe unter Sunkwellen vermindert ist, sind diese langsamer als Schwallwellen. Schwallwellen steilen sich entlang des Weges auf und Sunkwellen flachen sich ab. Sind die Wellenhöhen $\Delta h \ll h$, folgt aus Gl. 4.267

$$c = \sqrt{g\,\frac{A_1}{b_o}} \tag{4.269}$$

und für Rechteckquerschnitte (vgl. Gl. 4.130 auf Seite 95)

$$c = \sqrt{g\,h}. \tag{4.270}$$

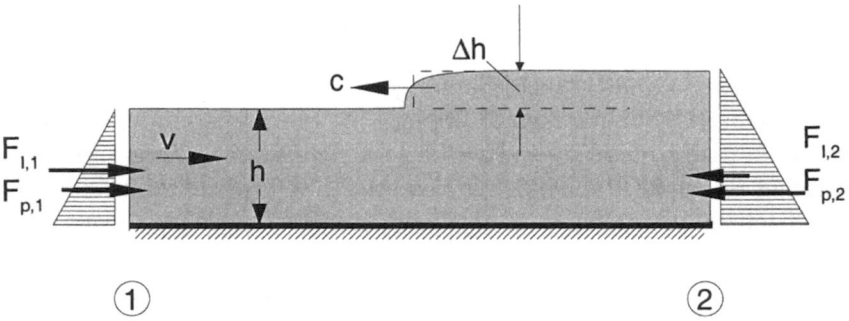
Abb. 4.119: Zur Ableitung der Schwalleigenschaften.

D.h., die Geschwindigkeit der Schwall- und Sunkwellen gegenüber dem umgebenden Wasser ist gleich der Grenzgeschwindigkeit v_{gr} am Übergang vom Strömen zum Schießen (Kap. 4.5.2). Die absolute Geschwindigkeit c_{abs} über Grund ist bei Strömendem Wasser

$$c_{abs} = c + v \quad \text{(Welle, die mit der Strömung läuft),} \tag{4.271}$$
$$c_{abs} = c - v \quad \text{(Welle, die gegen die Strömung läuft).} \tag{4.272}$$

Die Wellenhöhe Δh ergibt sich aus der Kontinuitätsbedingung zu

$$\Delta Q = c_{abs} \cdot \underbrace{\Delta A}_{\Delta h \cdot b_o} \tag{4.273}$$

und somit

$$\Delta h = \frac{\Delta Q}{c_{abs} \cdot b_o} \tag{4.274}$$

Für praktische Berechnungen kann man aus Gl. 4.267 mit der Annahme $\Delta h = 0$ beginnend einen Schätzwert für c_{abs} ermitteln, der dann auf der Grundlage von Gl. 4.274 einen Schätzwert für Δh liefert. Diese Prozedur wird nun mit dem neuen Δh wiederholt, bis Schätzwert und nachfolgendes Ergebnis ausreichend genau übereinstimmen.

Beispiel: Rechteckgerinne mit $h = 4$ m und $b = 30$ m und $v = 1,8$ m/s. Durch plötzliche Drosselung an einem Kraftwerk entsteht ein Minderabfluß von $\Delta Q = 120$ m³/s. Ergebnis der Iteration: Oberstrom Schwall $\Delta h = 0,75$ m und $c_{abs} = 5,34$ m/s. Unterstrom Absperrsunk mit $\Delta h = 0,54$ m und $c_{abs} = 7,4$ m/s.

Reflexionen von Schwall- und Sunkwellen. An geschlossenen Enden wird ein Schwall als Schwall und ein Sunk als Sunk reflektiert, wohingegen am Übergang in ein großes Becken oder einen See ("offene Enden") ein Schwall als Sunk und ein Sunk als Schwall reflektiert werden.

4.7.3 Druckstoß in Rohrleitungen

Dem Schwall und Sunk entsprechen in geschlossenen Druckrohrleitungen positive und negative Druckstöße (Druckwellen). Ein signifikanter Unterschied liegt in den verschiedenen Ausbreitungsgeschwindigkeiten der Störwellen im Gerinne und im Rohr. Während diese bei freier Oberfläche von der Wassertiefe h begrenzt werden (s. Gl. 4.267 bis 4.270), ist die Schallgeschwindigkeit c (= Störwellengeschwindigkeit) im vollgefüllten Rohr um Größenordnungen höher (Kap. 2.3 auf Seite 7).

Sperrt man den Durchfluß einer Rohrleitung ganz oder teilweise ab, so steigt der Druck vor der Sperrstelle (Abb. 4.120). Der Druckanstieg breitet sich nach oberstrom mit der Schallgeschwindigkeit c des Wassers aus. Um das Wasser abzubremsen, muß die Stirnfläche A des Rohres an der Sperrstelle eine Kraft $F = p \cdot A = \rho \cdot g \cdot \Delta h_p \cdot A$ auf das Wasser ausüben, woraus für die Höhe des Druckstoßes zunächst folgt $\Delta h_p = F/(\rho \cdot g \cdot A)$. Innerhalb der Zeit Δt hat der Druckstoß die Strecke $l = l(t) = c \cdot \Delta t$ durchlaufen (vgl. Abb. 4.120), womit die abgebremste Wassermasse $m = \rho \cdot A \cdot l(t) = \rho \cdot A \cdot c \cdot \Delta t$ ist. Der hierfür erforderliche Impuls ist $F \cdot \Delta t = m \cdot \Delta v$. Damit wird $F = \rho \cdot A \cdot c \cdot \Delta v = \rho \cdot c \cdot \Delta Q$, und es folgt für die Druckstoßhöhe

$$\Delta h_p = \frac{c}{g} \frac{\Delta Q}{A} = \frac{c}{g} \Delta v \quad \text{(sog. JOUKOWSKI-Stoß)}. \quad (4.275)$$

Die Druckhöhe in der abgebremsten Strecke ist also von der Länge der Strecke unabängig.

Anm.: Die Analogie zwischen Schwall und Druckstoß zeigt sich darin, daß Gl. 4.274 und Gl. 4.275 im Grundsatz identisch sind. Löst man die Störwellengeschwindigkeit $c = (gA/b_o)^{1/2}$ des offenen Gerinnes nach A auf und setzt dies in Gl. 4.275 ein, so wird daraus Gl. 4.274.

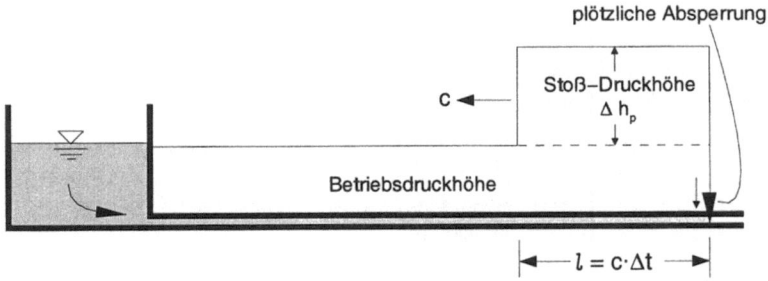

Abb. 4.120: Zum Vorgang des Druckstoßes in Rohrleitungen.

4.7.3.1 Effektive Druckstoßgeschwindigkeit

Die effektive Ausbreitungsgeschwindigkeit c_{eff} der Druckwellen hängt neben der Schallgeschwindigkeit $c = (E/\rho)^{1/2}$ im Wasser noch von der Dehnfähigkeit des

Rohres, genauer von seinem Elastizitätsmodul E_R, der Wandstärke s und dem Rohrdurchmesser d ab. Für starre Rohre ist $c_{eff} = c$, ansonsten ist $c_{eff} < c$:

$$c_{eff} = \frac{\sqrt{\frac{E}{\rho}}}{\sqrt{1 + \frac{E}{E_R}\frac{d}{s}}} \tag{4.276}$$

In Tabelle 4.18 sind Elastizitätsmoduli E zusammengestellt:

Tab. 4.18: Elastizitätsmoduli verschiedener Materialien in N/m².

Medium	Wasser	Stahl	Gußeisen	Beton	Eternit	Blei	PVC-hart
E (N/m²)	$2,1 \cdot 10^9$	$210 \cdot 10^9$	$100 \cdot 10^9$	$30 \cdot 10^9$	$30 \cdot 10^9$	$17 \cdot 10^9$	$2,5 \cdot 10^9$

4.7.3.2 Reflexionen von Druckstößen

Da jede Leitung von begrenzter Länge ist, trifft der Druckstoß zwangsläufig nach kurzer Zeit auf den Rohranfang. Dieser liegt im Regelfall in einem Becken. Wie auch die Schwall- und Sunkwellen, werden positive und negative Druckstöße an einem Becken (sogenanntes loses Ende) unter Umkehrung des Vorzeichens reflektiert (Schwall als Sunk bzw. positiver Druckstoß als negativer Druckstoß).

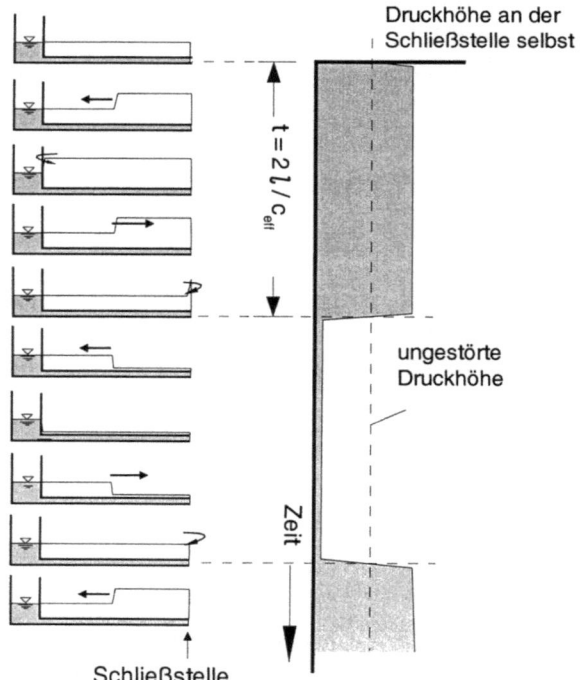

Abb. 4.121: Wanderung und Reflexionen des Druckstoßes nach plötzlichem Absperren (links) sowie zeitlicher Druckverlauf am Schieber (rechts).

4.7. Instationäre Strömung

Entsprechend der Leitungslänge l dauert die sog. Wellenumlaufzeit $t = 2 \cdot l/c_{eff}$, bis der reflektierte negative Stoß wieder an der Entstehungsstelle des Druckstoßes ankommt. Dort wird er mit gleichem Vorzeichen reflektiert (festes Ende), läuft wieder zum Rohranfang und so weiter. Abb. 4.121 zeigt, wie der Druck infolge der verschiedenartigen Reflexionseigenschaften der Rohrenden in der Leitung zeitlich schwankt. Die Schwankungen werden erst allmählich durch die Reibung abgebaut.

4.7.3.3 Wasserschloß

Mit einem Wasserschloß (Abb. 4.122) kann der Druckstoß auf das Leitungsstück zwischen Absperrstelle und Wasserschloß begrenzt werden. Ein ungedämpftes Wasserschloß wirkt bezüglich seiner Reflexionseigenschaften ähnlich wie das Speicherbecken am Rohranfang auf Abb. 4.121. Aus der Energiebilanz zwischen Rohr (Index "R") und Wasserschloß (Index "W") ergibt sich mit den Bezeichnungen in Abb. 4.122

$$\frac{1}{2} \cdot \rho \cdot A_R \cdot l \cdot v_0^2 = \int_0^{\Delta h_W} \rho \, g \, y \, A_W \, dz = \rho \, g \, A_W \, \frac{\Delta h_W^2}{2} \qquad (4.277)$$

und daraus für die Amplitude der Wasserstandsschwankungen im Wasserschloß

$$\Delta h_W = v_0 \cdot \sqrt{\frac{1}{g} \frac{A_R}{A_W}}. \qquad (4.278)$$

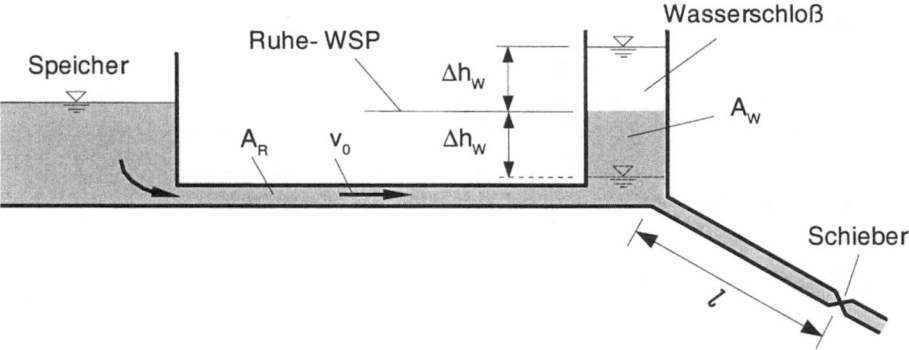

Abb. 4.122: Wasserschloß (schematisch).

4.8 Sekundärströmungen

4.8.1 Allgemeines

Kräfteungleichgewichte *innerhalb* von Querschnitten rufen Ausgleichsströmungen in der Ebene des jeweiligen Querschnitts hervor. Sie sind der senkrecht durch den Querschnitt tretenden Primärströmung überlagert und daher nennt man sie Sekundärströmungen. Sind die Kräfteungleichgewichte von außen aufgeprägt, so bezeichnet man die zugehörigen Sekundärströmungen als von der 1. Art. Solche Kräfte sind z.B. Fliehkräfte in Kurven, CORIOLIS-Kräfte oder auch Windschub. Sekundärströmungen 2. Art werden durch Kräfteungleichgewichte z.B. infolge von Schubspannungsdifferenzen im Querschnitt bewirkt.

Diese Sekundärströmungen sind der Hauptströmung überlagert und bilden mit ihr zusammen schraubenförmige Strömungen (häufig auch Spiralströmung genannt). Trotz in Relation zur Primärströmung meist kleiner Sekundärströmungsgeschwindigkeiten können letztere erhebliche Wirkungen hervorrufen, weil sie die Richtung der Hauptströmung verschwenken.

4.8.2 Sekundärströmungen erster Art

4.8.2.1 Sekundärströmungen in seitlichen Ausbuchtungen

In seitlichen Ausbuchtungen (z.B. Häfen oder Buhnenfeldern) wird durch das vorbeiströmende Wasser eine Drehströmung ("Festkörperwirbel" oder Walze genannt, Abb. 4.123 a,b) angetrieben (s. auch Kap. 4.2.2.4). Dabei entstehen Fliehkräfte, die das Wasser nach außen drängen, und es bildet sich ein Quergefälle entlang der Radien aus.

Mit Ausbildung dieses Gefälles entsteht ein rückstellendes Druckgefälle. Für einen Kreisring mit der Umfangsgeschwindigkeit v und dem Radius r ist die Fliehkraft $F_F = m \cdot (v^2)_m / r$ mit $(v^2)_m =$ über die Tiefe gemitteltes v^2 im Ring. Die rückstellende Kraft ist $F = m \cdot g \cdot I$ (vgl. Abb. 4.19 auf Seite 50), wobei I hier das Quergefälle ist. Daraus ergibt sich für den stabilen Zustand

$$I = \frac{(v^2)_m}{g \cdot r} = \frac{\frac{1}{h} \cdot \int_{y=0}^{h} v(y)^2 dy}{g \cdot r} \approx \frac{1,3 \, v_m^2}{g \cdot r} = \frac{1,3 \, \omega^2 \cdot r}{g}. \tag{4.279}$$

Vorstehendes beschreibt das Gleichgewicht für den Wasserkörper im Kreisring als Ganzes. Die Schrägstellung ist für typische Gegebenheiten sehr gering und für sich unbedeutend. Sie hat aber einen bedeutenden Folgeeffekt: Innerhalb einer Lotrechten sind die Fliehkräfte nahe der Oberfläche größer als nahe der Sohle (vgl. hierzu die Geschwindigkeitsverteilungen auf Abb. 4.70 auf Seite 115). Folglich überwiegen oberflächennah die Fliehkräfte und sohlennah die rückstellenden Kräfte aus der Schrägstellung des Wasserspiegels (was gleichbedeutend mit einem nach innen gerichteten Druckgradienten ist). Es kommt daher zu einer Zirkulation

4.8. Sekundärströmungen

des Wassers, indem es an der Oberfläche nach außen drängt, in der Außenkurve abtaucht, an der Sohle zurückfließt und im Zentrum wieder aufsteigt. Diese Sekundärströmung überlagert sich der Hauptströmung und führt mit ihr zusammen zu einer schraubenförmigen Strömung um das Zentrum herum. Die an der Sohle nach innen gerichtete Sekundärströmung *verschwenkt die Hauptströmung*. Diese treibt ggf. Sedimente mit und bewirkt mit der Zeit Auflandungen, da durch den Wasseraustausch an der Grenze zum Hauptstrom ständig neue Sedimente in die Walze gelangen. Feinsedimente werden bis in das Zentrum der Walze getrieben, während Grobsedimente in der Außenzone liegen bleiben.

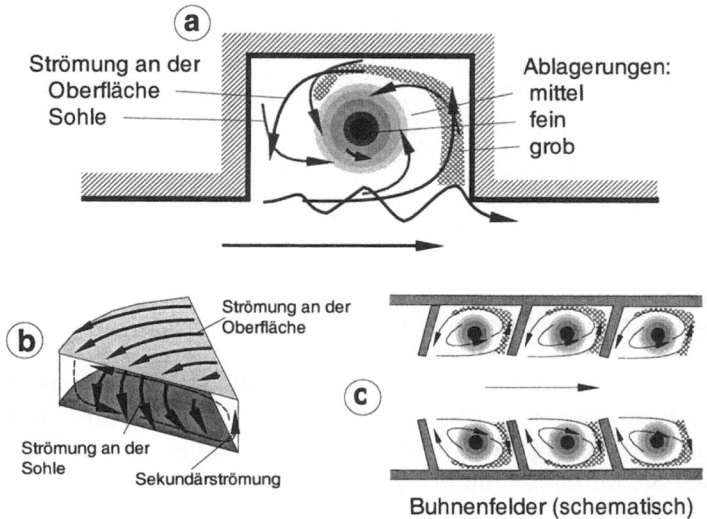

Abb. 4.123: Sekundärströmung und hiervon hervorgerufene Verlandungszonen in seitlichen Ausbuchtungen (schematisch, oben Hafenbecken, unten Buhnenfelder).

Die vielfach zur Flußregelung eingesetzten Buhnen wirken hydraulisch wie eine Kette hintereinander geschalteter seitlicher Becken und verlanden daher mit der Zeit (Abb. 4.123c). Durch die zeitweilige Überströmung der Buhnen bei Hochwasser ist das Verlandungsbild allerdings oft sehr komplex.

4.8.2.2 Sekundärströmungen in Abzweigen

An Abzweigen sind Richtungsänderungen für das langsamere sohlennahe Wasser wegen dessen geringerer Trägheit leichter möglich als für das i.a. schnellere Wasser an der Oberfläche. Folge der dadurch entstehenden Sekundärströmung ist ein sohlennaher Sedimenteintrieb in Abzweige (vgl. Abb. 4.124). An Innenkurven wird der Effekt durch die Schraubenströmung der Kurve noch verstärkt.

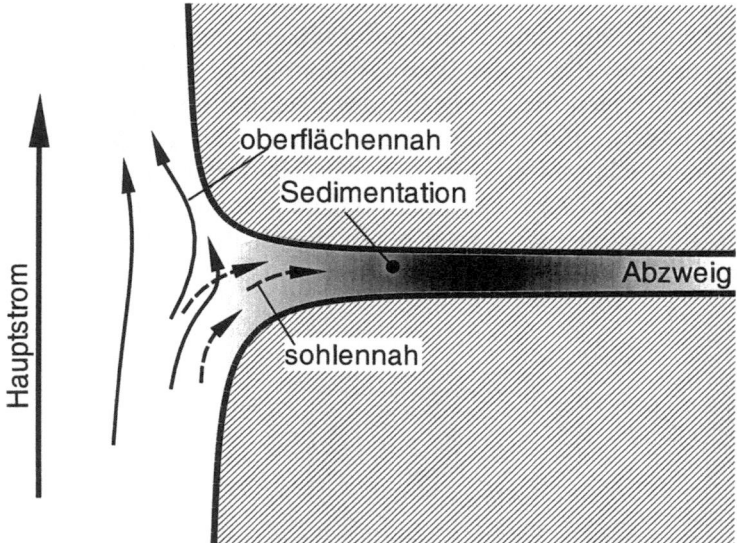

Abb. 4.124: Sekundärströmungsbedingte Auflandungen in Abzweigen.

4.8.2.3 Strömung in Krümmungen

In **Rohrkrümmern** schiebt sich das schnell strömende Wasser aus dem Bereich der Rohrmitte aufgrund seiner größeren Trägheit in die Außenkurve und verdrängt das dortige Wasser beidseitig nach außen. Dadurch ergeben sich in Rohrkrümmern zwei gegenläufige Sekundärströmungssysteme (Abb. 4.125).

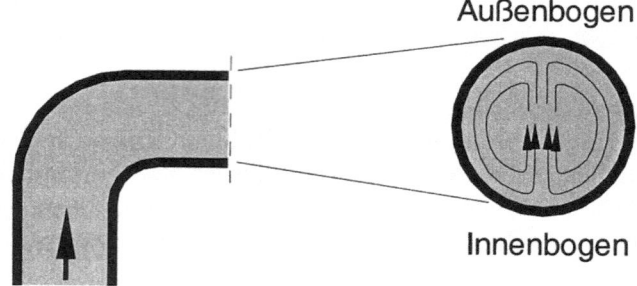

Abb. 4.125: Sekundärströmung in Rohrkrümmern.

In Kurven offener Gerinne sind mehrere überlagerte Phänomene wirksam:

- **Radiale Druckänderung und Potentialströmungseffekte** (vgl. auch Kap. 4.2.2.3.3 auf Seite 42ff, Kap. 4.2.3 auf Seite 56ff, Kap. 4.5.3.8 auf Seite 118ff). Je nach Krümmungsverlauf und Querschnittsform kann sich be-

4.8. Sekundärströmungen

sonders in der ersten Hälfte der Innenkurve der Potentialströmungseffekt bemerkbar machen. Da die Wasserteilchen in der Innenkurve den kürzesten Weg und damit das größte (Potential-) Gefälle haben (vgl. Kap. 4.2.3), beschleunigen sie hier eingangs der Kurve und führen zu der im Abb. 4.127 gezeigten Geschwindigkeitsverteilung. Die Ausprägung des Potentialströmungseffekts hängt vom Krümmungsradius, vom Breiten/Tiefen-Verhältnis und vom Querprofil ab. In natürlich selbstgeformten Gerinnen ist er kaum feststellbar, in engkurvigen künstlichen Gerinnen mit konstanter Tiefe hingegen deutlich. Abb. 4.126 zeigt hierzu links den Fall einer relativ engen Kurve in einem Gerinne mit fester ebener Sohle. Die maximale Geschwindigkeit und die maximale Schubspannung liegen an der Innenkurve. Hat ein solches Gerinne eine bewegliche Sohle, so formt es sich im Zusammenwirken mit dem Sekundärströmungseffekt (s.u.) und der Impulsadvektion um (rechtes Bild). Maximale Geschwindigkeit und Schubspannung liegen dann in der Außenkurve.

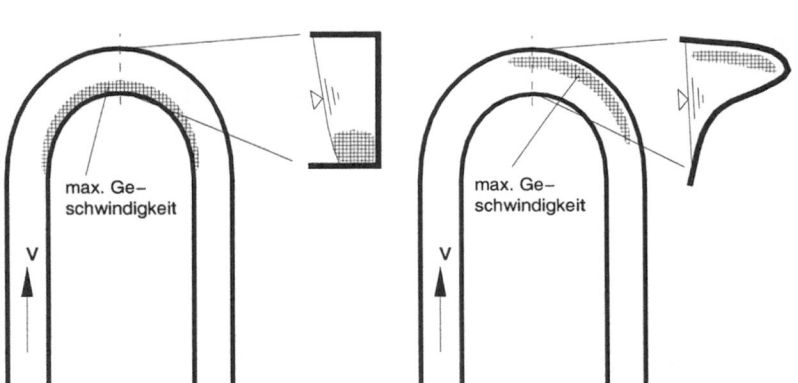

Abb. 4.126: Dominanz des Potentialeffektes in engen Gerinnekurven mit fester Sohle und im Querschnitt gleichbleibender Tiefe (links) sowie Endzustand bei beweglicher Sohle (rechts).

- **Advektion des Impulses** Durch die Advektion des Impulses verlagert sich die maximale Strömung im weiteren Verlauf der Kurve in Richtung Außenkurve (Abb. 4.127). Dieser Effekt ist unabhängig von der sich zusätzlich ausbildenden Sekundärströmung. Dies läßt sich in zweidimensionalen numerischen Modellen (tiefengemittelte Strömung, vgl. Abb. 4.2 auf Seite 27), in denen sich keine Sekundärströmung ausbilden kann, zeigen.

- **Sekundärströmungseffekte** Das Wasser offener Gerinne fließt an der Oberfläche schneller als an der Sohle. Mithin unterliegt es dort stärkeren Fliehkräften, drängt in die Außenkurve, taucht ab und verdrängt das sohlennahe Wasser zur Innenkurve. Es entsteht eine Sekundärströmung, deren Ursache in Kap. 4.8.2.1 besprochen wurde. Sie entwickelt sich in den ersten Kurvenabschnitten und führt dazu, daß die weitere Kurve schraubenförmig durchströmt wird (Abb. 4.127 auf der nächsten Seite). Die Geschwindigkeitsverteilung der Sekundärströmung wurde zuerst von ROZOWSKII [86],

1957, analytisch hergeleitet. Sie verläuft in Gerinnemitte nahezu linear mit dem Nulldurchgang etwas unter der halben Wassertiefe. MECKEL [59] hat in Versuchen festgestellt, daß neben der Verlagerung des Geschwindigkeitsmaximums an die Außenkurve auch noch eine Verlagerung der größten Geschwindigkeiten von der Oberfläche mehr zur Sohle hin auftreten kann. Die schnelle Hauptströmung wird dort von der abtauchendenden Sekundärströmung näher zur Sohle transportiert. Als Folge der Sekundärströmungseffekte entsteht bei beweglichem Ufersediment an der Außenkurve eine Erosionszone (Kolk). Das Außenufer wird steil (Prallufer, Zehrufer), und die Innenkurve landet auf (Gleitufer, Nährufer).

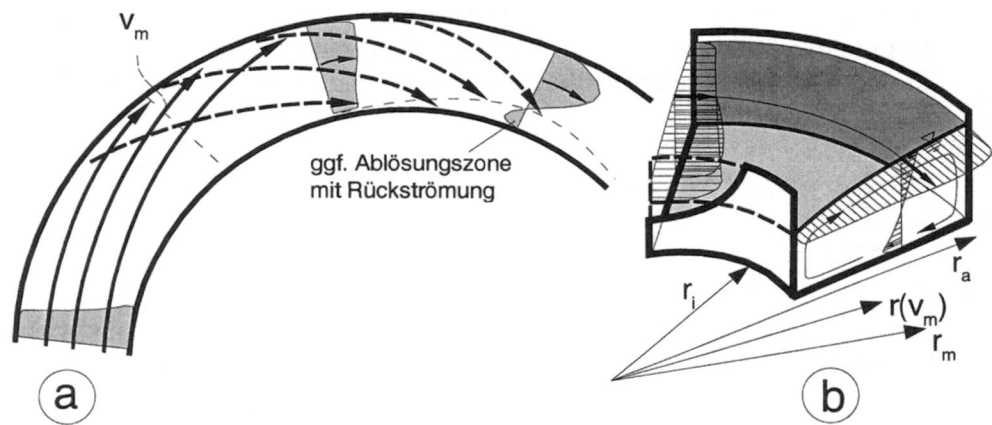

Abb. 4.127: Zur Sekundärströmung in Flußkurven, a) Ggf. schwacher Potentialströmungseffekt im Eingang von eng gekrümmten Kurven, ansonsten generelle Ausbildung des Sekundärströmungseffektes, b) Veranschaulichung der Strömungen in Längs- und Querrichtung.

- **Grenzschichteffekt und Ablösungen** Aufgrund der Haftbedingung an festen Wänden fällt die Geschwindigkeit in Wandnähe ab. An gekrümmten Wänden kann dies dazu führen, daß sich die Strömung ablöst und eine Rückströmungszone entsteht (Abb. 4.128 oben links).

- **Corioliseffekt** Der CORIOLIS-Effekt (mehr in Kap 5.1.4.1.1 auf Seite 229, insbesondere Abb. 5.12 auf Seite 231) führt auf der Nordhalbkugel der Erde zu einer in Strömungsrichtung nach rechts ablenkenden Kraft. Hierdurch entsteht eine rechtsdrehende Sekundärströmung, wie sie auch in Linkskurven krümmungsbedingt zustandekommt. Der CORIOLIS-Effekt verstärkt damit die Sekundärströmung in Linkskurven und schwächt sie in Rechtskurven. So wird z.B. die Fliehkraft bei $v = 1$ m/s in Rechtskurven mit Kurvenradien von $r \approx 8000$ m kompensiert und bei größeren Radien oder größeren Geschwindigkeiten kann es zu einer Umkehrung des Drehsinns der krümmungs-

4.8. Sekundärströmungen

bedingten Sekundärströmung kommen. Letztere Effekte können aufgrund der Dimensionen insbesondere in Tideflüssen auftreten.

- **Strömungsbedingte Sedimentumlagerungen** Je nach Krümmungsverlauf, Breiten/Tiefenrelation und Strömungsgeschwindigkeit treten einzelne der vorgenannten Phänomene stärker oder auch gar nicht hervor. Bei beweglicher Sohle stellt sich in einer Flußkurve ein dynamisches Gleichgewicht zwischen den unterschiedlichen Strömungseffekten und der Sohle ein. Typisch sind Kolke in der zweiten Hälfte der Außenkurve und Anlandungen an der Innenkurve. Latent besteht in scharfen Kurven auch die Gefahr von Kolken oder Erosionen am Innenufer des Kurveneingangs. Durch die Umformung der Sohle in natürlichen Gewässern ändert sich die Geschwindigkeitsverteilung, und die maximale Geschwindigkeit verschiebt sich auch am Kurveneingang mehr nach außen. Über längere Zeit führen die Prozesse zu einer Verlagerung der Kurven (Abb. 4.128). Der Schnitt C-D durch die Furt auf der Abbildung entspricht der Situation auf Abb. 4.129d.

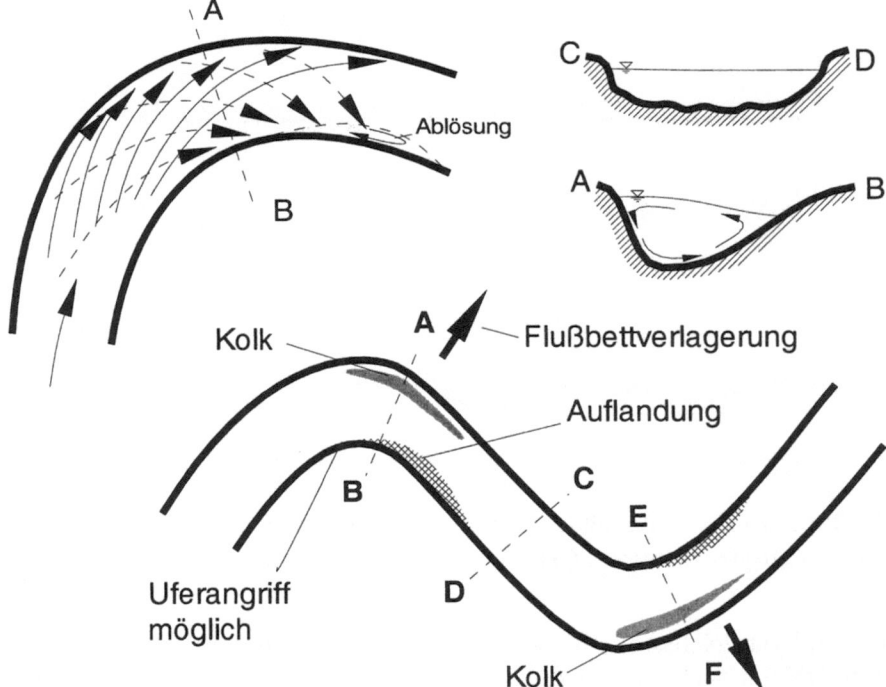

Abb. 4.128: Sekundärströmung und Reaktion des Gewässerbetts in Kurven.

Einige weitere Beispiele für Sekundärströmungen 1. Art sind auf den Seiten 231, 246, 282 besprochen.

4.8.3 Sekundärströmungen zweiter Art

Der einzige Fall ohne Sekundärströmungen 2. Art ist das gerade Rohr mit Kreisquerschnitt (Abb. 4.129a). Die Linien gleicher Geschwindigkeit (Isotachen) verlaufen hier überall parallel zur Wand. In allen anderen Fällen treten auch bei gerade verlaufenden Rohren und Gerinnen Schubspannungsdifferenzen innerhalb der Querschnitte mit der Folge von Sekundärströmungen in den Querschnitten auf. Diese verlaufen in Eckbereichen entlang der Winkelhalbierenden in Richtung der Ecken (Beispiel Abb. 4.129b).

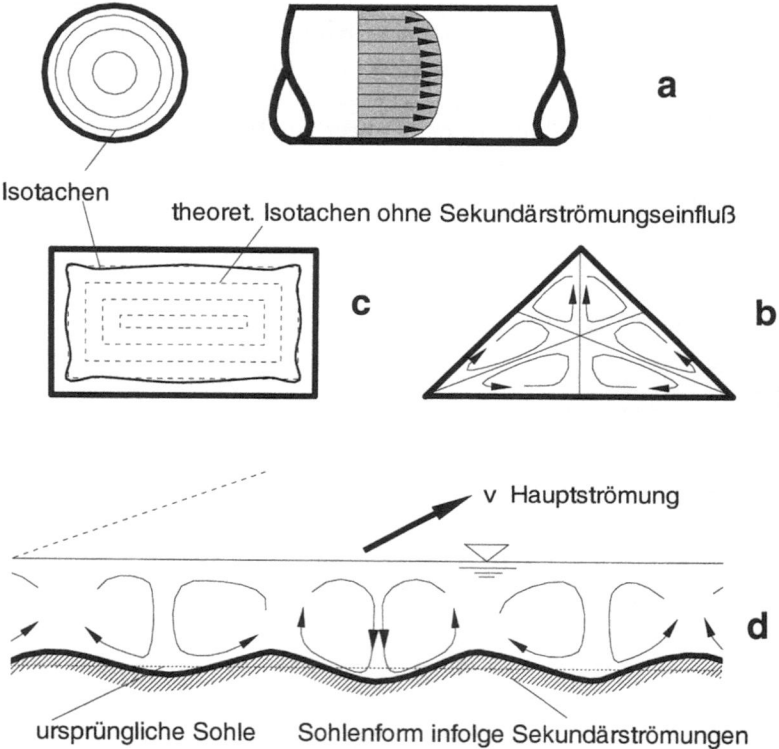

Abb. 4.129: Beispiele zu Ausbildung und Auswirkung von Sekundärströmungen (a,b,c verschiedene Rohrquerschnitte; d Gerinne mit beweglicher Sohle).

Die Folge sind vergleichsweise hohe Geschwindigkeiten in den Ecken. Abb. 4.129b und 4.129c zeigen schematisch die sekundärströmungsbedingte Verformung der Isotachen in Rohren mit Dreiecks- und Rechteckquerschnitt. Bei offenen Gerinnen können je nach Breiten/Tiefenverhältnis mehrere nebeneinander liegende Schraubenströmungen verlaufen. Dadurch ergibt sich eine über die Breite wechselnde Sohlenbeanspruchung. Ist die Sohle unter den vorhandenen Strömungen beweglich, verformt sie sich im Querschnitt wellenförmig (Abb. 4.129d) und bildet in Fließrichtung Längsrippen aus. Diese wirken wiederum auf die Sekundärströmungsmu-

4.8. Sekundärströmungen

ster zurück, weshalb u.a. eine detaillierte Voraussage von Sekundärströmungsmustern bei variabler Gerinneform mit beweglicher Sohle kaum möglich ist.

Sekundärströmungen sind auch der Grund dafür, daß das Geschwindigkeitsmaximum in offenen Gerinnen oftmals nicht an der Oberfläche, sondern unterhalb der Oberfläche liegt (Abb. 4.130). Weil die Sekundärströmung aber mit zunehmender Breite in immer mehr Teile zerfällt, die wie Zahnräder gegenläufig drehen, ist dieser Effekt bei flachen und breiten Gerinnen schwächer ausgeprägt als in relativ kompakten Querschnitten.

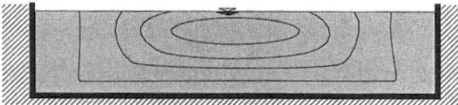

Abb. 4.130: Verschiebung des Geschwindigkeitsmaximums unter die Oberfläche als Folge von Sekundärströmungen.

4.9 Sedimenttransport

4.9.1 Relevanz

Sohlen und Ufer fließender Gewässer bestehen überwiegend aus beweglichem Material. Die Sedimente werden je nach Strömungsgeschwindigkeit *am Boden entlang bewegt* (Geschiebetransport, bed-load transport) oder auch *aufgewirbelt* und dann *suspendiert* mit dem Wasserkörper verfrachtet (Suspensionstransport, suspended load transport). Zwischen beiden Transportarten besteht keine scharfe Grenze. Wegen der sehr unterschiedlichen mechanischen Transporteigenschaften werden sie jedoch getrennt behandelt.

Im Grobkornbereich werden die Sedimente ausschließlich oder überwiegend sohlennah als Geschiebe verfrachtet. Im Feinkornbereich macht der Geschiebetransport zwar häufig nur den geringeren Teil des Gesamttransports aus, ist jedoch von vorrangigem Einfluß auf die *Bettbildung*. Der Grund hierfür liegt darin, daß die bewegte Geschiebemenge direkt auf Änderungen der Geschwindigkeiten reagiert. Die Anpassung der Suspensionskonzentration hingegen ist verzögert. Der Suspensionstransport wirkt daher viel weniger bettbildend. Sedimente in Suspension haben nur in ausgesprochenen Sedimentationszonen eine bettbildende Wirkung.

Die Bilanz zwischen dem eingetragenen und wieder ausgetragenen Sedimentvolumen führt in einem Gewässerabschnitt zu Gleichgewicht, Erosionen oder Auflandungen, die mit der Sohlenentwicklungsgleichung (bottom evolution equation, auch EXNER-Gleichung oder Sedimentkontinuitätsgleichung genannt) beschrieben sind

$$\frac{\partial z}{\partial t} = \frac{\partial q_G}{\partial s} + E - S, \tag{4.280}$$

wobei z =Tiefenkoordinate (positiv nach unten), t =Zeit, s =Weg, q_G = Geschiebetrieb (= transportiertes Geschiebevolumen mit Hohlräumen je Zeit- und Breiteneinheit, vgl. Gl. 4.298 auf Seite 181), E =Entrainment (= aufgewirbeltes Sediment=Senkterm für die Sohle als abgetragene Schichtdicke je Zeiteinheit) und S =Settlement (= sedimentierendes Sediment=Quellterm für die Sohle als aufgelandete Schichtdicke je Zeiteinheit). Der Hohlraumanteil in natürlichen Sedimenten liegt bei ca. 30 %.

Strömung und Bodenänderung stehen in Rückkopplung, d.h. die Strömung ändert das Gewässerbett, und das geänderte Bett führt zu anderen Strömungen. Bei ausgeglichener Bilanz besteht *dynamisches Gleichgewicht*. Darunter versteht man den Zustand nur schleichender Veränderungen der Gewässertopographie trotz durchaus kräftigen Sedimenttransportes. Allerdings erreichen Gewässerbetten selbst bei vollständig stationärem Abfluß und einheitlichem Bettmaterial kein vollständiges Gleichgewicht (vgl. z.B. die ständige Verlagerung von Kurven, Kap. 4.8.2.3 auf Seite 168ff).

Die meisten Flüsse bewegen große Sedimentmengen. Der Rhein fördert z.B. bei Koblenz an jedem Tag im Mittel Sedimente seewärts, die einen 2 km langen Güterzug füllen würden (Vergleich: Amazonas an der Mündung ≈ 200 km Zuglänge). *Eingriffe* in Gewässer können daher ganz erhebliche *Anpassungsprozesse* mit unerwünschten Erosionen oder Auflandungen nach sich ziehen und damit auch negative Auswirkungen auf Hochwasserstände haben. Die Folgewirkungen können den geplanten Nutzen von Eingriffen im Einzelfall überwiegen. Dies betrifft jeden Eingriff, auch Renaturierungsmaßnahmen.

4.9.2 Quantitativer Transport

4.9.2.1 Genauigkeit

Bereits die *Messung* der Transportraten ist mit erheblichen Unschärfen verbunden. Dies liegt zum einen daran, daß der Transportvorgang auch bei stationärer Strömung nicht ganz stationär, sondern schubweise abläuft, und zum anderen daran, daß Riffel und Dünen den Transportvorgang und die Messungen beeinflussen. Die Transportraten steigen vom Tal zum Kamm hin, weswegen einzelne Punktmessungen mit Sedimentfallen keine erschöpfende Auskunft über die Raten geben. Weiterhin besteht das Problem, daß Sedimentfallen den Transportvorgang um sich herum beeinflussen.

Auch die Transportformeln sind für sich unscharf. Die Mehrzahl ist ganz oder teilweise empirischer Natur, was bedeutet, daß sie a priori nicht auf jede beliebige Parameterkonstellation zutreffen können. Selbst weitgehend analytische Lösungen beinhalten noch Modellvorstellungen über den Mechanismus des Transports. Insgesamt kann man Berechnungen, die mit Messungen bei einem Fehlerfaktor von 2 bis 3 übereinstimmen, als gut bewerten. Abweichungen über mehrere Zehnerpotenzen sind bei vielen Formeln im Einzelfall nicht ungewöhnlich.

4.9.2.2 Definitionen und Materialkennwerte

Kennzeichnende Transportgrößen sind die verfrachteten Sedimentvolumina oder Sedimentmassen. Indizes "G", "S" und "F" bezeichnen näher Geschiebe, Suspension oder allgemein Feststoff.

- Der Geschiebe*trieb* ist definiert als transportierte Geschiebemasse je Zeit- und Breiteneinheit m_G ($\frac{kg}{m \cdot s}$) oder als Geschiebevolumen q_G ($\frac{m^3}{m \cdot s}$).

- Über die Gewässerbreite summiert folgen daraus der Geschiebestrom, bezeichnet als Geschiebe*transport* $\dot{m}_G$ ($\frac{kg}{s}$) oder $\dot{q}_G$ ($\frac{m^3}{s}$).

- und weiter summiert über eine gegebene Zeit die Geschiebe*fracht* M_G (kg oder t) bzw. Q_G (m^3).

Transportierte Roh-Volumina q_G (Sediment inkl. Poren) und transportierte Massen m_G lassen sich über die Dichte ρ_F der Sedimente und das Verhältnis Reinvolumen/Rohvolumen $=1-n$ (n=Hohlraumanteil) ineinander umrechnen:

$$\frac{q_G \cdot \rho_F \cdot (1-n)}{m_G} = 1 = \frac{Q_G \cdot \rho_F \cdot (1-n)}{M_G} \qquad (4.281)$$

4.9.2.3 Sedimente (Definitionen, Herkunft)

Grundlage für Transportberechnungen ist die *Korngröße d*. Für ungleichförmige Kornverteilungen mit i Kornfraktionen von je einem Durchmesser $\overline{d_i}$ und der Anteiligkeit p_i (%) existieren verschiedene Ansätze zur Definition sogenannter *maßgebender Korndurchmesser* d_m, d.h. Stellvertreter für das Verhalten des Gemisches. MEYER-PETER/MÜLLER [62] z.B. schlagen vor

$$d_m = \frac{\sum (\overline{d_i} \cdot p_i)}{100\,\%} \qquad (4.282)$$

wobei sich $\overline{d_i}$ aus dem Abstand der Siebe ergibt

$$\overline{d_i} = \frac{1}{2}(d_i + d_{i+1}). \qquad (4.283)$$

FÜHRBÖTER [27] empfiehlt

$$d_m = \frac{d_{10} + d_{20} + d_{30} + \ldots + d_{90}}{9}. \qquad (4.284)$$

Bei relativ gleichförmigem Sediment kann d_{50} als maßgebend angesetzt werden. In natürlichen Flüssen liegt d_m in der Größenordnung von d_{60} bis d_{65}.

Transportberechnungen basieren auf der Grundlage des *Bettmaterials*. Bei Hochwasser eingeschwemmte Feinstsedimente werden hauptsächlich als sog. *Spülfracht* (wash load) transportiert und sind im Bettmaterial nicht vorhanden. Wash load wird i.a. nur durchtransportiert und spielt keine gewässermorphologische Rolle, außer das Material gelangt in sehr ruhige Sedimentationszonen.

4.9.2.4 Wirksame Schubspannung an der Sohle

Die Schubspannung zwischen Wasserkörper und Sohle ist die wesentliche treibende Größe für den Sedimenttransport. Sie ergibt sich z.B. aus Kapitel 4.2.2.5 auf Seite 47 (s. weiter auch Kapitel 4.3.1 auf Seite 64, Kapitel 4.5.3.7 auf Seite 111ff). In breiten Gerinnen ($b/h > rd.10$ bis 20) ist annähernd die Gesamtschubspannung τ transportwirksam. Mit abnehmender Breite entfällt ein zunehmender Teil der Gesamtschubspannung auf die Uferbereiche. Transportformeln auf der Grundlage der Gesamtschubspannung gelten daher für relativ breite Gerinne. Ihre Anwendung auf schmale Gerinne erfordert die Umrechnung auf den transportwirksamen Anteil τ' der Schubspannung. Die Einflußzonen von Uferrauheit und Sohle sind dadurch abgegrenzt, daß keine Schubspannung zwischen beiden Zonen übertragen wird. Diese Bedingung wird von der senkrecht zu den Isotachen verlaufenden

4.9. Sedimenttransport

Trennlinie erfüllt (Abb. 4.131). Mit dem dadurch definierten transportwirksamen Abflußanteil Q_T ergibt sich

$$\tau' = \frac{Q_T}{Q} \cdot \tau. \tag{4.285}$$

Auf SHIELDS [100] zurückgehend wird anstelle der Schubspannung τ oft die dimensionslose Größe τ^* benutzt, die mit der ebenfalls oft verwendeten FROUDE-Zahl des Kornes Fr^* identisch ist:

$$\tau^* = \frac{\tau}{(\rho_F - \rho)\, g\, d_m} = Fr^* = \frac{v^{*2}}{\rho'\, g\, d_m} \tag{4.286}$$

Hierin ist ρ' = relative Dichte = $(\rho_F - \rho)/\rho$.

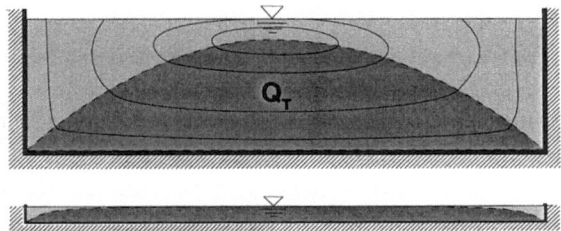

Abb. 4.131: Zur Definition des transportwirksamen Abflusses Q_T (Größenordnung der Breiten / Tiefenverhältnisse oben Laborrinnen, unten natürliche Gerinne).

4.9.2.5 Kritische Strömungszustände, Bewegungsbeginn

Für die Grenze zwischen Ruhe und Sedimentbewegung lassen sich kritische Schubspannungen τ_c, τ_c^*, kritische Geschwindigkeiten $v_{m,c}$, v_c^*, kritische Wassertiefen h_c oder kritische Gefälle I_c definieren. Die Werte sind ineinander umrechenbar (vgl. auch Kapitel 4.5.3.7 auf Seite 111ff):

$$v^{*2} = \frac{\tau}{\rho} = g\, h\, I = v^2\, \lambda/8 \tag{4.287}$$

Weiterhin kann man auch kritische Korngrößen d_c bestimmen. HJULSTRÖM [41] veröffentlichte 1935 ein auf Meßwerten basierendes Kurvenband, das eine untere Grenze der kritischen Geschwindigkeiten v_c (einzelne Körner bewegen sich) und eine obere Grenze (weitgehend gesamte Sohle in Bewegung) in Abhängigkeit von der Korngröße d angibt. Die HJULSTRÖM-Kurve (Abb. 4.132) ist dimensionsbehaftet, gilt nur für Sediment mit $\rho_F = 2{,}65$ t/m^3 in Wasser bei etwa 1m bis 5 m Wassertiefe und ist im Schluffbereich recht unsicher. Die Kurve kann nach ZANKE [120] etwas allgemeiner durch

$$v_c = \alpha \left(\sqrt{\rho'\, g\, d} + 5{,}25\, c\, \frac{\nu}{d} \right), \tag{4.288}$$

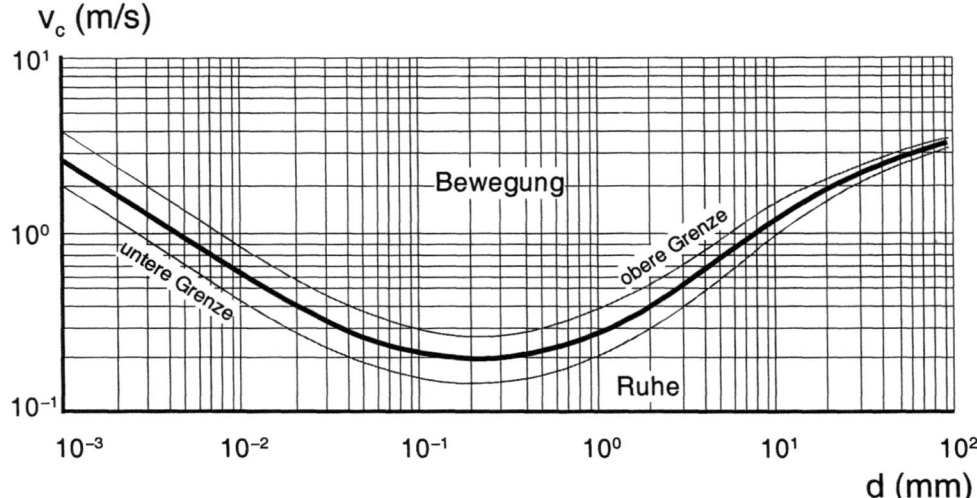

Abb. 4.132: Mittlere kritische Geschwindigkeiten nach HJULSTRÖM.

mit $\alpha = 1,5$ für die untere Grenze und $\alpha = 2,8$ für die obere Grenze beschrieben werden. Je nach Kohäsivität im Feinstkornbereich liegt c zwischen nahe Null (nicht kohäsiv) und Werten > 1. Für die von HJULSTRÖM ausgewerteten natürlichen Gewässersedimente ist etwa $c = 1$ zutreffend. Für Korngrößen $d \gtrapprox 1$ mm vereinfacht sich vorstehende Gleichung zu

$$v_c = \alpha \sqrt{\rho' g d} \qquad (4.289)$$

Wesentlich allgemeingültiger faßte SHIELDS 1936 [100] gemessene kritische Zustände für beliebige Sedimentdichten, unterschiedliche Flüssigkeiten und beliebige Wassertiefen in dimensionsloser Darstellung zusammen (Abb. 4.133). Die kritischen Größen sind in der Kurve implizit enthalten und können aus dem Diagramm nur durch Iteration gewonnen werden.

Ein neuer analytischer Ansatz (ZANKE [129]) geht davon aus, daß die Bewegung auslösende kritische Schubspannung τ_c in einer turbulenzfreien Strömung allein durch den Winkel der inneren Reibung ϕ bzw. den Lagewinkel ϕ' einzelner Körner definiert ist. In turbulenter Strömung treten turbulenzbedingte Fluktuationen v' der Geschwindigkeit und τ' der Schubspannung sowie im Zusammenhang mit diesen Fluktuationen ausgelöste Liftkräfte hinzu. Dadurch ist einerseits die aktuelle (effektive) kritische Schubspanung $\tau + \tau'$ am Korn größer als die mittlere Spannung τ, und andererseits sind die Körner durch die Liftkräfte effektiv leichter. Der Beginn der Sedimentbewegung läßt sich mit diesem Ansatz allein durch den Winkel der inneren Reibung[33] und die Turbulenz beschreiben (Näheres s. [129]) und ist

---

[33] Für individuelle Körner kann alternativ deren Lagewinkel angesetzt. Dieser ist durch den

4.9. Sedimenttransport

für den Bewegungsgrad der SHIELDS-Kurve gegeben durch:

$$\tau^\star_{c,Shields} = \frac{0,7\ \tan(\phi/1,5)}{\left(1+1,8\ \frac{v'_{rms,b}}{v^\star}\ \frac{v^\star}{v_b}\right)^2 \left(1+0,4\ \tan(\phi/1,5)\ \left(1,8\ \frac{v'_{rms,b}}{v^\star}\right)^2\right)} \quad (4.290)$$

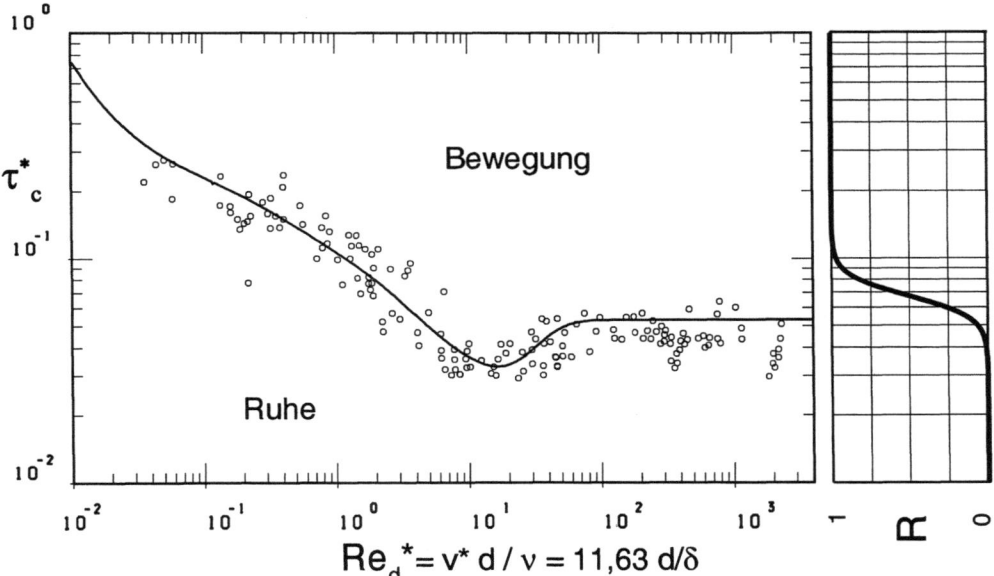

Abb. 4.133: Bewegungsbeginn nach SHIELDS [100], modifiziert mit neueren Meßdaten verschiedener Autoren sowie analytische Lösung nach Gl. 4.290 (Kurve, hier für $h/d \gtrsim 100$ ausgewertet); rechts Wahrscheinlichkeit, daß sich Körner bewegen (Gl. 4.297, hier dargestellt für den Bereich $Re_d^\star \gtrsim 70$).

Hierin sind ϕ = Grenz-Böschungswinkel (Sand $\approx 30°$, Steinblöcke $\approx 45°$), $v'_{rms} = \sqrt{\overline{v'^2}}$ = Standardabweichung der turbulenten Geschwindigkeitsschwankungen $v'(t)$ und

$$\frac{v'_{rms,b}}{v^\star} = 0,31\ k_s^+ \cdot e^{-0,1 k_s^+} + 1,8 \cdot e^{-0,88 \frac{d}{h}} \cdot (1 - e^{-0,1 k_s^+}) \quad (4.291)$$

(Abb. 4.134, vgl. auch Gl. 4.31 auf Seite 47 für $v'/v^\star$ als Funktion des Wandabstandes) und

$$\frac{v_b}{v^\star} = 0,8 + 0,9 \frac{v_{y=ks}}{v^\star}. \quad (4.292)$$

Kippwinkel zum voraus liegenden Sediment gegeben. Für das markierte Korn auf Abb. 4.135 rechts ist der Winkel ca. 45°.

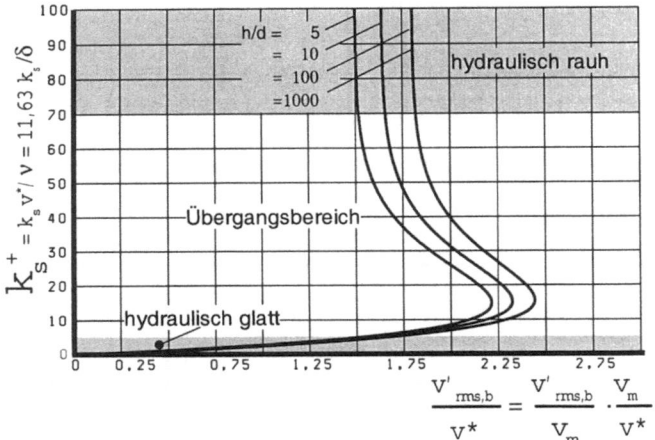

Abb. 4.134: Turbulente Geschwindigkeitsschwankungen in Kornhöhe für unterschiedliche dimensionslose Wandrauheitshöhen k_s^+ (nach Gl. 4.291).

Mit 'b' indizierte Werte gelten an der Sohle in Höhe der Körner bei $y = k_S$. Unter den Verhältnissen am Beginn der Bewegung ist hier $k_S = d$ und $v_{k_S}/v^\star$ erhält man aus Tabelle 4.15 auf Seite 117. Im hydraulisch rauhen Bereich ist $v'_{rms,b}/v^\star \approx 1,8$ (wenn $h/d \gtrsim 100$, ansonsten je nach h/d auch etwas geringer, s. Abb. 4.134) und $v_b/v^\star \approx 8,5$. Dann wird in Gl. 4.291 $\tau'^\star_c \approx 0,052$. Für den Fall erhöhter Turbulenz wird der Faktor in Gl. 4.290 größer als 1,8 (vgl. Gl. 4.350 auf Seite 197). Über den Einfluß der Turbulenz hinaus beinhaltet Gl. 4.290 auch die Wirkung von Kohäsion sowie über Gl. 4.291 weiterhin den Einfluß der relativen Wassertiefe h/d.

Für überschlägige Handrechnungen empfiehlt sich die Umstellung der SHIELDS-Kurve auf die Abhängigkeit $\tau^\star = f(D^\star)$ und Annäherung an diese Kurve durch folgende Näherung (V. RIJN [81], im Feinkornbereich modif. nach ZANKE [121]):

$$\begin{aligned}
D^\star \leq 6 &\rightsquigarrow \tau_c^\star = 0,109\, D^{\star-0,5} \\
6 < D^\star \leq 10 &\rightsquigarrow \tau_c^\star = 0,140\, D^{\star-0,64} \\
10 < D^\star \leq 18 &\rightsquigarrow \tau_c^\star = 0,040\, D^{\star-0,1} \\
18 < D^\star \leq 145 &\rightsquigarrow \tau_c^\star = 0,013\, D^{\star 0,29} \\
D^\star > 145 &\rightsquigarrow \tau_c^\star = 0,055
\end{aligned} \qquad (4.293)$$

Hierin ist der sedimentologische Korndurchmesser

$$D^\star = \left(\frac{\rho' g}{\nu^2}\right)^{1/3} \cdot d_m = \left(\frac{Re_d^{\star 2}}{\tau^\star}\right)^{1/3}. \qquad (4.294)$$

Kritische Schubspannungsgeschwindigkeit und kritische mittlere Geschwindigkeit folgen aus

$$v_c^\star = \sqrt{\tau_c^\star \cdot \rho' \cdot g \cdot d} \qquad (4.295)$$

4.9. Sedimenttransport

und

$$v_{m,c} = v_c^* \cdot \sqrt{\frac{8}{\lambda}}. \tag{4.296}$$

Der Beginn der Sedimentbewegung nach SHIELDS gibt einen gewissen Bewegungsgrad wieder. Nach [121] läßt sich der Bewegungsbeginn durch das Risiko R für Körner, bewegt zu werden, umfassender angeben:

$$R = \left(10 \left(\frac{\tau^*}{\tau_c^*}\right)^{-9} + 1\right)^{-1} = \left(10 \left(\frac{v}{v_c}\right)^{-18} + 1\right)^{-1}. \tag{4.297}$$

Hierin sind τ^* der vorhandene und τ_c^* der nach SHIELDS kritische Wert. Für die SHIELDS-Kurve, also $\tau^*/\tau_c^* = 1$, ergeben sich ca. 10 % Bewegungsrisiko. Oberhalb von $\tau^*/\tau_c^* \approx 2$ wird $R = 1$ (vgl. Abb. 4.133).

4.9.2.6 Geschiebetransport

4.9.2.6.1 Allgemeines Geschiebe-Transportformeln liefern als Ergebnis *Transportkapazitäten*. Das sind diejenigen Transportraten, die sich in einem Gerinne einstellen, in dem

1. Normalabfluß, also stationär-gleichförmige Strömung herrscht, und bei dem am

2. Gewässerbett mindestens soviel Sediment verfügbar ist, wie bewegt werden kann.

Dies sind auch die typischen Gegebenheiten in Laborrinnen, an deren Meßresultate die Transportformeln angepaßt oder verifiziert werden.

4.9.2.6.2 Analytische Lösung Es existieren mehrere Dutzend empirische Transportformeln. Grund für diese Vielfalt ist die Schwierigkeit einer theoretischen Analyse. Eine vergleichsweise weitgehende Ableitung gibt ZANKE, [126], 1999 und [128], 2001). Hierin wird die Transportrate aus der Dicke der bewegten Sedimentschicht s (incl. auf den Ruhezustand bezogenen Hohlraumanteil) und deren mittlerer Transportgeschwindigkeit $u_{S,m}$ berechnet:

$$q_G = u_{S,m} \cdot s \tag{4.298}$$

Ausführlich ergibt sich

$$u_{S,m} = \frac{1}{2} \cdot v_m \cdot \frac{\left(\left((y_D + s) \cdot \frac{v^*}{\nu}\right)^{-2} + P_{yt} \cdot \left(2{,}5 \ln\left(\frac{y_D+s}{k_s}\right) + C\right)^{-2}\right)^{-1/2}}{2{,}5 \cdot \left(\ln(\frac{h}{k_s}) - 1\right) + C} \cdot \left(1 - 0{,}7 \cdot \frac{v_{c,o}^*}{v^*}\right)$$

sowie

$$s = d \cdot \frac{R \cdot (\tau^* - R\tau_c^*)}{(1-n)\left(\tan\varphi - \frac{\rho_F}{\rho_F - \rho} \cdot I_{So}\right) - n \cdot \tau^* \cdot \frac{d}{h}}. \qquad (4.299)$$

Hierin sind $y_D = 0,1125\,d_{50}$ = Druckpunkthöhe, $k_S = 2d_{50}$, $n \approx 0,3$, $\varphi \approx 28°$ = Winkel der inneren Reibung im Bewegungszustand, I_{So}=Gefälle der Sohle, R = Risiko nach Gl. 4.297, $P_{yt} = 1 - e^{-0,08v^*y/\nu}$ =Wahrscheinlichkeit, daß die Körner der oberen Sohlenschicht nicht innerhalb der zähen Grenzschicht liegen, C =Integrationskonstante des logarithmischen Geschwindigkeitsprofils (Gl. 4.181 auf Seite 114 oder 4.183 auf Seite 114). Die Ergebnisse wurden an ca. 2000 Meßdaten verifiziert. Für Näheres und Berechnungsbeispiele s. [126]. Unter Ausschluß von steilen und im Verhältnis zur Korngröße sehr flachen Gerinnen vereinfacht sich Gl. 4.299 in

$$\frac{s}{d} = 2,8\,R \cdot (\tau^* - R\tau_c^*). \qquad (4.300)$$

4.9.2.6.3 Empirische Geschiebetransportformeln

Meyer-Peter u. Müller 1948 Es existieren mehrere Dutzend empirische Geschiebe-Transportformeln. Zwei Formeln werden nachstehend stellvertretend aufgeführt. Die Formel von MEYER-PETER/MÜLLER [63] ist unter den empirischen Formeln eine Art Standard. Bei der MPM-Gleichung sind die Anwendungsgrenzen zu beachten. Die Formel ist auf Sedimente etwa ab dem Mittelsandbereich und gröber anwendbar und lautet

$$m_G = 8\,\rho_F \cdot \sqrt{\rho'\,g\,d_m^3} \cdot \left(\tau^* \cdot \frac{Q_T}{Q} \cdot \frac{k_{St}}{k_r} - \tau_c^*\right)^{3/2}. \qquad (4.301)$$

Mit k_{St}/k_r wird in der MPM-Gleichung eine ggf. vorhandene und als transportunwirksam angenommene Formrauheit abgetrennt: k_{St} = Strickler-Rauheit der Sohle, k_r = Koeffizient der Kornrauheit = $26/d_{90}^{1/6}$ mit d_{90} in (m). Da Formrauheiten jedoch auch turbulenzproduzierend wirken, wird ein Teil des Schubspannungsverlustes über die Turbulenz wieder transportwirksam, weshalb diese Schubspannungsreduktion bei feineren Sedimenten besser nicht in Ansatz gebracht wird. Weiter ist Q_T der Anteil des Abflusses Q, der als transportwirksam angesetzt wird (vgl. Abb. 4.131). Neuere Untersuchungen haben gezeigt, daß die Gleichung in der Form

$$m_G = 5\,\rho_F \cdot \sqrt{\rho'\,g\,d_m^3} \cdot (\tau^* - \tau_c^*)^{3/2} \qquad (4.302)$$

meist zu besseren Ergebnissen führt. Aufgrund der harten kritischen Bedingung in der MPM-Formel, bei der Transport schlagartig bei τ_c^* einsetzt, ist sie in der Nähe des kritischen Zustandes problematisch und wird für $\tau^* < \tau_c^*$ nicht mehr anwendbar.

4.9. Sedimenttransport

Zanke 1990 [121] fand eine gute empirische Anpassung an ca. 1800 Meßdaten aus einem sehr breiten Parameterspektrum, das von Grobschluff bis zu Steinen und sehr kleinen bis sehr großen Transportintensitäten reicht:

$$m_G = 0{,}04 \cdot \rho_F \cdot v^* \cdot d_m \cdot \left(\frac{\tau^*}{\tau_c^*}\right)^{3/2} \cdot \frac{v}{\sqrt{g\,h}} \cdot R \qquad (4.303)$$

mit R = Risiko der Bewegung nach Gl. 4.297.

4.9.2.6.4 Ungleichförmiges Sediment Die Sedimente der Flachlandflüsse sind meist ziemlich gleichförmig, d.h., die Spannbreite der feinen und der groben Anteile ist moderat (etwa $d_{90}/d_{10} < 2$ bis 3) und die Mobilität des Gemischs kann annähernd durch den maßgebenden (alle Korngrößen stellvertretenden) Korndurchmesser d_m beschrieben werden. Mit zunehmender Ungleichförmigkeit kann die Ergebnisqualität durch eine fraktionsweise Berechnung gesteigert werden. Hierzu spaltet man das Gemisch in Fraktionen auf, berechnet die zu jeder Fraktion gehörenden Transportraten, wichtet (multipliziert) diese mit ihrer Anteiligkeit am Gemisch und summiert sie auf. Hierbei ist zu beachten, daß sich die einzelnen Fraktionen im Gemisch bezüglich ihrer Beweglichkeit anders verhalten, als unter gleich großen Körnern. Die großen Körner sind auf feinerem Sediment exponiert und daher leichter beweglich als unter ihresgleichen und die feinen Sedimente werden überwiegend von den groben Sedimenten abgeschirmt ("hiding"), sind also schwerer beweglich. Abb. 4.135 macht dies verständlich.

Abb. 4.135: Zur Erläuterung des Abschirmungs- und Expositions-Effekts, links und rechts einkörniges Material, in der Mitte Mischungen (schematisch).

Verschiedene Versuche, (z.B. WILCOX [118]) zeigen, daß sich bei Gemischen alle Körner der Oberfläche etwa bei der zu d_m gehörigen Schubspannung in Bewegung setzen, was bedeutet, daß $d_i < d_m$ abgeschirmt (an der Bewegung gehindert) wird und $d_i > d_m$ leichter beweglich ist. Unter dieser Voraussetzung ist die effektive kritische Schubspannung jeder Fraktion i also

$$\tau_{c,i,eff} \approx \tau_c(d_m) = \tau_{cm}. \qquad (4.304)$$

Die meisten Transportformeln basieren auf der dimensionslosen kritischen Schubspannung τ_c^*. Letztere ist dann in jeder Fraktion i

$$\begin{aligned}
\tau_{c,i,eff}^* &= \frac{\tau_{cm}}{(\rho_S - \rho)\,g\,d_i} & (4.305) \\
&= \frac{d_m}{d_i} \cdot \frac{\tau_{cm}}{(\rho_S - \rho)\,g\,d_m} & (4.306) \\
&= \xi_i \cdot \tau_{cm}^*. & (4.307)
\end{aligned}$$

mit

$$\xi_i = \left(\frac{d_i}{d_m}\right)^{-1} \tag{4.308}$$

als Korrekturfunktion ("hiding and exposure correction"). Zur Korrekturfunktion ξ wurden diverse empirische Ansätze entwickelt.

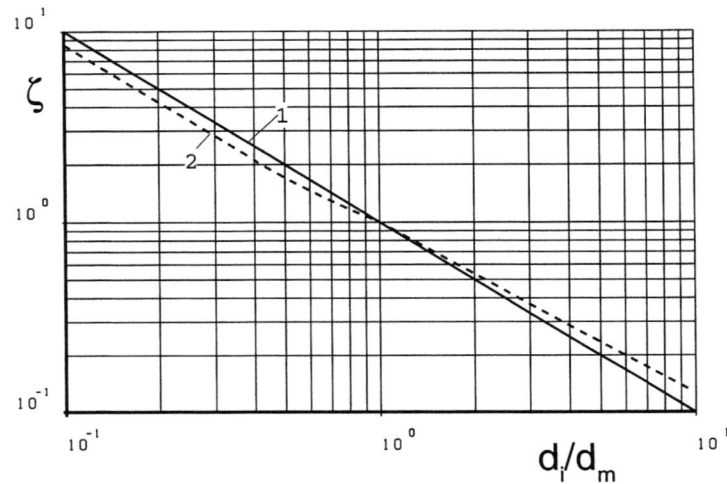

Abb. 4.136: Lösungen zum Abschirmungs und Expositionskoeffizienten ξ (Kurve 1: Gl. 4.308, alle Fraktionen geraten bei τ_{cm} in Bewegung; Kurve 2: Gl. 4.309 bis 4.311).

GLADKOV und SOEHNGEN [33] schlagen z.B. aufbauend auf Überlegungen von ASHIDA und MICHIUE (in [33]), eine Korrektur vor, bei der die feinen Anteile etwas beweglicher und die groben etwas unbeweglicher sind als die d_m-Fraktion:

$$\xi_i = 0,85 \left(\frac{d_i}{d_m}\right)^{-1} \quad \text{für} \quad \frac{d_i}{d_m} < 0,4 \tag{4.309}$$

$$\xi_i = \left(\frac{\log 19}{\log(19\frac{d_i}{d_m})}\right)^2 \quad \text{für } 0,4 < \frac{d_i}{d_m} < 1 \tag{4.310}$$

$$\xi_i = \left(\frac{d_i}{d_m}\right)^{-0,9} \quad \text{für} \quad 1 < \frac{d_i}{d_m} < \infty \tag{4.311}$$

Abb. 4.136 stellt die beiden Lösungen nach Gl. 4.308 und 4.309 bis 4.311 gegenüber. Kurve 2 trifft eher zu, wenn die Bewegung schwach ist.

4.9.2.7 Transport in Suspension

4.9.2.7.1 Sinkgeschwindigkeit von körnigem Sediment   Wesentliches Merkmal von Sedimenten in bezug auf ihre Aufwirbelung und den Transport in Suspension[34] ist die Sinkgeschwindigkeit der Teilchen, die durch die **Endsinkgeschwindigkeit** w repräsentiert und einfach als Sinkgeschwindigkeit benannt wird. Diese Sinkgeschwindigkeit läßt sich aus dem Gleichgewicht der den Fallvorgang antreibenden und der bremsenden Kräfte ermitteln (Abb. 4.137). Antreibend an einem sinkenden Teilchen ist die Gewichtskraft F_G und bremsend wirkt die Strömungswiderstandskraft $F = F_D$ (Gl. 4.47 auf Seite 55):

Abb. 4.137: Zur Berechnung der Sinkgeschwindigkeit.

$$\underbrace{(\rho_F - \rho) \cdot g \cdot V_p}_{\text{Partikelgewicht unter Auftrieb } F_G} = \underbrace{c_D \frac{1}{2} \rho w^2 A_{proj}}_{\text{Strömungswiderstand } F_D} \qquad (4.312)$$

Hierin sind V_p das Volumen des Teilchens und A_{proj} die angeströmte Fläche. Bei nicht kugelförmigen Teilchen stellt sich das fallende Partikel stets mit der größten Fläche gegen die Strömung. Aufgelöst nach der Sinkgeschwindigkeit ist

$$w = \sqrt{\frac{2}{c_D \cdot \frac{A_{proj} \cdot d}{V_p}} \rho' \, g \, d}. \qquad (4.313)$$

Kugeln   Für Kugeln ist $A_{proj} \cdot d / V_p = 3/2$ womit

$$w_{Kugel} = \sqrt{\frac{4}{3 \, c_D} \rho' \, g \, d}. \qquad (4.314)$$

Im Bereich von $Re_w = w \cdot d / \nu \lessapprox 1$ ist nach STOKES für Kugeln (vgl. Abb. 4.27 auf Seite 56)

$$c_D = \frac{24}{Re_w} \quad \text{STOKES-Bereich} \quad (Re_w \lessapprox 1), \qquad (4.315)$$

---

[34] Man spricht vielfach auch von Schwebstofftransport. Korrekt ist aber der Begriff Suspensionstransport (lat. suspendere= zum Schweben bringen, schweben lassen).

was auf

$$w_{Kugel} = \frac{1}{18} \rho' g d \frac{d}{\nu} \qquad (Re_w \lessgtr 1) \qquad (4.316)$$

führt. Die Widerstandsbeiwerte für Sand sind aufgrund der Kornformen abweichend. Allgemein kann man für alle Re-Zahlen $Re \lessgtr 2 \cdot 10^5$ als Näherung ansetzen

$$c_D = a/Re + b. \qquad (4.317)$$

In Gl. 4.314 eingesetzt und nach w aufgelöst erhält man dann

$$w = \frac{a}{2b} \cdot \frac{\nu}{d} \cdot \left(\sqrt{1 + (\frac{16}{3} \frac{b}{a^2}) \cdot D^{*3}} - 1 \right) \qquad (4.318)$$

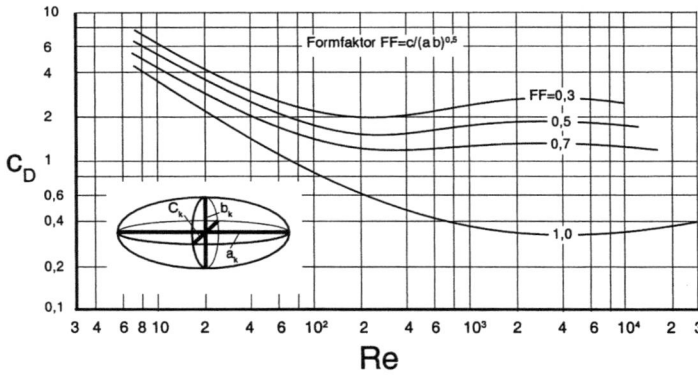

Abb. 4.138: Widerstandsbeiwerte von Partikeln mit unterschiedlichen Formfaktoren $FF = c_k/\sqrt{a_k \cdot b_k}$ (nach ALBERTSON; c kürzeste, a längste Achse).

Natürliche Sedimente Bei natürlichen Sedimenten tritt an die Stelle des eindeutig definierten Kugeldurchmessers der etwas unscharfe Siebdurchmesser. Zusätzlich ist offensichtlich das wirksame Verhältnis von $A_{proj} \cdot d/V_p$ nicht nur mit der Kornform, sondern auch mit der Re-Zahl variabel, kann jedoch aufgrund von Messungen der Fallgeschwindigkeit in Form von $c_{D,eff} = f(Re, Kornform) = c_D \cdot Faktor$ erfaßt werden. Ergebnisse aus Versuchen verschiedener Autoren sind zusammengestellt bei CHENG [11] und führen für natürliche Sedimente auf

$$a \approx 32 \qquad (4.319)$$

Nach ZANKE [120] kann basierend auf Messungen von ALBERTSON [1] (Abb. 4.138) angesetzt werden

$$b \approx 2,7 - 2,3 \cdot FF. \qquad (4.320)$$

Hierin ist FF[35] ein Formfaktor, der für natürlich geformte Gewässersedimente $\approx 0,7$ beträgt woraus sich ergibt

$$b \approx 1,09. \qquad (4.321)$$

---

[35] Der Formfaktor, engl. shape factor SF, geht auf MCNOWN zurück.

4.9. Sedimenttransport

Damit wird

$$w = 14{,}7 \cdot \frac{\nu}{d} \cdot \left(\sqrt{1 + 5{,}7 \cdot 10^{-3}\, D^{*3}} - 1\right) \qquad \text{(nat. Sedimente } FF = 0{,}7\text{)} \tag{4.322}$$

mit D^* nach Gl. 4.295. Abb. 4.139 gibt die Sinkgeschwindigkeiten nach Gl. 4.322 für Sedimente mit $\rho_F = 2{,}65$ t/m^3 in Luft und in Wasser wieder. Im Bereich $200 \lessapprox Re_w \lessapprox 2 \cdot 10^5$ bzw. bei Sand in Wasser für $d \gtrapprox 1$ mm reduziert sich die Lösung auf

$$w = 1{,}1\,\sqrt{\rho'\, g\, d} \qquad \text{(Grobsedimente)} \tag{4.323}$$

(bei Kugeln beträgt der Faktor 1,83).

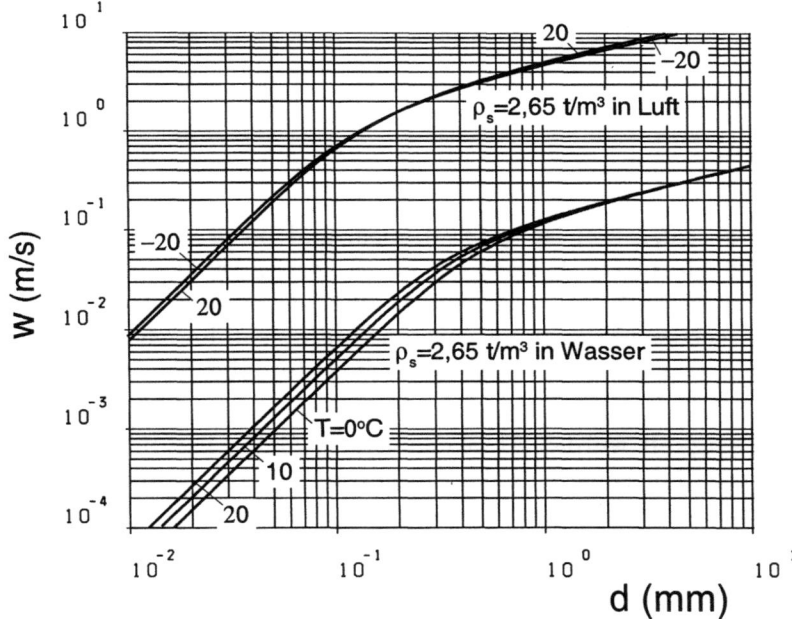

Abb. 4.139: Sinkgeschwindigkeiten.

Beschleunigungsphase Für eine beschleunigt fallende Kugel bei einer Relativgeschwindigkeit v_r zwischen Kugel und Flüssigkeit gilt

$$m_{eff} \cdot \frac{dv}{dt} = (\rho_F - \rho)\frac{\pi}{6} d^3 \cdot g - c_D\, \frac{1}{2}\, \rho\, v_r^2\, \pi\, \frac{d^2}{4}. \tag{4.324}$$

SPOSITO [107] gibt eine Lösung dieser nichtlinearen Differentialgleichung an, die für aus dem Ruhezustand fallende Teilchen lautet (zu dieser Thematik s. auch

FÄRBER [25]):

$$\frac{w(t)}{w} = \tanh \frac{t}{2\,t_c} \qquad \text{bzw.} \qquad \frac{t}{t_c} = 2\,arc\tanh \frac{w(t)}{t} \qquad (4.325)$$

mit w = Endsinkgeschwindigkeit nach Gl. 4.314 und der charakteristischen Zeit

$$t_c = \frac{1}{2}\frac{m_{eff}\cdot w}{F_D} = \frac{1}{2}\frac{\rho_F + n\,\rho}{\rho_F - \rho}\cdot\frac{w}{g}. \qquad (4.326)$$

Dabei ist m_{eff} die beschleunigte Masse des Teilchens inklusive eines Teils des umgebenden Wassers und n besagt, welcher Volumenanteil Wasser mit beschleunigt wird. Hier wird $n \approx 0,5$ abgeschätzt. Setzt man als Endsinkgeschwindigkeit an $\frac{w(t)}{w} \approx 0,99$, so wird die Zeit t_{99}, in der $w(t)$ auf $0,99\,w$ beschleunigt,

$$t_{99} \approx 2,65 \cdot 2\,t_c \approx 2,65 \cdot \frac{\rho_F + 0,5\,\rho}{\rho_F - \rho}\cdot\frac{w}{g}, \qquad (4.327)$$

sowie für Sand in Wasser

$$t_{99} \approx 5 \cdot \frac{w}{g}. \qquad (4.328)$$

Für Sandkörner mit $d = 0,2$ mm ist $t_{99} \approx 0,005s$, und bei $d = 1$ mm sind es $t_{99} \approx 0,08s$. Die Zeit t_{80}, in der Körner auf 80 % der Endsinkgeschwindigkeit beschleunigen, beträgt ca. $0,4\,t_{99}$. Vorstehends gilt gleichermaßen für ruhende Teilchen, die in eine vertikale Strömung geraten. Man sieht hieraus auch, daß typische in Suspension transportierte Gewässersedimente dabei nahezu verzögerungsfrei reagieren.

In turbulenter Flüssigkeit wurden Abweichungen sowohl in Richtung schnelleren, als auch in Richtung langsameren Fallens festgestellt, deren genaue Ursachen aber noch nicht abschließend aufgeklärt sind.

4.9.2.7.2 Sinkgeschwindigkeit von Flocken

Isolierte Flocken folgen beim Sinkvorgang dem STOKES- Widerstandsgesetz $c_D = 24/Re_w$. Näherungsweise können Flocken als undurchströmt angenommen werden. Damit kann man ihnen einen maßgebenden Durchmesser zuordnen, wie es in Abb. 4.140 skizziert ist. Unter dieser Voraussetzung existieren zwischen einer Flocke und einer Vergleichskugel, die nur aus dem Feststoff in der Flocke besteht, in Abhängigkeit des volumetrischen Wassergehaltes W der Flocke folgende Relationen (Indizes "Fl=Flocke" und "k=kompakt"):

$$\rho_{Fl} = \frac{Masse_{Fl}}{Volumen_{Fl}} = \rho_k \left(\frac{d_k}{d_{Fl}}\right)^3 + \rho\left(1 - \left(\frac{d_k}{d_{Fl}}\right)^3\right) \qquad (4.329)$$

4.9. Sedimenttransport

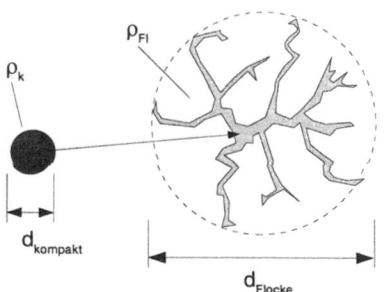

Abb. 4.140: Kompakte Vergleichskugel und Flocke mit gleichem volumetrischem Feststoffanteil.

Mit

$$W = \frac{V_{Fl} - V_k}{V_{Fl}} = 1 - \left(\frac{d_k}{d_{Fl}}\right)^3 \qquad (4.330)$$

wird $\rho_{Fl} = \rho_k (1-W) + \rho W$ und damit $\rho'_{Fl} = (1-W) \cdot \rho'_k$. Für den STOKES-Bereich mit $w = 1/18 \, \rho' g \, d^2 / \nu$ ergibt sich dann (vgl. Abb. 4.141)

$$\frac{w_{Flocke}}{w_k} = \frac{\rho'_{Fl} \, d^2_{Fl}}{\rho'_k \, d^2_k} = (1 - W)^{\frac{1}{3}}. \qquad (4.331)$$

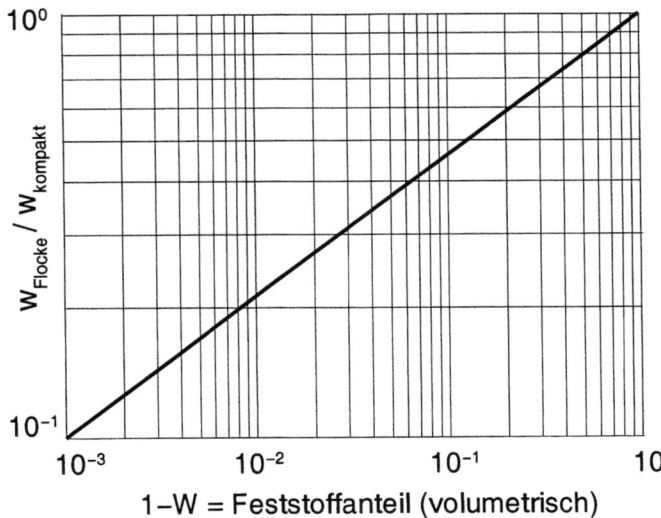

Abb. 4.141: Sinkgeschwindigkeit w von isolierten Flocken in Relation zur Sinkgeschwindigkeit des kompakten Feststoffanteils $(1-W)$ in der Flocke in Abhängigkeit vom Feststoffanteil.

Flockengrößen sind neben dem Chemismus und den organischen Bestandteilen von den physikalischen Parametern Schubspannung und Konzentration abhängig. Abb. 4.142 zeigt hierzu ein schematisches Diagramm von DYER [21].

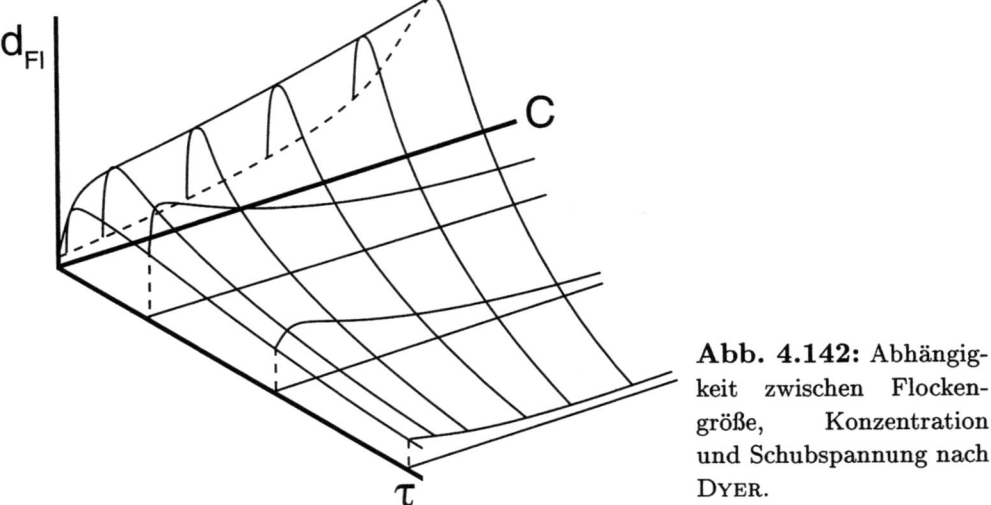

Abb. 4.142: Abhängigkeit zwischen Flockengröße, Konzentration und Schubspannung nach DYER.

Danach steigt die Flockengröße insbesondere bei kleinen Schubspannungen (= wenig Turbulenz) mit der Konzentration an. Mit steigender Schubspannung verstärkt sich der Effekt und erreicht schnell ein Maximum. Bei weiter steigender Schubspannung fällt die Flockengröße wieder ab.

Hochkonzentrierte Flocken In hoher Konzentration führen Bindekräfte zwischen den Flocken dazu, daß die Flocken eine "Trübe" (Dichteströmung, fluid mud) bilden. Bereits bei Konzentrationen einer Dichte, die noch nahezu die Fließfähigkeit von Wasser besitzt, tritt anstelle des STOKESschen Sinkvorgangs nun ein Konsolidierungsvorgang, bei dem das weitere Absetzen zu einem Kompaktieren führt. Hierbei wird das Porenwasser durch die Bindekräfte zwischen den Flocken, durch das Eigengewicht und durch die Auflast mit der Zeit ausgetrieben. Diese Vorgänge haben weit größere Zeitskalen (Wochen, Monate, Jahre), als der Sinkvorgang. Als Zwischenstadium bildet sich z.B. in den an Schlickflocken reichen Brackwasserzonen der Tideflüsse zu Zeiten der Tidekenterung an der Sohle eine hochkonzentrierte Schicht aus *fluid mud* aus. Je nach Strömungsbelastung bleibt diese zusammenhängend oder kann auch wieder aufgerissen und dabei schlagartig in Suspension gebracht werden.

4.9.2.7.3 Sinkgeschwindigkeit von Kornhaufen Große absinkende Kornhaufen entstehen z.B. bei der Verklappung von Baggergut. Die Sinkgeschwindigkeit ist sehr abhängig von der Geschwindigkeit der Sedimentzugabe in den Wasserkörper. Bei sehr langsamer Zugabe rieseln die Körner mit ihrer individuellen Fallgeschwindigkeit zu Boden. Bei plötzlicher Zugabe einer großen Sedimentmenge verhält sich diese wie ein kompakter Körper mit dem Durchmesser der Öffnungsbreite im Schiff.

4.9. Sedimenttransport

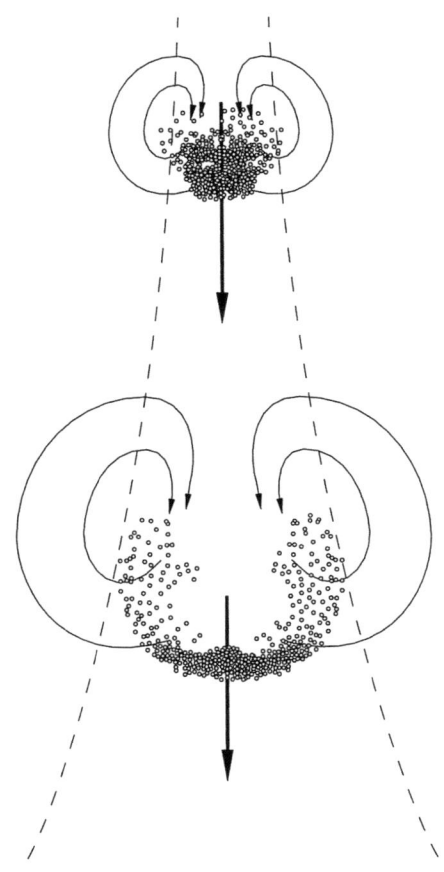

Abb. 4.143: Sinkverhalten und beim Sinkvorgang ausgelöste Strömungen eines Kornhaufens

Die Anfangssinkgeschwindigkeit basiert auf der effektiven Dichte des Haufens und dem Haufendurchmesser und ist um ein Vielfaches höher als die Sinkgeschwindigkeit der Einzelkörner. Aufgrund der Durchströmbarkeit des Kornhaufens einerseits und aufgrund der Beweglichkeit der Körner im Haufen andererseits wird der Haufen beim Fallvorgang größer und seine mittlere Dichte nimmt ab. Nach einer Fallstrecke, die vom zugegebenen Volumen und der Zugabegeschwindigkeit abhängt, verliert der Haufen seine Identität an eine Ansammlung von Einzelkörnern. Bei den realen Verhältnissen erreicht verklapptes Baggergut die Sohle noch ziemlich kompakt. Abb. 4.143 zeigt den Fallvorgang und die vom fallenden Kornhaufen verursachte Strömung, die ihn selbst wieder beeinflußt.

4.9.2.7.4 Aufwirbelung (Entrainment) Sedimente werden aufgewirbelt und ständig werden Teilchen von der Sohle in den Wasserkörper eingetragen (entrained), wenn die Strömung stark genug oder die Teilchen fein genug sind. Aufwirbelnd wirken Mini-Tornados, die über die Sohle laufen und auch Wirbel mit horizontaler Drehachse, insbesondere im Bereich des Strömungsabrisses in Lee der

Kämme von Riffeln und Dünen. Im Gegenzug fallen ständig Teilchen auf die Sohle zurück. Bei stationär gleichförmigen Verhältnissen stellt sich eine zugehörige Gleichgewichtskonzentration im Wasserkörper ein. Für das Entrainment wurde eine Reihe (teil)empirischer Formeln entwickelt. Nach V. RIJN [83] ist z.B.

$$E = 0,00033\, D^{*0,3} \left(\frac{\tau^* - \tau_c^*}{\tau_c^*}\right)^{1,5} \sqrt{\rho'\, g\, d}. \tag{4.332}$$

Hierin ist E die pro Zeiteinheit vom Boden abgetragene und in Suspension gebrachte Schichtdicke.

4.9.2.7.5 Konzentrationsverteilung Die Konzentration an suspendierten Sedimenten nimmt erfahrungsgemäß von der Sohle zur Oberfläche hin ab. Warum sich ein Konzentrationsgefälle $\partial C_y/\partial y$ einstellt, läßt sich veranschaulichen. Abb. 4.144 zeigt hierzu beispielhaft drei Schichten mit unterschiedlicher Konzentration. Weiter angedeutet sind das Sinkverhalten mit der Sinkgeschwindigkeit w und die turbulenzbedingte Vermischung. Stellt man sich nun vor, daß die Sinkgeschwindigkeit gegen Null geht, so wird klar, daß nach einiger Zeit Durchmischung überall die gleiche Konzentration C herrscht. Besitzen die Teilchen eine deutliche Sinkgeschwindigkeit, so haben sie die Tendenz, sich unten anzureichern. Damit ist das Angebot an Teilchen, die nach oben gemischt werden können, größer als das Angebot in umgekehrter Richtung. Somit ist ein stabiler Zustand bei einem Konzentrationsgefälle möglich. Dieses Konzentrationsgefälle ist also abhängig von der Sinkgeschwindigkeit w und der turbulenten Diffusivität D_S der Partikel, die auch als Austauschgröße bezeichnet wird. Der Zusammenhang wird durch folgende Differentialgleichung beschrieben

$$w \cdot C_y + D_{S,y} \frac{\partial C_y}{\partial y} = 0. \tag{4.333}$$

Feine und leichte Partikel, genauer gesagt, Partikel mit sehr geringer Trägheit, folgen der Wasserbewegung weitestgehend und somit ist die Diffusivität solcher Partikel etwa gleich der Diffusivität der Flüssigkeit. Diese ist identisch mit der kinematischen Wirbelviskosität ν_t und mit Gl. 4.174 auf Seite 112 beschrieben (vgl. auch Abb. 4.145 rechts):

$$\nu_{t,y} = \kappa\, v^*\, y \left(1 - \frac{y}{h}\right). \tag{4.174}$$

Das bedeutet

$$D_S \approx \nu_t \quad \text{oder allgemein auch für größere Teilchen} \quad D_S = \beta\, \nu_t, \tag{4.334}$$

wobei β den Einfluß der Trägheit berücksichtigt, der sich darin ausdrückt, daß die Teilchenwege und die Wasserbewegung bei zunehmender Größe mehr und mehr voneinander abweichen. Ihre Diffusivität ist dann unterschiedlich.

4.9. Sedimenttransport

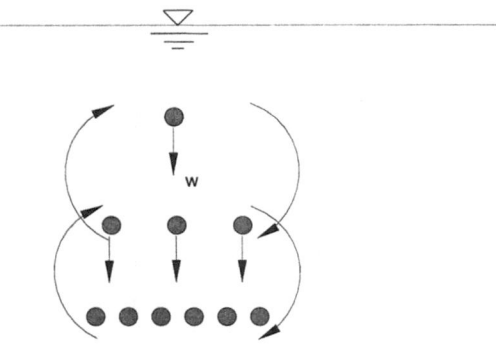

Abb. 4.144: Zur Erläuterung der vertikalen Konzentrationsverteilung.

Mit $D_S = \beta \, \nu_t$ ergibt sich aus Gl. 4.333 für die Konzentrationsverteilung

$$\frac{C_y}{C_a} = \left(\frac{h-y}{y} \cdot \frac{a}{h-a} \right)^z , \qquad (4.335)$$

mit

$$z = \frac{w}{\beta \cdot \kappa \cdot v^*} \qquad (4.336)$$

und y = Abstand von der Sohle, C_a = Referenzkonzentration im Referenzabstand a von der Sohle (empfohlen $a \approx 0,05h$), h = Wassertiefe, w = Sinkgeschwindigkeit der Sedimente, κ = VON KARMAN-Konstante= 0,4 und in erster Näherung $\beta = 1$. Auf Abb. 4.145 sind die Gln. 4.335 und 4.174 graphisch dargestellt. Maßgebend für die Form der Konzentrationsverteilung ist die Schwebstoffzahl z. Je kleiner w und/oder je größer v^* (= Maß für die Durchmischung), desto gleichmäßiger sind die Sedimente in der Wassersäule verteilt. Das Profil gibt die Konzentration C_y in Relation zur Referenzkonzentration C_a an, für die z.B. V. RIJN [82] angibt

$$C_a \approx 0,015 \frac{d_{50}}{a} D^{*-0,3} \left(\frac{\tau^* - \tau_c^*}{\tau_c^*} \right)^{1,5} \sqrt{\rho' \, g \, d} . \qquad (4.337)$$

Die in Suspension transportierten Sediment*frachten* ergeben sich aus dem Integral des Produktes von Konzentration und Transportgeschwindigkeit:

$$m_S = \rho_F \int_a^h C(y) \cdot v(y) \, dy \qquad [kg/(m\,s)] . \qquad (4.338)$$

Die Geschwindigkeitsverteilung $v(y)$ wurde in Kapitel 4.5.3.7 auf Seite 111ff behandelt.

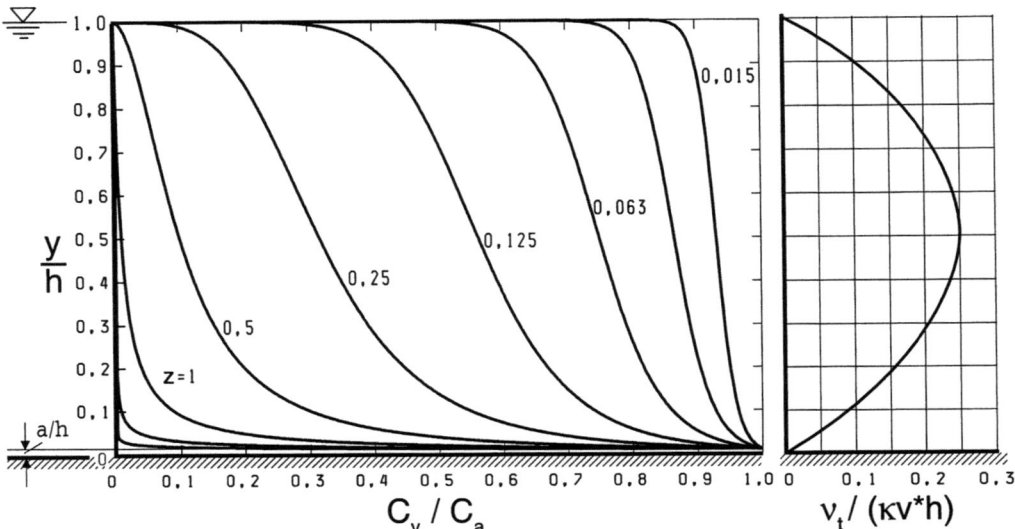

Abb. 4.145: Konzentrationsverteilung für verschiedene Exponenten z (links) und Austauschgröße (rechts).

Die *Grenzkörnung* d_{gr} zwischen vorwiegend als Geschiebe oder in Suspension transportierten Sedimentanteilen läßt sich modifiziert nach KRESSER [54] abschätzen:

$$d_{gr} = \frac{v_m^2}{218\,\rho'\,g}. \tag{4.339}$$

Bei z.B. $v = 1$ m/s werden Kornanteile mit $d < 0,28$ mm demnach vorwiegend suspendiert verfrachtet.

4.9.2.8 Gesamttransport

Der Gesamttransport kann als Summe von Geschiebe- und Suspensionstransport ermittelt werden.

Alternativ sind Gesamttransportformeln wie z.B. nach ENGELUND/HANSEN [24] als grobe Näherung anwendbar:

$$m_F = 0,05 \cdot \rho_F \cdot \tau^{*5/2} \cdot \left(\frac{v_m}{v^*}\right)^2 \cdot \sqrt{\rho'\,g\,d_m^3}. \tag{4.340}$$

4.9.3 Transportmengen-Dauerlinie

Die Volumina voraussichtlicher Auflandungen oder Erosionen können für begrenzte Zeiträume über Transportmengendauerlinien ermittelt werden. Voraussetzung ist die zugehörige Abflußdauerlinie. Wird beispielsweise aus einem Gewässer mit dem Abfluß Q sedimentfreies Wasser abgeleitet und weiter unterstrom wieder eingeleitet, so führt die Durchflußminderung nach der Ableitungsstelle im Gewässer zu herabgesetzter Transportfähigkeit (Transportkapazität) und damit zu Auflandungen. Unterhalb der Wiedereinleitung steigen Durchfluß und Transportkapazität, und die Bilanz mit dem von oberstrom kommenden Material ist negativ. Folge sind hier Auskolkungen und ggf. die Notwendigkeit von Sicherungsmaßnahmen am Gewässerbett. Abb. 4.146 zeigt, wie sich aus den Überschreitungszeiten auf der Abszisse über die Abflußdauerlinie und die Sedimenttransportfunktion eine zugehörige Transportkapazitätsdauerlinie bestimmen läßt. Die Fläche unter der Transportkapazitätsdauerlinie ($[kg/Zeit] \cdot Zeit$) gibt die transportierte Fracht M_F und damit auch das entsprechende Volumen an. Letzteres folgt aus Gl. 4.281. Die Differenzfläche zwischen zwei unterschiedlichen Transport-Dauerlinien gibt die Erosions- oder Auflandungsvolumina an. Benutzt man die Abflußdauerlinie mit Bezug auf den breitenbezogenen Abfluß q ($m^3/(m \cdot s)$), dann lassen sich auf diese Weise auch Effekte von Querschnittsänderungen abschätzen.

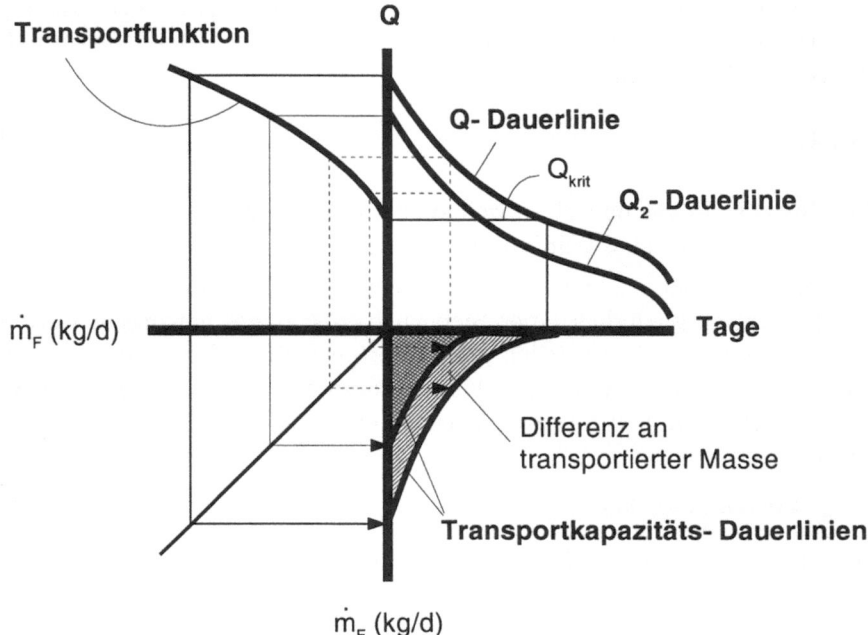

Abb. 4.146: Zur Transportkapazitäts-Dauerlinie.

4.9.4 Morphodynamische Modelle

Die zeitabhängige morphologische Entwicklung von Gewässern kann fallweise durch hydraulische Modelle mit beweglicher Sohle simuliert werden. Der Anwendung sind allerdings durch die Modellgesetze Grenzen gezogen. Relativ problemlos sind hydraulische Modelle mit beweglicher Sohle bezüglich der Modellgesetze, wenn Natur und Modell hydraulisch vollkommen rauh sind. Dann kann im Modell mit maßstäblich feinerem Sand gearbeitet werden. In allen anderen Fällen sind die Übertragungskriterien für die Strömung und die Sedimentbewegung unterschiedlich.

Eine moderne Alternative sind hydrodynamisch-morphodynamisch-numerische Modelle. In solchen morphodynamischen Modellen wird in kurzen Zeitintervallen Strömung, Transportdifferenz und neue Sohllage nach Gl. 4.280 auf Seite 174 berechnet. Diese Modelle sind maßstabsfrei, erfordern aber die mathematische Formulierung der Transportprozesse. Der Aufwand für Softwareentwicklung und für Rechenzeiten ist sehr beträchtlich, jedoch läßt der derzeitige Entwicklungsstand z.T. bereits Fallstudien zu, die aussagekräftiger und kostengünstiger sind, als bei hydraulischen Modellen mit beweglicher Sohle.

4.9.5 Sohlensicherung mit Steinschüttungen

Stark belastete Sohlen werden häufig durch Steinschüttungen gesichert. Nach einer in der Literatur häufiger zitierten Formel von ISBASH (in [104]) wird für die Bemessungs-Steingröße empfohlen

$$d_o = 0,347 \frac{v_m^2}{\rho' g} \qquad (4.341)$$

Die Formel ist insofern etwas pauschal, weil sie die relative Wassertiefe h/d_o nicht und die Turbulenz nur pauschal beinhaltet.

Die Bemessungs-Steingröße d_o kann über den kritischen Durchmesser d_c an der Grenze Ruhe/Bewegung zuzüglich eines Sicherheitszuschlages gewonnen werden. Der kritische Durchmesser für natürlich gelagerte (geschüttete) Steine mit einem Bewegungsrisiko von ca. 10 % (SHIELDS-Kurve) kann z.B. aus Gl. 4.290 auf Seite 179 oder Gl. 4.293 auf Seite 180 ermittelt werden. Für Steine ist nach der SHIELDS-Kurve

$$\tau^*_{c,Shields} \approx 0,052.....0,055. \qquad (4.342)$$

Weiter folgt aus $\tau^* = v^{*2}/(\rho' \cdot g \cdot d)$ (Gl. 4.286 auf Seite 177)

$$v_c^{*2} = \tau^*_{c,Shields} \cdot \rho' \cdot g \cdot d, \qquad (4.343)$$

oder nach d aufgelöst

$$d_c = \frac{v^{*2}}{\tau^*_{c,Shields} \, \rho' \, g}. \qquad (4.344)$$

4.9. Sedimenttransport

Dies ist der Steindurchmesser, der gerade an der Grenze zwischen Ruhe und Bewegung nach SHIELDS liegt, was etwa 10 % Bewegungsrisiko und damit eine sehr schwache, aber stete Bewegung von Steinen bedeutet.

Die kritische Schubspannung $\tau^*_{c,R}$ für ein gewähltes Risiko $0 < R < 1$, daß sich Steine bewegen, erhält man aus Gl. 4.297 auf Seite 181

$$\frac{\tau^*_{c,R}}{\tau^*_{c,Shields}} = \left(\frac{\frac{1}{R} - 1}{10}\right)^{-1/9}. \qquad (4.345)$$

Damit wird die Bemessungssteingröße

$$d_o = \frac{v^{*2}}{\tau^*_{c,R}\, \rho'\, g}. \qquad (4.346)$$

Bei einem Bewegungsrisiko $R \approx 1$ % lagern sich nur noch vereinzelte Steine um, bis sie eine stabilere Lage gefunden haben. Unter dieser Voraussetzung ist die Bemessungssteingröße

$$d_o = \frac{v^{*2}}{0,78 \cdot 0,055\, \rho'\, g} = 23\, \frac{v^{*2}}{\rho'\, g}. \qquad (4.347)$$

Ist die Geschwindigkeitsverteilung im Bemessungsgebiet zumindest angenähert logarithmisch (also weitgehend durch irgendwelche Strukturen ungestört), kann man d_o mit dem Geschwindigkeitsprofil für hydraulisch voll rauhe Sohle (s. Tabelle 4.15 auf Seite 117) auch auf die Geschwindigkeit direkt an den Steinen ($v_s = v_{y=d_o}$) oder auf die mittlere Geschwindigkeit v_m beziehen:

$$d_o \approx 0,5\, \frac{v_s^2}{\rho'\, g} \qquad (4.348)$$

oder

$$d_o \approx \frac{3,7}{\left(\ln\left(11\frac{h}{k_s}\right)\right)^2} \cdot \frac{v_m^2}{\rho'\, g}, \qquad (4.349)$$

wobei für die wirksame Rauheitshöhe bei geschütteten Steinschichten $k_s \approx 2\, d_o$ anzusetzen ist.

Der Standard-SHIELDS-Wert (im hydraulisch rauhen Bereich 0,052-0,055) berücksichtigt weder unterschiedliche Grenz-Böschungswinkel (Schüttwinkel) ϕ des Sediments, noch die Überdeckungshöhe h/d noch abweichende Turbulenzverhältnisse. Gl. 4.290 beinhaltet diese Abhängigkeiten. Für Steine, bzw. generell für hydraulisch rauhe Verhältnisse, vereinfacht sich (4.290), solange $h/d \gtrsim 50 - 100$ ist zu

$$\tau^*_c = \frac{0,7\, \tan(\phi/1,5)}{(1 + 0,38 \cdot f_{TU})^2 \cdot (1 + 4,3\, \tan(\phi/1,5) \cdot f_{TU}^2)}, \qquad (4.350)$$

da dann $v'_{rms,b}/v^\star \approx 1,8$ und $v_b/v^\star \approx 8,5$ sind[36]. Dabei ist f_{TU} ein hier eingeführter Faktor, mit dem vom Normalfall abweichende turbulente Schwankungsgeschwindigkeiten berücksichtigt werden können. Im Fall "normaler" Turbulenz ist $f_{Tu} = 1$. Lokal kann die Turbulenz infolge von Störungen der Strömung, z.B. durch eingebaute Strukturen oder Bauwerke, erhöht sein. Bei $f_{Tu} = 1,2$ erhöhen sich die Bemessungswerte d_o, bei ansonsten gleichen Randbedingungen, demgemäß beispielsweise um ca. 40 %. Der so bestimmte τ_c^*-Wert ist dann in Gleichung 4.345 anstelle des Standard-SHIELDS-Wertes einzusetzen und in den darauf folgenden Gleichungen entsprechend zu berücksichtigen.

Geneigte Sohlen/Böschungen Berücksichtigt man noch eine Neigung der Sohle um den Winkel α (Abb. 4.147), so wird

$$d_{o,\alpha} = \frac{d_o}{\cos\alpha - \frac{1}{\tan\phi}\sin\alpha} = d_o \frac{\sin\phi}{\sin(\phi - \alpha)}, \tag{4.351}$$

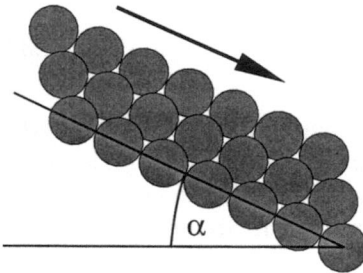

Abb. 4.147: Zum Bewegungsbeginn bei geneigter Sohle.

Hierin ist ϕ der Winkel der inneren Reibung, der bei Sand, Kies und Steinen etwa mit $30°$ angesetzt werden kann, aber bei kantigen Steinen auch etwas höher liegen kann. In Gl. 4.351 ist α positiv, wenn die Sohle in Strömungsrichtung fällt und negativ, wenn die Sohle in Strömungsrichtung ansteigt. Wird $\alpha = \phi$, so rollen und rutschen die Steine auch ohne Strömung ab.

Sind die Steine nicht geschüttet, sondern einzeln gesetzt, können sie kleiner dimensioniert werden. Es ist auf Erfahrungswerte je nach Setzart zurückzugreifen.

Bei Sohlensicherungen an Bauwerken ist noch den individuellen Strömungs- und Turbulenzverhältnissen Rechnung zu tragen. Hier sind in komplizierten Fällen Modellversuche zu empfehlen.

---

[36] Bei geringen relativen Überdeckungshöhen h/d ist der Wert kleiner als 1,8 (vgl. Abb. 4.134 auf Seite 180) und aus Gl. 4.291 neu zu berechnen.

4.10 Hydromechanische Grundlagen der Wasser- und Windkraftnutzung

4.10.1 Generelles

Bei der Nutzung der Wasserkraft wird dem Wasser Energie entzogen und in elektrische Energie umgewandelt, indem ein Turbinenrad in Drehung versetzt wird, das seinerseits einen Generator dreht.[37] Generell ist die Leistung von Wasserkraftanlagen, unabhängig vom Turbinentyp, durch $P = \eta \rho g Q \Delta h_E$ beschrieben. Als allerersten Schätzwert kann man benutzen

$$P \approx 8 \cdot Q\,(m/s) \cdot \Delta h\,(m) \qquad \text{(kW)}. \tag{4.352}$$

Hierin sind η der Gesamtwirkungsgrad, Q der Durchfluß und Δh_E der Energiehöhenunterschied vor und hinter der Anlage. Meist ist die Fallhöhe $\Delta h \approx \Delta h_E$, weil die Geschwindigkeitshöhe $v_o^2/2g$ im Zulauf im Vergleich zu Δh sehr klein gehalten wird. Wechselnder Bedarf und das natürlich wechselnde Dargebot für Q und Δh erfordern als Entwurfsziel,

1. für den Bemessungsabfluß einen möglichst hohen Wirkungsgrad η zu erzielen und

2. möglichst hohe Wirkungsgrade über einen weiten Bereich von $Q - \Delta h$ - Kombinationen zu gewährleisten.

Dieses Ziel wird durch Einsatz unterschiedlicher, jeweils in einem bestimmten Q-Δh-Bereich besonders günstig arbeitender Wasserkraftmaschinen erreicht. Bei den einzelnen Turbinentypen läßt sich, wie nachfolgend gezeigt wird, der Wirkungsgradverlauf noch durch geeignete Kunstgriffe verbessern oder vergleichmäßigen. Dies betrifft z.B. die Becherform bei Freistrahlturbinen, oder bei Turbinen in Rohrleitungen den Saugschlauch sowie Leiteinrichtungen zur Optimierung der Anströmung bei unterschiedlichen Betriebsbedingungen.

Die Konstruktion der gesamten Anlage zielt weiterhin darauf ab, die Strömungsverluste in den Rohrleitungssystemen der Zuleitung zur Maschine und der Ableitung von der Maschine möglichst klein zu halten. Diese Aufgabe ist durch wirtschaftliche Vergleichsrechnungen lösbar (vgl. Abb. 4.41 auf Seite 78).

Die Bedeutung guter Ausbildung aller Teile einer Wasserkraftanlage sei am Beispiel einer durch Optimierung gewonnenen Fallhöhe von nur 10 cm bei einer Anlage mit $Q = 500$ m³/s gezeigt. Der Leistungsgewinn beträgt dann ca. $P = 400$ kW und der Energiegewinn für eine Betriebszeit von 50 Jahren $W \approx 140$ Mio. kWh (bei 80 % Betrieb). Bei einem Strompreis von 0,15 DM/kWh wären das ca. 20 Mio. DM.

---
[37] Für detaillierte Ausführungen wird auf die Bücher von MOSONYI und GIESECKE, [65] und [32], hingewiesen.

4.10.2 Leistung

Die energetischen Zusammenhänge erhält man durch Erweitern der Energiehöhengleichung

$$\Delta \frac{p}{\rho g} + \Delta z + \Delta \frac{v^2}{2g} = h_v \quad \text{(m)}. \tag{4.6}$$

mit $\rho g Q$, woraus sich das Pendant in Leistungen (= Energie je Zeiteinheit = Energieströme) ergibt

$$\underbrace{Q \Delta p}_{\text{Leistung aus Druckenergie}} + \underbrace{\rho g Q \Delta z}_{\text{L. aus pot. Energie}} + \underbrace{\frac{1}{2} \rho Q \Delta v^2}_{\text{L. aus kinet. Energie}}$$

$$= \underbrace{\rho g Q h_v}_{\text{für die Strömung verlorene Leistung}}$$

$$= \underbrace{P_v}_{\text{der Strömung entzogene Leistung}} \quad \text{(Nm/s = W)}. \tag{4.353}$$

Die Leistung P_v, die der Strömung entzogen wird (Gl. 4.353), kommt zustande durch Reibung, örtliche Verluste in der Leitung (Schieber, Krümmungen usw.) sowie den Energieentzug durch die Wasserkraftmaschine:

$$P_v = \rho g Q h_{v,\text{Strö}} + \rho g Q h_f, \tag{4.354}$$

mit h_f = nutzbare Fallhöhe direkt an der Turbine. Von dem an der Turbine verfügbaren Energiestrom $P = \rho g Q h_f$ geht noch ein Teil durch Verluste in der Turbine selbst verloren, so daß gewonnen werden kann

$$P = \eta_T \rho g Q h_f, \tag{4.355}$$

wobei η_T die Verluste in der Maschine berücksichtigt. Bei gut ausgelegten und regelbaren Maschinen kann von einer Größenordnung um $\eta_T = 0,9$ ausgegangen werden, wie man aus Abb. 4.148 entnehmen kann.

Bezieht man auf die gesamte Energiehöhendifferenz Δh_E anstelle auf die Nettofallhöhe h_f, so kann man auch schreiben $h_f = \eta_R \Delta h_E$, worin η_R die anteiligen Strömungsverlusthöhen im Rohrsystem beschreibt. Faßt man die einzelnen Wirkungsgrade zu einem Gesamtwirkungsgrad $\eta = \eta_R \cdot \eta_T$ zusammen, wird

$$P = \eta \rho g Q \Delta h_E. \tag{4.356}$$

Sofern die Zulaufgeschwindigkeitshöhe sehr viel kleiner ist als die geodätische Fallhöhe ($v_o^2/2g \ll \Delta h$), ist, wie schon gesagt, $\Delta h_E \approx \Delta h$.

Wie Gl. 4.353 zeigt, können die im Wasser enthaltenen Energieströme unterschiedliche Form haben und entsprechend mit besonders gutem Wirkungsgrad nur von unterschiedlichen Turbinentypen genutzt werden.

4.10. Hydromechanische Grundlagen der Wasser- und Windkraftnutzung

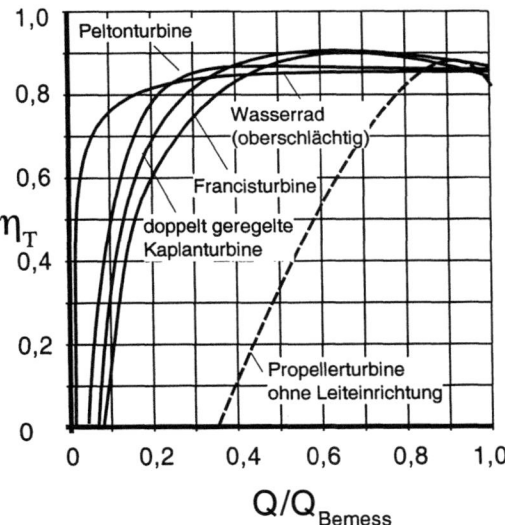

Abb. 4.148: Ungefährer Verlauf von Turbinenwirkungsgraden η_T verschiedener Turbinentypen.

Dabei sind die einzelnen Energieanteile einander äquivalent. Wesentlich ist, daß ein Massenstrom ρQ eine Druckänderung Δp und/oder eine Höhenlageänderung Δz und/oder eine Geschwindigkeitsänderung Δv erfährt:

- Steht z.B. an einem Stau potentielle Energie zur Verfügung, so kann diese direkt in Leistung aus $\rho g Q \Delta z$ umgesetzt werden, indem z.B. ein ständiger Wasserstrom auf dem oberen Niveau Behälter befüllt, die an einem Rad angeordnet sind und sich in der Tiefposition entleeren. Das so arbeitende *Wasserrad* ist anderen Konstruktionen im Arbeitsbereich kleiner Fallhöhen und kleiner Durchflüsse überlegen.

- Ordnet man alternativ eine Rohrleitung aus dem Staubecken in ein tiefer gelegenes Niveau an und installiert in der Leitung eine KAPLAN-Turbine oder FRANCIS-Turbine, dann tritt an dieser ein Drucksprung, ein und man erhält Arbeit aus $Q \cdot \Delta p$. Diese Konstruktion ist geeignet für einen weiten Bereich von Fallhöhen und Durchflüssen, wobei die KAPLAN-Turbinen im unteren Fallhöhenbereich bei großen Durchflüssen besonders geeignet sind.

- Ordnet man als weitere Alternative am Ende der Leitung eine Düse an und lenkt den Strahl auf ein mit Schaufeln bestücktes PELTON-Rad, so machen sich Fallhöhe bzw. Druck nun als kinetischer Energiestrom bemerkbar, und es wird Leistung gewonnen aus dem Abbremsen des Strahls am Rad und mithin aus $1/2 \rho Q \Delta v^2$. Bei sehr großen Fallhöhen und kleinen Durchflüssen erreicht diese Anordnung beste Wirkungsgrade.

Abb. 4.149 zeigt schematisch die Druck- und Energielinien einer Anlage mit Pumpen und Turbinen (z.B. Pumpspeicherwerk). Die Energielinie liegt im linken Becken um die Zustromgeschwindigkeitshöhe $v_o^2/2g$ über dem Wasserspiegel. In der Regel ist jedoch v_o so gering, daß die E-Linie praktisch mit dem Wasserspiegel zusammenfällt. Beim Eintritt in die Rohrleitung muß das zunächst stehende Wasser kinetische Energie erhalten, und als Folge fällt die Druckhöhe um $v^2/(2g)$ unter die Energielinie ab. Am Eintritt in die Leitung tritt darüberhinaus ein Eintrittsverlust auf (s. Kap. 4.4.4.2 auf Seite 85), und die E-Linie selbst fällt deshalb um $h_{v,E}$. In der anschließenden Leitung bis zur Pumpe kommen kontinuierlich Reibungsverluste hinzu. Zusammen mit den Eintrittsverlusten ergibt sich in der Saugleitung die Verlusthöhe $h_{v,S}$. Die Energielinie muß also am Rohreintritt höher liegen als an der Saugseite der Pumpe. Die Pumpe stellt diesen Zustand durch Erzeugen von Unterdruck auf der Saugseite her. In der Pumpe selbst wird Energie zugeführt, und der Energiehorizont wird angehoben. Hat die Pumpe genug Leistung, um den Energiehorizont über den Wasserspiegel des oberen Beckens zu heben, steht Energie für den Fließvorgang von der Pumpe zum oberen Becken zur Verfügung. Von diesem Becken aus fließt das Wasser im Beispiel weiter zu einer Turbine. In der Turbine gibt das Wasser Nutz-Energie ab und fließt dann unter weiteren Strömungsverlusten in ein unteres Becken. Die Förderhöhe der Pumpe ist also $h_{f,P} = \Delta h + \sum h_{v,Pumpleitung}$, während die Turbine nur Leistung aus $h_{f,T} = \Delta h - \sum h_{v,Turbinenleitung}$ erzeugen kann.

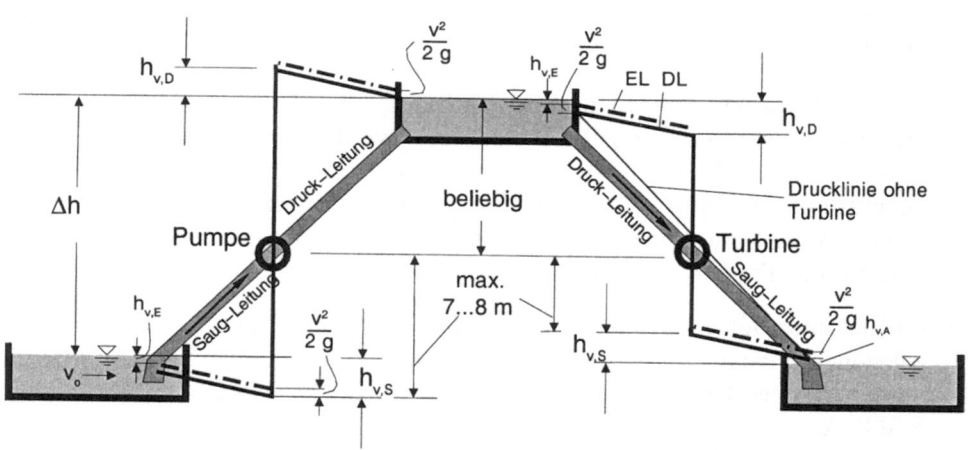

Abb. 4.149: Verlauf von Druck- und Energiehöhen an Pump- und Turbinenanlagen (schematisch).

4.10.3 Hydraulische Varianten der Energieumwandlung

4.10.3.1 Freistrahlturbine (Pelton-Turbine)

In der Praxis zeigt sich, daß die optimalen Arbeitsverhältnisse bei Fallhöhen von ca. 200 m bis 2000 m und vergleichsweise wenig Durchfluß von *Freistrahlturbi-*

4.10. Hydromechanische Grundlagen der Wasser- und Windkraftnutzung

nen erreicht werden. Da der freie Strahl an der Turbine den Umgebungsdruck besitzt, spricht man auch von *Gleichdruckturbinen*. Bei der Freistrahlturbine wird ein Wasserstrahl auf ein mit Schaufeln bestücktes Rad gelenkt.

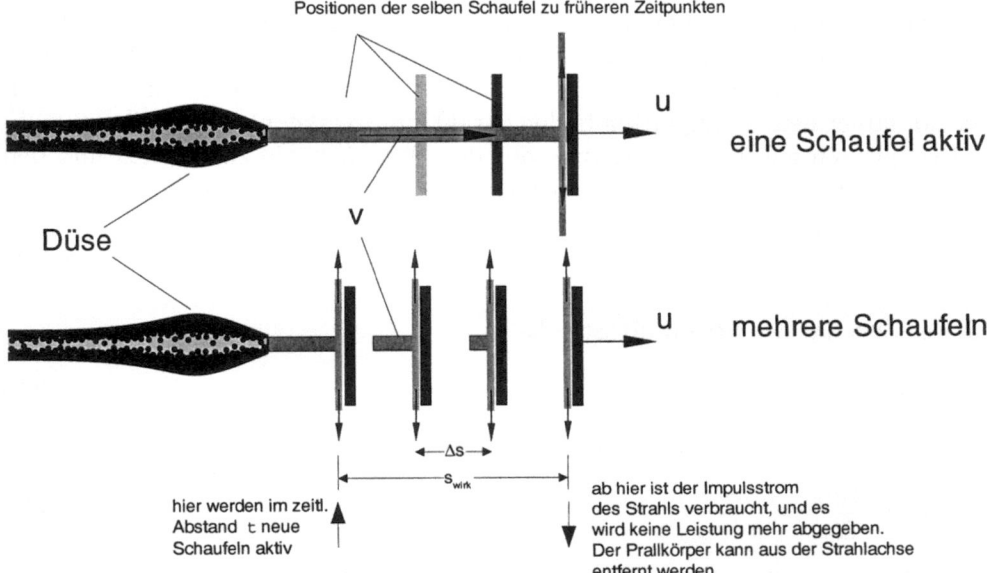

Abb. 4.150: Zum Einfuß der Schaufelzahl bei der Freistrahlturbine.

Um die hydromechanischen Zusammenhänge zu veranschaulichen, wird zunächst nur eine einzelne Prallplatte betrachtet, die im einfachsten Fall eine ebene Platte ist. Abb. 4.150 oben zeigt einen solchen Fall. Ist die Strahlgeschwindigkeit v und bewegt sich die Platte mit der Geschwindigkeit u in Strahlrichtung, so trifft von der Platte aus gesehen nur der relative Massenstrom $\rho\, Q_{rel}$ auf. Damit ist die Anprallkraft (vgl. Kap. 4.2.2.3 auf Seite 39) durch die relative Anströmungsgeschwindigkeit $v - u$ gegeben:

$$F_1 = \rho \overbrace{A\,(v-u)}^{Q_{rel}} (v-u). \tag{4.357}$$

Die abgegebene Leistung ist

$$P_1 = \rho\, A\, (v-u)\, (v-u)\, u. \tag{4.358}$$

Der Index '1' definiert diese Ergebnisse als für *eine einzige* aktive Platte gültig. Die bezüglich der Leistungsproduktion optimale Geschwindigkeit u ergibt sich aus $dP_1/du = 0$ zu

$$u_{1,opt} = \frac{1}{3}\, v, \tag{4.359}$$

und mithin ist

$$P_{1,max} = \frac{4}{27}\,\rho\,Q\,v^2. \tag{4.360}$$

Man erkennt an der Gegebenheit, daß hier nur der Volumenstrom Q_{rel} wirksam ist, daß dieses System nicht die maximal mögliche Leistung aus dem Wasser entnehmen kann. Führt man, wie auf Abb. 4.150 unten, in bestimmtem zeitlichem Abstand immer neue Prallplatten in den Strahl ein, so erkennt man, daß nun mehrere Prallplatten gleichzeitig Leistung aus dem Wasserstrahl entnehmen und den Volumenstrom Q voll nutzen. Die Wirkdauer jeder Prallplatte ist dabei

$$t_{wirk} = \frac{\Delta s}{v-u}. \tag{4.361}$$

In dieser Zeit hat der Strahl die Strecke

$$s_{wirk} = v \cdot t_{wirk} \tag{4.362}$$

durchmessen. Daraus ergibt sich die wirksame Schaufelzahl zu

$$z_S = \frac{s_{wirk}}{\Delta s} = \frac{v}{v-u} \tag{4.363}$$

und die Leistung aller aktiven Schaufeln in summa wird jetzt

$$P = P_1 \cdot z_S = \rho\,\overbrace{A\,v}^{Q}\,(v-u)\,u. \tag{4.364}$$

Für die optimale Drehzahl eines Systems mit mehreren aktiven Prallkörpern folgt über $dP/du = 0$

$$u_{opt} = \frac{1}{2}\,v \tag{4.365}$$

und damit für die maximale Leistung

$$P_{max} = \rho\,Q\,(v-\frac{1}{2}\,v)\,\frac{1}{2}\,v = \frac{1}{4}\rho Q v^2. \tag{4.366}$$

d.h., $P_{1,max}/P_{max} = 16/27 = 0{,}593$.

Weiter läßt sich nun die aktive Schaufelzahl bei optimaler Leistung angeben. Sie ergibt sich mit 4.363 und 4.365 zu

$$z_S = 2. \tag{4.367}$$

Mehr Schaufeln stören nicht, sind aber wirkungslos. Ein Vergleich ergibt, daß eine Anlage mit mehreren aktiven Prallkörpern bei gleicher Bewegungsgeschwindigkeit u der Prallkörper die $v/(v-u)$-fache Leistung wie ein mit dem Stahl permanent mitgeführter Prallkörper erreicht. Im optimalen Fall mit $u = 1/2 \cdot v$ ist es genau

4.10. Hydromechanische Grundlagen der Wasser- und Windkraftnutzung

die doppelte Leistung. Praktisch läßt sich diese Konstruktion durch auf einem Rad angeordnete Prallkörper verwirklichen. Da sich der Idealfall der Abb. 4.150 unten dabei nur angenähert herstellen läßt, u.a. weil die Prallkörper den Strahl unter einem veränderlichen Winkel durchlaufen, wird real

$$P = \eta_T \frac{1}{4} \rho\, Q\, v^2, \qquad (4.368)$$

mit $\eta_T < 1$.

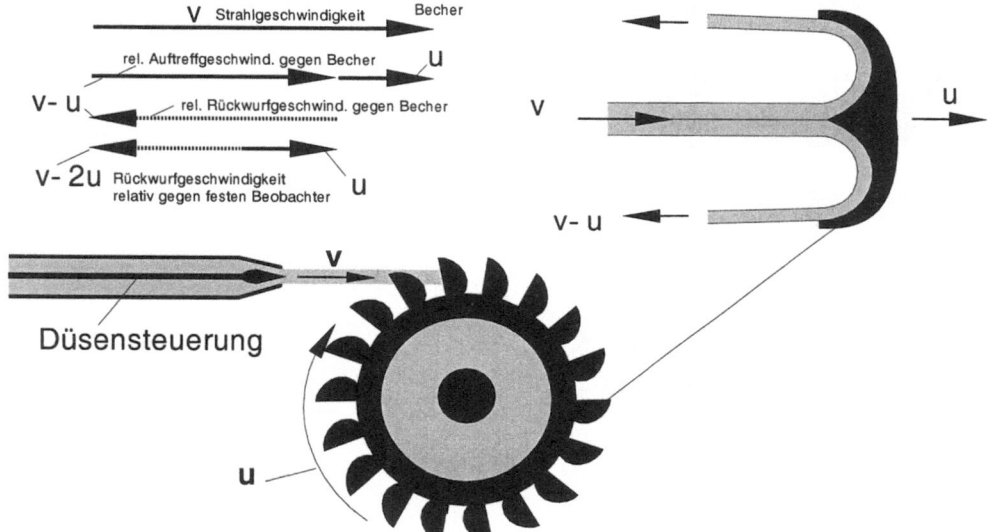

Abb. 4.151: Zur Freistrahlturbine.

Aus einem Vergleich mit Gl. 4.353 erkennt man, daß die im Wasserstrahl verfügbare kinetische Energie so immer noch erst zur Hälfte ausgenutzt wird. Der Grund liegt darin, daß das Wasser nur relativ zu den Prallplatten zum Stehen kommt, absolut aber noch im seitlichen Wegspritzen die Geschwindigkeit $v/2$ in Strahlrichtung besitzt, da sich die Platten selbst (im optimalen Fall) ja mit $v/2$ bewegen.

Formt man die Becher nach PELTON wie in Abb. 4.151 so, daß sie das Wasser wieder zurückwerfen, verdoppeln sich Kraft und Leistung gegenüber dem auf Abb. 4.11 auf Seite 40 dargestellten Fall, und es wird:

$$P_{max} = \frac{1}{2} \eta_T\, \rho\, Q\, v^2. \qquad (4.369)$$

Die Vektoren auf der Abb. 4.151 verdeutlichen die Wasserbewegung an der Turbine. Zunächst hat das Wasser die Geschwindigkeit v. Mit der Relativgeschwindigkeit $v - u$ trifft es den Becher. Dort wird es mit der Geschwindigkeit $v - u$ zurückgeworfen. Da sich der Becher aber mit u bewegt, ist die Geschwindigkeit des zurückgeworfenen Wassers vom festen Beobachter aus gesehen $v - 2u$. D.h. im optimalen Fall, wenn $u = 1/2\,v$, fällt das Wasser ohne kinetische Restenergie neben dem PELTON-Becher zu Boden und die im Strahl enthaltene Energie ist vollständig umgesetzt. Abb. 4.152 zeigt schematisch eine Gesamtanlage mit Freistrahlturbine. Die Aufprallkraft des Strahls auf die PELTON-Becher bei P_{max} ist

$$F_{P=max} = 2 \cdot \frac{1}{2} \cdot \rho \cdot Q \cdot v = \rho\, v^2\, A \tag{4.370}$$

mit $A =$ Strahlquerschnitt. Sie ist bei stehendem Rad doppelt so groß. Kräfte von mehreren 100kN sind möglich.

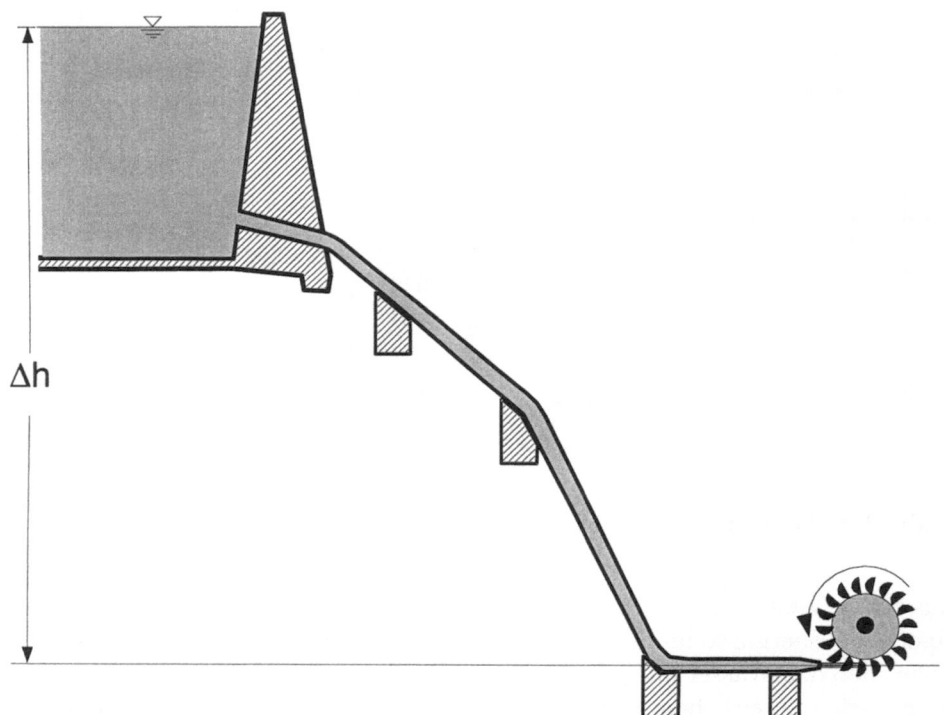

Abb. 4.152: Freistrahlturbine, schematische Anordnung.

4.10.3.2 Turbinen in Rohrleitungen

Allgemeines Mit abnehmender Fallhöhe und zunehmendem verfügbarem Durchfluß Q erzielen Turbinen beste Wirkungsgrade, bei denen ein Laufrad in eine Druckrohrleitung integriert ist. Bei dieser Konstruktion bewirkt der Energieentzug bei Durchtritt durch das Laufrad einen Druckabfall in der Strömung, und die entzogene Leistung ist $P = \eta_T\,\rho\,\Delta p\, Q$. Turbinen in Druckrohrleitungen werden auch als *Überdruckturbinen* bezeichnet. Dabei ist es zunächst unerheblich, in welchem allgemeinen Druckniveau das Laufrad arbeitet. Wesentlich ist nur, daß die

4.10. Hydromechanische Grundlagen der Wasser- und Windkraftnutzung 207

Dampfdruckhöhe (vgl. Kap. 2.6 auf Seite 11) an der Abstromseite des Laufrades (= *Saugseite*) nicht erreicht wird. Weiterhin ist es grundsätzlich (ohne Rücksicht auf η_T) unerheblich, was für ein Laufrad die Turbine besitzt, und ob sie mit vertikaler, horizontaler oder schräg liegender Welle ausgeführt wird. Die grundlegenden Zusammenhänge lassen sich aus Abb. 4.153 entnehmen.

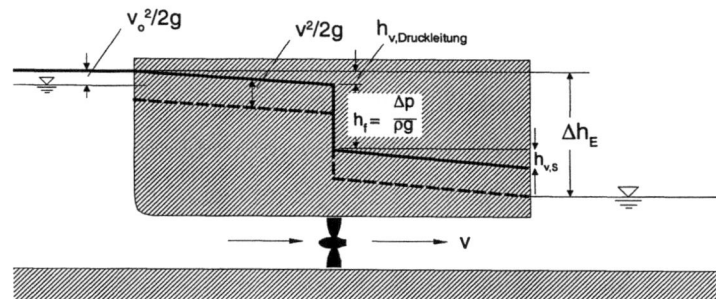

Abb. 4.153: Energieverlauf an einer Überdruckturbine, schematisches Beispiel.

Es ist in Energiehöhen geschrieben

$$\Delta h_E = \sum h_v + h_f + \frac{v^2}{2g}. \tag{4.371}$$

Erweitert mit $\rho\, g\, Q$, erhält man die Energieströme

$$\overbrace{h_f \rho g Q}^{=P} = \overbrace{\rho g \Delta h_E}^{\Delta p} Q - \sum h_v \rho g Q - \frac{v^2}{2g} \rho g Q. \tag{4.372}$$

Die Strömungsverluste $\sum h_v$ setzen sich zusammen aus Reibungsverlusten auf i Teilstrecken- und j örtlichen Verlusten:

$$h_v = \frac{v^2}{2g} \cdot \sum \zeta \quad \text{mit} \quad \sum \zeta = \sum_{i=1}^{m} \lambda_i \frac{l_i}{d_i} + \sum_{j=1}^{n} \zeta_{ö,j} \tag{4.373}$$

(vgl. Kap. 4.3.1 auf Seite 64). Damit wird

$$P = \rho g \overbrace{v A}^{Q} \left(\Delta h_E - \frac{v^2}{2g} \left(\sum \zeta + 1 \right) \right) \tag{4.374}$$

mit v = Geschwindigkeit im Rohr. Man erkennt als *grundsätzliches Problem* einer solchen Anlage, daß mit dem austretenden Volumenstrom Q am Rohrende auch Energie austreten muß, die folglich von der Turbine nicht genutzt werden konnte. Bei einem Rohr mit gleichbleibender Querschnittsfläche A kann daher (abgesehen vom Wirkungsgrad η) nicht, wie bei der Freistrahlturbine, die gesamte in der Strömung vorhandene Leistung $P = \rho g Q \Delta h$ genutzt werden. Erst durch den

Kunstgriff eines am Leitungsende auf einen größeren Querschnitt A_A aufgeweiteten Rohres (Diffusor, hier je nach Ausführung als Saugrohr oder Saugschlauch bezeichnet, s.u.), können wieder vergleichbare Gesamtwirkungsgrade erzielt werden. Eine hydraulische Analyse der Wirkzusammenhänge ist unter verschiedenen Vorgaben möglich:

Fall 1: Querschnittsfläche A der Rohrleitung vorgegeben Die optimale Austrittsgeschwindigkeit v, bei der der Energieabgang am Rohrende minimal und gleichzeitig die gewonnene Leistung $P = \rho g \Delta h Q$ maximal sind, findet man aus $\frac{dP}{dv} = 0$ zu

$$0 = \rho g A \left(\Delta h_E - 3 \frac{v_{opt}^2}{2g} \left(\sum \zeta + 1 \right) \right) \qquad (4.375)$$

oder

$$\frac{v_{opt}^2}{2g} = \frac{1}{3} \Delta h_E \cdot \frac{1}{\sum \zeta + 1}. \qquad (4.376)$$

Für die in nutzbare Energie umwandelbare Fallhöhe ergibt sich unabhängig von ζ

$$h_f = \frac{2}{3} \Delta h_E. \qquad (4.377)$$

Im verlustfreien Fall teilen sich also Geschwindigkeitshöhe und für Energieerzeugung verfügbare Höhe h_f die gesamte umsetzbare Energiehöhe Δh_E im Verhältnis 1 : 2. Die Leistung ist dabei

$$P_{max} = \frac{2}{3} \sqrt{\frac{1}{3}} \rho g \Delta h_E A \sqrt{\frac{2g \Delta h_E}{\sum \zeta + 1}}. \qquad (4.378)$$

Fall 2: Durchfluß Q vorgegeben In der Praxis sind die Turbinendurchflüsse vorgegeben, z.B. durch den Speicherraum oder den Abfluß im Fluß. Mit der Wahl des Rohrdurchmessers sind damit gleichzeitig die Verlusthöhen aus Reibung und örtlichen Verlusten festgelegt. Weiter ist damit auch die nutzbare Fallhöhe h_f bestimmt (Gl. 4.371).

Saugschlauch In beiden vorgenannten Fällen tritt ein u.U. erheblicher Energieabgang ins Unterwasser auf, wenn die Rohrleitung am Auslaß den gleichen Durchmesser wie am Laufrad besitzt. Diesen Energieabgang kann man vermeiden und für die Energieerzeugung rückgewinnen, indem man die Rohrleitung zum Ende hin aufweitet (Abb. 4.154). Um zu verstehen, was dann eintritt, analysiere man zunächst Abb. 4.5 auf Seite 32 (linkes Bild). Hier sieht man, wie aufgrund der Energiehöhenbilanz im engen Rohrstück v und $v^2/(2g)$ steigen und die Druckhöhe

4.10. Hydromechanische Grundlagen der Wasser- und Windkraftnutzung

$p/(\rho g)$ fällt. Wenn nun der engere Strang das eigentliche Rohr ist, und nur der Ausgang aufgeweitet wird und ins Freie mündet, liegen im Prinzip gleiche Verhältnisse vor. Nur ist jetzt die Druckhöhe am Ausgang gleich der Atmosphärendruckhöhe. Einen solchen Fall gibt Abb. 4.52 auf Seite 90 wieder. Im eigentlichen Rohr werden durch den Enddiffusor (bzw. den Saugschlauch) der Druck geringer und die Geschwindigkeit höher, bzw. bei festgehaltenem Q fällt der Druck an der Saugseite des Laufrades. Bei einer horizontalen Leitung herrscht dann am Beginn der Aufweitung Unterdruck.

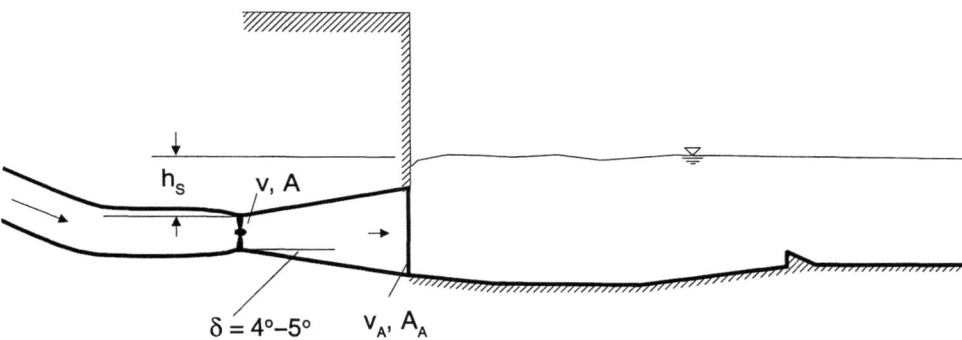

Abb. 4.154: Anordnung eines Saugschlauchs.

In der Praxis werden die Saugschläuche auf Austrittsgeschwindigkeiten im Bereich von 1 m/s bis 2 m/s ausgelegt.

Der Saugschlauch darf höchstens mit einem Gesamtöffnungswinkel von ca. 8° bis 10° aufgeweitet werden. Dies ist der Winkel, mit dem sich ein freier Strahl in einem umgebenden Wasserkörper ausbreiten würde (Winkel der freien Turbulenz). Weitet man den Saugschlauch stärker auf, so treten an den Rändern Ablösungen auf, und die Verluste im Saugschlauch steigen rapide an (vgl. Abb. 4.45 auf Seite 84). Die Länge der Saugschläuche ist damit notwendigerweise ein Vielfaches des Durchmessers und bedingt Reibungsverluste. Weitere Verluste treten auch im korrekt aufgeweiteten Strahl noch durch Turbulenzproduktion infolge der Verzögerung auf. Für die Druckhöhe $h_{p,S}$ an der Saugseite des Laufrades ergibt sich

$$h_{p,S} = h_S - \frac{v^2 - v_A^2}{2g} + h_{v,S}. \qquad (4.379)$$

Hierin sind v die Durchströmgeschwindigkeit im Laufradquerschnitt, $h_{v,S}$ die Verlusthöhe im Saugschlauch und h_S die Höhenlage der Saugseite des Laufrades gegen den Wasserspiegel am Austritt ins Freie (Abb. 4.154, bei Laufrädern mit liegender Welle ist der höchstgelegene Punkt kritisch bezgl. Dampfdruck). Da die Verluste von der Geschwindigkeitshöhe abhängen, kann man auch umformen zu

$$h_{p,S} = \underbrace{h_S}_{stat.\,Saughöhe} - \underbrace{\eta_S \frac{v^2 - v_A^2}{2\,g}}_{dyn.\,Saughöhe}. \tag{4.380}$$

Die Wirkungsgrade η_S von Saugrohren betragen um 80 %. Die dynamische Saughöhe ist dabei für die Energieerzeugung gewonnen, und h_f ist entsprechend vergrößert.

Limitierende Faktoren

1. Große Aufweitungen bedingen erheblich lange Saugschläuche.

2. Wegen des Dampfdruckproblems (Kap. 2.6 auf Seite 11) dürfen Unterdruckhöhen von 7-8m am Laufrad nicht unterschritten werden. Damit ist u.U. die Saugschlauchaufweitung begrenzt.

3. Diese Grenze kann durch tiefergelegte Anordnung der Maschine, d.h. durch Vergrößerung der statischen Saughöhe h_S, aber verschoben werden. Hierdurch entstehen jedoch i.d.R. erhöhte Baukosten, so daß im Einzelfall ein Kompromiß zu suchen ist.

Bei einer optimalen Abstimmung lassen sich bei Anlagen in Rohrleitungen Wirkungsgrade η_T um 90 % erreichen (s. KAPLAN- und FRANCIS-Turbinen, Abb. 4.148 auf Seite 201).

Anlageformen Turbinen in Rohrleitungen werden in zwei Grundformen gebaut:

1. Laufräder mit radialer Anströmung und Abströmung in axialer Richtung (FRANCIS-Turbinen). Abb. 4.155 zeigt ein FRANCIS-Laufrad im Detail. Von einem mit der Turbine rotierenden Beobachter aus gesehen, strömt das Wasser in tangentialer Richtung aus dem Laufrad aus und setzt es so in Drehung. Ein ortsfester Beobachter sieht das Wasser in einem Wirbelzopf austreten. Das rechte Bild gibt ein FRANSCIS-Laufrad wieder, das alternativ zu der Betonspirale in Abb. 4.157 hier in ein Spiralrohr integriert ist. Auf Abb. 4.157 ist links ein radial angeströmtes FRANCIS-Laufrad in eine Anlage integriert zu sehen. FRANCIS-Turbinen erweisen sich im Bereich relativ großer Fallhöhen bis ca. 800 m als geeignet.

2. Axiale Durchströmung des Laufrades. Im niederen Druckbereich bis ca. 80 m, bei hohen Durchflüssen und relativ geringen Fallhöhen (z.B. Flußstaustufen) sind axial durchflossene Turbinen mit Propellern besonders geeignet. Besitzen die Laufräder verstellbare Propellerblätter, nennt man sie nach dem Erfinder KAPLAN-Turbinen (Abb. 4.156). Schematische Beispiele der Gesamtanlage gibt Abb 4.157. Weitere Anlagebeispiele axial durchströmter Turbinen zeigen die Abb. 4.158.

4.10. Hydromechanische Grundlagen der Wasser- und Windkraftnutzung

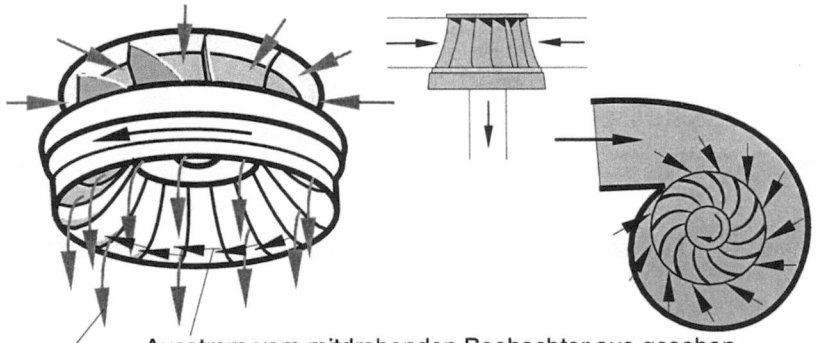

Ausstrom vom mitdrehenden Beobachter aus gesehen
Ausstrom vom stehenden Beobachter aus gesehen

Abb. 4.155: Laufrad einer FRANCIS-Turbine.

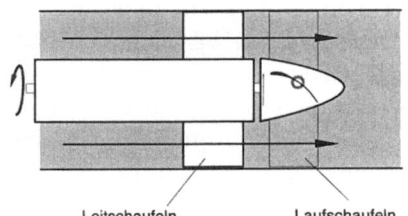

Leitschaufeln, ggf. verstellbar
Laufschaufeln, ggf. verstellbar

Abb. 4.156: Anlage mit Propeller oder KAPLAN-Rad (schematisch).

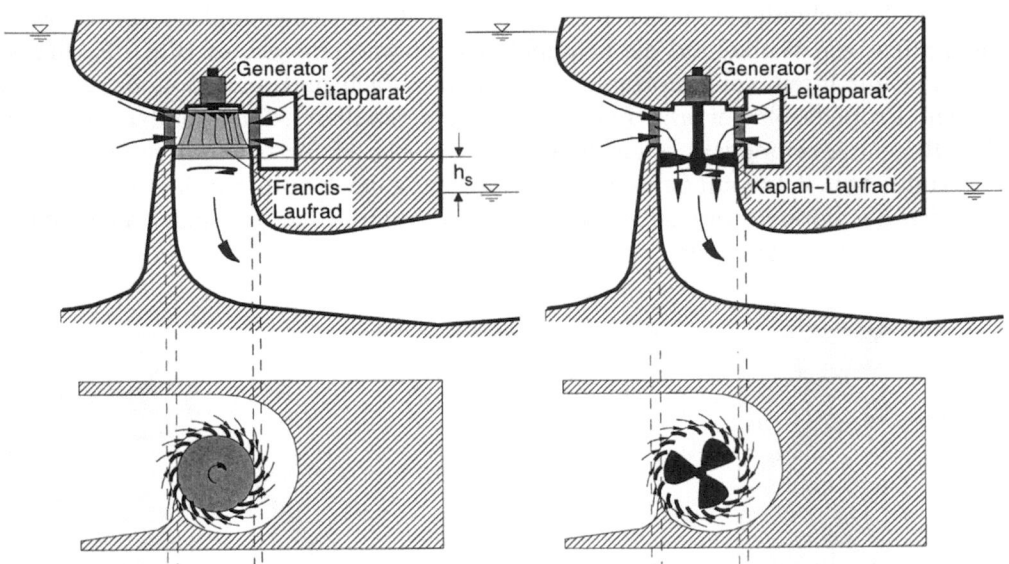

Abb. 4.157: FRANCIS- Turbine links und KAPLAN-Turbine rechts, schematisch

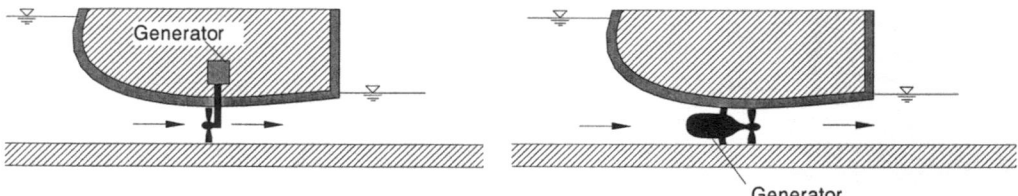

Abb. 4.158: Turbinen mit Propeller oder KAPLAN-Rad, schematische Anordnungen.

4.10.3.3 Leiteinrichtungen

Wesentlich für relativ gleichbleibend hohe Wirkungsgrade auch bei vom Bemessungsabfluß deutlich abweichenden Verhältnissen ist eine stets optimale Anströmung der Turbinenblätter. Das gilt für FRANCIS-Turbinen und Turbinen mit festen oder verstellbaren Propellern gleichermaßen. Aus Abb. 4.159 ist ersichtlich, warum Leitschaufeln die Turbinenwirkung erheblich verbessern können. Links in der Abbildung ist ein Turbinenblatt zu sehen, das man sich auf einem Rad angeordnet vorstellen muß. Das Wasser trifft von links kommend mit einem optimalen Winkel auf die Schaufel eines stehenden Rades. Im mittleren Bild dreht sich das Rad mit der Geschwindigkeit u. Damit kommt das Wasser von dem Turbinenblatt aus gesehen aus einer ungünstigen Richtung, denn nun tritt der "Fahrtwind" u hinzu. In der dargestellten Situation würde v_{eff} kaum noch antreibend wirken. Mit einer Leitschaufel kann das Wasser je nach Drehgeschwindigkeit des Rades in einem günstigen Winkel auf die Schaufel gelenkt werden (rechtes Bild). KAPLAN-Turbinen mit ihren Verstellpropellern können einfach und auch doppelt geregelt werden (Propellerblätter *und* Leiteinrichtung verstellbar). Insbesondere die doppelte Regelung ermöglicht einen hohen Wirkungsgrad für ein breites Durchflußspektrum (Abb. 4.148 auf Seite 201). Die Wirkung der Regulierbarkeit ist aus dem Vergleich der doppelt geregelten KAPLAN-Turbine und der gänzlich ungeregelten Propellerturbine erkennbar.

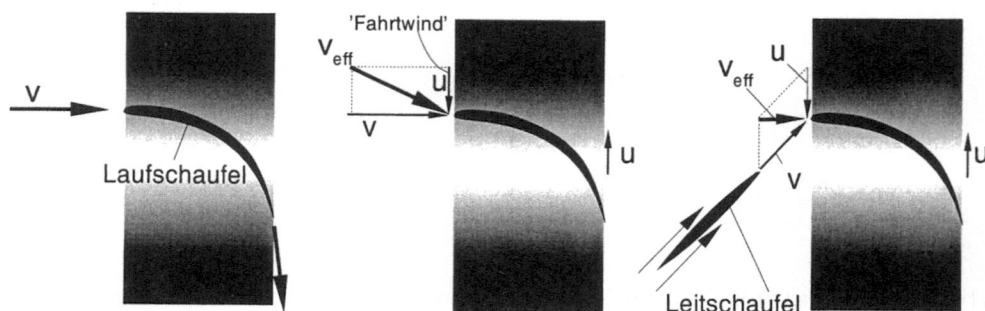

Abb. 4.159: Zur Wirkung von Leiteinrichtungen.

4.10. Hydromechanische Grundlagen der Wasser- und Windkraftnutzung

4.10.3.4 Wasserräder

Wasserräder sind für vergleichsweise geringe Abflüsse und in Situationen geeignet, in denen sich der Einbau von hochwertigen Turbinen nicht lohnt. Sie lassen sich bezüglich ihrer hydromechanischen Eigenschaften in drei Gruppen unterteilen (Abb. 4.160):

1. *Oberschlächtige Wasserräder*, bei denen potentielle Energie umgesetzt wird,

2. *mittelschlächtige Wasserräder*, bei denen sowohl potentielle als auch kinetische Energie umgesetzt wird und

3. *unterschlächtige Wasserräder*, bei denen ausschließlich kinetische Energie umgesetzt wird.

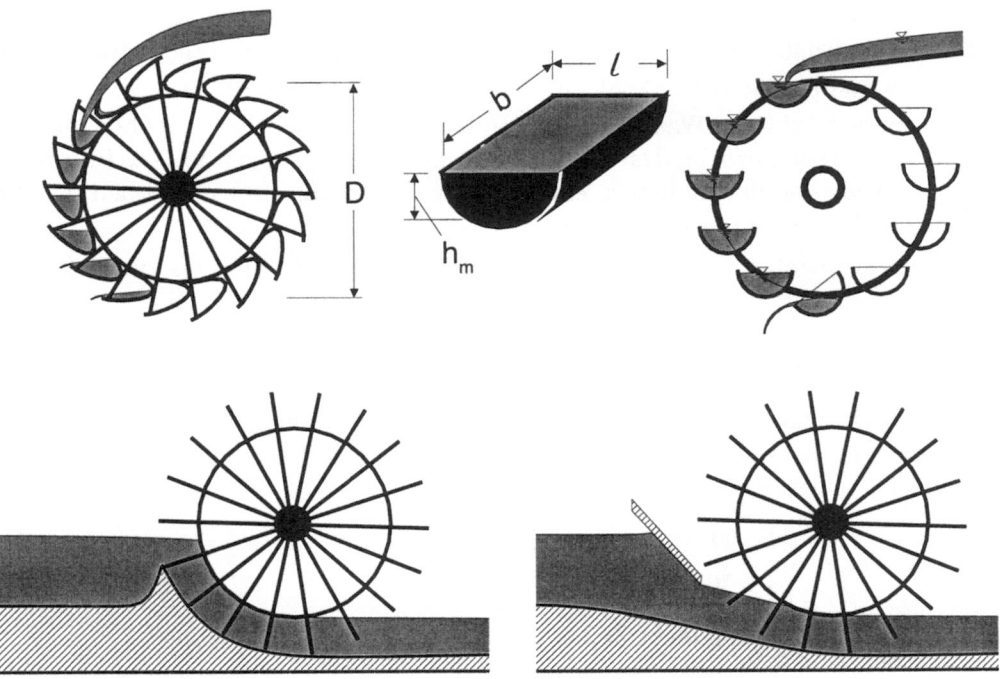

Abb. 4.160: Typen von Wasserrädern (oben oberschlächtig, unten links: mittelschlächtig, unten rechts: unterschlächtig).

4. *Strommühlen* tauchen mit dem Schaufelkranz in ein Fließgewässer ein, wie das unterschlächtige Rad, nehmen aber nicht wie dieses die gesamte Gewässerbreite ein, sondern werden auch seitlich umströmt. Daher stellt sich an diesen Rädern praktisch kein Aufstau ein.

Generell ist bei Wasserrädern, da sie nicht unter Druck arbeiten

$$P = \eta \, \rho \, g \, Q \, (\Delta h + \frac{v_o^2}{2\,g}). \tag{4.381}$$

Oberschlächtige Wasserräder Der Betriebsbereich liegt bei Raddurchmessern von $5-10m$ und $Q \approx 1 m^3/s$. Wasserräder mit einem Durchmesser D, bei denen Eimer oder Zellen befüllt werden, leisten Arbeit gemäß Gl. 4.355 auf Seite 200. Hier ist Δh die Höhendifferenz zwischen Befüllungsposition und Entleerungsposition, im allgemeinen also $\Delta h = \eta_D \cdot D$. Der Ausnutzungsgrad der verfügbaren Fallhöhe hängt von der Konstruktion ab, wie die beiden oberen Bilder in Abb. 4.160 auf der vorherigen Seite zeigen. Der hydrodynamische Wirkungsgrad ist $= 1$, da im Wasserrad keine Strömung existiert und somit auch keine Strömungsverluste auftreten können. Dynamische Verluste entstehen nur durch Lagerreibung und durch eine geringfügige Reduktion der wirksamen Arbeitshöhe auf $\eta_D \, D$, die davon herrührt, daß die Eimer nicht exakt auf dem oberen Totpunkt vollständig befüllt werden können, und daß unten zum Entleeren (Kippen) Energie benötigt wird oder der Entleerungsvorgang nicht exakt am unteren Totpunkt stattfindet.

Beim oberschlächtigen Wasserrad werden Kammern oder Zellen von oben mit Wasser befüllt. Das Gewicht des Wassers bewegt die Zellen nach unten. Im unteren Totpunkt werden die Kammern entleert und laufen dann leer nach oben. Die Leistung des Rades läßt sich auch wie folgt ermitteln:

Die Energieabgabe einer Zelle auf dem Weg von der Befüllung bis zur Entleerung ist

$$W_{zelle} = \eta_D \, m \, g \, D, \tag{4.382}$$

mit $D =$ Durchmesser des mit der Umfangsgeschwindigkeit u drehenden Rades, bezogen auf die Massenschwerpunkte der Zellen. Die Zeit, während der die Zelle Arbeit leistet, ist gleich der halben Umlaufzeit:

$$t_{Umlauf} = \frac{1}{2} \pi \frac{D}{u} \quad (s). \tag{4.383}$$

Damit ist die Leistung einer Zelle

$$P_{Zelle} = \eta_D \, \frac{m_{Zelle} \, g \, D}{\pi D} \, 2 \, u = \eta_D \, \frac{2}{\pi} \, m_{Zelle} \, g \, u \quad (W). \tag{4.384}$$

Mit $h_m, l, b =$ mittlere Höhe, Länge und Breite einer Zelle wird

$$m_{Zelle} = \rho \, l \, h_m \, b \,, \tag{4.385}$$

wobei $l \, h_m \, b = Q \, t$ und $t = l/u$, also

$$m_{Zelle} = \rho \, Q \, l/u \tag{4.386}$$

4.10. Hydromechanische Grundlagen der Wasser- und Windkraftnutzung   215

und damit

$$P_{Zelle} = \eta_D \frac{2}{\pi} \rho\, g\, Q\, l. \tag{4.387}$$

Insgesamt werden bei einer halben Umdrehung

$$n = \frac{l}{\frac{\pi D}{2}} \tag{4.388}$$

Zellen aktiv, womit schließlich für die Gesamtleistung folgt

$$P_{ges} = \eta_D\, \rho\, g\, Q\, D. \tag{4.389}$$

Wegen $P = Fu$ ist die Gesamtkraft, die das Rad treibt,

$$F = \eta_D\, \rho\, g\, Q\, \frac{D}{u}. \tag{4.390}$$

Anders als bei den anderen Wasserkraftmaschinen ist die *Leistung drehzahlunabhängig*. Die Kraft steigt mit der Abbremsung des Rades! Das liegt daran, daß langsameres Drehen bei konstantem Q zu einer verstärkten Füllung führt. Aus diesem Grunde ist es gut, wenn das Fassungsvermögen der Zellen Spielraum hat. Erst wenn die Zellen überlaufen, fällt die Leistung entsprechend dem vorbeilaufenden Wasser ab.

Im oberschlächtigen Wasserrad laufen keine hydrodynamischen Prozesse ab. Außer der Lagerreibung tritt lediglich ein Energieverlust beim mechanischen Auskippen der Eimer auf. Somit können auch keine hydraulischen Verluste auftreten. Der Wirkungsgradverlauf ist aus diesen Gründen, wenn die Reibung erst einmal überwunden ist, relativ hoch und weitgehend konstant. Abbildung 4.148 auf Seite 201 gibt den Verlauf des Wirkungsgrades für das oberschlächtige Wasserrad im Vergleich zu anderen Wasserkraftmaschinen wieder. Der Durchmesser muß für die Befüllung etwas geringer als die tatsächliche Fallhöhe h_f (Differenz OW-Spiegel - Auslaufhorizont der Zellen) sein. Der OW-Spiegel liegt etwas über dem Radscheitel, und der untere Scheitel, in dem die Zellen sich entleeren, muß über dem UW-Stand liegen.

Mittelschlächtige Räder Mit geringer werdender Fallhöhe müssen die Räder und damit auch die Zellen immer kleiner werden. Unterhalb ca. 4 m Fallhöhe wird es effektiver, größere Räder an einem tiefer gelegenen Punkt zu befüllen.

Strommühlen Stromräder oder Strommühlen sind Wasserräder, die die Strömung eines Flusses ausnutzen. Stromräder stehen frei im Strom. Sie nutzen den Staudruck des anströmenden Wassers. Ein stehender Körper, der vom Wasser mit der Geschwindigkeit v umströmt wird, erzeugt einen Fließwiderstand infolge Staudruck:

$$F_P = \frac{1}{2} c_D \, \rho \, v^2 \, A. \tag{4.47}$$

Hierin ist v = Strömungsgeschwindigkeit des Flusses, A = Stirnfläche der Widerstandskörper (Schaufeln), c_D = Widerstandsbeiwert der Schaufeln, ρ = Dichte des Wassers. Wenn sich der Körper selbst bewegt, ist die Relativgeschwindigkeit maßgebend. Ist u die Umfangsgeschwindigkeit der Strommühle, wird

$$F_P = c_D \frac{1}{2} \rho (v-u)^2 A \tag{4.391}$$

Die Leistung des Rades ist $P = F_P \cdot u$, und die max. Leistung $P(u)$ ergibt sich, wenn $\frac{dP}{du} = 0$ ist. Daraus folgt zunächst

$$v^2 - 4vu + 3u^2 = 0 \tag{4.392}$$

und damit für die Drehzahl bei maximaler Leistung

$$u = \frac{1}{3} v \quad \text{(für P = max)} \tag{4.393}$$

und schließlich für die maximale Leistung P_{max} selbst

$$P_{max} = c_D \frac{1}{2} \rho \frac{4}{27} \, v^3 \, A \quad (W). \tag{4.394}$$

Mit $c_D \approx 1,15$ (vgl. Tab. 4.1 auf Seite 57) und $\rho = 1000$ kg/m³ folgt mit A (m²) und v (m/s) die Leistung des Stromrades zu

$$P_{max} = 0,085 A v^3 \quad \text{(kW)}. \tag{4.395}$$

4.10.4 Windkraft

Windkraftanlagen sind freifahrende, also nicht in eine Rohrleitung integrierte Propellerturbinen. Die Umströmung eines Windrades ist auf Abb. 4.161 schematisch dargestellt. Ohne Leistungsaufnahme würden v und p bei der Durchströmung des Propellerkreises konstant bleiben. Bei Leistungsentzug entsteht ein Strömungswiderstand, und die Fläche A des Radkreises wird nicht mehr von der gesamten, aus größerer Entfernung auf sie zuströmenden Luft durchflossen mit der Folge, daß hinter dem Rad $v_2 < v_0$ ist. Mit dem Geschwindigkeitsabfall steigt der Druck an, fällt im Propellerkreis wegen des Energieentzuges um Δp ab und gleicht sich in weiterer Entfernung wieder dem Umgebungsdruck an. Die Leistung des Rades ist mit Gl. 4.353 durch

$$P = \Delta p \cdot \overbrace{A \cdot v_1}^{Q} \tag{4.396}$$

4.10. Hydromechanische Grundlagen der Wasser- und Windkraftnutzung

beschrieben. Hierin sind

$$\Delta p = \frac{v_0^2 - v_2^2}{2g}\, \rho\, g = \frac{1}{2}\, \rho\, \Delta v^2 \qquad (4.397)$$

und

$$v_1 \approx \frac{v_0 + v_2}{2}. \qquad (4.398)$$

Man erkennt, daß weder bei voller Durchströmgeschwindigkeit v_0 (dann ist nämlich $\Delta p = 0$) noch bei voller Umwandlung der Geschwindigkeit in abbaubaren Druck Leistung gewonnen wird. Das Optimum findet man über $dP/dv_2 = 0$ zu

$$v_2 = \frac{1}{3}\, v_0 \qquad \text{bzw.} \qquad v_1 = \frac{2}{3}\, v_0 \qquad (4.399)$$

und damit dann

$$P_{max} = 0{,}593\, \frac{1}{2}\, \rho\, A\, v_0^3. \qquad (4.400)$$

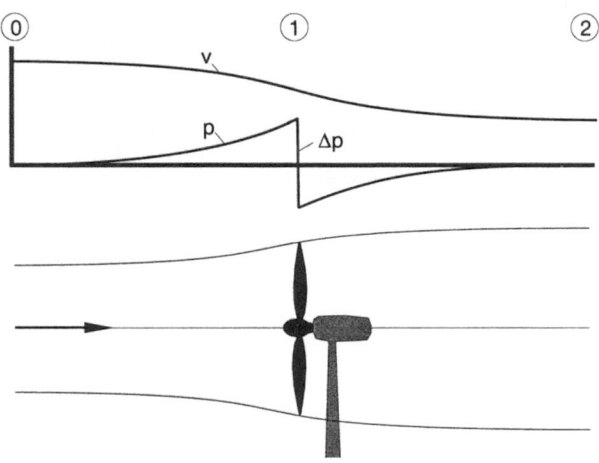

Abb. 4.161: Umströmung, Druck und Geschwindigkeit am freifahrenden Windrad.

D.h., es sind im Idealfall nur knapp 60 % der Windenergie ausnutzbar. Mit $\rho_{luft} \approx 1{,}25\ \text{kg/m}^3$ und A in (m^2) bzw. d in (m) wird

$$P_{max} = 3{,}7 \cdot 10^{-4}\, A\, v_0^3 = 2{,}9 \cdot 10^{-4}\, d^2\, v_0^3 \qquad \text{(kW)}. \qquad (4.401)$$

In der Praxis sind noch die Wirkungsgrade von Propeller und Generator zu berücksichtigen. Weiterhin ist zu beachten, daß sich die Geschwindigkeit hinter dem Windrad erst allmählich wieder zu v_0 aufbaut, und daß in der Nachlaufzone erhöhte Turbulenz herrscht. In der Praxis sind daher in Windrichtung Abstände vom Mehrfachen des Raddurchmessers erforderlich, in Querrichtung weniger (vgl.

Abb. 4.39 auf Seite 76). Geringerer Abstand in Querrichtung ist nur bei einer ausgeprägten Hauptwindrichtung realisierbar. Ansonsten ist die Flächenbedeckung mit Windrädern in allen Richtungen durch erforderliche Abstände vom Mehrfachen des Raddurchmessers begrenzt.

4.10.5 Pumpen

Durch *Zufuhr* eines Energiestromes ermöglichen Pumpen, einen Volumenstrom Q um eine Höhe Δh zu fördern. Die erforderliche Leistung ist

$$P = \frac{1}{\eta} \rho\, g\, \Delta h\, Q. \tag{4.402}$$

Der Gesamtwirkungsgrad einer Pumpanlage $\eta = \eta_R \cdot \eta_P$ setzt sich, wie auch bei den Turbinen, aus dem Wirkungsgrad η_R des Rohrsystems und dem Wirkungsgrad η_P der Pumpe selbst zusammen. Die hydraulischen Zusammenhänge sind in Abb. 4.149 veranschaulicht.

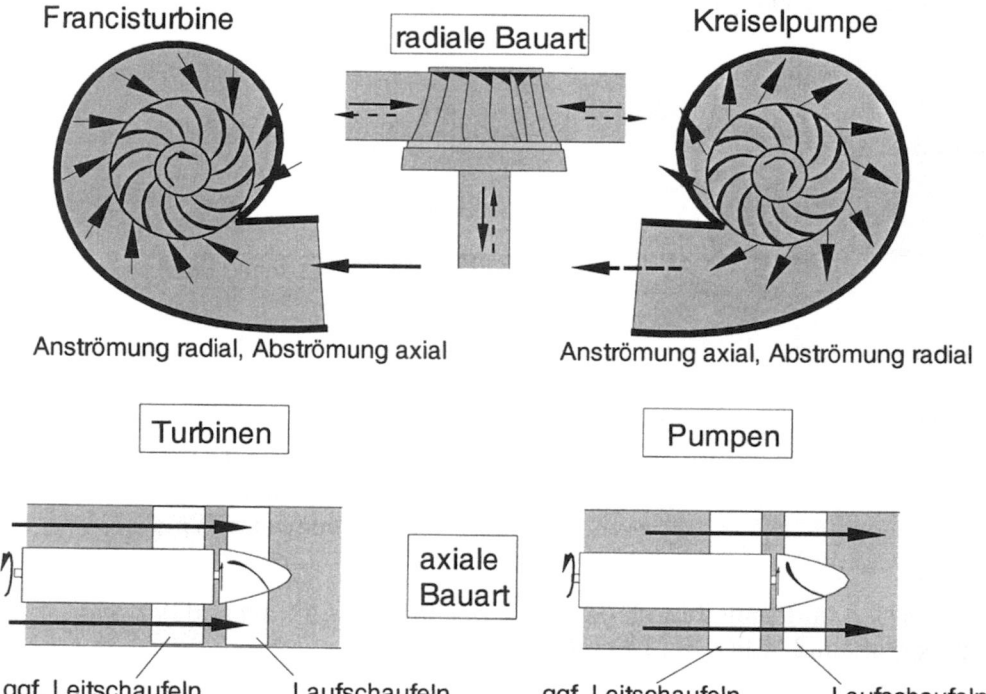

Abb. 4.162: Pumpen und Turbinen mit Umkehrmöglichkeit.

Limitierender Faktor für die Saugleitung und mithin den möglichen Aufstellort von Pumpen ist das Dampfdruckproblem, das (theoretisch) Saughöhen bis ca. 10 m erlaubt.

4.10. Hydromechanische Grundlagen der Wasser- und Windkraftnutzung

Je nach zu leistendem Förderstrom Q und zu überwindender Förderhöhe Δh kommen sehr unterschiedliche Bauformen zum Einsatz, die hier nicht weiter besprochen werden. Einige Bauformen von Turbinen arbeiten bei Energiezufuhr auch als Pumpen und umgekehrt. Beispiele sind die Propellerpumpe und die Propeller/KAPLAN-Turbine oder die FRANCIS-Turbine, die bei Energiezufuhr als Kreiselpumpe arbeitet (Abb. 4.162). Zu beachten ist, daß die Schaufelkrümmungen nur für den einen oder den anderen Betriebsfall optimal sein können[38].

---

[38] Der Flugzeugpropeller als Umkehrung der Windmühle ist in diesem Sinne eine Pumpe.

5 Hydromechanik des Küstenbereichs

5.1 Tiden (Gezeiten)

5.1.1 Allgemeines

In den Ozeanen und an den Randmeeren, die ausreichend große Verbindung zu den Ozeanen besitzen, treten regelmäßige Wasserstandsunterschiede auf: die Gezeiten. Anstelle des Begriffs der "Gezeiten" wird vielfältig auch der Begriff "Tiden" benutzt. Tide kommt von *Tyd*, dem germanischen Wort für Zeit und findet sich heute sowohl im Niederdeutschen (de Tid=die Zeit) als auch im Angelsächsischen[1].

Durch die Nutzung des Küstenraumes entstehen verschiedene Fragen und Anforderungen, bei denen Hydraulik und Hydromechanik die Grundlage zur Lösung bilden. Die Fragen lassen sich in drei Hauptklassen untergliedern:

1. welche Belastungen der Küste aus Strömungen, Wasserständen und Seegang auftreten und welche Veränderungen der Küstengestalt zu erwarten sind,

2. welche Wirkungsmechanismen und welche Entwurfsformen Eingriffe und Bauwerke zur Abwehr von unerwünschten Problemen haben müssen und

3. welche Auswirkungen die Eingriffe selbst auf die weitere Entwicklung, insbesondere der Morphologie des Küstenraumes, ausüben.

Hieraus ergibt sich die Erfordernis,

1. Wasserstandsberechnungen,

2. Strömungsberechnungen,

3. Wellen/Seegangsberechnungen auszuführen und ggf.

4. zugehörige Kräfte auf die Gewässersohle und/oder auf Bauwerke

zu ermitteln. Im Tidegebiet ergibt sich der momentane Durchfluß Q aufgrund momentaner Wasserstandsunterschiede, welche selbst wieder von den Durchflüssen abhängen. Überdies sind die Strömungen im Tidegebiet *grundsätzlich instationär*. Im Binnengebiet ergeben sich Δh bzw. das Gefälle I_E jeweils als abhängige Größen,

---

[1] Die Angeln und Sachsen sind vor der Lautverschiebung nach Britannien abgewandert. Im Hochdeutschen wurde durch Lautverschiebung aus dem germanischen t ↝ s oder z (water ↝ Wasser und aus d ↝ t (doer ↝ Tür, dag ↝ Tag) usw.

5.1. Tiden (Gezeiten)

wobei die Abhängigkeit bei Normalabfluß direkt ist. Insofern besteht ein grundlegender Unterschied zwischen dem Binnen- und dem Tidegebiet und die *unabhängige hydraulische Größe*, auf die sich alle anderen Größen wie Wassertiefe und Strömungsgeschwindigkeit einstellen, ist

- im Tidegebiet Δh, *der gezeitenbedingte Wasserstandsunterschied* zwischen zwei Orten und

- im tidefreien Binnenbereich der *Abfluß Q* aus dem Einzugsgebiet.

Fast alle Fragestellungen und die erforderlichen Berechnungen sind derart komplex, man denke hier z.B. an das Zusammenspiel von gezeiten- und windgetriebenen Strömungen mit Seegang und Sedimenttransport, daß sie nur im Verband von

- Beobachtung, Messung und Datenauswertung,

- hydraulischen Laboruntersuchungen und/oder

- hydrodynamisch-morphodynamisch-numerischen Systemsimulationen

angegangen werden können.

Ziel der folgenden Abschnitte ist es, die grundlegenden Zusammenhänge zu erhellen, deren Kenntnis die kompetente Anwendung von Simulationsmodellen erst ermöglicht, denn solche Modelle spiegeln die Naturprozesse ja nicht vollständig wider, sondern eben nur *modellhaft* und erfordern deshalb Beurteilungskompetenz (s. hierzu auch Kap. 4.1).

5.1.2 Begiffe, Definitionen

5.1.2.1 Tidekurve und Tidewellenlinie

Die Tidewasserstände werden an Pegelstandorten als Ganglinien aufgezeichnet und als *Tidekurven* bezeichnet. In Abb. 5.1 sind neben einer *Tidekurve* weitere Begriffe wie *Tidehochwasser (Thw)*, *Tideniedrigwasser (Tnw)*, *Tidehub (Thb)*, *Flut-* und *Ebbedauer* sowie *Flutstrom-* und *Ebbestromdauer* erläutert. Der Wechsel der Gezeitenströmung findet in den *Kenterzeiten (Kenterpunkten)* k_e nach *Ebbe* und k_f nach *Flut* statt. Das *Tidemittelwasser (Tmw)* ergibt sich aus der Gleichheit der gekennzeichneten Flächen. Eine andere Möglichkeit, mittlere Wasserstände zu beschreiben ist das *Tidehalbwasser (T1/2w)*. Der Tidehalbwasserstand liegt bei $Tnw + 1/2\, Thb$. Die zeitgleichen Verbindungslinien der Wasserstände in Laufrichtung der Tidewelle werden als *Tidewellenlinien* bezeichnet. Den Zusammenhang zwischen Tidekurven und Tidewellenlinien zeigt Abb. 5.2.

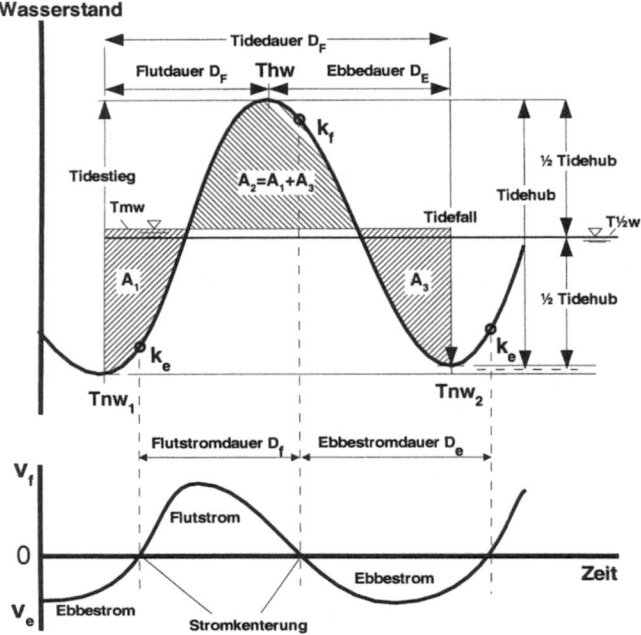

Abb. 5.1: Tidekurve in Tideflüssen und weitere Definitionen (erweitert nach DIN 4049 T.1).

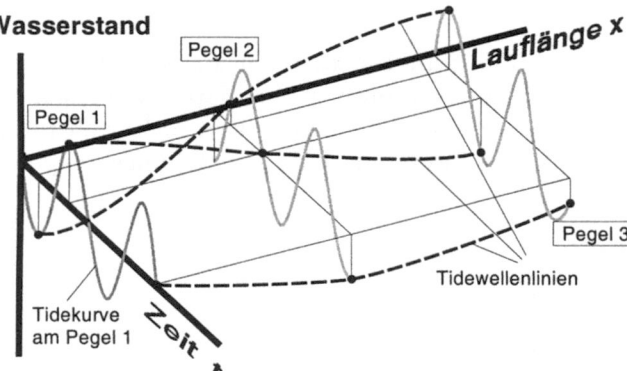

Abb. 5.2: Zusammenhang zwischen Tidekurven und Tidewellenlinien.

5.1.3 Entstehung der Gezeiten

System Erde-Sonne In den Weltmeeren und den Randmeeren der Erde wechseln die Wasserstände im ständigen Rhythmus von Ebbe und Flut. Diese Gezeiten der Wasserhülle der Erde werden von den Gestirnen hervorgerufen, insbesondere von Mond und Sonne. Um das Kräftespiel, aus dem sich Ebbe und Flut ergeben, verständlich zu machen, stelle man sich zunächst nur Erde und Sonne vor, wobei die Erde der Einfachheit halber als vollständig mit Wasser bedeckt angenommen wird. Die beiden Himmelskörper rotieren umeinander, wobei die Rotationsachse wegen der sehr ungleichen Massen nahe am Massenmittelpunkt der Sonne liegt.

5.1. Tiden (Gezeiten)

Daß die beiden Körper ihre mittlere Entfernung behalten, liegt am Gleichgewicht der Anziehungs- und der Fliehkräfte. Dieses Gleichgewicht besteht aber nur für die Massenmittelpunkte der Planeten, für die Erde also nur für den Erdmittelpunkt, während an unterschiedlichen Stellen der Erdoberfläche Ungleichgewichte herrschen. Wie Abb. 5.3 zeigt, überwiegen auf der Erde im Zenit[2] die Anziehungskräfte und auf der gegenüberliegenden Seite im Nadir die Fliehkräfte.

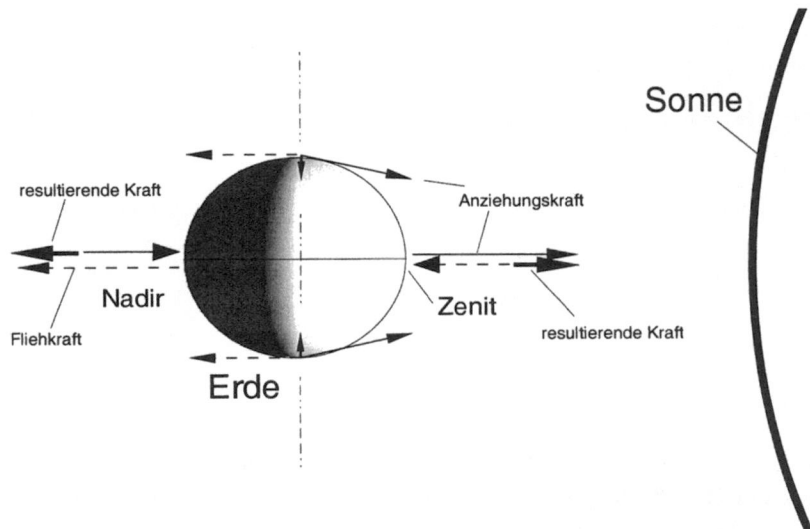

Abb. 5.3: Zur Erläuterung der gezeitenerzeugenden Kräfte.

Die Anziehungskräfte sind zum Schwerpunkt der Sonne ausgerichtet, während die Fliehkräfte senkrecht auf der gemeinsamen Rotationsachse stehen und damit an jeder Stelle parallel zueinander von der Sonne weggerichtet sind. Dadurch sind die resultierenden Kräfte an den Polen nach innen gerichtet. An vier ausgewählten Positionen ist auf Abb. 5.4 zu erkennen, daß zwischen Polen und Zenit bzw. Nadir auch Komponenten parallel zur Wasseroberfläche auftreten (Abb. 5.4, Bild a). Während die normal zur Erdoberfläche wirkenden Kräfte viel zu gering sind, um die Oberfläche erheblich zu verformen, reichen die geringen oberflächenparallelen Komponenten wegen der leichten Verschieblichkeit des Wassers aus, das Wasser zum Zenit und zum Nadir fließen zu lassen (Abb. 5.4 b).

Durch das Kräftespiel Erde-Sonne gibt es also *zwei Flutberge* auf der Erde (Bild c). Da sich die Erde in 24 Stunden einmal um ihre Achse dreht, kommt jeder Punkt der Erdoberfläche zweimal am Tag in eine Region mit sonnenerzeugtem Tideniedrigwasser Tnw und zweimal am Tag in eine Region mit sonnenerzeugtem Tidehochwasser Thw. Man bezeichnet diese Tide daher als *halbtägige Sonnengezeit* S_2.

---

[2] Zenit = sonnennächste Position

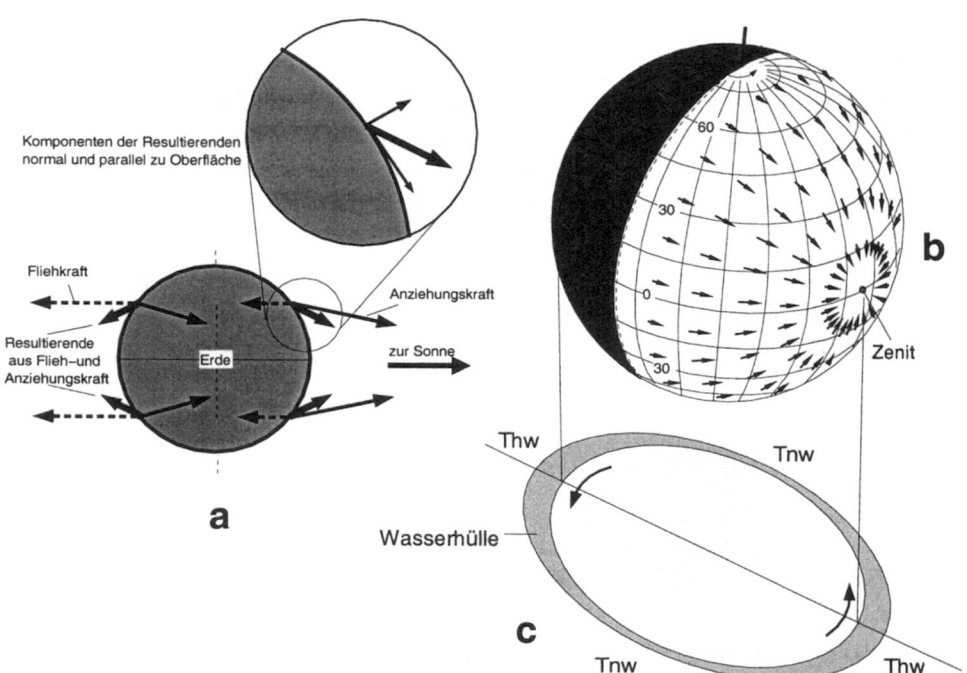

Abb. 5.4: Zur Erläuterung der Flutberge (a: Resultierende aus Anziehungs- und Fliehkräften sowie zur Oberfläche parallele und normale Komponenten der Resultierenden, b: Verteilung der oberflächenparallelen Komponenten auf der Erde, c: sich dadurch ergebende Flutberge).

System Sonne -Erde - Mond Das gleiche Kräftespiel besteht auch zwischen Erde und Mond[3], so daß auch der Mond auf der Erde zwei Flutberge erzeugt (*halbtägige Mondgezeit M_2*). Die Gezeitenwirkung des Mondes ist dabei auf der Erde etwa doppelt so groß wie die der Sonne. Folge ist, daß man die Mondtide wahrnimmt, während die Sonnentide die Mondtide moduliert.

Der Mond umwandert die Erde in 27,3 Tagen (= 1 siderischer Monat, Abb. 5.5). Da sich die Erde auf ihrer Bahn um die Sonne dabei ein Stück weiter bewegt hat, dauert es jedoch ca. 29,5 Tage (einen synodischen Monat), bis Sonne, Erde und Mond wieder die gleiche Stellung zueinander haben. Obwohl der Mondumlauf 27,3 Tage benötigt, ist die Zeit, bis der Mond wieder durch den gleichen Meridian geht, also der Mondtag, viel kürzer, denn die Erde dreht sich um sich selbst. Da die Drehrichtungen von Mond und Erde gleich sind, ist der Mond, wenn die Erde sich in 24 h einmal gedreht hat, schon ein Stück weiter gewandert. Daher dauert es 24 Stunden und 50 Minuten bis der Mond wieder durch den gleichen Meridian geht. Der Mondtag dauert also 50 Minuten länger als der Sonnentag.

---

[3] Gezeitenerzeugend wirken außer Sonne und Mond noch andere Planeten, jedoch ist deren Wirkung weit weniger bedeutend.

5.1. Tiden (Gezeiten)

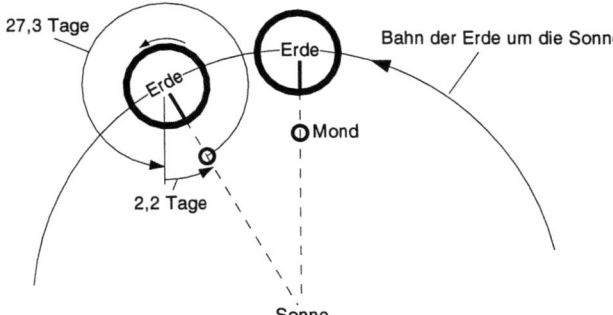

Abb. 5.5: Dauer des Mondumlaufs um die Erde bis zur gleichen Stellung zur Erde.

Mithin verschieben sich die von den beiden Himmelskörpern ausgelösten Flutberge täglich um ca. 50 Minuten gegeneinander, und die Sonnentide erzeugt an einem beliebigen Ort der Erde alle 12 h Hochwasser, die Mondtide hingegen alle ca. 12,42 Stunden. Da, wie schon gesagt, die Mondtide dominant ist, werden im Jahr ca. 705 Tiden beobachtet. Durch die unterschiedlichen Perioden tritt eine Schwebung der Wasserstände ein (Abb. 5.6) mit der Frequenz

$$f = \frac{1}{12h} - \frac{1}{12,42h} = 0,00282/h. \tag{5.1}$$

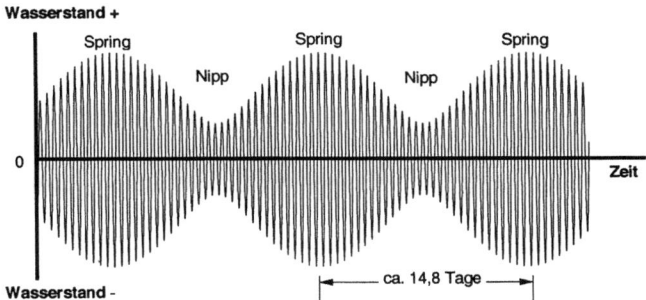

Abb. 5.6: Halbmonatliche Ungleichheit der Tidehübe.

Die zugehörige Periode beträgt

$$T = \frac{1}{0,00282} = 354\,\text{h} = \text{ca.}\ 14,76 = 1/2 \cdot 29,5 \quad \text{Tage}, \tag{5.2}$$

also einen halben synodischen Monat, was man auch aus Abb. 5.5 direkt entnehmen kann. Die Zeiten zusammenfallender Mond- und Sonnentiden treten also alle 14,8 Tage ein, wenn Sonne-Erde-Mond in einer Linie stehen (*halbmonatliche Ungleichheit*). Dann treten besonders hoch auflaufende *Thw* und weit ablaufende *Tnw* ein: es herrscht *Springtide* (Abb. 5.7). Wenn die Achsen Erde-Sonne und

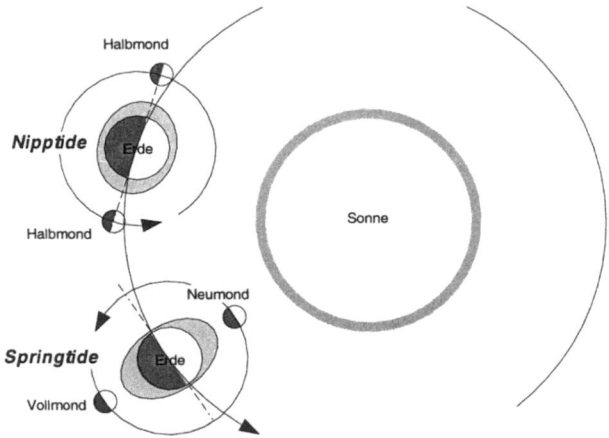

Abb. 5.7: Voraussetzungen für Springtiden: Neumond oder Vollmond, sowie Voraussetzungen für Nipptiden: zunehmender oder abnehmender Halbmond.

Erde-Mond in einem Winkel von $90°$ zueinander stehen, fallen die Berge der einen Tide mit den Tälern der anderen Tide zusammen. Dann herrscht *Nipptide*.

Die Grundlage zu den vorstehenden Überlegungen waren Gleichgewichtsbetrachtungen von Kräften, weswegen man von der *Gleichgewichtstheorie* (GG) spricht. Die GG, von NEWTON entworfen, kann jedoch nicht alle Tidephänomene erklären. Während die von der Sonne bewirkten Flutberge im Raum ortsfest liegen und sich die Erde unter ihnen hindurchdreht, umwandern der Mond und mit ihm seine Flutberge die Erde. Der Mond ändert seine Stellung zur Erde dabei so schnell, daß ein Gleichgewichtszustand nicht zustande kommen kann [16]. Dadurch und durch die störende Wirkung der durch das Wasser 'pflügenden' Kontinente ist das Gezeitenproblem kein rein statisches, sondern auch ein dynamisches. Die Eintrittszeiten des *Thw* stimmen nicht mehr mit den Eintrittszeiten überein, die sich nach der Gleichgewichtstheorie ergeben. So ist z.B. der Spring-Nipp-Zyklus um ca. 3 Tage gegenüber den Gleichgewichtszeitpunkten verschoben (sog. *Springverspätung*). Von herausragender Bedeutung sind weiterhin wegen der Laufgeschwindigkeit der Tidewelle die Tiefen der Meeresbecken, Eigenschwingungen sowie die CORIOLIS-Kraft (s. unten). Die weitergehende Dynamische Gezeitentheorie (DG), die diese Einflüsse berücksichtigt, geht auf LAPLACE, BERNOULLI und EULER zurück. Die DG-Theorie ermöglicht die sogenannte *harmonische Tideanalyse*, gemäß der sich jede Tidekurve in Partialtiden der einzelnen fluterzeugenden Kräfte zerlegen läßt. Die einzelnen Partialtiden sind eindeutig durch ihre Schwingungsdauer (Periode), Hubhöhe und Eintrittszeit (Phasenlage) definiert. Die lokale Hubhöhe wird aus Messungen am Ort gewonnen, die in sog. Gezeitenkonstanten eingeht. Auf dieser Basis lassen sich dann aus den Partialtiden für jeden Ort mit bekannten Gezeitenkonstanten astronomische Tidkurven prognostizieren. Das Bundesamt für Seeschiffahrt und Hydrographie BSH führt solche Berechnungen für viele Pegelorte der Erde durch. Für die deutsche Küste werden jährlich Gezeitentafeln erstellt. In der Realität treten dann noch Windstaueffekte hinzu (Kap. 5.2)[4].

---

[4] Gezeiten sind nicht nur in der Wasserhülle der Erde meßbar, sondern auch in der Erdkruste.

5.1.4 Ausprägung der Gezeiten

5.1.4.1 Gezeiten in Meeren

Ungestörte Tidewellen verhalten sich wie lange Wellen. Bei diesen ist die Geschwindigkeit über die Wassertiefe nahezu konstant und nur in Sohlennähe tritt eine Reibungsgrenzschicht hinzu (vgl. auch Abb. 5.32 auf Seite 251 und Abb. 5.43 auf Seite 267). Die Zuordnung von Strömungen und Wasserständen bei solchen langen Wellen zeigt Abb. 5.8.

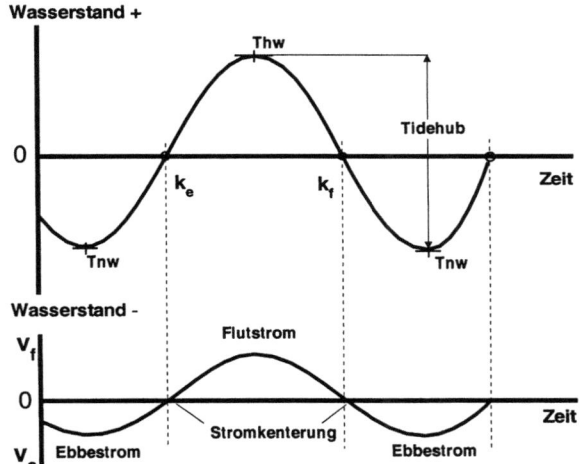

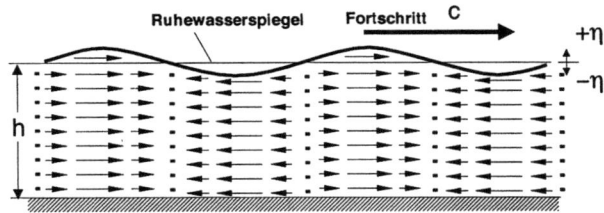

Abb. 5.8: Wasserstandsauslenkung und Strömungen bei einer *ungestörten* Tidewelle (oben Ganglinien von Wasserstand und Strömungsgeschwindigkeit, unten Längsschnitt durch die Tidewelle mit zugehörigen Strömungen).

Die Tide der freien Ozeane hat Hubhöhen von wenigen dm. Signifikante Tiden treten in Randmeeren auf, die in bezug auf Durchflüsse leistungsfähige Verbindungen zu Weltmeeren haben. Die Tiden werden in ihrer Ausprägung insbesondere küstennah wesentlich durch die *Kontinente* beeinflußt. Hinzu kommen *Eigenschwingungen* sowie der CORIOLIS-Effekt. Von untergeordneter Bedeutung sind die *selbständigen* Tiden von Randmeeren. Größere Meeresbuchten haben durch ihre *Eigenschwingungen* deutlichen Einfluß auf die lokale Tide: Der größte Tidehub der Erde tritt in der Fundy-Bay an der kanadischen Atlantikküste auf. Diese ist eine halboffene Bucht mit einer Buchttiefe l_B von ca. 270 km und einer mittleren Wassertiefe um 60 m. Halboffene Buchten besitzen am seeseitigen Buchtausgang immer einen Schwingungsknoten. Ihre Eigenperiode ist daher doppelt so groß, wie die in geschlossenen Becken und beträgt mit der Laufgeschwindigkeit der Welle $c = \sqrt{g\,h}$ (Kap. 5.1.4.1.2)

$$T = 4 \cdot \frac{l_B}{\sqrt{g \cdot h}} \approx 12\text{ h} \quad 22\text{ min} \tag{5.3}$$

und ist damit praktisch gleich der Tideperiode, wodurch die Eigenschwingung der Bucht in Resonanz mit der Anregung der Tide ist. In der Fundy-Bay treten bei Nipptide Wasserstandsdifferenzen zwischen Hoch- und Niedrigwasser von ca. 12m, bei Springtide im Inneren der Bucht bis ca. 21 m ein.

Weitere Faktoren für die Ausprägung der Tiden sind die Deklination (Neigung) der Mondumlaufebene (5°) und die Neigung der Erdachse, als deren Folge der Sonnenzenit im Nordsommer bis zum nördlichen Wendekreis (23,5°) und im Winter bis zum südlichen Wendekreis wandert (Abb. 5.9).

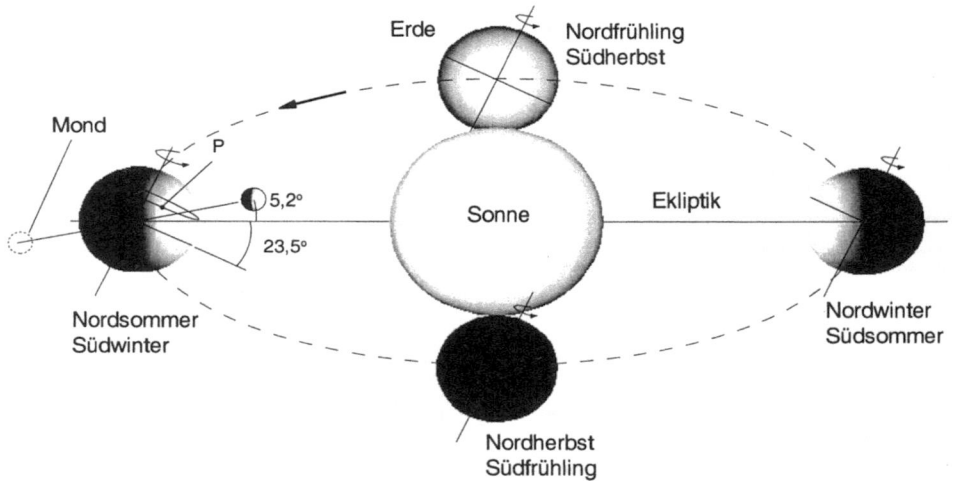

Abb. 5.9: Jahreszeitlich wechselnde Stellungen von Mond und Sonne (jeweilige Flutberge im jeweiligen Zenit und Nadir).

Dadurch sind die von Mond und Sonne erzeugten Tidehübe nicht gleichbleibend. Im steten Wechsel folgt eine Tide mit höherem Hub auf eine niedrigere Tide. Man erkennt diese *tägliche Ungleichheit* auf Abb. 5.9, wenn man sich für den Punkt P auf der Abb. seine Stellung zu den Flutbergen bei einem Umlauf klar macht. Der Effekt, der die tägliche Ungleichheit hervorruft, führt im Extremfall zu einer einzigen Tide am Tag. Tatsächlich gibt es Gebiete auf der Erde mit *ganztägigen Tiden*, wobei allerdings nicht allein die tägliche Ungleichheit, sondern auch noch Resonanzeffekte und Beckenschwingungen mitspielen. So kommt es, daß z.B. im Atlantikraum halbtägige Tiden dominieren, hingegen in Südostasien eher ganztägige Tiden eintreten. Ganz ausgesprochen eintägige Tiden sind selten. Im allgemeinen dominieren Mischformen.

5.1. Tiden (Gezeiten)

5.1.4.1.1 Coriolis-Effekt Der CORIOLISeffekt entsteht durch die Erdrotation. Er wirkt sich auf der Nordhalbkugel der Erde auf jede Bewegung rechtsablenkend und auf der Südhalbkugel linksablenkend aus. Der Effekt läßt sich mit Abb. 5.10 veranschaulichen. Hierzu stellt man sich zunächst vereinfachend eine rotierende Scheibe (z.B. die Äquatorebene, links im Bild a) vor, in der eine Strömung v vom Punkt A in Richtung B verläuft.

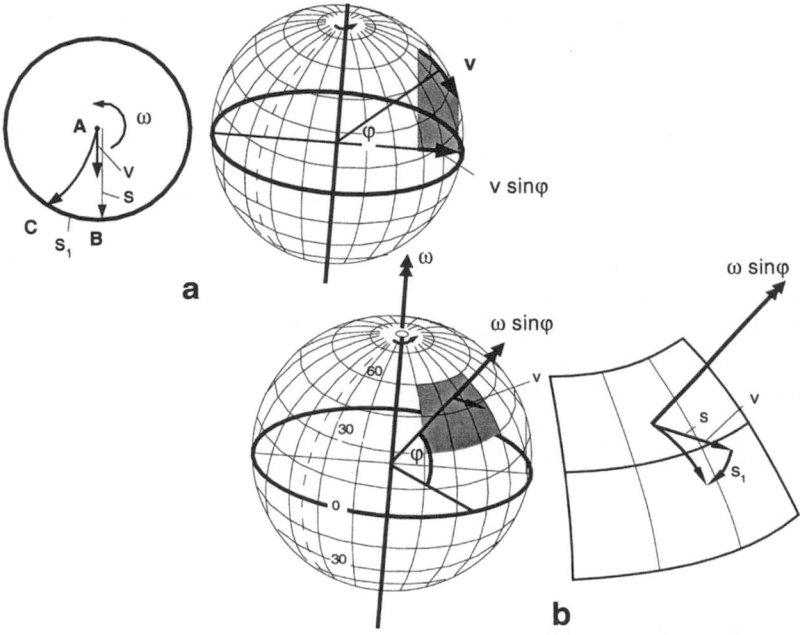

Abb. 5.10: Zum CORIOLISeffekt.

Während des Strömungsvorganges bewegt sich der Punkt C wegen der Erdrotation auf dem Äquator in die Position B. Obwohl die Strömung am Start auf B zielte, trifft sie für einen Beobachter auf der Erde bei C ein. Er registriert eine Rechtsablenkung der Strömung. Für den Beobachter auf der Erde wirkt also scheinbar eine ablenkungsverursachende Kraft, die CORIOLIS-Kraft $F_c = m \cdot a_c$.[5] Der Weg s von A nach B wird in der Zeit $t = s/v$ durchmessen. In der gleichen Zeit wandert C die Strecke s_1 nach B. Damit ist die Ablenkung $s_1 = s \cdot \omega \cdot t$ bzw. $s_1 = v \cdot \omega \cdot t^2$. Da man formal auch schreiben kann $s_1 = a_c/2 \cdot t^2$, erhält man für die CORIOLIS-Beschleunigung $a_c = 2 v \omega$. Läuft die Bewegung nicht auf einer Scheibe, sondern auf der Erde ab, ist der radiale Geschwindigkeitsanteil wegen der Kugelform nicht v, sondern $v \cdot \sin \varphi$ (vgl. Abb. 5.10 a, rechts) und man erhält für die CORIOLIS-Beschleunigung auf der Erde:

$$a_c = 2 v \omega \sin \varphi. \tag{5.4}$$

---

[5] Ein ortsfester Beobachter im Weltraum würde die Strömung geradlinig sehen.

Die vorstehende Erklärung läßt sich z.B. wie folgt auf beliebige Strömungsrichtungen verallgemeinern: Der Rotationsvektor ω existiert an jeder Position der Äquatorebene. Er läßt sich in einen Rotationsvektor parallel und einen normal zur Erdoberfläche aufspalten. Der normal zur Erdoberfläche stehende Rotationsvektor ist $\omega \cdot \sin\varphi$. Er wirkt auf Bewegungen entlang der Oberfläche der Erde nach rechts verdrillend, bzw. auf der Südhalbkugel links herum (Abb. 5.10, b). D.h., die örtliche Oberfläche dreht sich mit $\omega \cdot \sin\varphi$ unter der Strömung weg und man hat hier ansonsten wieder die Gegebenheiten wie auf Bild a links, nunmehr allerdings für jede Strömungsrichtung mit dem gleichen Ergebnis.

Die Auswirkung des CORIOLIS-Effekts auf Tidewellen in einem langen Kanal gibt Abb. 5.11 wieder. Am Wellenberg, also in Flutstromrichtung, strömt das Wasser nach rechts abgelenkt auf die Wand zu. Da die Wand die Rechtsablenkung behindert, steigt der Wasserstand an der Wand an. Im Wellental strömt das Wasser rechtsabgelenkt nunmehr von der Wand weg: Das Wellental wird dort tiefer. An der gegenüberliegenden Wand treten die gegenteiligen Effekte auf. Stieg und Fall sind abgeschwächt. Die Beschreibung dieses Phänomens geht auf W. THOMAS (LORD KELVIN) in [16] zurück, weswegen man von KELVIN-Wellen spricht. Der Effekt ist im Bristol-Kanal mit hohen Tidehüben auf der französischen und geringeren auf der englischen Seite zu erkennen. Abb. 5.11 macht deutlich, daß die Stärke der CORIOLIS-Effekte von der Kanal- bzw- Flußbreite abhängt und in schmalen Flüssen untergeordnet ist.

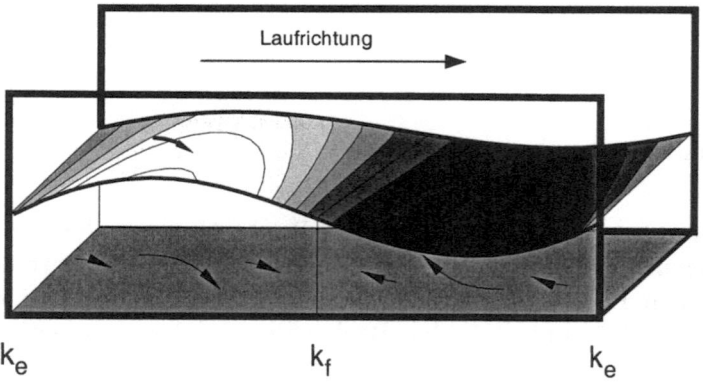

Abb. 5.11: Oberfläche und Strömungsablenkung bei einer KELVIN-Welle.

Die *Querneigung* des Wasserspiegels in seitlich begrenzten Gebieten ergibt sich bei über die Breite b konstanter Strömungsgeschwindigkeit v aus dem Kräftegleichgewicht der schrägstellenden CORIOLIS-Kraft F_c und der Gegenkraft aus Wasserdruck (vgl. Abb. 5.12):

$$\underbrace{F_c = m \cdot a_c}_{\text{Corioliskraft}} = \underbrace{\frac{1}{2} \rho \cdot g \cdot (h_2 \cdot h_2\, l - h_1 \cdot h_1\, l)}_{\text{result. Wasserdruckkraft}} \quad (5.5)$$

5.1. Tiden (Gezeiten)

$$\rho \cdot l \cdot b \cdot h_m \cdot 2 \cdot v \cdot \omega \cdot \sin\varphi = \frac{1}{2} \cdot \rho \cdot g \cdot l \cdot \underbrace{\underbrace{(h_2 - h_1)}_{2\Delta h}\underbrace{(h_2 + h_1)}_{2h_m}}_{(h_2^2 - h_1^2)} \quad (5.6)$$

und daraus

$$\Delta h = \frac{b \cdot v \cdot \omega \cdot \sin\varphi}{g} \quad \text{bzw. für das Quergefälle} \quad I_{quer} = \frac{2\,\Delta h}{b}. \quad (5.7)$$

Die Wasserspiegelauslenkung ist mithin linear von der Breite b und der Geschwindigkeit v abhängig und die Wassertiefe ist ohne Einfluß. Für eine gegebene geographische Breite auf der Erde ist $\sin\varphi = const.$, und ω ist ohnehin konstant. Die CORIOLIS-Kräfte sind im schräggestellten Zustand aber nur über die Tiefe gemittelt im Gleichgewicht mit den Kräften aus der Druckdifferenz. Wegen der Geschwindigkeitsverteilung der Strömungen mit oberflächennah größeren Geschwindigkeiten überwiegen dort die CORIOLIS-Kräfte und sohlennah überwiegen die entgegengerichteten Kräfte aus der Druckkraftdifferenz. Das damit im Querschnitt bestehende interne Kräftegleichgewicht löst Sekundärströmungen aus. Deren Bedeutung liegt insbesondere darin, daß sie mit der Richtung der Sohlenströmung auch die Richtung des Sedimenttransports verschwenken (vgl. Kap. 4.8 auf Seite 166) und des weiteren die Querneigung erhöhen[6].

Nimmt man als Beispiel 54° nördlicher Breite an, ist $\omega \sin\varphi = 5{,}88 \cdot 10^{-5}$. Bei einem Tidegewässer mit z.B. 10 km Breite (Tidefluß im Mündungsbereich) wird der Wasserstandsunterschied an beiden Seiten dann bei angenommenem $v = 1$ m/s zu $2 \cdot \Delta h = 12$ cm, und der Tidehub ist an der in Flutrichtung rechten Seite um 24 cm größer als an der linken Seite. Infolge der Sekundärstromung sind die Werte noch etwas größer.

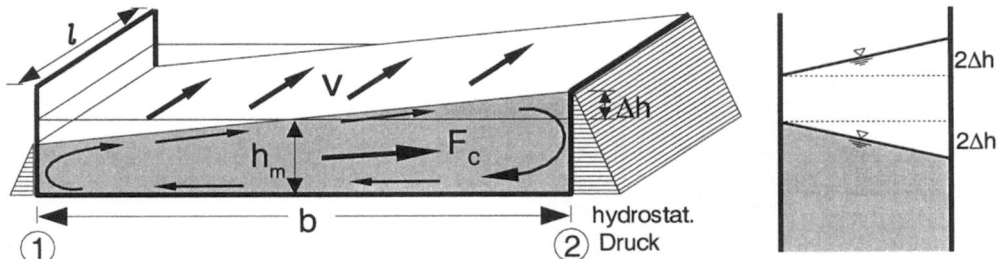

Abb. 5.12: Neigung der Oberfläche und Sekundärströmungen unter dem Einfluß der CORIOLIS-Kräfte; rechts Wasserspiegellagen im Tidestieg und -fall (schematisch).

---

[6] Wie in Kap. 5.2.4 auf Seite 245 gezeigt wird, ist die reale Querneigung noch größer als nach Gl. 5.7, weil als Folge der Sekundärströmung noch eine zusätzlich stützende Bodenschubspannung hinzukommt. (Die Übereinstimmung mit dem in 5.2.4 auf Seite 245 besprochenen Ergebnis ist nur qualitativ, da hier die schrägstellende Kraft nicht an der Oberfläche eingeleitet wird, sondern im gesamten Wasserkörper wirksam ist.)

In breiten und am Ende geschlossenen "Kanälen", wie man die Nordsee z.B. schematisch betrachten kann, führt die Reflexion der Kelvin-Welle am geschlossenen Ende zur Ausbildung einer *Drehtide (Amphidromie)*, die auf der Nordhalbkugel links herum, auf der Südhalbkugel rechts herum läuft. Die Anzahl der Amphidromien wird vom Längen-Breitenverhältnis des Kanals/Beckens bestimmt. Am Beispiel eines doppelt so langen wie breiten Kanals zeigte G.I. TAYLOR in [16] die Ausbildung von zwei Drehtiden durch reflektierte Kelvin-Wellen (Abb. 5.13). Die Nordsee (Abb. 5.14) ist diesem schematischen Becken ähnlich und verhält sich daher auch ähnlich: hohe Tidehübe an der englischen Ostküste und relativ hohe Hübe in der deutschen Bucht, ein amphidromischer Punkt in der südlichen Nordsee und ein weiterer an der Südspitze Norwegens. Die Tide läuft an der engl. Küste südwärts und läuft linksdrehend die niederländische Küste weiter zur deutschen Bucht, um dann nach Norden zu schwenken. Man erkennt aus den Abbildungen deutlich, daß der CORIOLIS-Effekt in Buchten zu besonders hohen Tidehüben führt.

Infolge der Energieverluste durch Reibung schwächt sich die Welle auf ihrem langen Weg durch die Nordsee ab und wird auf dem nach Norden laufenden Teilbereich merkbar schwächer. Deshalb sind die amphidromischen Punkte nach Osten verschoben. Da die Nordsee nicht wie das schematische Beispiel konstante Tiefe aufweist, sondern an den Ufern flacher wird, steigen dort die Geschwindigkeiten. Infolgedessen steigt der Tidehub in Küstennähe nicht linear, sondern progressiv an.

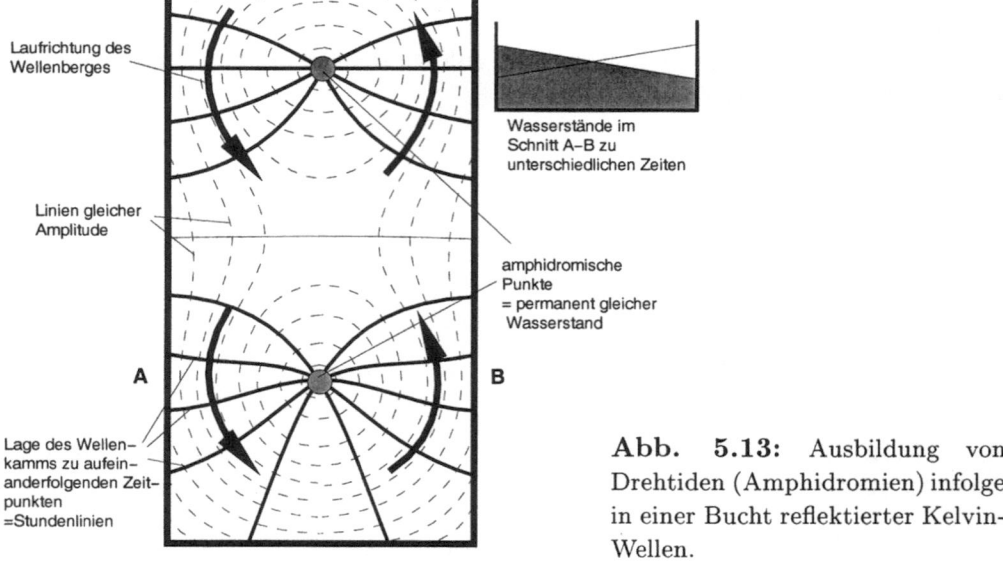

Abb. 5.13: Ausbildung von Drehtiden (Amphidromien) infolge in einer Bucht reflektierter Kelvin-Wellen.

5.1. Tiden (Gezeiten)

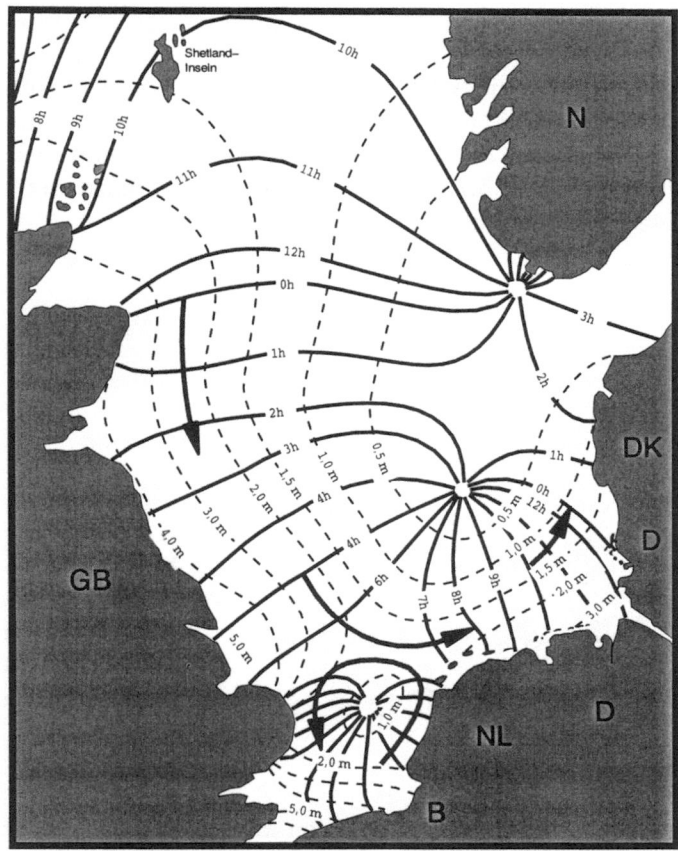

Abb. 5.14: Ausbildung von Drehtiden in der Nordsee. Dargestellt sind die stundenweisen Lagen des Wellenkammes, die Tidehübe und die Laufrichtungen. Bezugszeit ist der Durchgang des Mondes durch den Nullmeridian (Greenwich). In der Deutschen Bucht ist dann ca. 11-12 h später Hochwasser.

5.1.4.1.2 Laufgeschwindigkeit Ungestörte Tidewellen laufen mit der Geschwindigkeit von Flachwasserwellen

$$c = \sqrt{g\,h}.$$

Dies gilt, solange die Auslenkung η (s. Abb. 5.8 auf Seite 227) klein ist gegenüber der Wassertiefe h unter dem Ruhewasserspiegel. Bei höheren Wellen wird nach AIRY in [18]

$$c = \sqrt{g\,h}\left(1 + \frac{3}{2}\frac{\eta}{h}\right). \tag{5.8}$$

Dann laufen die Täler langsamer als die Kämme und die Welle verformt sich.

An den Küsten und in den Tideflüssen ist die tatsächlich eintretende Tide des weiteren durch reflektierte Teiltiden überlagert. Ihre Fortschrittsgeschwindigkeit unterscheidet sich daher von der der Einzeltide.

5.1.4.2 Gezeiten in Flüssen

5.1.4.2.1 Tidegrenze, Oberwasser und Flutstromgrenze Von den Tidemeeren dringen die Tidewellen in die Flüsse ein, bis sie infolge Reibungsverlusten und/oder ansteigender Sohle ausklingen. Die Position, an der kein Tidehub mehr registriert wird, ist die *Tidegrenze* (Abb. 5.15). Oberstrom der Tidegrenze treten keine tidebedingten Wasserstandsschwankungen mehr auf.

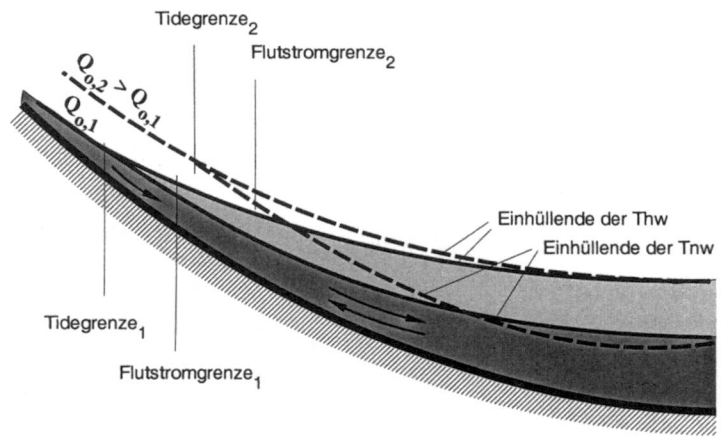

Abb. 5.15: Einfluß des Oberwassers auf Tidegrenze und Flutstromgrenze (schematisch).

An vielen Flüssen sind durch Sperrwerke oder Staustufen *künstliche Tidegrenzen* hergestellt worden. An diesen Bauwerken wird die Tide reflektiert (s.u.), und die Tidehübe sind dadurch erhöht.

Aus dem Binnenland tritt ein mehr oder weniger starker *Oberwasserzufluß* Q_o in das Tidegebiet ein. Hohes Oberwasser verschiebt die Tidegrenze seewärts, da die Tidewelle gegen ein größeres Gefälle anlaufen muß (Abb. 5.15). Im oberen Tidegebiet wird daher der Hub mit steigendem Q_o kleiner. Gleichzeitig verstärkt höheres Oberwasser die Reflexionswirkung des Flusses, wodurch der Tidehub im unteren Tidefluß ansteigt [40].

In einem Tidefluß muß durch jeden Querschnitt eine *Tidewassermenge* bei Flutstrom einschwingen und bei Ebbestrom ausschwingen, die den oberstrom der betrachteten Stelle befindlichen *Flutraum* füllt und entleert. Die Einhüllenden von *Thw* und *Tnw* begrenzen den Flutraum. Der Flutraum wird allerdings nie vollständig gefüllt, sondern nur im Bereich zwischen den Tidewellenlinien, die sich oberstrom von einer betrachteten Stelle im Fluß bei den dortigen Flut- und Ebbe-Kenterzeitpunkten ergeben. Da der verbleibende Flutraum nach binnen hin abnimmt, nehmen die Flut- und Ebbewassermengen stromauf ab bzw. nach See hin zu. Der Flutstrom dringt jedoch nur bis zur Tidegrenze vor, wenn kein Oberwasser zufließt. Ansonsten bildet sich seewärts der Tidegrenze bis zur *Flutstromgrenze* eine Zone heraus, in der der Oberwasserzufluß, der bei Flut am Abfluß gehindert wird,

5.1. Tiden (Gezeiten)

ausreicht, um den Tidestieg zu bewirken. Dadurch herrscht in diesem Abschnitt nur stärkerer oder schwächerer Ebbestrom und erst seeseitig der Flutstromgrenze auch Flutstrom.

5.1.4.2.2 Stromwege, Reststromwege Die Bewegung der Wasserteilchen verläuft in Tideflüssen mit dem Ebbestrom seewärts, dann mit dem Flutstrom wieder stromauf. Mit steigendem Oberwasserabfluß Q_o werden die Flutwege zunehmend kürzer, so daß das Wasser nicht ganz bis zum Ausgangspunkt zurückkommt. Dann bewegt es sich wieder stromab usw.[7]. Die *Flutstromwege* sind im Normalfall also kürzer als die *Ebbestromwege*[8]. *Restromwege* sind ein Maß für die Netto-Strömungen. Zur Ermittlung der Stromwege wird die Tide in mehrere Zeitintervalle aufgeteilt. Die weitere Auswertung kann auf zwei Weisen durchgeführt werden, deren Ergebnisse sich unterscheiden:

- Als EULERsche Reststromwege: Für jedes Zeitintervall wird die mittlere Geschwindigkeit an einem festgehaltenen Punkt mit der Zeit multipliziert, wodurch sich ein Stromweg ergibt (z.B. Weg 1 auf Abb. 5.16 links). Die vektorielle Addition aller Stromwege über die gesamte Tide führt auf den Reststromweg (Abb. 5.16 rechts).

- Als LAGRANGEsche Reststromwege: Die Stromwege werden nicht am selben Punkt ermittelt, sondern man bewegt sich vom Startpunkt aus mit dem Wasser mit und benutzt den Endpunkt jedes Teilstromweges als Anfangspunkt für den nächsten Teilstromweg.

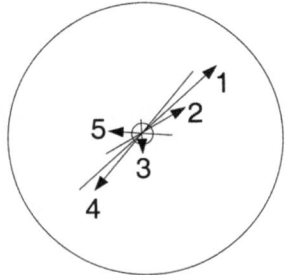
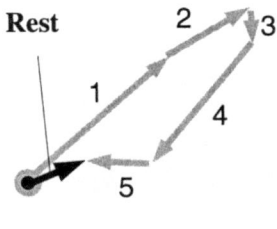

Abb. 5.16: Zur Ermittlung von Reststromwegen (schematisch, links Stromwege durch einen Punkt (Euler), rechts aufsummierte Stromwege).

Reststromwege geben eine erste grobe Auskunft über die Verdriftung von im Wasser gelösten Stoffen. Häufig wurde versucht, aus den Reststömen auch auf den Sedimenttransport und die Morphodynamik rückzuschließen. Es führt hier zu weit, darauf näher einzugehen, jedoch sei gesagt, daß dies nicht möglich ist (s. z.B. [123]), weil die Transportraten (s. Kap. 4.9.2.6.3 auf Seite 182) nicht linear von den Geschwindigkeiten (und mithin auch nicht linear von den Stromwegen)

---

[7] Bei windstaubedingten Füllstandsänderungen kann der Flutstromweg auch länger sein.
[8] In den Mündungstrichtern mit mehreren Rinnen können Bereiche mit Flutstromorientierung und andere Bereiche Ebbestromorientierung existieren.

abhängen. Sind die Geschwindigkeiten z.B. unterkritisch, wird zwar Wasser, aber kein Sediment bewegt und andererseits wird in Phasen hoher Geschwindigkeiten überproportional viel Sediment transportiert. So kann der Restsedimenttransport durchaus in Flutstromrichtung verlaufen während der Rest-Wasserstromweg in Ebberichtung weist.

5.1.4.2.3 Reflexionseigenschaften, Reibung und Kenterpunkte Insbesondere in Buchten und Tideflüssen mit künstlicher Tidegrenze werden die einlaufenden Tiden am landseitigen Ende in erheblichem Maße reflektiert. Die *Reflexion* bewirkt je nach Reflexionsgrad eine Erhöhung der Amplitude an der Reflexionsstelle, die bis zur Totalreflexion mit einer Verdoppelung des Tidehubes gehen kann. Man beachte, daß natürlich nur die Ursprungstide reflektiert wird. Da in jedem Fluß geometriebedingte Teilreflexionen entlang des Flusses wirksam werden (z.B. in Kurven), ist die beobachtete Tide an einer potentiellen Sperrstelle nicht identisch mit der Ursprungstide. Da die bereits enthaltenen Reflexionsanteile nicht nochmals reflektiert werden, sondern nur die Ursprungstide, erreicht die Erhöhung des Hubes an der Sperrstelle auch bei Totalreflexion i.d.R. keine Verdoppelung. Ist die Wassertiefe sehr groß, dann sind Anhebung des *Thw* und Absenkung des *Tnw* etwa gleich. In flacheren Gewässern ist jedoch die Absenkung des *Tnw* größer als die Hebung des *Thw* (Abb. 5.17). Ein hohes Oberwasser kann die Verhältnisse aber wieder umkehren. Auf die vorstehend beschriebenen Zusammenhänge hat schon HENSEN ([40], 1954) hingewiesen.

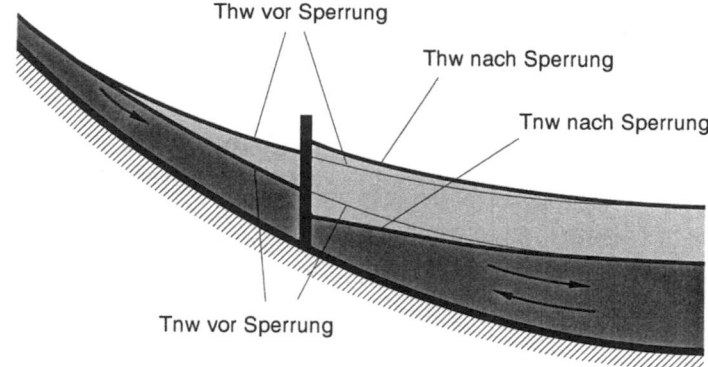

Abb. 5.17: Änderung von *Thw* und *Tnw* durch Reflexion an einem Sperrbauwerk (schematisch).

Reflexionen haben einen direkten Einfluß auf die Kenterpunkte k_f und k_e. Bei einer ungestörten Welle liegen die Kenterpunkte im Nulldurchgang der Oberflächenwelle durch den Ruhewasserspiegel, d.h. unter dem Wellenberg läuft die Strömung mit der Welle mit und im Ebbetal der Welle entgegen (Abb. 5.8 auf Seite 227). Mit steigendem Reflexionsgrad, wie er z.B. durch starke Krümmungen verursacht wird, rücken die Kenterpunkte näher an den Scheitel der Tidewelle. An einer Totalreflexionsstelle liegen die Kenterpunkte schließlich im Scheitel und fallen mit

5.1. Tiden (Gezeiten)

Thw und *Tnw* zusammen. Die Lage der Kenterpunkte ist also ein Indikator für den Reflexionsgrad.

Weitere Auswirkungen verursacht die *Sohlenreibung*. Durch die Abnahme der Wassertiefe steigt die Reibungswirkung stromauf an. Sie ist bei fallenden und niedrigen Wassertiefen verstärkt, bei steigenden und hohen Ständen geringer, und die Tidewelle verformt sich daher. Im Extremfall besitzt die Tide bei Flutstrom Wellencharakter und in der Ebbephase Gefälleströmungscharakter, letzteres umso stärker, je flacher der Fluß in Relation zum Tidehub ist. Abb. 5.18 zeigt hierzu schematisch die Tidekurven im Mündungsbereich und im oberen Bereich von Tideflüssen, aus deren Vergleich deutlich wird, wie der Ebbeast vom Wellencharakter in einen Gefälleströmungscharakter wie beim Entleeren eines Beckens übergeht, erkennbar am geradlinigen Verlauf. In der Abbildung sind die Tidekurven zum besseren Vergleich auf gleiche Lagen von *Thw* und *Tnw* normiert. In der Natur kann der Hub nach oberstrom hin steigen oder fallen, und es kann sich das *Tmw* verschieben, je nach Naturgegebenheiten oder Ausbauzustand des Flusses. Vor dem Ausbau der Elbe und der Weser dämpfte die Reibung der nach binnenwärts hin flacher werdenden Flüsse die jeweiligen Tiden soweit, daß sie bald oberhalb von Hamburg auslief und in Bremen z.B. nur ca. 15 cm Tidehub besaß. In die ausgebauten, d.h. stark vertieften Flüsse laufen die Tiden heute viel weniger gedämpft ein und werden an Wehren oberstrom der jeweiligen Häfen reflektiert. Daher sind die Tidehübe in Hamburg bzw. Bremen heute höher als an den Mündungen bei Cuxhaven bzw. bei Bremerhaven, und die Kenterpunkte k_f liegen viel näher am Scheitel als dies im Mündungsbereich der Fall ist.

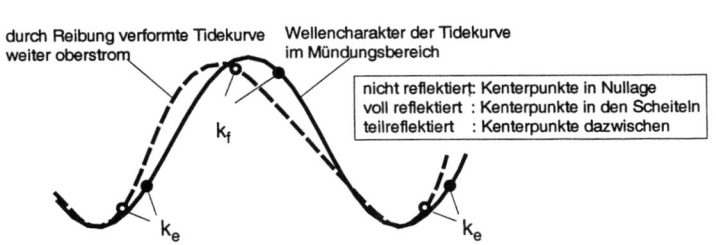

Abb. 5.18: Verformung der Tidekurven von der Mündung nach Oberstrom und reflexionsbedingte Verschiebung der Kenterpunkte näher an die Scheitel (zm besseren Vergleich normiert auf gleichen Hub).

Reibung, Oberwasser und die geringere Laufgeschwindigkeit des Tales (= des *Tnw*) in den verglichen zum Meer relativ flachen Flüssen (s. Gl. 5.8) verformen also die Tidewelle von der Mündung flußaufwärts: Die Flutdauer verkürzt sich, und die Ebbedauer steigt entsprechend. Eine natürlich hohe oder durch Eingriffe erhöhte Asymmetrie der Tidewelle kann bis hin zur Ausbildung eines sprunghaften Anstieges der ersten Flut führen. Das kann so weit gehen, daß dann eine brechende Flutwelle, eine sogenannte *Bore* (s. auch Kap. 5.3.7.4 auf Seite 272ff) stromauf läuft (Hydraulisch liegt dann ein wandernder Wechselsprung vor). Boren gibt es an vielen Tideflüssen. Sie treten bevorzugt in trichterförmigen und sich gleichmäßig verjüngenden Mündungen von Tideflüssen (Ästuare) mit bei Niedrigwasser seichten Wassertiefen auf. Im Tsientang-Fluß südlich Schanghai tritt gelegentlich eine Bore mit einer Fronthöhe von 8 m auf [18].

5.1.4.2.4 Trägheitseffekt Aufgrund der Trägheit des Wassers kentert die Strömung in den langsamer durchströmten Uferbereichen deutlich eher als in Strommitte (Abb. 5.19).

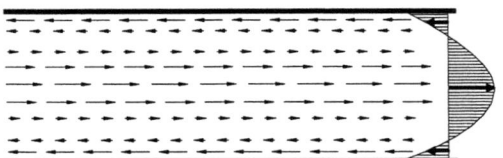

Abb. 5.19: Stromkenterung im Querschnitt.

5.1.4.2.5 Dichte-Effekt Auf Abb. 5.20 ist in drei Abschnitten eines Grundsatzversuches zu sehen, wie sich Süß- und Salzwasser nach Entfernen einer Trennwand verhalten. Das schwerere Salzwasser verdrängt sohlennah das leichtere Süßwasser, während an der Oberfläche der gegenteilige Effekt eintritt. Nach einiger Zeit stellt sich ein stabiler Zustand mit geschichteten Flüssigkeiten ein.

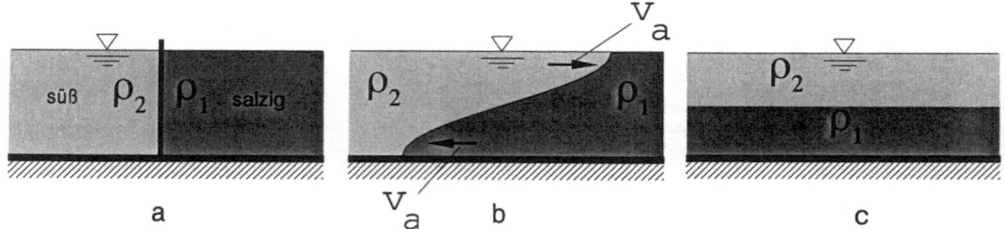

Abb. 5.20: Verhalten von Flüssigkeiten unterschiedlicher Dichte nach Entfernen einer Trennwand (a = Anfangszustand, b = Übergangszustand, c = Endzustand).

In natürlichen Flüssen strömt aus dem Einzugsgebiet ständig Süßwasser (Q_o) zu, während das Meerwasser einen mehr oder weniger ausgeprägten Salzgehalt besitzt. Aufgrund des Vorrates an Meerwasser und des ständigen Süßwasserzustroms stellt sich kein Endzustand ein wie auf Abb. 5.20, Bild c Die Neigung der Linien gleichen Salzgehalts (Isohalinen), also der Grad der Ausprägung eines regelrechten Salzkeils, ist abhängig von der Stärke der turbulenten Durchmischung, und der Stärke der Tiden. In *makrotidalen* Verhältnissen ($Thb > 4$ m) herrscht vollständige Durchmischung und der Salzgehalt ist über die Wassertiefe konstant (vertikale Isohalinen). In *mesotidalen* Verhältnissen herrscht noch deutliche Durchmischung, aber der Salzgehalt ist über die Wassertiefe nicht mehr konstant und die Isohalinen

5.1. Tiden (Gezeiten)

verlaufen geneigt wie auf Abb. 5.21. In *mikrotidalen* Verhältnissen ($Thb < 2$ m) existiert ein stationärer Salzkeil wie auf Abb. 5.20, Bild b, jedoch mit dem Unterschied, daß sich das Süßwasser an der Oberfläche über das Salzwasser schiebt und sich allmählich über eine längere Strecke einmischt. Die Geschwindigkeit v_a der Ausbreitung der Dichteströmung beträgt

$$v_a \approx 0,5 \sqrt{g\, h \frac{\rho_1 - \rho_2}{0,5\,(\rho_1 + \rho_2)}}. \tag{5.9}$$

Sie bestimmt die stabile Position des Salzkeils in der Mündung von tidefreien Flüssen. Auch bei einem weitgehend stationären Salzkeil herrscht in diesem an der Sohle eine stromauf gerichtete Strömung als Ausgleich für das vom abfließenden Süßwasser an der Dichtegrenze ständig mitgerissene Salzwasser.

In den deutschen Tideflüssen verläuft der Übergang von Süß- zu Salzwasser wegen der kräftigen Durchmischung im wesentlichen in Längsrichtung des Flusses und die Linien gleichen Salzgehaltes verlaufen relativ steil. Die Süß-Salzwasser-Übergangszone pendelt mit der Tide um die Stromwege hin und her[9].

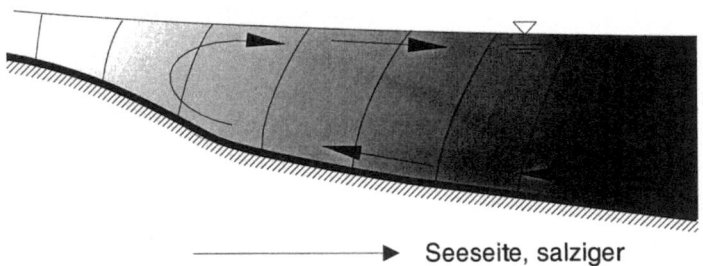

Abb. 5.21: Salzgehalte und Isohalinen im Übergang zwischen Süß- und Salzwasser bei deutlicher turbulenter Durchmischung.

Seeseite, salziger

Die Dichteunterschiede treiben eine permanente Zirkulationsströmung, an der Oberfläche nach See und an der Sohle nach binnenwärts, an. Diese Zirkulationsströmung kann bewirken, daß die Strömung sohlennah bis zu rd. 1 Stunde eher kentert als an der Oberfläche (Abb. 5.22). Durch die Überlagerung dieses Effekts mit dem logarithmischen Profil der unbeeinflußten Strömung ist der Flutstrom in der Salzübergangszone (Abb. 5.22, Bild b) gegenüber dem Ebbestrom (Bild c) sohlennah verstärkt. Dies hat naturgemäß Auswirkungen auf den Sedimenttransport, der dadurch eine Tendenz nach oberstrom zu wandern hat.

---

[9] Die Übergangszone wird als *Brackwasserzone* bezeichnet, da hier aufgrund hoher Sterblichkeitsraten von Mikroorganismen, die jeweils nur Süß- oder Salzwasser vertragen, eine hohe Schwebstoffproduktion mit biologischen Abbauvorgängen besteht und das Wasser brakig (trübe) ist.

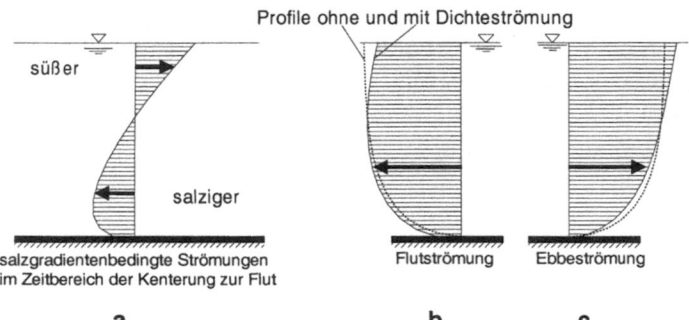

Abb. 5.22: Zum Einfluß der Dichteunterschiede auf die Kenterung zur Flut (a) und auf die Ausbildung der Geschwindigkeitsprofile bei Flutstrom (b) und bei Ebbestrom (c).

5.1.5 Veränderung von Wassertiefe oder lokalem Füllvolumen

Vertiefungen vergrößern den Querschnitt und führen so zu schnelleren Primärtidewellen (vgl. Gl. 4.267 auf Seite 161) und zu mehr Tideenergie weiter oberstrom. Die Erhöhung des Tidehubes verteilt sich etwa hälftig auf das Thw und das Tnw. Gleichzeitig zieht die Absenkung der Sohle eine Absenkung der *mittleren* Tidewasserstände nach sich, die sich nach oberstrom verstärkt, zumal die Vertiefung nach oberstrom hin meist zunehmen muß, um die angestrebten Schiffahrtsbedingungen zu erzielen. Die Überlagerung dieser beiden Effekte führt zu einer stärkeren Absenkung des Tnw, wie NIEMEYER [73] beschreibt (Abb. 5.23).

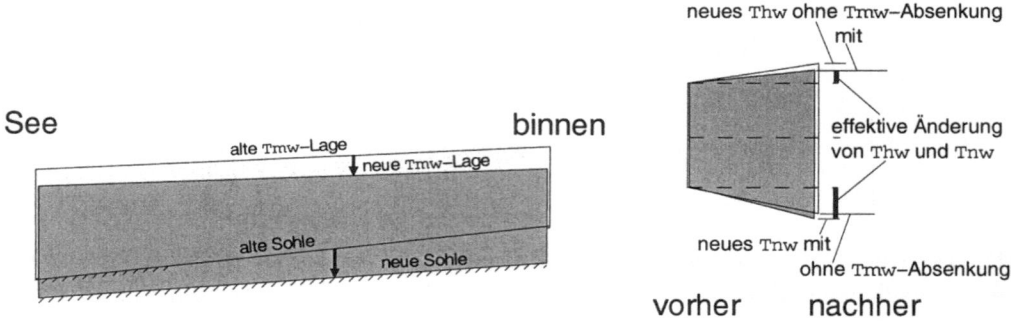

Abb. 5.23: Auswirkung von Vertiefungen in Tideflüssen (schematisch).

Anschluß oder Abtrennung von Flutraum Lokale Veränderungen der Oberfläche, wie z.B. die Herrichtung oder die Verfüllung von Hafenbecken, rufen in einem Tidefluß maximale Änderungen von Thw und Tnw nicht am Ort des Eingriffs, sondern in weiterer Entfernung hervor. Dieser zunächst paradox erscheinende Effekt ist wie folgt verständlich: Natürlich treten die absolut maximalen Wasserstandsänderungen am Ort des Eingriffs auf, allerdings zu den Zeitpunkten des

5.1. Tiden (Gezeiten)

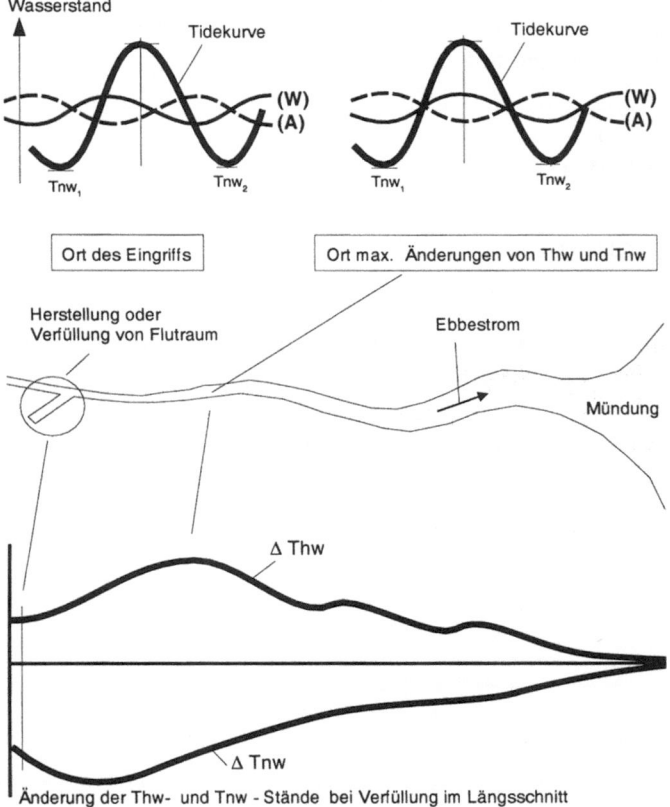

Abb. 5.24: Änderung der Tidewasserstände bei Anschluß oder Wegnahme von seitlichem Flutraum (z.B. Herstellung oder Verfüllung von Hafenbecken), schematisch.

maximalen Wasserstandsstiegs oder -falls, denn hier wirkt sich eine lokale Änderung des Flutraums besonders stark aus. In der Nähe der Kenterpunkte, also auch bei Thw und Tnw geht die Auswirkung solcher Eingriffe auf die Wasserstände am Ort des Eingriffs folglich gegen Null. Abb. 5.24 zeigt die Wasserstandsänderungen über eine Tide.

Bei Herstellung eines Hafenbeckens z.B. hängt der Wasserstand bei auflaufendem Wasser am Ort des Eingriffs gegenüber dem Vergleichsfall ohne Eingriff nach, weil das Becken Füllvolumen abzieht. Entsprechend sind die anderen gestörten Zustände in der Abb. 5.24 zu verstehen. Diese Störwelle läuft nach oberstrom mit der Tidewelle mit und der von See her auflaufenden Tidewelle entgegen. Dabei laufen die Maxima der einlaufenden Tidewelle und der Störwelle aufeinander zu und fallen je nach den Gegebenheiten des Flusses u.U. erst einige 10 km entfernt vom

Entstehungsort der Störung zusammen. Dort treten dann die maximalen Änderungen der Scheitelwerte auf. Wegen der unterschiedlichen Laufzeiten bei hohen und niedrigen Wasserständen liegt der maximale Einfluß auf die Tnw-Stände weniger weit entfernt als derjenige auf die Thw-Stände.

5.2 Windstau

5.2.1 Allgemeines

Wind und Sturm können, wenn sie genügend lange mit größerer Stärke über eine Wasserfläche wehen, erhebliche Windstauwirkungen in Meeresbecken, Buchten, Tideflüssen und großen Speicherseen hervorrufen. Abb. 5.25 zeigt hierzu schematisch, wie Wind eine Schubspannung τ_{wind} auf die Wasseroberfläche ausübt und diese eine Schrägstellung des Wasserspiegels hervorruft.

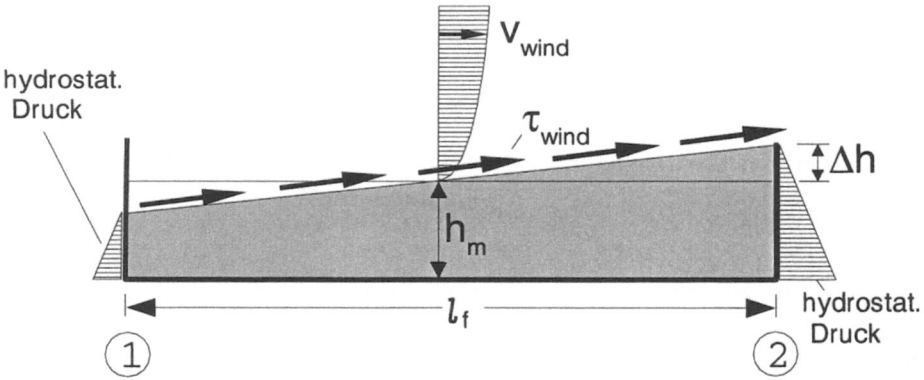

Abb. 5.25: Zum Windstaueffekt.

5.2.2 Wirksame Windschubspannung

Die Windschubspannung ist

$$\tau_{wind} = \rho_l \, v_l^{*2} = \rho_l \, v_{l,y}^2 \left(\frac{v_{l,y}}{v_l^*}\right)^{-2} \tag{5.10}$$

mit $v_{l,y}$ = Windgeschwindigkeit in der Höhe y über der Sohle (bzw. hier der Wasseroberfläche) und v_l^* = Schubspannungsgeschwindigkeit an der Luftseite der Grenzfläche zum Wasser. Die Windgeschwindigkeit wird üblicherweise durch den Wert v_{10} in $y = 10$ m Höhe über dem Wasser beschrieben. Die Grenzschichtverhältnisse sind aufgrund der hohen REYNOLDS-Zahlen hydraulisch voll rauh, so

5.2. Windstau

daß die Rauheitswirkung v_{10}/v^*, aus dem logarithmischen Geschwindigkeitsverteilungsgesetz

$$\frac{v_y}{v^*} = 2,5 \cdot \ln(30\frac{y}{k_s}) \qquad \text{bzw. hier} \qquad \frac{v_{10}}{v_l^*} = 2,5 \cdot \ln(30\frac{10}{k_s})$$

(Gl. 4.176 auf Seite 113, vgl. weiter Tab. 4.15 auf Seite 117, Fall "hydraulisch rauhe Sohle") bestimmt werden kann. Der wirksamen Rauheit der Grenzfläche, also hier den Wellen, ist eine äquivalente Rauheitshöhe k_s zugeordnet. In einer ebenfalls häufig verwendeten Schreibweise wird anstelle der äquivalenten Sandrauheitshöhe k_s der Wandabstand

$$y_0 = \frac{k_s}{30} \tag{5.11}$$

eingesetzt. Dabei liegt y_0 innerhalb der Rauheitselemente in dem Abstand von der Wand, in dem das Geschwindigkeitsprofil mit $v = 0$ beginnt (s. Abb. 4.72 auf Seite 118).
Nicht trivial ist die Bestimmung der Rauheitshöhe k_s bzw. des Wandabstandes y_0 für die Wasseroberfläche bei Seegang. Von Einfluß sind die Wellenhöhen, ihre Form, ihre Verteilung sowie ihre Laufgeschwindigkeiten, die die Relativgeschwindigkeit zwischen dem Wind und dem Rauheitskörper Welle vermindern. Auf der Grundlage von Messungen gibt CHARNOCK ([10], 1955) eine relativ einfache empirische Lösung an:

$$y_0 = 0,015 \frac{v_l^{*2}}{g} \qquad \text{bzw.} \qquad k_s = 30 \cdot 0,015 \cdot \frac{v_l^{2*}}{g} \tag{5.12}$$

Nach WU ([119], 1995) wird für den Zahlenfaktor besser $0,0185$ gesetzt. Die gesuchte Lösung erhält man nur iterativ. Eine direkte Regressionslösung unter Einschluß des logarithmischen Geschwindigkeitsprofils, die etwa den Mittelwert beider Vorschläge trifft, ist

$$y_0 = 1,1 \cdot 10^{-6} \cdot v_{10}^{2,4} \qquad \text{bzw.} \qquad k_s \approx 3,3 \cdot 10^{-5} \cdot v_{10}^{2,4}. \tag{5.13}$$

Hierin ist v_{10} in [m/s] einzusetzen und y_0 bzw. k_s ergeben sich in [m]. Die wirksamen Rauheitshöhen der See sind vergleichsweise klein. Bei $v_{10} = 25$ m/s beträgt k_s nur ca. 7,5 cm, obwohl die Wellen viel höher sind. Der Grund liegt zum einen daran, daß nicht die großen Wellen im Spektrum rauheitssignifikant sind, sondern kleinere auf den großen Wellen laufende Wellen und zum anderen am Mitlaufen der Wellen. Letzteres muß wegen des Ansatzes der vollen Geschwindigkeitsdifferenz v_{10} durch fiktiv kleinere wirksame Rauheitshöhen kompensiert werden. Aus der Lösung von CHARNOCK läßt sich auch ein expliziter Ansatz für v_{10}/v_l^* gewinnen:

$$\frac{v_{10}}{v_l^*} = 40 - 6\ln(v_{10}). \tag{5.14}$$

Diese Ansätze gehören derzeit zu den besten verfügbaren Annahmen; ihre Verifikation für sehr hohe Windgeschwindigkeiten steht noch aus.

5.2.3 Windstauansatz ohne Rückströmung

Bei dieser einfachen Betrachtung stellt man sich das Wasser wie einen Gesamtkörper vor, in dem keine internen Ausgleichsströmungen in der Vertikalen auftreten. Dies entspricht den Verhältnissen in einem zweidimensionalen numerischen Modell. Man hat nur ein hydrostatisches Problem zu lösen: Im stabilen Endzustand sind die schrägstellenden und die rückstellenden Kräfte gleich. Mit dem Ansatz wie in Gl. 5.5 auf Seite 230, hier anstelle der CORIOLIS-Kraft mit der schrägstellenden Kraft $\tau_{wind} \cdot l_f \cdot b = \rho_l v_l^{*2} \cdot l_f \cdot b = \rho_l v_{10}^2 \left(\frac{v_{10}}{v_l^*}\right)^{-2} \cdot l_f \cdot b$ und den Bezeichnungen der Abb. 5.25 folgt

$$\Delta h = \frac{\rho_l}{\rho} \cdot \left(\frac{v_{10}}{v_l^*}\right)^{-2} \cdot \frac{v_{10}^2}{2g} \cdot \frac{l_f}{h_m}. \tag{5.15}$$

Hierin sind l_f = Streichlänge des Windes, ρ_l = Dichte von Luft (s. Tab. 2.2 auf Seite 6), b = Breite (beachte, daß b und l in (5.5) vertauscht definiert sind). Der Windstau Δh steigt also linear mit der Windwirklänge l_f und ist proportional zum Quadrat der Windgeschwindigkeit und umgekehrt proportional zur Wassertiefe.

Die Gleichgewichtsverhältnisse lassen sich sehr anschaulich auch auf andere Weise darstellen, nämlich für ein Becken, bei dem die Sohle die gleiche Neigung wie der Wasserspiegel hat. Abb. 5.26 zeigt für diesen Fall einen Ausschnitt[10], in dem sich die hydrostatischen Drücke dann beidseitig aufheben.

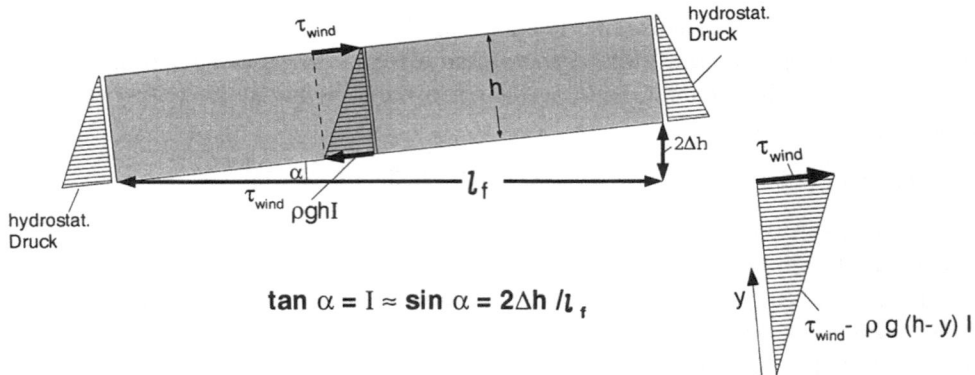

Abb. 5.26: Spannungsverlauf im Wasserkörper, oben Systemskizze und wirksame Spannungen, rechts resultierende Spannungen.

Wirksam bleiben die Windschubspannung τ_{wind} und das talwärts treibende Gewicht der Flüssigkeit $F_G \cdot \sin \alpha$. Dieses steigt linear mit der Tiefe und ist an der

---

[10] Weil für alle Betrachtungen von im Vergleich zur Wassertiefe kleinem Windstau ausgegangen wird, ist die Lage der Sohle im Ergebnis unbedeutend.

5.2. Windstau

Sohle $m\,g\,\sin\alpha$, bzw. die talwärts gerichtete Komponente des Gewichts je Flächeneinheit ist $\rho\,g\,h\,I$ (vgl. auch Kap. 4.2.2.5.2 auf Seite 49). Dabei ist

$$I = \frac{2\,\Delta h}{l_f}, \qquad (5.16)$$

wie man aus Abb. 5.26 entnehmen kann. Da stabile Verhältnisse eintreten, wenn die talwärts treibende Gewichtskraft gleich der Windschubkraft ist, wird im statischen Fall nach Abb. 5.26

$$I = \frac{\tau_{wind}}{\rho\,g\,h} \qquad \text{bzw.} \qquad h \cdot I = \frac{\tau_{wind}}{\rho\,g}, \qquad (5.17)$$

was mit Gl. 5.15 identisch ist.

Um bei gleichem Gefälle I einen Wasserkörper mit größerer Tiefe h zu halten, oder um bei gleicher Tiefe h ein größeres Windstaugefälle zu erzielen, wäre jeweils eine höhere Windschubspannung erforderlich.

Bei $v_{10} = 30$ m/s und einer Streichlänge von 400 km aus NW in Richtung Deutsche Bucht ergibt sich bei 40 m Wassertiefe z.B. $\Delta h \approx 1,5$ m. Der tatsächlich eintretende Windstau wäre in diesem Fall etwa $2\Delta h \approx 3$ m, weil in der Nordsee kein kompensatorischer Absunk wie in dem geschlossenen Becken (wie auf Abb. 5.25 links) eintritt. Des weiteren wäre der Windstau in der Realität nochmals erhöht, weil die Wassertiefe h in Küstennähe abnimmt. In einem Speichersee von 10 km Länge und 5 m Tiefe ergeben sich bei gleicher Windgeschwindigkeit immerhin $\Delta h \approx 30$ cm. Wie der folgende Abschnitt zeigt, sind die Stauwirkungen in der Realität mit Zirkulation des Wassers noch größer.

5.2.4 Windstau bei Zirkulationsströmung

Die Betrachtung in Kap. 5.2.3 behandelt das Wasser rückströmungsfrei und der Windschubkraft steht nur die Gewichtskomponente aus der Schrägstellung entgegen. Im fließfähigen Wasser wird jedoch nur Schubspannung übertragen, wenn das Wasser auch tatsächlich fließt. Da das Wasser an der Oberfläche zwangsläufig in Windrichtung strömt, muß es sich sohlennah talwärts bewegen. Es stützt sich also an der Sohle ab und vergrößert damit die stützende Schubspannung aus Windschub. *D.h., im realen Fall mit Zirkulationsströmung muß die Windstauhöhe Δh größer sein, als im vereinfacht angenommenen rein statischen Fall!* Der Schubspannungsverlauf ist dem statischen Fall auf Abb. 5.27 gegenübergestellt.

Die Zirkulationsströmung läßt sich für einen geraden Kanal mit dem PRANDL-V. KARMANschen Mischungswegansatz (Gl. 4.174 auf Seite 112) und dem im vorliegenden Falle eintretenden Spannungsverlauf herleiten:

$$\underbrace{\kappa\,\rho\,v_o^*\,y\left(1-\frac{y}{h}\right)\frac{dv}{dy}}_{\tau(y)=\rho\,\nu_t\,\frac{dv}{dy}} = \tau_{wind} - \rho\,g\,h\,I\cdot\left(1-\frac{y}{h}\right). \qquad (5.18)$$

Hierin ist v_o^* die aus der Windschubspannung hervorgerufene Schubspannungsgeschwindigkeit an der Wasserseite der Grenzfläche. Beidseits der Grenzfläche gilt

$$\underbrace{v_l^{*2} \cdot \rho_l}_{\tau_{wind}} = \underbrace{v_o^{*2} \cdot \rho}_{\tau_o}. \tag{5.19}$$

Nach Integration folgt für die Sekundärströmungsgeschwindigkeiten v

$$v(y) = \frac{v_o^*}{\kappa} \ln\left(\frac{y}{h-y}\right) - \frac{g h I}{\kappa v_o^*} \cdot \ln(y) + C. \tag{5.20}$$

Die Integrationskonstante C ergibt sich aus der Bedingung, daß v an der Sohle $v(y = y_0) = 0$ sein muß. Damit wird dann

$$v(y) = \frac{v_o^*}{\kappa} \ln\left(\frac{h-y_0}{h-y} \cdot \frac{y}{y_0}\right) - \frac{g h I}{\kappa v_o^*} \cdot \ln\frac{y}{y_0}. \tag{5.21}$$

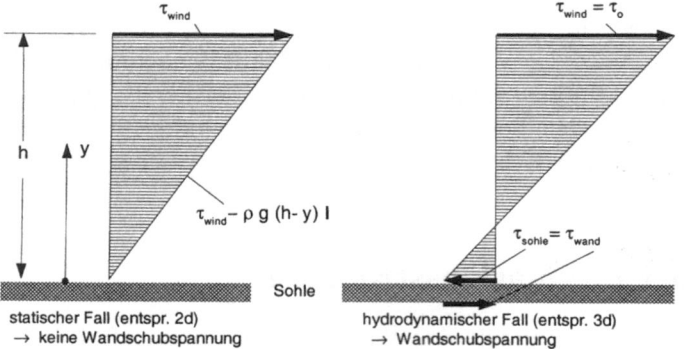

Abb. 5.27: Resultierende Spannungen bei Windschub an der Oberfläche im nicht fließfähigen Körper (links) und im fließfähigen Körper (rechts).

Weitere Bedingung ist die Gleichheit der an der Oberfläche und sohlennah zirkulierenden Wassermengen. Steuernde Größe ist bei gegebenem h das Gefälle I. Je größer I ist, desto mehr fließt sohlennah zurück. Der Wert von I, bei dem die Kontinuität erfüllt ist, ergibt sich, wenn die mittlere Geschwindigkeit über die gesamte Wassertiefe $v_m = 0$ ist. Das gesuchte Gefälle erhält man also aus der nochmaligen Integration, welche auf v_m führt sowie der Forderung $v_m = 0$:

$$I = \frac{v_o^{*2}}{g h} \cdot \frac{\ln\frac{h}{y_0}}{\ln\frac{h}{y_0} - \frac{h-y_0}{h}} = \frac{\tau_{wind}}{\rho g h} \cdot \frac{\ln\frac{h}{y_0}}{\ln\frac{h}{y_0} - \frac{h-y_0}{h}} = \frac{\tau_{wind} + \tau_{Sohle}}{\rho g h}. \tag{5.22}$$

Der Windstau ergibt sich wiederum aus $I = \frac{2\Delta h}{l_f}$. Abb. 5.28 zeigt die typische Profilform und den Bereich der Geschwindigkeitsrelationen für typische Naturgegebenheiten. Die oberflächennahe Geschwindigkeit des Wassers liegt bei ca. 3 % bis

5.2. Windstau

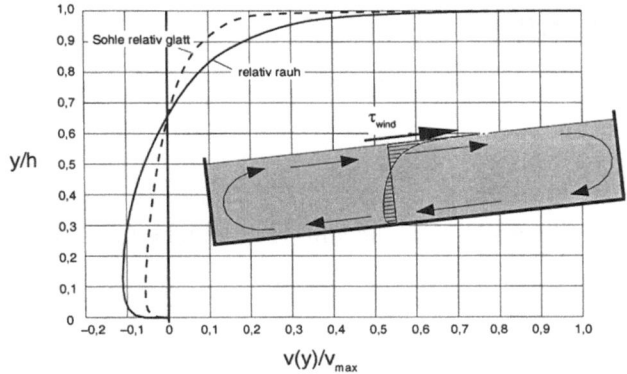

Abb. 5.28: Bereich und Verlauf der Zirkulationsgeschwindigkeiten für typische Naturverhältnisse.

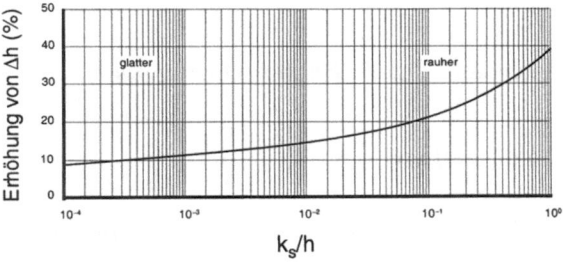

Abb. 5.29: Prozentuale Erhöhung des Windstaus durch Zirkulationsströmung in Abhängigkeit von der relativen Rauheit der Sohle im Vergleich mit dem Ansatz ohne Rückströmung.

3,5 % der Windgeschwindigkeit v_{10}, und die sohlennahe Rückströmung nimmt 2/3 der Wassertiefe ein. Die Erhöhung des Windstaus gegenüber dem rein statischen Ansatz ist gleich der Erhöhung der stützenden Schubspannung und mithin

$$\Delta(\Delta h) = \frac{\ln \frac{h}{y_0}}{\ln \frac{h}{y_0} - \frac{h-y_0}{h}} - 1. \tag{5.23}$$

Der Grad der Windstauerhöhung gegenüber dem vereinfachten statischen Ansatz ist also eine ausschließliche Funktion der relativen Rauheit y_0/h bzw. k_s/h und die Erhöhung ist umso größer, je rauher die Sohle ist (ca. 10 % bis 30 %, s. Abb. 5.29). Durch die Zirkulationsströmung wird allerdings die Relativgeschwindigkeit zwischen Luft- und Wasserströmung (bei als unverändert angenommenem v_{10}) geringer, womit der eingetragene Windschub abnimmt. Bei einer Wassergeschwindigkeit an der Oberfläche von 3,5 % der Windgeschwindigkeit fallen die Erhöhungen von Δh unter dieser Randbedingung um ca. 7% geringer aus. Beim gleichen Sturmereignis allerdings würde auch v_{10} entsprechend steigen, so daß dann mehr oder weniger die vollen Erhöhungen wirksam werden.

Im realen Fall eignen sich die vorstehenden Resultate als Orientierungshilfe. Der Einfluß der natürlichen Topographie sowie die Berücksichtigung der Größe und Richtungsverhältnisse natürlichen Windfelder führen zu lokalen Abweichungen. Ihre detaillierte Berechnung bleibt mehrdimensionalen numerischen Modellen vorbehalten.

5.3 Wellen und Seegang

5.3.1 Allgemeines

Wellen entstehen

1. an Grenzflächen geschichteter Flüssigkeiten, die unterschiedliche Geschwindigkeit besitzen (z.B. Luft gegen Wasser),

2. durch Impulseintrag z.B.

    - ausgelöst durch Schiffe,
    - Bergstürze an Küsten, Seebeben und untermeerische Vulkanausbrüche (*Tsunamis*),

3. durch großräumige Luftdruckschwankungen (*Beckenschwingungen, Seiches*) und

4. durch astronomische Kräfte (*Tidewellen*).

Sie sind gekennzeichnet durch die *Wellenhöhe* H (= doppelte Amplitude), die *Wellenlänge* L, die *Fortschrittsgeschwindigkeit* c und die *Wellenperiode* T, das ist die Zeit, in der sie um eine Wellenlänge L fortschreiten. Also ist

$$c = \frac{L}{T}. \tag{5.24}$$

Die lokale Auslenkung η des Wasserspiegels infolge Wellenbewegung wird auf den *Ruhewasserspiegel RWS* bezogen (Abb. 5.30). Die Wellenbewegung ist mit einer Umverteilung von Wassermassen verbunden, und somit existieren im Wasserkörper wellenbedingte Strömungen, die mit den Komponenten u und w beschrieben sind.

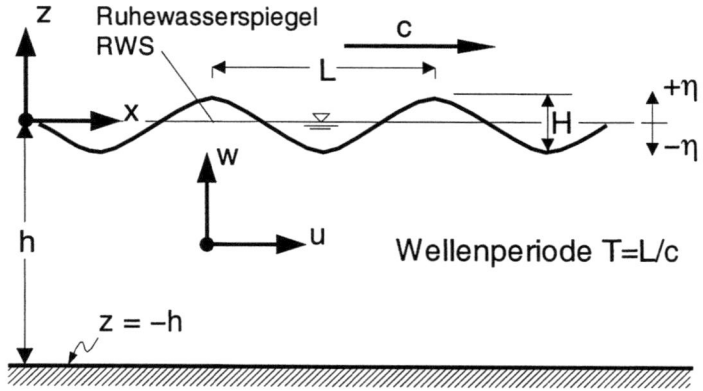

Abb. 5.30: Definitionen von Wellenkenngrößen.

5.3. Wellen und Seegang

Die *Oberfläche* kommt bei Wellen im tiefen Wasser der Form einer Trochoide nahe, wie STOKES [108] schon 1847 gezeigt hat. Eine ältere Theorie von GERSTNER aus 1802 beschreibt die Wellen ebenfalls als Trochoiden. Bei kleiner Amplitude nähert sich die Trochoidenform an Sinuswellen an[11].

Auf Wellen jeder Dimension wirken Kräfte aus Oberflächenspannung, Trägheit und Corioliskraft. Je nach ihren Dimensionen werden sie von der einen oder anderen Kraft dominant geprägt:

- Die sehr kurzen Kräuselwellen, die man gut bei schwacher Luftbewegung beobachten kann, sind durch die Oberflächenarbeit infolge Oberflächenspannung geprägt und werden als *Kapillarwellen* bezeichnet.

- Wellen mit den Dimensionen der typischen Meereswellen oder Schiffswellen gehorchen in erster Linie der Trägheitswirkung (sog. *Schwerewellen*) und

- sehr lange Wellen werden stark durch die CORIOLIS-Kraft beeinflußt (vgl. Abb. 5.11 auf Seite 230).

Die Wirkung der Oberflächenspannung und der Schwerewirkung auf die Wellenbewegung ist bei Wellen von $L \approx 2$ cm Länge gleich. Bereits bei $L \approx 5$ cm tritt die Oberflächenspannung deutlich in den Hintergrund. Kapillarwellen sind daher für die hier behandelten Phänomene unerheblich und werden darum nicht näher betrachtet. In hydraulischen Wellenmodellen ist darauf zu achten, daß die Modelldimensionen nicht so klein sind, daß im Modell Kapillarwellen anstelle von Schwerewellen dominieren. Dann lassen sich die Modellergebnisse nicht auf die Natur übertragen.

In ausreichend tiefem Wasser pflanzen sich Wasserwellen als *oszillatorische Wellen* fort. Dabei bewegen sich die Wasserteilchen synchron auf Kreisbahnen (kleine Amplitude=Sinuswelle vorausgesetzt). An der Oberfläche ist der Durchmesser der Kreise gleich der Wellenhöhe H. Nach einem vollen Umlauf hat jedes Teilchen an der Oberfläche einmal die Kammlage und einmal die Tallage durchlaufen. Während dieser Zeit T, der Wellenperiode, ist die Welle einmal um ihre Länge fortgeschritten. Damit ergibt sich die Umlaufgeschwindigkeit der Wasserteilchen auf ihrer sogenannten *Orbitalbahn* zu

$$u = \frac{\pi H}{T}. \tag{5.25}$$

---

[11] Trochoiden gehören zu den Zykloiden, die ganz allgemein Wälzkurven sind, welche beim Abrollen eines Rades beobachtet werden können. So beschreibt z.B. das Fahrradventil eine Zykloide mit einer Spitze im Tiefpunkt. Mit Blickrichtung zur Erde hin entspräche dies einem sehr spitzen Wellenkamm. Die Bahnkurve eines an den Speichen montierten Reflektors ist ausgerundeter, hat aber unter dieser Betrachtungsrichtung einen kürzeren und höheren Kamm und ein längeres und flacheres Tal, bezogen auf die über den Weg gemittelte Auslenkung, die dem Ruhewasserspiegel entspricht. Je näher man den verfolgten Punkt an die Nabe schiebt, desto weniger unterscheidet sich die Trochoide von einer Sinuswelle.

Weitere grundlegende Zusammenhänge ergeben sich anschaulich, wenn man sich in die Position eines *mit der Wellengeschwindigkeit c mitfahrenden Beobachters* stellt. Dieser sieht die Welle als statisches Gebilde und er kann die Strömungen isoliert von den übrigen Effekten analysieren. Überall sieht er die Wasserteilchen sich parallel zur Wasseroberfläche bewegen[12]. Blickt er ins Tal, so sieht er die Wasserteilchen mit $c+u$ entgegen des Wellenfortschritts strömen. Weiterhin sieht er die Wasserteilchen verzögert den Berg entgegen der Wellenfortschrittsrichtung hinaufströmen, bis sie am Kamm mit $c-u$ am langsamsten sind und danach beim Hinabströmen ins nächste Tal wieder beschleunigen (Abb. 5.31).

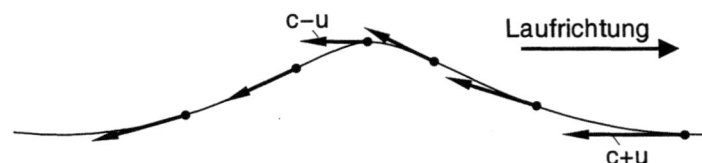

Abb. 5.31: Strömungen in einer Welle, gesehen von einem mit der Wellengeschwindigkeit c mitbewegten Beobachter.

Die beim Hinaufströmen abgegebene kinetische Energie ist

$$\Delta E_{kin} = \underbrace{\frac{1}{2}\,m\,(c+u)^2}_{E_{kin,Tallage}} - \underbrace{\frac{1}{2}\,m\,(c-u)^2}_{E_{kin,Kammlage}} = 2\,m\,c\,u \qquad (5.26)$$

und ist in potentielle Energie

$$\Delta E_{pot} = m\,g\,H \qquad (5.27)$$

umgewandelt worden (und umgekehrt beim Hinabströmen). Daraus folgt *unabhängig von der Form* der Wellen

$$u = \frac{1}{2}\,\frac{g\,H}{c} \qquad (5.28)$$

und ergibt mit Gl. 5.25

$$c_o = \frac{g\,T}{2\pi} \qquad (5.29)$$

und mit weiter $T = L/c$ die wichtige Erkenntnis, daß lange Schwerewellen ohne Grundberührung immer schneller laufen als kurze:

$$c_o = \sqrt{\frac{g\,L_o}{2\,\pi}} \qquad (5.30)$$

Der Index 'o' kennzeichnet, daß die Welle keine Grundberührung hat. Ersetzt man $c_o = L_o/T$, ergibt sich weiter, daß die Wellenlänge mit dem Quadrat der Periode

---

[12] Würde er das Wasser anfärben, so würde er den gleichen Effekt bei der internen Wellenbewegung in den tieferen Wasserschichten wahrnehmen (vgl. hierzu auch Abb. 5.32).

5.3. Wellen und Seegang

steigt:

$$L_o = \frac{g\,T^2}{2\,\pi}. \tag{5.31}$$

Die wellenförmige Auslenkung der Wasserteilchen setzt sich bei ausreichender Wassertiefe bis zu einer Tiefe $t \approx L_o/2$ in den Wasserkörper hinein fort (Abb. 5.32). Wenn die Wassertiefe größer ist, hat der Meeresboden keinen Einfluß auf die Wellen, die man dann als *Tiefwasserwellen* klassifiziert. Bei Grundberührung der internen Wellenbewegung geht die kreisförmige Orbitalbewegung direkt an der Sohle in eine sohlenparallele Bewegung über, während sich das Wasser weiter entfernt von der Sohle auf Ellipsenbahnen bewegt (*Übergangsbereich*). In sehr flachem Wasser verschwindet die vertikale Komponente schließlich weitgehend, und die Strömung verläuft im gesamten Wasserkörper im Wesentlichen nur noch hin und her.

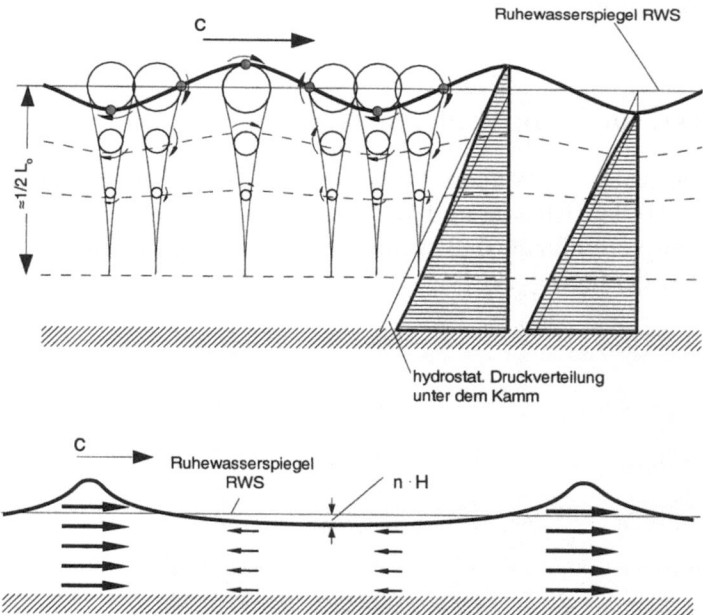

Abb. 5.32: Oben: Oszillatorische Wellen in tiefem Wasser, oben links interne Wasserbewegung, oben rechts interne Druckverteilung. Unten: Translatorische Wellen in sehr flachem Wasser.

Dieser Zustand der sogenannten *Flachwasserwellen* tritt ein, wenn die Wassertiefen kleiner sind als ca. $L/25$. Beim Übergang vom tiefen ins flache Wasser verliert die interne Strömung also immer mehr ihren oszillatorischen Charakter und geht im flachen Wasser in eine translatorische Welle über. Diese hat in sehr flachem Wasser nahezu isolierte, kurze und steile Kämme mit langen dazwischen liegenden Tälern. Die spezielle Theorie der *Einzelwelle* beschreibt ihre Wellenform. Der

Ruhewasserspiegel und Tallage nähern sich bei diesen Flachwasserwellen immer mehr einander an ($n \ll 0,5$ in Abb. 5.32). Über die Tiefe ist die Strömungsgeschwindigkeit dann weitgehend konstant und unter dem Wellenberg ist sie relativ groß gegenüber der Rückstromgeschwindigkeit im Wellental . "Flach" und "tief" ist dabei relativ zur Wellenlänge zu verstehen.

5.3.2 Natürlicher Seegang

Die Grenzflächenreibung zwischen Luft und Wasser ruft bei ausreichendem Geschwindigkeitsunterschied Wellen hervor. Zuerst sind diese Wellen sehr klein. Mit der Zeit und der Lauflänge werden sie größer, wobei aber stets auch neue Wellen auf vorhandenen Wellen entstehen, und es bildet sich ein *Wellenspektrum* aus. Der natürliche Seegang besteht also aus einer komplexen Überlagerung aus vielen einzelnen - kleinen und großen, kurzen und langen, schnellen und langsamen - Wellen. Solange sie nicht brechen, stören sich die überlagerten Wellen gegenseitig nur sehr geringfügig.

5.3.2.1 Auswertung von Wellenmessungen

Mit statistischen Analysen können die Wasserspiegelauslenkungen einer bestimmten Wellenhöhe, Wellenrichtung und Wellenlänge zugeordnet werden. Der Seegang wird hierzu soweit vereinfacht, daß er durch die Wellenparameter H, L bzw. T und Wellenrichtung ϕ definiert wird (vgl. Abb 5.33).

Abb. 5.33: Natürlicher Seegang und Schritte der Vereinfachung.

5.3. Wellen und Seegang

Für eine statistische Analyse des natürlichen Seegangs müssen zunächst Wellenhöhe und Wellenperiode eindeutig definiert werden. Beide nachfolgenden Verfahren bergen das Problem, daß ein stochastischer Vorgang als periodisch angesehen wird und daß kleine Wellen ab irgendeiner Grenze auswertetechnisch abgeschnitten werden müssen. Eine Schwierigkeit ist dabei die (ggf. abschnittsweise Bestimmung des Ruhewasserspiegels).

5.3.2.1.1 Nulldurchgangsverfahren Ein gebräuchliches Verfahren zur Bestimmung der Wellenparameter ist das Nulldurchgangsverfahren (*zero crossing*). Dabei ist die Welle als das Ereignis zwischen zwei gleichgerichteten Durchgängen der Wasserspiegelauslenkungen beim Durchlaufen des Ruhewasserspiegels definiert. Beim "zero down crossing" beginnt eine Welle an einem Nulldurchgang, dem ein Wellental folgt (vgl. Abb. 5.34). Die Wahl eines Auswerteverfahrens, wie dem "zero-down-crossing" ist willkürlich. Sinngemäß ist z.B. auch "zero-up-crossing" verwendbar. Die Ergebnisse nähern sich mit der Menge der ausgewerteten Wellen einander an. Die Analyse des Seegangs nach dem o.g. Verfahren liefert für jede einzelne Welle in der Zeitreihe die entsprechende Höhe und Periode. Dieses Kollektiv kann anschließend statistisch aufgearbeitet werden.

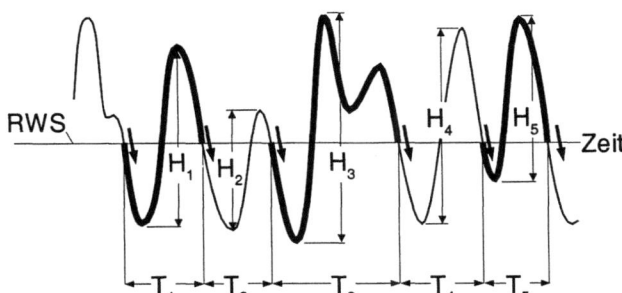

Abb. 5.34: Nulldruchgangsverfahren (zero crossing) am Beispiel des zero down crossing.

5.3.2.1.2 Wellenkammverfahren Eine andere Möglichkeit, Wellen zu definieren, ist das Wellenkammverfahren, bei dem eine Welle durch zwei aufeinander folgende Wellenberge gegeben ist (Abb. 5.35).

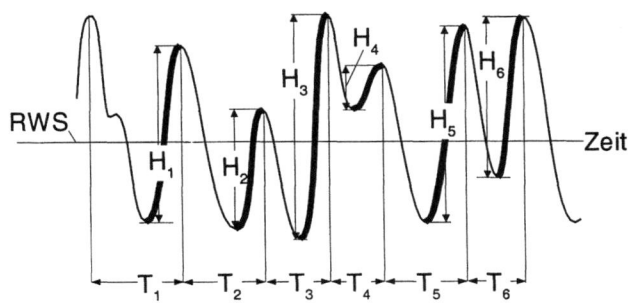

Abb. 5.35: Zum Wellenkammverfahren ("crest to crest").

Wellen wie H_4 in Abb. 5.35 werden beim Kammverfahren immer, beim Nulldurchgangsverfahren nur dann registriert, wenn sie zufällig beim Ruhewasserspiegel zu liegen kommen.

5.3.2.2 Beschreibung des Seegangs

5.3.2.2.1 Definition von Wellenkenngrößen Die grundlegenden Wellenkenngrößen sind Wellenhöhe H und Wellenperiode T. Bei natürlichem Seegang sind alle Wellen verschieden und somit gibt es mehrere Möglichkeiten der Definition von stellvertretenden Wellenkenngrößen (Näheres s. nachfolgende Kapitel):

1. Statistische Analyse und Beschreibung des Seegangs (Auswertung im Zeitbereich)

   - H_m, T_m
     = arithmetisch mittlere Wellenhöhe oder Wellenperiode

   - $H_{1/n}, T_{1/n}$
     = Mittelwerte des höchsten bzw. längsten n-tels aller Wellen

   - $H_s = H_{1/3}$
     = kennzeichnende oder signifikante Wellenhöhe, entsprechend $T_{1/3}$; Periode der kennzeichnenden Wellen $T_{H_{1/3}}(\neq T_{1/3})$

   - $H_{P_ü}, T_{P_ü}$
     = mit bestimmter Überschreitungswahrscheinlichkeit $P_ü$ auftretende Wellenkenngrößen

   - H_d, T_d
     = dominante (häufigste) Wellenhöhe bzw. -periode

   - $H_{äq} = \sqrt{1/N \sum H^2}$
     = energie-äquivalente Wellenhöhe
     = H_{rms} (rms = "root mean square")

   - H_{max}, T_{max}
     = maximale Wellenkennwerte

2. Spektralanalyse (Auswertung im Frequenzbereich)

   - H_{m_0}
     = signifikante Wellenhöhe des Spektrums

   - T_P
     = Peakperiode

   - $f_P = 1/T_P$
     = Peak-Frequenz

5.3. Wellen und Seegang

Wurde früher vor allem im Zeitbereich ausgewertet, setzt sich in jüngerer Zeit die Auswertung im Frequenzbereich mehr und mehr durch. Zu beachten ist, daß die Wellenhöhe H_{m_0} bisweilen ebenfalls als signifikante Wellenhöhe H_s bezeichnet wird. Zwar sind die signifikante Wellenhöhe $H_S(=H_{1/3})$ der Zeitbereichsauswertung und die signifikante Wellenhöhe H_{m_0} des Wellenspektrums meist nur wenig verschieden voneinander (s. Abschnitt 5.3.2.2.3), jedoch entstehen im Flachwasser Unterschiede.

5.3.2.2.2 Statistische Beschreibung Für Bemessungszwecke ist nicht zwangsläufig die irgendwann einmal auftretende 'höchste' Welle maßgebend, sondern in vielen Fällen sind relativ hohe Wellen maßgebend, die auch noch eine deutliche Eintrittswahrscheinlichkeit haben[13]. Die zugehörige *signifikante Wellenhöhe* H_s oder $H_{1/3}$ wird als die mittlere Höhe der 33,3 % höchsten Wellen in der betrachteten Zeitreihe definiert. Diese Wellenhöhe würde ein geübter Beobachter erfahrungsgemäß aus dem Seegang visuell abschätzen. Die dazugehörige Wellenperiode wird mit $T_{H_{1/3}}$ bezeichnet. Mit diesen beiden Parametern sowie mit der Laufrichtung ϕ läßt sich ein komplexes Seegangsklima statistisch mit wenigen Parametern beschreiben. Die signifikante Wellenhöhe stellt damit eine statistische Basisgröße dar.

Anzustreben ist die Auswertung der Kenngrößen aus Meßreihen. Wenn solche nicht oder nicht in ausreichendem Umfang verfügbar sind, ist die hilfsweise Annahme von Verteilungsfunktionen möglich. Erfahrungsgemäß lassen sich Wellen, zumindest im Tiefwasser, angenähert durch eine RAYLEIGH-Verteilung beschreiben, für welche die Überschreitungswahrscheinlichkeit durch

$$P_{ü,H} = exp\left(-a\left(\frac{H}{H_m}\right)^b\right) \tag{5.32}$$

gegeben ist, wobei H_m die arithmetisch mittlere Wellenhöhe ist, die sich z.B. durch Auswertung mit dem Wellenkammverfahren ergibt. Nach WAGNER [113] kann die Verteilung allein mit dem Parameter H_m/h wie folgt konkretisiert werden[14]:

$$a = \frac{\pi}{4\left(1+0,4\frac{H_m}{h}\right)} \quad \text{und} \quad b = \frac{2}{1-\frac{H_m}{h}}. \tag{5.33}$$

Spezielle Lösungen sind z.B. (WAGNER [113])

$$H = \left(-\frac{1}{a} \cdot \ln P_{ü,H}\right)^{\frac{1}{b}} \cdot H_m \tag{5.34}$$

---

[13] Eine klassische Pionierarbeit zur Häufigkeitsanalyse der Wellenhöhen wurde 1952 von LONGUET-HIGGINS [56] vorgestellt. Die Ausdehnung auf Perioden erfolgte erst durch spätere Autoren.

[14] Die Anwendbarkeit der RAYLEIGH-Verteilung ist für tiefes Wasser ($H_m/h \approx 0$) vielfach belegt. Mit flacher werdendem Wasser wird sie zunehmend unzutreffender. Die Lösungen von WAGNER sind jedoch durch unveröffentlichte russische Daten bis $H_m/h < 0,5$ abgesichert (pers. Mitteilung Prof. Wagner, Dresden).

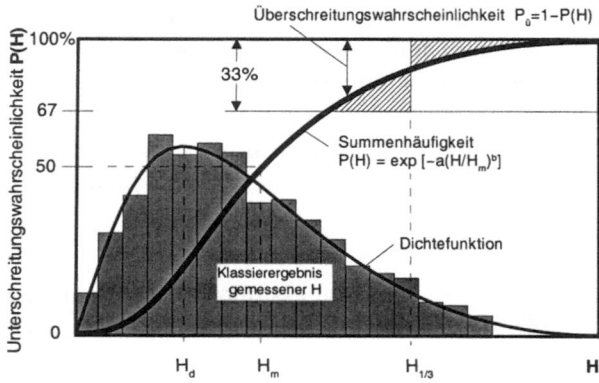

Abb. 5.36: RAYLEIGH-Verteilung als Dichtefunktion und als Summenhäufigkeit.

$$H_{max} = \left(\frac{1}{a} \cdot \ln N\right)^{\frac{1}{b}} \cdot H_m \qquad \text{mit N=Anzahl gemessener Wellen} \qquad (5.35)$$

$$H_d = \left(\frac{b-1}{a \cdot b}\right)^{\frac{1}{b}} \cdot H_m \qquad \text{dominante (häufigste) Wellenhöhe} \qquad (5.36)$$

$$H_{rms} \approx (1,1284 - 0,1636 \frac{H_m}{h}) \cdot H_m \qquad \text{energie-äquiv. Wellenhöhe} \qquad (5.37)$$

$$H_{1/3} = H_s \approx (1,5975 - 0,5434 \frac{H_m}{h}) \cdot H_m \qquad \text{signifikante Wellenhöhe} \qquad (5.38)$$

Die gleiche Vorgehensweise läßt sich auf die Wellenperioden anwenden. Hier ist nach [113] die Überschreitungswahrscheinlichkeit

$$P_{\ddot{u},T} = exp\left(-0,675 \left(\frac{T}{T_m}\right)^4\right) \qquad (5.39)$$

mit T_m = arithmetisch mittlere Wellenperiode sowie weiter

$$T = 1,103 \cdot (-\ln P_{\ddot{u},T})^{\frac{1}{4}} \cdot T_m \qquad (5.40)$$

$$T_{max} = 1,103 \cdot (-\ln N)^{\frac{1}{4}} \cdot T_m \qquad (5.41)$$

$$T_d = 1,026 \cdot T_m \qquad \text{dominante (häufigste) Periode} \qquad (5.42)$$

$$T_{1/3} = 1,306 \cdot T_m \qquad (5.43)$$

5.3. Wellen und Seegang

Die Periode der Wellen, die die signifikante Wellenhöhe $H_{1/3}$ besitzen, beträgt nach Meßergebnissen annähernd

$$T_{H_{1/3}} \approx (1,2.....1,3) \cdot T_m. \tag{5.44}$$

Beispiel Bei 10 m Wassertiefe und einer Wellenhöhe $H_m = 2$ m ergeben sich $H_d = 1,85$ m, $H_{äq} = H_{rms} = 2,2$ m, $H_{1/3} = 3$ m und z.B. $H_{P_{ü}=0,1\%} = 4,2$ m.
Die Ergebnisse der Zeitbereichsauswertung sind als unscharfe Werte zu betrachten und dienen zum Abschätzen. Typische Unschärfen sind aus Tabelle 5.1 ersichtlich.

Tab. 5.1: Vergleich theoretischer Werte für Wellenhöhen mit Messungen an verschiedenen Orten des Küstenvorfeldes (Wassertiefen $h > 10$ m (aus NIEMEYER [71])).

	Theoretische Untersuchungen		Messungen in der Natur			
	(a)	(b)	(c)	(d)	(e)	(f)
$H_{max}/H_{1/3}$	1,64	-	1,38	1,53	$1,43^1$; $1,48^2$	1,64
$H_{1/10}/H_{1/3}$	1,27	1,36	-	1,24	$1,24^1$; $1,26^2$	1,26
$H_{1/3}/H_m$	1,60	1,68	1,42	1,51	$1,50^1$; $1,55^2$	1,65
$H_{1/3}/H_{rms}$	1,42	1,48	-	-	-	1,48

(a) Für ein engbandiges Spektrum nach LONGUET-HIGGINS [56], N=200 Wellen
(b) Für voll ausgereiften Seegang nach CARTWRIGHT und LONGUET-HIGGINS
(c) Seegebiet vor Sylt nach DETTE[17], N=100 Wellen
(d) Elbmündungsbebiet nach SIEFERT[101], N=200 Wellen
(e) Außenweser nach BARTHEL[3], 1. mittlere Werte; 2. Orkanflut vom 3.1.1976
(f) Küstenvorfeld der Ostfriesischen Inseln nach NIEMEYER, N=150 - 200 Wellen

5.3.2.2.3 Frequenzspektrum oder Energiespektrum Generell kann man aus der Überlagerung von sinusförmigen Wellen unterschiedlicher Höhe und Periode beliebige unregelmäßige Wellenformen erzeugen. Sinngemäß kann man die Wellen des natürlichen Seegangs in ihre rein sinusförmigen Grundbestandteile zerlegen. Diese Zerlegung ist mit der FOURIER-Analyse möglich. Die so gewonnenen elementaren Wellen, die jeweils durch ihre Höhe H_n und Periode $T_n = 1/f_n$ gekennzeichnet sind, kann man nun in Frequenzklassen unterteilen. Die Wellenenergie je Oberflächeneinheit ist (s. Kap. 5.3.6 auf Seite 267 und Tab. 5.3 auf Seite 263)

$$\overline{E} = \frac{\rho\, g\, H^2}{8}.$$

Für einen Wellenzug aus unterschiedlichen Wellen ist entsprechend der Definition von H_{rms} auf S. 254

$$\overline{E}_{Spektr} = \frac{\rho\, g\, H_{rms}^2}{8}. \tag{5.45}$$

Für jede Frequenzklasse läßt sich die zugehörige, in den Wellen enthaltene Energie berechnen und ist mithin für eine Klasse Δf

$$\Delta E_n = \rho\, g \sum_{f_n - \Delta f/2}^{f_n + \Delta f/2} \frac{H_n^2}{8}\,. \tag{5.46}$$

Als spektrale Energiedichte $S(f)$ bezeichnet man üblicherweise den Quotienten

$S(f) = \dfrac{H^2}{8\,\Delta f}$

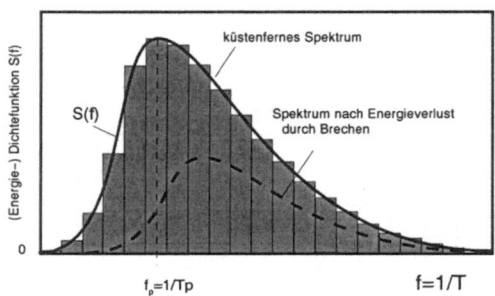

Abb. 5.37: Wellenspektrum als Verteilung der Energiedichte über die Frequenz (gestrichelt ist die prinzipielle Veränderung durch Wellenbrechen dargestellt).

$$S(f) = \frac{\Delta E}{\rho\, g\, \Delta f} = \lim_{\Delta f \to 0} \frac{1}{\Delta f} \sum_{f_n - \Delta f/2}^{f_n + \Delta f/2} \frac{H_n^2}{8}\,. \tag{5.47}$$

Ein Spektrum ist auf Abb. 5.37 schematisch dargestellt und auf Abb. 5.38 für ein natürliches Beispiel zu sehen.

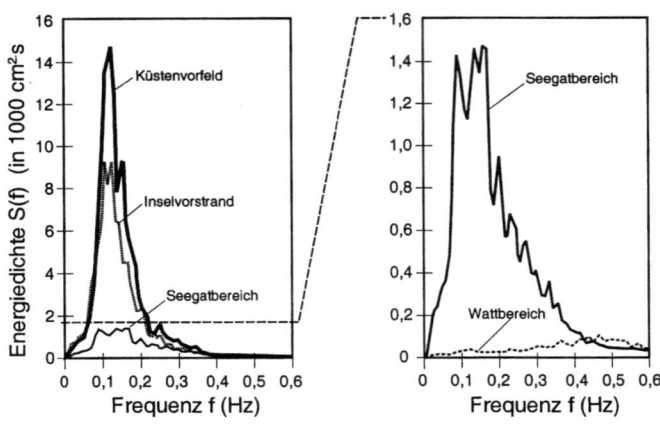

Abb. 5.38: Beispiel zur Umformung von Wellenspektren (aus NIEMEYER [72]).

Die bereichsweise Energie ist sowohl bei den sehr kleinen Frequenzen (den langen Wellen), als auch bei den sehr großen Frequenzen gering, da diese selten auftreten.

5.3. Wellen und Seegang

Im Bereich der häufigeren Wellen existiert eine Periode $T_p = 1/f_p$ mit maximalem Energieanteil (Peak). Die Form der Spektren läßt sich nicht theoretisch herleiten. Für verschiedene Seegebiete mit unterschiedlichen Eigenschaften wurden Spektralkurven aus Messungen angepaßt (z.B. JONSWAP-Spektrum, PIERSON-MOSKOWITZ-Spektrum). Für Näheres wird auf die ozeanographische Literatur und spezielle Abhandlungen des Küsteningenieurwesens verwiesen.

Aus dem Energiespektrum lassen sich mit den sogenannten Momenten n-ter Ordnung, m_n, kennzeichnende Wellendimensionen ableiten:

$$m_n = \int_0^\infty f^n \cdot S(f) \cdot df \tag{5.48}$$

mit $m = 0, 1, 2, 3....$

Das 0-te Moment gibt die Fläche unter der Dichtefunktion $S(f)$ wieder und charakterisiert damit die gesamte Energie im Seegang. Mit Rücksicht auf Gl. 5.45 ergibt sich für das 0-te Moment

$$m_0 = \frac{1}{8} H_{rms}^2 \quad \text{bzw.} \quad H_{rms} = 4\sqrt{\frac{1}{2}} \sqrt{m_0} \tag{5.49}$$

Für die signifikante Wellenhöhe $H_s = H_{1/3}$ der Zeitbereichsdarstellung läßt sich auf der Grundlage der RAYLEIGH-Verteilung zeigen, daß im Tiefwasser gilt

$$H_{1/3} \approx \sqrt{2}\, H_{rms}, \tag{5.50}$$

womit weiter ist

$$H_{1/3} \approx 4\sqrt{m_0}, \tag{5.51}$$

Als signifikante Wellenhöhe des Spektrums wird entsprechend definiert

$$H_{m_0} = 4\sqrt{m_0} \tag{5.52}$$

Weiter ist

$$T_p \approx 1,18\, T_m\, , \tag{5.53}$$

womit unter Rücksicht auf Gl. 5.44 $T_p \approx T_{H_{1/3}}$ ist.

Bei Wellen mit Grundberührung verlagern sogenannte *Triaden-Interaktionen* Energie von den langen Wellenanteilen des Spektrums zu den kürzeren mit der Tendenz zur Ausbildung höherer harmonischer Frequenzen [44]. Mit der spektralen Darstellung lassen sich diese wichtigen Informationen über den Energieverlust und die damit verbundene Umformung des Seegangs beim Brechen liefern, wie in Abb. 5.38 dargestellt ist. Die langen Wellen im Spektrum bekommen eher Grundberührung als die kürzeren, shoalen darum eher und mehr und brechen bereits bei größeren Wassertiefen als die kurzen Wellen. Sie verlieren daher anteilig mehr Energie.

Durch das Brechen wird ein neues Spektrum angeregt, dessen Frequenzen höher liegen. Mit der Energieabnahme geht gleichzeitig eine Verschiebung relativ höherer Energieanteile in den Bereich kürzerer Wellen einher. Dabei können sich auch Spektren mit mehreren ähnlich großen relativen Maxima ausbilden (Abb. 5.38). Diese Prozesse spektraler Umformung werden als triadische Wechselwirkungen bezeichnet.

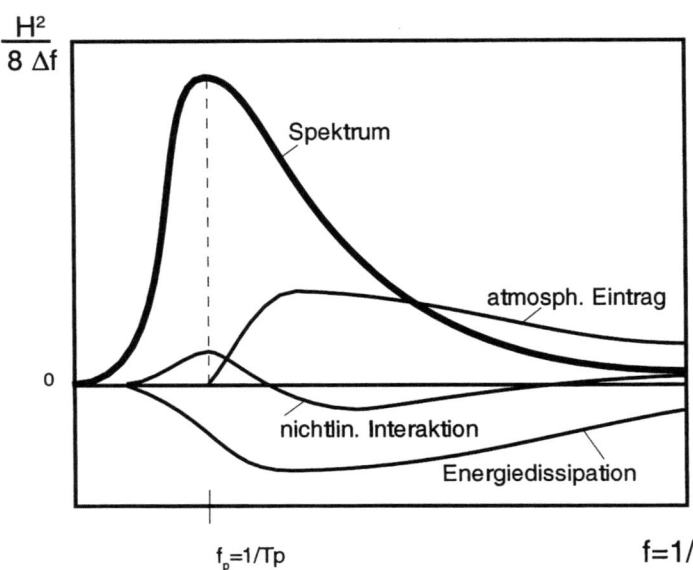

Abb. 5.39: Änderung der Wellenenergie im Spektrum (schematisch nach MASSEL [58]).

Führt man als dritte Dimension die Laufrichtung der Wellenkomponenten ein, ergibt sich das *Richtungsspektrum* als 'Gebirge'. Spektren sind auf ihrem Laufweg Änderungen unterworfen. Zum einen kann Energie durch Wind eingetragen werden und es kann Energie durch Schaumkronenbrechen (white capping) der kurzen auf den langen Wellen laufenden Wellen entzogen werden. Weiterhin kommen nichtlineare Welle-Welle Interaktionen zustande, die Wellenenergie innerhalb der Frequenzbereiche umverteilen. Im Tiefwasser sind dies die sogenannten *Quadrupel-Interaktionen* (Vierwellen-Interaktionen), als deren Folge Energie vornehmlich zu den langen, aber auch zu den kurzen Wellen hin umverteilt wird (Abb. 5.39). Die Peakperiode verschiebt sich dadurch zu den niederen Frequenzen.

In großräumigen Wellenmodellen, die auf der Grundlage von Energieflüssen arbeiten, müssen die vorgenannten Einflüsse mit analytischen Lösungen 'aufgepfropft' werden. Bei kleinräumigen Untersuchungen können auch hydrodynamisch- numerische Wellenmodelle eingesetzt werden (z.B. BOUSSINESQ-Modelle, sehr viel höhere Rechenzeit). In diesen Modellen vollziehen sich die nichtlinearen Interaktionen selbsttätig.

5.3.3 Wellenausbildung unter Windeinfluß (Seegangsvorhersage)

Die Wellenkennwerte H und T sind abhängig von

1. der Windgeschwindigkeit (i.a. beschrieben durch v_{10} in $y = 10$ m Höhe),
2. der Streichlänge des Windes F (engl. Fetchlength),
3. der Windwirkdauer t_w und
4. der Wassertiefe h, sofern die Wellen Grundberührung haben.

Nach WAGNER [113] lassen sich die signifikante Wellenhöhe $H_s \approx H_{1/3}$ sowie die signifikante Periode T_p (= Peakperiode des Wellenspektrums $\approx 1,18\, T_m$) empirisch-rechnerisch ermitteln. Das Verfahren hat gegenüber der Alternative nach CERC [13] den Vorteil, daß auch die Windwirkdauer t_w direkt enthalten ist:

$$H_s = \frac{v_{10}^2}{g} \cdot 0,28 \cdot f_H \cdot \tanh\left(5,9 \cdot 10^{-3} \cdot \left(\frac{g\,F}{v_{10}^2}\right)^{\frac{1}{2}} \cdot \frac{1}{f_H}\right), \qquad (5.54)$$

mit

$$f_H = \tanh\left(3 \cdot 10^{-4} \cdot \left(\frac{g \cdot t_w}{v_{10}}\right)^{\frac{5}{7}}\right) \cdot \tanh\left(\frac{0,54 \cdot \left(\frac{g \cdot h}{v_{10}^2}\right)^{\frac{3}{4}}}{\tanh\left(3 \cdot 10^{-4} \cdot \left(\frac{g \cdot t_w}{v_{10}}\right)^{\frac{5}{7}}\right)}\right),$$

sowie

$$T_p = \frac{v_{10}}{g} \cdot 8,5 \cdot f_T \cdot \tanh\left(4,14 \cdot 10^{-2} \cdot \left(\frac{g\,F}{v_{10}^2}\right)^{\frac{1}{3}} \cdot \frac{1}{f_T}\right) \qquad (5.55)$$

mit

$$f_T = \tanh\left(7 \cdot 10^{-3} \cdot \left(\frac{g \cdot t_w}{v_{10}}\right)^{0,43}\right) \cdot \tanh\left(\frac{0,72 \cdot \left(\frac{g \cdot h}{v_{10}^2}\right)^{0,42}}{\tanh\left(7 \cdot 10^{-3} \cdot \left(\frac{g \cdot t_w}{v_{10}}\right)^{0,43}\right)}\right).$$

Beispiel Wassertiefe im Seegebiet $h = 15$ m, Windgeschwindigkeit $v_{10} = 25$ m/s, Streichlänge $F = 10.000$ m, Winddauer $t_w = 1$ h, 3,5 h und 10 h. Zwischenergebnis: $f_H = 0,015$, $f_T = 0,2388$

Tab. 5.2: Ergebnisse Beispiel Wellenprognose.

Winddauer t_w (s)	3.600	12.600	36.000
H_s (m)	0,84	1,16	1,23
T_p (s)	3	3.8	4,1

5.3.4 Wellentheorien

Ein Weg, die Wellenbewegung rechnerisch zu behandeln, sind *analytische Ansätze*. Diese haben die den Vorzug, daß mit ihnen einzelne Wellenkenngrößen isoliert für sich analysierbar sind. Sie bergen grundsätzlich aber auch die Schwäche in sich, eben isoliert nur einen Teilaspekt unabhängig vom Gesamtvorgang zu betrachten (vgl. hierzu Kap. 4.1.3.2 auf Seite 25ff). So ergibt sich z.B. das Verhalten der Wellenhöhe in flacher werdendem Wasser und isoliert hiervon mit anderen Formeln die Änderung der Wellenlänge (s. Tabelle 5.3).

Ein anderer Weg ist der Betrieb *hydrodynamisch-numerischer Modelle*, die mit weiter steigender Rechnerleistung zukünftig vermehrt einsetzbar werden. In solchen Modelle kann der Bewegungsvorgang in seiner Gesamtdynamik simuliert werden, aus dem sich dann z.B. unter anderem auch das Verhalten bei flacher werdendem Wasser oder an Bauwerken auswerten läßt.

5.3.4.1 Lineare Theorie (Theorie kleiner Wellenhöhen)

Analytische oder deterministischen Wellentheorien sind in größerer Zahl entwickelt worden. LE MEHAUTE [61] führt allein 13 unterschiedliche Ansätze mit unterschiedlichen Vereinfachungsstufen auf. Zum Verständnis der wesentlichen Phänomene sowie für überschlägige Voruntersuchungen ist die Behandlung der sog. *linearen Wellentheorie* ausreichend. Diese Theorie geht auf AIRY und LAPLACE zurück und baut auf der Annahme von sinusförmigen, langkämmigen und regelmäßigen Wellen mit Wellenhöhen $H \ll L$ und $H \ll h$ auf. Unter den weiteren Annahmen von ebener Sohle, idealer, d.h. reibungsfreier, inkompressibler, homogener und nicht strömender Flüssigkeit, Vernachlässigung von Luftdruckdifferenzen an der Oberfläche sowie ohne Windschub ergeben sich die Zusammenhänge in Tabelle 5.3[15].

Aus den allgemeinen Resultaten (mittlere Spalte der Tabelle) lassen sich mit dem Verlauf der tanh-Funktion Sonderlösungen für *Tiefwasser* und für *Flachwasser* entwickeln (Abb. 5.40). Man erkennt, daß die Wellenkenngrößen c_o und L_o im *Tiefwasser* erwartungsgemäß nicht von der Wassertiefe abhängen. Der Index 'o' markiert dabei, daß diese Lösungen ausschließlich für *Wellen ohne Grundberührung* gelten. Für alle *Flachwasserwellen* ist c gleich und nur von der Wassertiefe abhängig. Entsprechend ist $L = c\,T$ im Gegensatz zum Tiefwasser zusätzlich zur Abhängigkeit von T auch noch von h abhängig.

Nach den Modellvorstellungen der linearen Theorie sind die Orbitalkreise geschlossen und es tritt kein Massentransport auf. Dies bildet auch die zugehörige Gleichung, für die Orbitalgeschwindigkeit (Tab. 5.3) ab, wenn man die Modellvorstellung der Theorie, nämlich $H \ll h$ und $H \ll L$ einhält, was mit anderen Worten heißt, daß man sie nur bis zum Niveau des Ruhewasserspiegels und nicht für die

---

[15] Für eine ausführliche Herleitung s. z.B. [113]. Die Theorie kleiner Wellenhöhen, AIRY-Theorie und die Theorie STOKES 1. Ordnung sind identisch.

5.3. Wellen und Seegang

Tab. 5.3: Wellenkenngrößen nach der linearen Wellentheorie (AIRY/LAPLACE-Theorie).

	Flachwasser $\frac{h}{L} <$ ca. $\frac{1}{20}$	Allgemein und Übergangsbereich ca. $\frac{1}{20} < \frac{h}{L} < \frac{1}{2}$	Tiefwasser $\frac{h}{L} > \frac{1}{2}$
Profil der Oberfläche	\multicolumn{3}{c}{$\eta = \frac{H}{2} \cdot \cos\theta$}		
Fortschrittsgeschwindigkeit c	$c = \frac{L}{T}$ $= \sqrt{g \cdot h}$	$c = \frac{L}{T} = \frac{g \cdot T}{2\pi} \tanh(kh)$ $= \sqrt{\frac{gL}{2\pi} \cdot \tanh\frac{2\pi h}{L}}$	$c_o = \frac{L_o}{T} = \frac{g \cdot T}{2\pi}$ $\sqrt{\frac{gL_o}{2\pi}} = 1{,}56\,T(\frac{m}{s})$
Wellenlänge $L = c \cdot T$	$L = T \cdot \sqrt{g \cdot h}$	$L = \frac{g \cdot T^2}{2\pi} \cdot \tanh\frac{2\pi h}{L}$	$L_o = \frac{g \cdot T^2}{2\pi}$ $= 1{,}56\,T^2\ (m)$
Orbitalgeschwindigkeit u (horizontal)	$\frac{H}{2} \cdot \sqrt{\frac{g}{h}} \cdot \cos\theta$	$\frac{H}{2} \cdot \omega \cdot \frac{\cosh[k(z+h)]}{\sinh\frac{2\pi h}{L}} \cdot \cos\theta$	$\frac{H}{2} \cdot \omega \cdot e^{kz} \cdot \cos\theta$
w (vertikal)	$\frac{H}{2}\omega\left(1 + \frac{z}{h}\right) \cdot \sin\theta$	$\frac{H}{2} \cdot \omega \cdot \frac{\sinh[k(z+h)]}{\sinh\frac{2\pi h}{L}} \cdot \sin\theta$	$\frac{H}{2} \cdot \omega \cdot e^{kz} \cdot \sin\theta$
Orbitalamplitude ξ (horizontal)	$-\frac{HT}{4\pi}\sqrt{\frac{g}{h}} \cdot \sin\theta$	$-\frac{H}{2} \cdot \frac{\sinh[k(z+h)]}{\sinh\frac{2\pi h}{L}} \cdot \sin\theta$	$-\frac{H}{2} \cdot e^{kz} \cdot \sin\theta$
ζ (vertikal)= $\frac{H(z)}{2}$	$\frac{H}{2}\left(1 + \frac{z}{h}\right) \cdot \cos\theta$	$\frac{H}{2} \cdot \frac{\sinh[k(z+h)]}{\sinh\frac{2\pi h}{L}} \cdot \cos\theta$	$\frac{H}{2} \cdot e^{kz} \cdot \cos\theta$
Energie $E(z)$ unterhalb des Niveaus z	$\left(1 + \frac{z}{h}\right)^2 \cdot E_{RWS}$	$\left(\frac{\sinh[k(z+h)]}{\sinh\frac{2\pi h}{L}}\right)^2 \cdot E_{RWS}$	$\left(e^{kz}\right)^2 \cdot E_{RWS}$
	\multicolumn{3}{c}{$E_{RWS} = E(z=0) = \frac{\rho g H^2}{8}$}		
Druckverteilung p	$\rho \cdot g \cdot (\eta - z)$	$\rho g \left(\eta \cdot \frac{\cosh[k(z+h)]}{\cosh\frac{2\pi h}{L}} - z\right)$	$\rho g \left(\eta e^{kz} - z\right)$
Zusammenhänge	\multicolumn{3}{c}{$\frac{c}{c_o} = \frac{L}{L_o} = \tanh\frac{2\pi h}{L}$ $\qquad \frac{h}{L_o} = \frac{h}{L} \cdot \tanh\frac{2\pi h}{L}$}		
Abkürzungen	\multicolumn{3}{c}{$k = \frac{2\pi}{L}$ (Wellenzahl) $\qquad \omega = \frac{2\pi}{T}$ (Kreisfrequenz) $\theta = kx - \omega t$ (Phasenwinkel) z = Tiefkoordinate gem. Abb. 5.30 auf Seite 248}		

Kammlage auswerten darf. Wendet man sie auf Wellen endlicher Größe an, ergeben sich Widersprüche. So ergeben sich für den Wellenberg größere Geschwindigkeiten als für das Tal. Damit müßten die Orbitalkreise aber offen sein, und es müßte ein Massentransport existieren. Gleichzeitig müßten die Wellen asymmetrisch werden, mit längerem flacherem Tal und steilerem kürzerem Kammbereich. Man erkennt daran die Grenzen der Theorie erster Ordnung, kann sie aber erfahrungsgemäß zu Zwecken der Vorplanung weit über ihren eigentlichen Gültigkeitsbereich hinaus mit brauchbarem Aussagewert einsetzen.

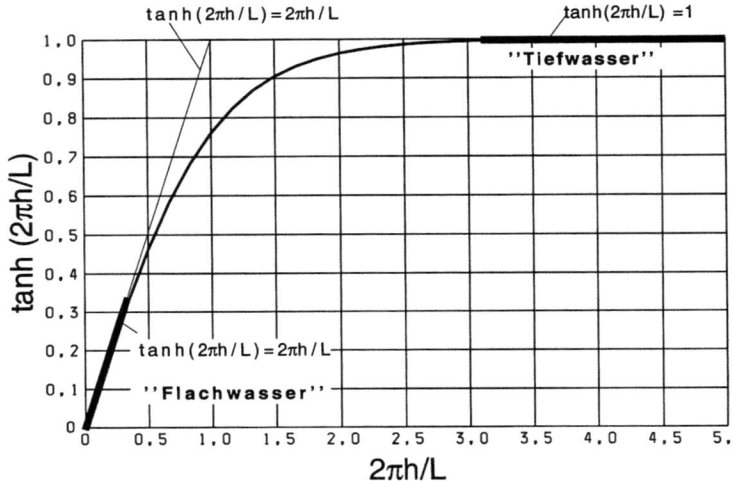

Abb. 5.40: Verlauf der tanh-Funktion und Definition von *Tief-* und *Flachwasser*.

5.3.4.2 Theorien endlicher Wellenhöhen

In der Natur sind Wellen endlich hoch und insbesondere im küstennahen ist H/h nicht mehr nahe 0, sondern kann bis zum Brechpunkt auf ≈ 1 anwachsen. Durch weitergehende Anpassungen an die nichtlinearen Randbedingungen der Oberfläche lassen sich Verbesserungen erreichen.

STOKES ([108], 1847) entwickelte eine weitergehende Theorie mit Berücksichtigung von Oberwellen durch eine Reihenentwicklung mit Gliedern höherer Ordnung. Die STOKES-Theorie kann dadurch auch die natürlichen Asymmetrien der Wellen berücksichtigen[16]. Abb. 5.42 zeigt den Unterschied der Wellenoberfläche einer Sinuswelle der linearen Theorie und einer Welle nach STOKES 2. Ordnung. Das Tal ist länger und der Kammbereich kürzer. Kamm und Tal liegen absolut etwas höher, die Wellenhöhe H ist aber gleich. Die Orbitalgeschwindigkeiten sind am Kamm wegen der asymmetrischen Form geringfügig größer als im Tal, so daß die

---

[16] Hier sei nochmals ein Unterschied zu hydrodynamisch-numerischen Modellen angemerkt. In solchen Modellen bilden sich Asymmetrien von selbst aus, auch wenn am Rand symmetrische Wellen eingesteuert werden, da hier die volle Dynamik nachgebildet wird.

5.3. Wellen und Seegang

Orbitalbahnen realitätsnäher keine geschlossenen Kreise sind, wie bei der Sinuswelle kleiner Amplitude, und es findet mithin ein Massentransport in Laufrichtung der Welle statt, der sich auch quantifizieren läßt ([13]). In der ersten Ordnung gehen die Ergebnisse der STOKES-Theorie in die lineare AIRY/LAPLACE-Theorie über. Außerdem sind c und L nicht mehr unabhängig von der Wellenhöhe H und werden etwas größer als nach der linearen Theorie. Durch die geöffneten Orbitalbahnen der Wellen höherer Ordnung sind sie keine reinen oszillatorischen Schwingungswellen mehr, sondern sind Übergangsformen zu translatorischen Wellen. Diese Wellen sind ebenfalls periodisch, jedoch kehren die Wasserteilchen nach einer Periode nicht wieder zu ihrem Ausgangspunkt zurück. Wellen im Übergangsbereich lassen sich mit der sogenannten *Cnoidaltheorie* behandeln. Hier sind die Orbitalbahnen noch weiter geöffnet und die Wellen sind schon überwiegend translatorisch. Wellen in sehr flachem Wasser können durch die *Theorie der Einzelwelle* erfaßt werden. Die Bahnkurven der Wasserteilchen sind nun infolge der großen Wassergeschwindigkeiten unter dem Kamm und der vergleichsweise sehr geringen Ruckströmung im Tal bogenförmig. Abb. 5.41 gibt einen Anhalt über die Anwendungsbereiche verschiedener Wellentheorien.

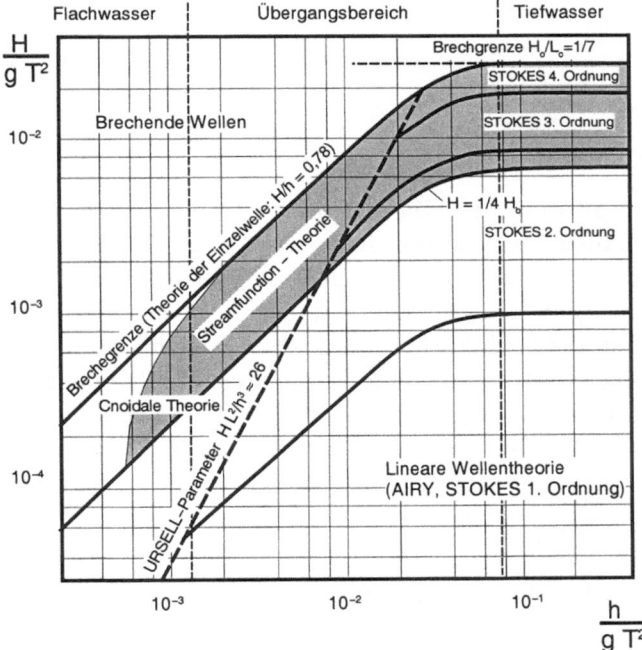

Abb. 5.41: Anwendungsbereiche verschiedener Wellentheorien nach CERC [13]. (Der URSELL-Parameter verknüpft die Steilheit H/L mit der relativen Wassertiefe h/L und ist ein Kennwert für die Anwendbarkeit der verschiedenen Wellentheorien).

Theorien höherer Ordnung werden hier nicht eingehend behandelt, da zum einen der Zweck dieses Buches, die Phänomene plausibel zu machen, nicht wesentlich erweitert wird und zum anderen die letzte Genauigkeit im Umgang mit Wellen in der Ingenieurpraxis sinnlos ist. Lediglich zwei Effekte werden nachfolgend angesprochen.

Anhebung von Tal und Kamm Mit zunehmender relativer Wellenhöhe H/h werden die Wellen asymmetrischer zum Ruhewasserspiegel. Die Theorie 2. Ordnung liefert für die Anhebung von Tal und Kamm (vgl. Abb. 5.42)

$$\Delta z = \frac{\pi H^2}{8 L} \frac{\cosh(2\pi h/L)}{\sin^3(2\pi h/L)} (2 + \cosh(4\pi h/L)). \tag{5.56}$$

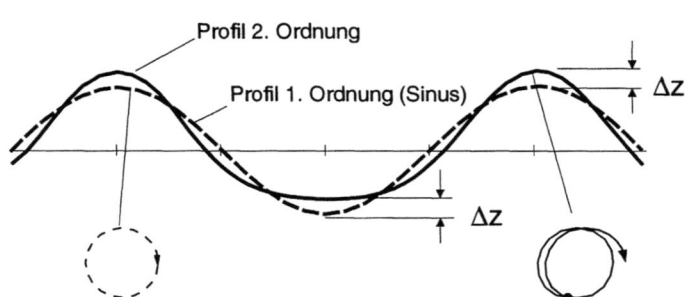

Abb. 5.42: Idealisiertes sinusförmiges Wellenprofil mit geschlossenen Orbitalbahnen nach der linearen Theorie und realitätsnäheres Profil nach der Theorie STOKES 2. Ordnung mit Massentransport in Laufrichtung der Wellen.

Orbitalgeschwindigkeiten Die Theorie 1. Ordnung basiert eigentlich auf der Annahme von Sinuswellen, die zum Ruhewasserspiegel symmetrisch sind und eine sehr kleine Amplitude haben. Dann steht $z = 0$ stellvertretend für 'die Oberfläche'. Zwar nicht mehr ganz im Einklang mit den vorausgesetzten Annahmen dieser Theorie kann man dennoch auch bei endlicher Wellenhöhe mit recht brauchbarer Übereinstimmung Orbitalgeschwindigkeiten speziell für den Kamm und das Tal berechnen, indem man die allgemeine Lösung (mittlere Spalte der Tabelle) benutzt, und für den Kamm $z = H/2$ und für das Tal $z = -H/2$ einsetzt (Absolutwerte):

$$u_I = \frac{H}{2} \omega \cdot \frac{\cosh \frac{2\pi(z+h)}{L}}{\sinh \frac{2\pi h}{L}}. \tag{5.57}$$

Genauer wird das Ergebnis mit der Lösung 2. Ordnung (s. z.B. [13]):

$$u_{II,kamm} = u_I + \frac{3}{4} \left(\frac{\pi H}{L}\right)^2 c \frac{\cosh \frac{4\pi(z+h)}{L}}{\left(\sinh \frac{2\pi h}{L}\right)^4} \tag{5.58}$$

$$u_{II,tal} = u_I - \frac{3}{4} \left(\frac{\pi H}{L}\right)^2 c \frac{\cosh \frac{4\pi(z+h)}{L}}{\left(\sinh \frac{2\pi h}{L}\right)^4} \tag{5.59}$$

wobei nun für den Kamm $z = H/2 + \Delta z$ und für das Tal $z = -H/2 + \Delta z$ einzusetzen sind.

5.3.5 Strömungen unter Wellen

Auf Abb. 5.32 auf Seite 251 sind die Strömungen unter Wellen durch die Orbitalbahnen und die Geschwindigkeitsverteilungen der maximalen horizontalen und vertikalen Komponenten (vom ruhenden Beobachter aus gesehen) veranschaulicht. Die horizontale Komponente u der Strömung ist am Kamm maximal und in Laufrichtung der Welle gerichtet. Im Tal wird sie wiederum maximal und läuft hier der Welle entgegen. Im Nulldurchgang strömt das Wasser mit max. w vertikal nach unten oder nach oben, je nachdem ob der Wasserspiegel in diesem Nulldurchgang ansteigt oder absinkt. Je flacher das Wasser wird, desto schwächer wird die Vertikalkomponente w. Abb. 5.43 zeigt die Änderung der maximalen Orbitalgeschwindigkeiten in horizontaler und vertikaler Richtung beim Übergang vom tiefen ins flache Wasser.

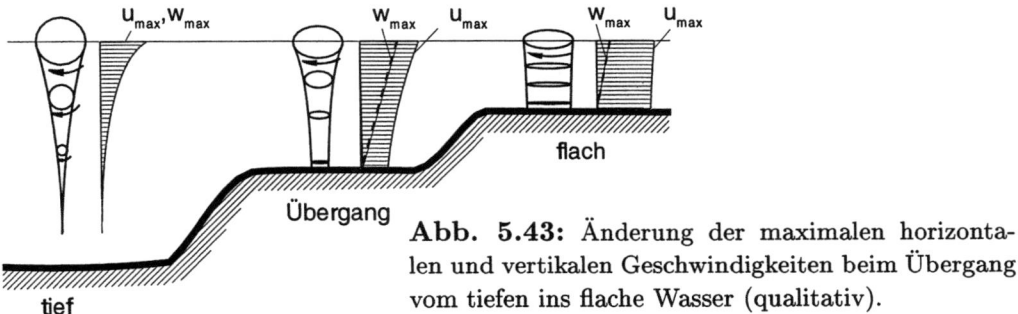

Abb. 5.43: Änderung der maximalen horizontalen und vertikalen Geschwindigkeiten beim Übergang vom tiefen ins flache Wasser (qualitativ).

5.3.6 Energie, Energiefluß und Gruppengeschwindigkeit

Die Wellenenergie setzt sich je zu 50 % aus potentieller und kinetischer Energie zusammen. Sie läßt sich durch Integration der beiden Energieanteile über eine Wellenlänge ermitteln und beträgt in summa unterhalb des Ruhewasserspiegels

$$E_{RWS} = E_{kin} + E_{pot} = \frac{\rho g H^2 L}{8}. \tag{5.60}$$

Auf die Oberflächeneinheit entfällt damit

$$\overline{E} = \frac{\rho g H^2}{8}. \tag{5.61}$$

Diese Energie wird mit der Energietransportgeschwindigkeit c_g in Laufrichtung transportiert, womit der Energiefluß je Breiteneinheit beträgt (vgl. Abb. 5.44):

$$P = \overline{E} c_g \tag{5.62}$$

Die Transportgeschwindigkeit c_g der Energie unterscheidet sich von der Laufgeschwindigkeit c der einzelnen Welle aus folgenden Gründen

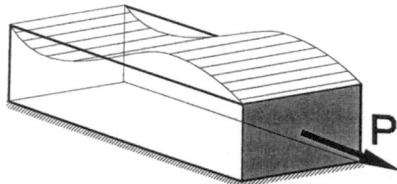

Abb. 5.44: Zur Definition des Energieflusses P.

1. Wellen in tiefem Wasser laufen immer in Gruppen aus einigen Wellen. Selbst künstlich erzeugte einzelne Wellenberge zerfallen nach kurzer Laufstrecke in eine Wellengruppe.

2. Im tiefen Wasser reichen bereits kleine Unterschiede in der Wellenperiode (oder der Frequenz) der Wellen in einer Wellengruppe aus, um Schwebungen zu erzeugen. Als Folge hiervon sieht man eine dominante Welle, die von den anderen Wellen moduliert wird (ein entsprechendes Phänomen ist der Spring-Nippzyklus der Tidewellen, Abb. 5.6 auf Seite 225 wo Wellengruppen aus je 28 Wellen einander folgen).

Die Fortschrittsgeschwindigkeit der Schwebung (= Gruppengeschwindigkeit) läßt sich berechnen und beträgt (s. z.B. [13])

$$\frac{c_g}{c} = n = \frac{1}{2}\left(1 + \frac{\frac{4\pi h}{L}}{\sinh\frac{4\pi h}{L}}\right), \qquad (5.63)$$

wobei sich

$$\begin{aligned} c_g &= \frac{1}{2}c \quad \text{im Tiefwasser} \\ c_g &= c \quad \text{im Flachwasser} \end{aligned} \qquad (5.64)$$

ergeben. Die Energie kann sich nur mit der Geschwindigkeit c_g, die die gesamte Gruppe besitzt, fortpflanzen. Die Gruppengeschwindigkeit c_g läßt sich auch wie folgt erklären: Erzeugt man z.B. in ruhigem Wasser durch einen Steinwurf eine Welle, so ist diese bereits nach kurzer Laufstrecke in eine Gruppe mehrerer Wellen zerfallen. Die erste Welle der Gruppe trifft auf ruhiges Wasser und muß diesem, um die Orbitalbewegung auszubilden, kinetische Energie übertragen, was auf Kosten ihrer potentiellen Energie und letztlich ihrer Höhe H geht. So verschwindet die erste Welle mit der Zeit. Quasi als gegenläufiger Prozess hinterläßt die letzte Welle kinetische Energie im Wasser, was zum Entstehen neuer Wellen führt. Durch diese Vorgänge ist die gesamte Gruppe langsamer als die individuellen Wellen innerhalb der Gruppe, die diese mit der Geschwindigkeit c von hinten nach vorne durchlaufen und dann vergehen. D.h., im Tiefwasser wird nur die Hälfte der Energie transportiert, die andere Hälfte bleibt am Ort. Im Flachwasser ist $c = \sqrt{g\,h}$, und so sind dort alle Wellen gleich schnell und die Gruppengeschwindigkeit geht in die

5.3. Wellen und Seegang

allgemeine Geschwindigkeit c über. Die Gruppengeschwindigkeit ist graphisch auf Abb. 5.45 wiedergegeben.

Beispiel Bei einer Höhe $H = 10$ m transportieren Wellen bei $T = 10$ s aus dem Tiefwasser einen Energiestrom von $P = 1/8 \, \rho \, g \, H^2 \cdot 1/2 \, c_o \approx 1000$ MW/km $= 1$MW/m auf die Küste zu. Abgesehen von geringen Reibungsverlusten auf dem Weg zur Küste wird dieser Energiestrom zu wesentlichen Teilen erst durch Brandung abgebaut.

5.3.7 Wechselwirkungen bei Grundberührung ("Flachwassereffekte")

5.3.7.1 Vorbemerkung

Häufig wird von Flachwassereffekten gesprochen, wenn eigentlich Wellen mit Grundberührung gemeint sind, die ja auch schon im Übergangsbereich bei Werten von $H/L_o > 1/20$ eintreten. Insofern ist die hier gewählte erste Überschrift zu bevorzugen.

5.3.7.2 Shoaling

Sobald Wellen auf ihrem Weg zur Küste hin Grundberührung bekommen, werden sie kürzer und langsamer (s. Tabelle 5.3), wobei die Periode $T = L/c$ konstant bleibt[17]. Um diesen Shoalingeffekt vom nachfolgend beschriebenen Refraktionseffekt zu trennen, werden hier zunächst nur Wellen untersucht, die auf eine schiefe Ebene auflaufen, und deren Kämme dabei parallel zu den Tiefenlinien ausgerichtet sind, so daß keine unterschiedlichen Laufgeschwindigkeiten entlang der Kämme auftreten. Dann bleiben die Kämme geradlinig und parallel, d.h. die Energie je Breiteneinheit ist konstant, und Refraktionseffekte sind ausgeblendet. Die Entwicklung der Wellenhöhe läßt sich dann mit der Annahme herleiten, daß der Energiefluß entlang des Laufweges konstant bleibt (Verluste als vernachlässigbar gering angenommen). Dann ist der Energiefluß je Breiteneinheit

$$\underbrace{\overline{E_o} \cdot c_{g,o}}_{P_o} = \underbrace{\overline{E} \cdot c_g}_{P}, \qquad (5.65)$$

woraus mit Gl. 5.61 direkt folgt

$$\frac{H}{H_o} = k_s = \sqrt{\frac{1}{2n} \frac{c_o}{c}} = \sqrt{\frac{1}{2} \frac{c_o}{c_g}}, \qquad (5.66)$$

worin $k_s =$ als Shoalingkoeffizient bezeichnet wird. Der Verlauf von k_s ist auf Abb. 5.45 graphisch dargestellt. Aus dem tiefen Wasser kommend nimmt die Wellenhöhe

---

[17] Grundlage der deterministischen Wellentheorien ist gleichbleibende Periode bis zum Verschwinden der Wellen am Strand. Im Wellenspektrum verschieben sich durch Brechen alle Perioden zu den kürzeren Perioden hin (vgl. Abb. 5.38 auf Seite 258).

demnach im Übergangsbereich zunächst geringfügig ab, um dann im flachen Wasser mehr und mehr anzusteigen. Der Anstieg ist allerdings durch das Wellenbrechen (s.u.) situationsbedingt begrenzt.

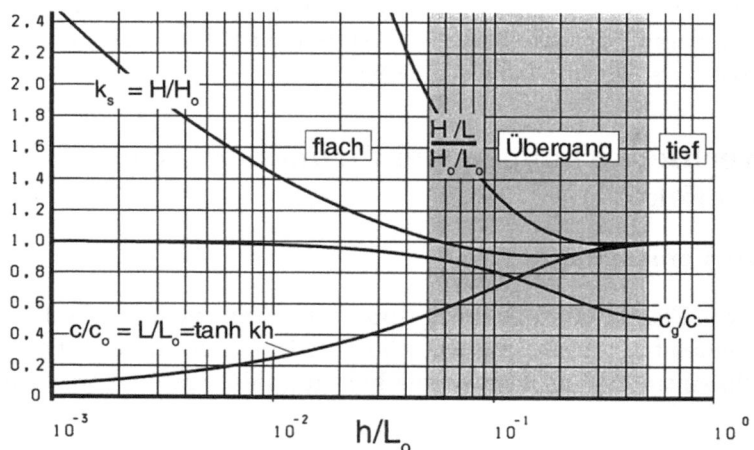

Abb. 5.45: Relative Änderung der Wellenhöhe H, der Wellenschnelligkeit c, der Wellenlänge L und der Steilheit H/L in Abhängigkeit von der relativen Wassertiefe h/L_o (nach linearer Theorie).

5.3.7.3 Refraktion

Laufen Wellen im Übergangsbereich und im Flachwasser, so nimmt die Wellenlänge ab. Laufen sie dabei nicht in Richtung der Fallinie der Unterwassertopographie, sondern schräg zu den Tiefenlinien, so befindet sich immer ein Teil des Kammes in tieferem Wasser und der andere Teil in flacherem Wasser und ist mithin langsamer (vgl. Tab. 5.3 auf Seite 263). Die Folge ist ein Einschwenken der Wellenfronten mit der Tendenz, sich parallel zu den Tiefenlinien auszurichten. Dies führt dazu, daß Wellen unabhängig von der Laufrichtung im tiefen Wasser immer so auf den Strand auflaufen, daß ein Beobachter am Strand die Wellen auf sich zukommen sieht (vgl. Abb. 5.46). Durch diese sogenannte Refraktion werden Wellen um Landzungen mit flach auslaufenden Unterwasserböschungen herumgebeugt und können ihre Laufrichtung vollkommen verändern. Über Unterwasserinseln werden die Wellenkämme so gebeugt, daß sie sich verkürzen. Den gegenteiligen Effekt mit einer Verlängerung der Kämme sieht man auf Abb. 5.46 im tiefen Wasser der landeinwärts verlaufenden tiefen Rinne. Analog strecken sich die Kämme beim Einlaufen in Buchten. Am Wellenbild ist daher erkennbar, wo das Wasser tief, und wo es flach ist. Man kann die Änderung der Kammbreite durch die Senkrechten auf die Kämme, die sog. *Wellenstrahlen*, verfolgen. Mit Verkürzung oder Streckung des Kammes wird auch die entlang des Kammes vorhandene Energie konzentriert oder gestreut. Refraktion wird immer von Shoaling begleitet.

5.3. Wellen und Seegang

Die Veränderung der Wellenhöhe unter Refraktionseinfluß ergibt sich aus

$$\underbrace{\overline{E_1} \cdot c_{g,1} \cdot b_1}_{P_o} = \underbrace{\overline{E_2} \cdot c_{g,2} \cdot b_2}_{P} \quad (5.67)$$

zu

$$\frac{H_2}{H_1} = \underbrace{\sqrt{\frac{c_{g,1}}{c_{g,2}}}}_{k_s} \cdot \underbrace{\sqrt{\frac{b_1}{b_2}}}_{k_r}. \quad (5.68)$$

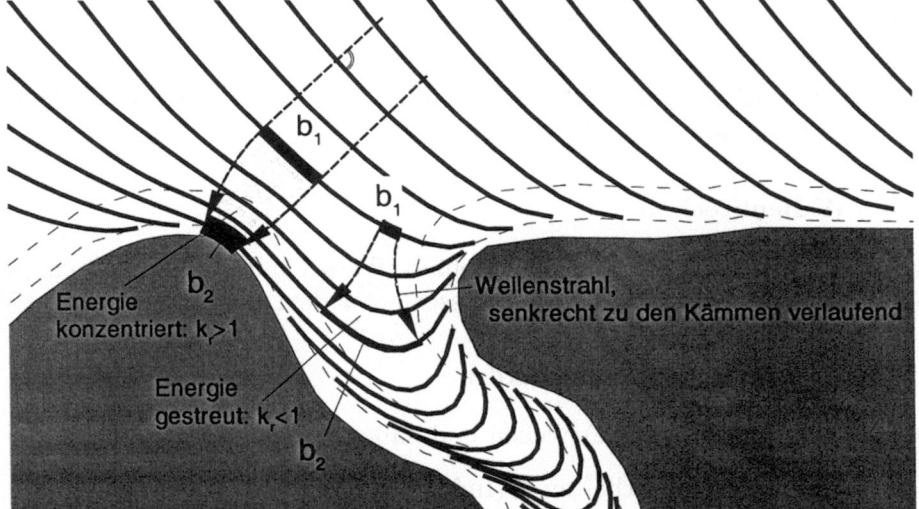

Abb. 5.46: Zur Refraktion von Wellen. Die Strichstärke der hervorgehobenen Kammabschnitte symbolisiert die refraktionsbedingte Änderung der Wellenhöhen bei Konzentration und Streuung der Energie.

Das Brechungsgesetz für Licht von SNELLIUS

$$\frac{\sin \alpha_2}{\sin \alpha_1} = \frac{c_2}{c_1} \quad (5.69)$$

läßt sich auch auf die Refraktion (= Beugung oder Brechung) der Wasserwellen anwenden. Beim Licht sind α_1 und α_2 der Eintritts- und Austrittswinkel des Lichtstrahls am Übergang von einem Medium mit der Lichtgeschwindigkeit c_1 in ein anderes Medium mit c_2. Stellt man sich die Topographie vereinfacht als Höhenschichtenmodell vor, so verändert sich die Wellengeschwindigkeit von Schicht zu Schicht, und die Tiefensprünge entsprechen den Dichtesprungkanten bei der Refraktion des Lichts. An den Tiefensprüngen wird der Wellenstrahl daher verschwenkt, und zwar so, daß der Winkel zwischen Strahl und Kante mehr in Richtung 90° tendiert.

Refraktion durch Strömungen. Refraktion kann auch durch Strömungen entstehen. In mitlaufender Strömung werden die Wellenlängen größer während entgegenlaufende Strömung die Wellenlänge verkürzt. Auf UNNA und YI-YUAN YU (in [98]) geht ein Ansatz für Wellen im Tiefwasser zurück, die mit oder gegen die Strömung der Geschwindigkeit v laufen. Ohne hier näher auf die Ableitung einzugehen, die sich aus der Energieflußbilanz ergibt, seien die Lösungen genannt:

$$\frac{L}{L_o} = \frac{1}{4}\left(1 + \sqrt{1 + \frac{4v}{c_o}}\right)^2 \quad \text{und} \tag{5.70}$$

$$\frac{H}{H_o} = \sqrt{\frac{2}{1 + \frac{4v}{c_o} + \sqrt{1 + \frac{4v}{c_o}}}}. \tag{5.71}$$

Die Aufsteilung bei gegenlaufender Strömung (v negativ) kann so weit gehen, daß die Wellen brechen und auch stehen bleiben.

5.3.7.4 Wellenbrechen

Zu steil gewordene Wellen brechen in tiefem Wasser mit Schaumkronen (white capping) sowie im flacher werdenden Wasser unter dem Einfluß zu geringer Wassertiefe.

Brechkriterien können angegeben werden

- für einzelne (individuelle) Wellen und dabei bezogen werden auf
  - die Tiefwasserverhältnisse (Indizes 'o') oder auf
  - die lokalen Verhältnisse am Ort des Brechens (Indizes 'b')
- für Spektren

Je nach Aufgabenstellung und Analyse-/Modellansatz ist die eine oder andere Variante vorteilhafter.

Der Einfluß der Wellensteilheit wurde schon von MICHELL 1883 und STOKES untersucht und ist durch einen kritischen Kammwinkel von ca. 120° gekennzeichnet. Spitzere Kämme brechen. Gleichzeitiges Kriterium ist eine Grenzwellensteilheit von im *Tiefwasser*

$$\frac{H_b}{L_b} = 0,14 \approx 1/7. \tag{5.72}$$

Im *Übergangsbereich* tritt ein Einfluß der Wassertiefe hinzu und reduziert die kritische Steilheit (MICHE [64]) auf

$$\frac{H_b}{L_b} = 0,142 \cdot \tanh\left(2\pi \frac{h_b}{L_b}\right) \tag{5.73}$$

5.3. Wellen und Seegang

(h_b s. Abb. 5.47). Bei Grundberührung brechen die Wellen schon bei geringeren Steilheiten als $H/L = 1/7$.

Im *Flachwasser* dominiert der Einfluß der Wassertiefe. Gl. 5.73 geht über in:

$$H_b/h_b = 0,9. \tag{5.74}$$

Eine Fortentwicklung unter Einbeziehung der Strandneigung m von WEGGEL ([115], 1972) lautet

$$H_b = \gamma h_b \tag{5.75}$$

$$\gamma = b - a \frac{H_b}{gT^2} \tag{5.76}$$

$$a = 43,8 (1 - e^{19m}) \quad ; \quad b = 1,56 (1 - e^{19,5m})^{-1} \tag{5.77}$$

MUNK, 1949 (in [13]) kommt auf der Grundlage der Einzelwellentheorie auf den Wert 0,78. Für überschlägige Untersuchungen kann erfahrungsgemäß

$$H_b/h_b \approx 1 \tag{5.78}$$

angenommen werden[18]. Im *Spektrum* ist die größte Wellenhöhe maßgebend, so daß $H_{b,max}/h_b \approx 1$ anzunehmen ist. Vorstehende Gleichungen gelten für eine weitgehend ebene Sohle.

Von Einfluß auf den Brechvorgang ist weiter die Neigung des Unterwasserstrandes. Anschaulich läßt sich der Einfluß dadurch verstehen, daß die Welle vom Eintritt der Brechbedingung bis zur Ausbildung des Brechens ein Stück weitergelaufen ist. Daher brechen die Wellen mit größer werdender Böschungsneigung bei etwas geringerer Wassertiefe und etwas größerer Wellenhöhe.

Zur Charakterisierung des Wellenbrechens werden von IRIBARREN *Brecherindizes* (IRIBARREN-Parameter) ξ benutzt

$$\xi_o = \frac{\tan \alpha}{\sqrt{\frac{H_o}{L_o}}} \quad \text{oder} \quad \xi_b = \frac{\tan \alpha}{\sqrt{\frac{H_b}{L_o}}}, \quad \text{wobei} \quad L_o = \frac{gT^2}{2\pi}. \tag{5.79}$$

Je nach Wellensteilheit und Böschungsneigung bilden sich unterschiedliche *Brechertypen* aus, die subjektiv etwa drei Klassen zugeordnet werden können, die angelehnt an MASON (in [94]) etwa wie folgt charakterisierbar sind (Abb. 5.47):

Schwallbrecher Die Frontseite der Welle erreicht eine kritische Steilheit, und am Wellenscheitel bildet sich Gischt, die sich über die gesamte Front ausbreiten kann. In dieser Form läuft der Brecher über längere Strecken (*Flächenbrandung über mehrere Wellenlängen*, $\xi_b < 0,4$).

---

[18] Dieser Wert wurde von mehreren Autoren für das deutsche Nordseeküstengebiet bestätigt (FÜHRBÖTER [28], SIEFERT [101], s. auch NIEMEYER [71]). An der Ostsee ist eher mit 0,8 zu rechnen.

Sturzbrecher Von einem kritischen Punkt an nimmt die Steilheit der Front unter geringer Luftaufnahme rasch zu, bis eine fast senkrechte Front entsteht. Erst mit dem anschließenden Überstürzen erfolgt eine intensive Luftaufnahme. Im Gegensatz zu den anderen Brechertypen wird auf relativ kurzer Laufstrecke viel Energie umgewandelt (*Linienbrandung auf sehr kurzer Strecke*, $0,4 < \xi_b < 2$).

Partieller Sturzbrecher und Reflexionsbrecher Die Welle steilt sich zunächst wie beim Sturzbrecher auf, jedoch kommt es nicht zum vollständigen Überstürzen, und die Welle läuft mit starker Luftaufnahme die Böschung hinauf ($\xi_b > 2$). Aus dem Rücklaufwasser bildet sich eine merkliche reflektierte Welle aus. Das schlagartige Aufprallen der Brecherzunge erzeugt auf Böschungen schwere Druckschläge und hinterläßt beim Ablaufen in Bodenspalten Überdruck, der die obere Bodenschicht oder Deckwerkssteine absprengen kann.

Mit weiter zunehmender Böschungsneigung nehmen Energieumwandlung und Luftaufnahme immer weiter ab und der Anteil der reflektierten Energie nimmt zu, bis bei senkrechter "Böschung" schließlich eine nahezu vollständige Totalreflexion auftritt.

Zwischen den beschriebenen Brecherformen gibt es Übergangsformen.

Der Einfluß von unter dem Winkel α geneigtem Unterwasserstrand bzw. von Böschungen führt auf eine Vergrößerung der Brecherhöhe und zu einem Einsetzen bei geringerer Wassertiefe. Von GODA [34] stammen hierzu Diagramme (Abb. 5.50). Wenige weitere Ansätze existieren zu diesem Problem. Ein empirischer Ansatz von NELSON [67], der allerdings z.T. im Widerspruch zu seinen Daten steht, lautet

$$\frac{H_b}{h_b} = 0,55 + 0,88 \cdot e^{-0,012 \cot \alpha}. \tag{5.80}$$

5.3.7.4.1 Analyse des Brechens auf der Grundlage des Wechselsprungs

Die vorstehenden Ergebnisse lassen sich für individuelle Wellen anschaulich ableiten, indem man die brechende Welle als Bore, also als wandernden Wechselsprung mit Deckwalze (Kap. 4.5.2 auf Seite 94ff) auffaßt und die Bilanz aus den Druckkräften F_p und den Impulskräften F_I bildet (Abb. 5.48).

Hierzu begibt man sich in die Position eines Beobachters, der sich mit der Geschwindigkeit der Welle mitbewegt. Seine Geschwindigkeit ist dann

$$c = \sqrt{g\,h_1}\,Fr_1 - u_1\,. \tag{5.81}$$

Der mit der Geschwindigkeit c mit der Welle mitbewegte Beobachter sieht die brechende Welle als stehende, formstabile Deckwalze (Abb. 5.48), auf die das Wasser im Tal mit $c + u_1$ zuströmt.

Damit gilt Gl. 4.268 auf Seite 161, die ganz allgemein den *Zusammenhang zwischen der relativen Höhe der Deckwalze (des Brechers) und der* FROUDE-*Zahl herstellt*,

5.3. Wellen und Seegang

Schwallbrecher (spilling breaker)

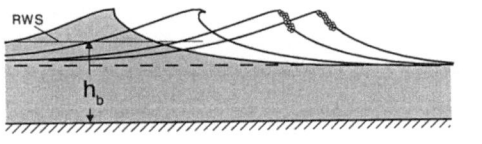
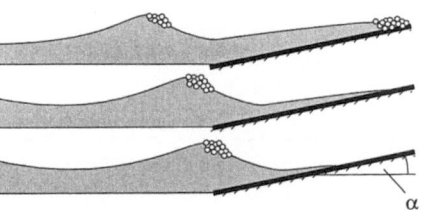

$\xi_o < 0{,}5$
$\xi_b < 0{,}4$
$\tan \alpha < 1 \sqrt{\dfrac{H_b}{gT^2}}$

Sturzbrecher (plunging breaker)

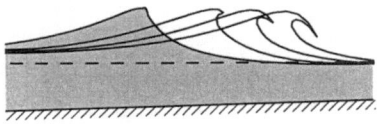
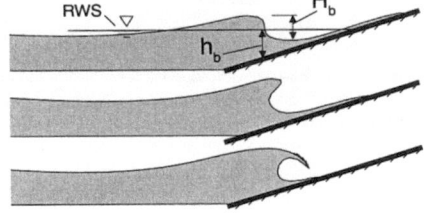

$0{,}5 < \xi_o < 3{,}3$
$0{,}4 < \xi_b < 2$

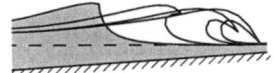

Partieller Sturzbrecher (collapsing breaker) und Reflexionsbrecher (surging breaker)

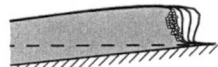
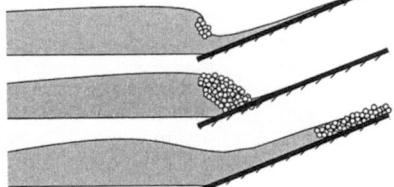

$\xi_o > 3{,}3$
$\xi_b > 2$
$\tan \alpha > 5 \sqrt{\dfrac{H_b}{gT^2}}$

Übergang zur Reflexion

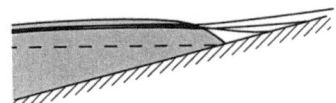

Abb. 5.47: Typisierung der Hauptbrecherformen.

in folgender Form:

$$Fr_1 = \frac{c + u_1}{\sqrt{g\, h_1}} = \sqrt{1 + \frac{3}{2}\frac{H_b}{h_1} + \frac{1}{2}\left(\frac{H_b}{h_1}\right)^2}\,, \tag{5.82}$$

wobei u_1 die horizontale Orbitalgeschwindigkeit im Tal ist. Aufgelöst nach der relativen Wellenhöhe im Brechpunkt wird

$$\frac{H_b}{h_1} = \sqrt{2\,Fr_1^2 + \frac{1}{4}} - \frac{3}{2}\,. \tag{5.83}$$

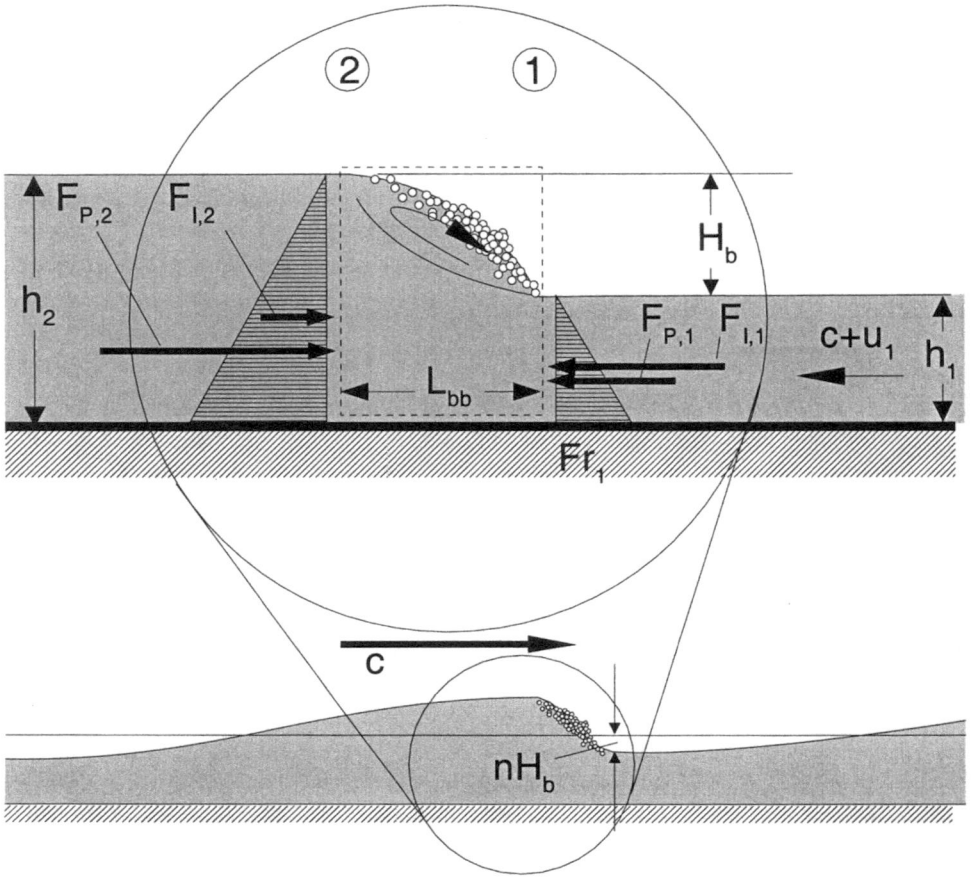

Abb. 5.48: Kräfte und Bezeichnungen an der brechenden Welle aus der Sicht des mit der Wellengeschwindigkeit c mitbewegten Beobachters.

Das gleiche Ergebnis liefert auch die bekannte Formulierung für die konjugierten Wassertiefen nach Gl. 4.139 auf Seite 101. Die FROUDE-Zahl $Fr_{1,b}$, bei der das Brechen einsetzt, liegt nach Experimenten bei

$$Fr_{1,b} = 1{,}73 \tag{5.84}$$

(vgl. Abb. 4.63 auf Seite 102). Aufgelöst nach H_b/h_1 ergibt sich etwa

$$\frac{H_b}{h_1} = 1. \tag{5.85}$$

Häufig bezieht man sich bei den lokalen Brechbedingungen nicht auf die Wassertiefe im Tal, sondern auf die Wassertiefe h_b im Brechpunkt unter dem Ruhewasserspiegel (Abb. 5.47). Zwischen beiden Wassertiefen besteht der Zusammenhang

$$h_1 + n\, H_b = h_b. \tag{5.86}$$

5.3. Wellen und Seegang

Bei zum Ruhewasserspiegel symmetrischen Wellen ist $n = 1/2$. In sehr flachem Wasser nehmen die Wellen den Charakter von Einzelwellen an und $n \to 0$ (vgl. Abb. 5.32 auf Seite 251). Beim Brechen im Flachwasser ist $n \approx 0\ldots\ldots 0,4$ zutreffend, womit man erhält

$$\frac{H_b}{h_b} \approx 0,7\ldots\ldots 1 \qquad \text{Flachwasser, horizontale Sohle.} \tag{5.87}$$

Nach der Theorie der Einzelwelle (MUNK, s.o.) wird der Faktor $0,78$.

Auch im *Übergangsbereich* und im *Tiefwasser* kann man die bekannten Lösungen auf Seite 273 über den Bore-Ansatz erhalten. Hier hat die Wassertiefe, jetzt als äquivalente oder effektive Wassertiefe, eine Entsprechung in der Wellenlänge, wie man an den Ausdrücken für die Fortschrittsgeschwindigkeit c erkennt (Tab. 5.3 auf Seite 263), denen man direkt entnehmen kann

$$h_{eff} \widehat{=} \frac{L}{2\pi} \tanh \frac{2\pi h}{L} \qquad \text{allgemein} \tag{5.88}$$

und

$$h_{eff} \widehat{=} \frac{L_o}{2\pi} \qquad \text{im Tiefwasser.} \tag{5.89}$$

Gl. 5.88 oder 5.89 in Gl. 5.87 eingesetzt, führt auf ein Ergebnis, das dem von MICHELL/STOKES (Gl. 5.72) und MICHE (Gl. 5.73 auf Seite 272) gleicht:

$$\frac{H_b}{L_b} = \frac{0,7\ldots\ldots 1}{2\pi} \tanh 2\pi \frac{h_b}{L_b}. \tag{5.90}$$

Strömungen in der Welle am Brechpunkt zeigt beispielhaft Abb. 5.49.

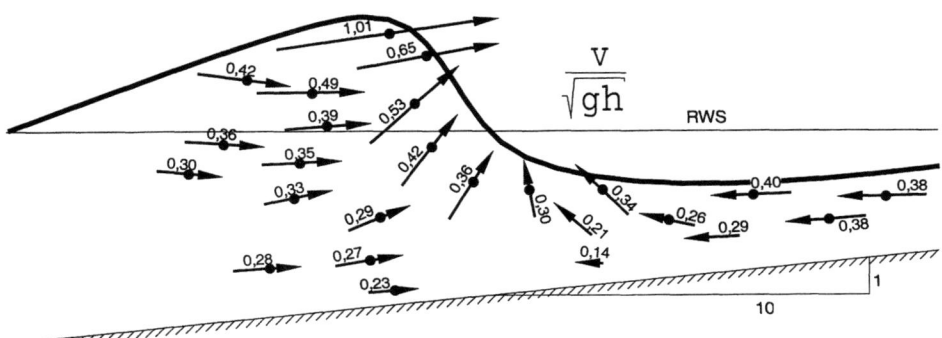

Abb. 5.49: Strömungen $\frac{v}{\sqrt{gh}}$ im Brechpunkt nach Messungen von IVERSEN [47]. Die Geschwindigkeiten am Kamm erreichen die Fortschrittsgeschwindigkeit.

Einfluß von geneigter Böschung Abb. 5.50 zeigt die *Ergebnisse von Messungen* zur Auswirkung der Böschungsneigung auf die Brecherhöhen (GODA [34]). Die Diagramme sind auf die Tiefwasserverhältnisse bezogen und liefern zunächst mit bekannter Periode T die Tiefwasserwellenlänge L_o und weiter mit bekannter Tiefwasserwellenhöhe H_o als Ergebnis H_b/H_o. Damit kann nun aus dem zweiten Diagramm h_b/H_b entnommen werden.

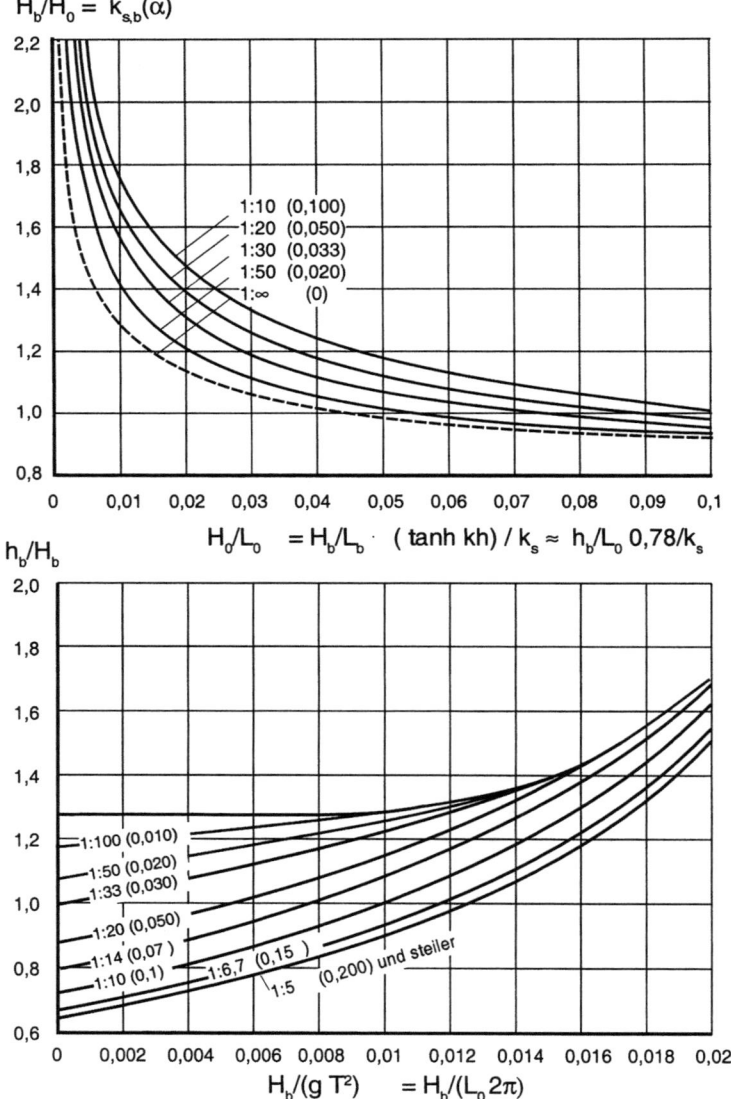

Abb. 5.50: Einfluß der Böschungsneigung auf die Brecherhöhe und die Brechwassertiefe nach GODA [34], oberes Diagramm ergänzt um die Kurve für horizontale Sohle.

Das obere Diagramm kann mit der Shoaling-Funktion k_s (Abb. 5.45) um die bei

5.3. Wellen und Seegang

GODA nicht enthaltene Kurve für horizontale Sohle ergänzt werden, da sich die Abszissen der Abb. 5.45 und 5.50 ineinander umrechnen lassen. Es ist nämlich einerseits $H_o/L_o = H_b/(k_{s,b} L_o)$ bzw. $H_b/H_o = k_s$ und andererseits mit Gl. 5.87 $H_b = 0,78\ h_b$. Man erkennt damit weiter, daß das GODA-Diagramm den auf Böschungen erhöhten Shoalingkoeffizienten $k_{s,b}$ im Brechpunkt widerspiegelt. Das Verhältnis der Brecherhöhe $H_{b,\alpha}$ auf einer geneigten Fläche zur Brecherhöhe H_b auf horizontaler Sohle kann dem erweiterten GODA-Diagramm für Neigungen $< 1:10$ entnommen und empirisch beschrieben werden mit

$$\frac{H_{b,\alpha}}{H_b} \approx 1 + 0,18 \left(\frac{H_b}{gT^2}\right)^{-\frac{1}{2}} \cdot \tan\alpha = 1 + 0,45\ \xi_b\ . \tag{5.91}$$

Die Angaben im Schrifttum über die maximale Böschungsneigung, bei der noch Brechen auftritt, variieren relativ stark (1 : 7 SILVESTER [102] und ca. 1 : 2 AYYAR [2]). Offensichtlich ist hier die Wellensteilheit nicht mitberücksichtigt worden. Wie man dem Brecherindex (s. Gl. 5.79 auf Seite 273) entnehmen kann, verschiebt sich die Grenze bestimmter Brecherformen mit steiler werdenden Wellen zu steileren Böschungen. Anders ausgedrückt, gehen lange Wellen bei gleicher Strandneigung eher in Reflexionsbrecher über als kürzere Wellen der gleichen Wellenhöhe.

Abb. 5.51 gibt den Verlauf einer empirischen Lösung von IPPEN und KULIN (in [37]) für die Abhängigkeit $H_{b,\alpha}/h_b$ sowie den Bereich von Meßdaten aus [103] wieder. Das Wellenbrechen an Böschungen ist wegen der Rückwirkung des Rücklaufwassers auf die anlaufenden Wellen auch durch Zufälligkeiten überlagert. Darum weisen auch regelmäßige Wellen eine Brecherhöhenverteilung auf.

Energieumwandlung Brechende Wellen verlieren entlang des Weges Energie und damit Höhe. Verschiedene Ansätze zur Erfassung der Energiedissipation sind bei MASSEL [58] zusammengestellt, u.a. ein Ansatz, der auf BATTJES U. JANSSEN [4] zurückgeht.

Zum Erfassen der Energieverluste für die Welle wird dabei auf den wandernden Wechselsprung (*Bore*, vgl. auch S. 237) zurückgegriffen. Der für die Strömung verlorene Energiestrom ist dort

$$P_v = \rho\, g\, Q\, h_v = \rho\, g\, b\, q\, h_v \tag{4.142}$$

Im mit der Welle bewegten System ist mit $h = 0,5\,(h_1 + h_2)$

$$q = c\, h \tag{5.92}$$

und die Energiedissipation (der für die Welle verlorene Energiestrom) je Einheitsfläche in der brandenden Welle ist damit[19]

$$D = \frac{P_v}{b\,L_b} = \frac{\rho\,h\,c\,g\,h_v}{L_b} = \frac{\rho\,g\,h\,h_v\,\omega}{2\,\pi}, \qquad (5.93)$$

wobei D die Änderung des Wellenenergiestroms $P = \overline{E}\,c_g$ (Gl. 5.62 auf Seite 267) infolge Brechens ist :

$$\partial(\overline{E}\,c_g) = -D\,\partial x \qquad (5.94)$$

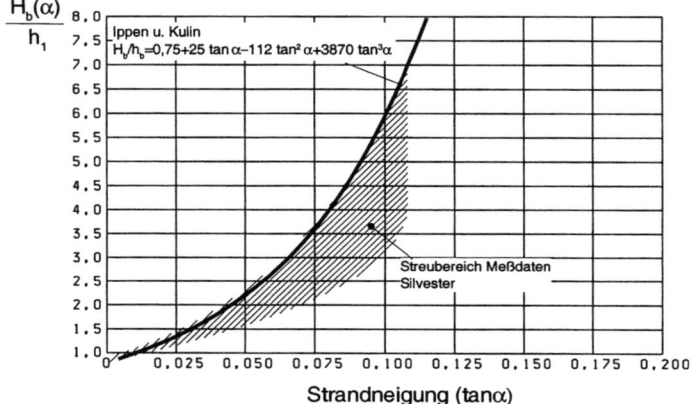

Abb. 5.51: Einfluß der Böschungsneigung auf die Brecherhöhe im Flachwasser nach IPPEN und KULIN und Datenbereich aus SILVESTER [102].

Für die Energieverlusthöhe wird meist Gl. 4.144 auf Seite 102 benutzt:

$$\frac{h_v}{h_1} = \frac{(h_2 - h_1)^3}{4\,h_1^2\,h_2}, \qquad (4.144)$$

wobei hier

$$H = \alpha_h\,(h_2 - h_1) \qquad (5.95)$$

ist mit α_h in der Nähe von 1. Mit letzterem Verlustansatz kommen BATTJES und JANSSEN nach einigen Vereinfachungen und Umformungen (s. z.B. MASSEL)[20] zu

$$D \approx \frac{\alpha_o\,\rho\,g\,\omega}{8\,\pi}\,\frac{H_b^3}{h}, \qquad (5.96)$$

---

[19] Der Ansatz gilt zunächst für Flachwasser mit uniformer Geschwindigkeitsverteilung über die Tiefe. Benutzt man hier anstelle von h wieder h_{eff} aus Gl. 5.88 und berücksichtigt, daß beim Brechen im Tiefwasser $L_b \approx 7\,H_b$ ist, so ergibt sich für Tiefwasser $h_{eff} \approx 1,1 H_b$. Das gleiche Resultat erhält man im Übergangsbereich.
[20] $c \approx c_g$ und $h_b \to h_1$ im Flachwasser sowie $H_b/h_b \approx 1$ (Gl. 4.144 $\to h_v/h_1 \approx 1/8\,H_b$)

5.3. Wellen und Seegang

wobei α_o ein empirisch zu bestimmender Faktor ist, der die verschiedenen Vereinfachungen (u.a. daß die Wasserdruckverteilung unter dem Kamm nicht genau linear verläuft, wie dies beim Wechselsprung der Fall ist) kompensiert und, wenn diese wenig schwerwiegend sind, in der Nähe von 1 liegen soll. Ein Korrekturwert ist ebenso bei Ansatz der Verluste nach Gl. 4.145 zu berücksichtigen.

Auf Böschungen kann man mit dem alternativen Verlustansatz nach Gl. 4.145

$$\frac{h_v}{h_1} = \frac{1}{16} \cdot \frac{\left(\sqrt{8 \cdot Fr_1^2 + 1} - 3\right)^3}{\left(\sqrt{8 \cdot Fr_1^2 + 1} - 1\right)} \tag{4.145}$$

(in Grenzen, bei nicht zu steilen Böschungen) auch die Wirkung der Böschungsneigung auf die Verluste erfassen. Die auf Böschungen hinzutretende Wirkung des Gewichtes kann nach CHOW [12] durch eine erhöhte $Fr_{1,\alpha}$-Zahl berücksichtigt werden:

$$Fr_{1,\alpha} = \frac{Fr_{1,\alpha=0}}{\sqrt{\cos\alpha \left(1 - const. \frac{\tan\alpha}{H_b/L_{bb}}\right)}}. \tag{5.97}$$

Hierin sind L_{bb} die Länge des Wechselsprungs (des Brecherkopfes) gemäß Abb. 5.48, welche etwa mit

$$const \cdot L_{bb}/H_b 0,9 \approx 8,4 \cdot e^{(-2.75 \cdot \tan\alpha)} \tag{5.98}$$

erfaßt werden kann und $Fr_{\alpha=0} = 1,73$.

Für *einzelne Wellen* kann man die Entwicklung der Wellenhöhe während des Brechens aus dem Energiestromverhältnis nach einer Laufstrecke Δx entnehmen

$$\frac{H_{b,x}}{H_b} = \sqrt{\frac{P - D\,\Delta x}{P}} = \sqrt{1 - 8\frac{\Delta x}{L}\frac{h_1}{H_b}\frac{h_v}{h_1}}, \tag{5.99}$$

wobei im Flachwasser $L = \omega/(2\pi\sqrt{g\,h_1})$ gesetzt werden kann.

Bei der Behandlung von *Wellenenergiespektren* wird die Dissipation nach BATTJES und JANSSEN auf der Grundlage von Gl. 5.96 für den Mittelwert $\overline{\omega}$ ermittelt[21] und nur auf denjenigen Anteil Q_b des Spektrums angewendet, der am betrachteten Ort Wellenhöhen $H > H_b$ aufweist. Diesen Anteil bestimmen BATTJES und JANSSEN mit dem Ansatz einer RAYLEIGH-Wellenhöhenverteilung (vgl. Kap. 5.3.2.2 auf Seite 254) zu

$$Q_b = exp\left(-\frac{1 - Q_b}{(H_{rms}/H_b)^2}\right). \tag{5.100}$$

Bei Spektren ist die Dissipation dann

$$D \approx \frac{\alpha_o\,\rho\,g\,\omega}{8\,\pi} H_b^2 \cdot Q_b. \tag{5.101}$$

---

[21] bei MASSEL wird der Peakwert ω_p empfohlen.

Brandungsströmung Der Impulseintrag schräg zur Küste auflaufender, brechender Wellen verursacht eine küstenparallele Strömung, die Brandungsströmung (Abb. 5.52).

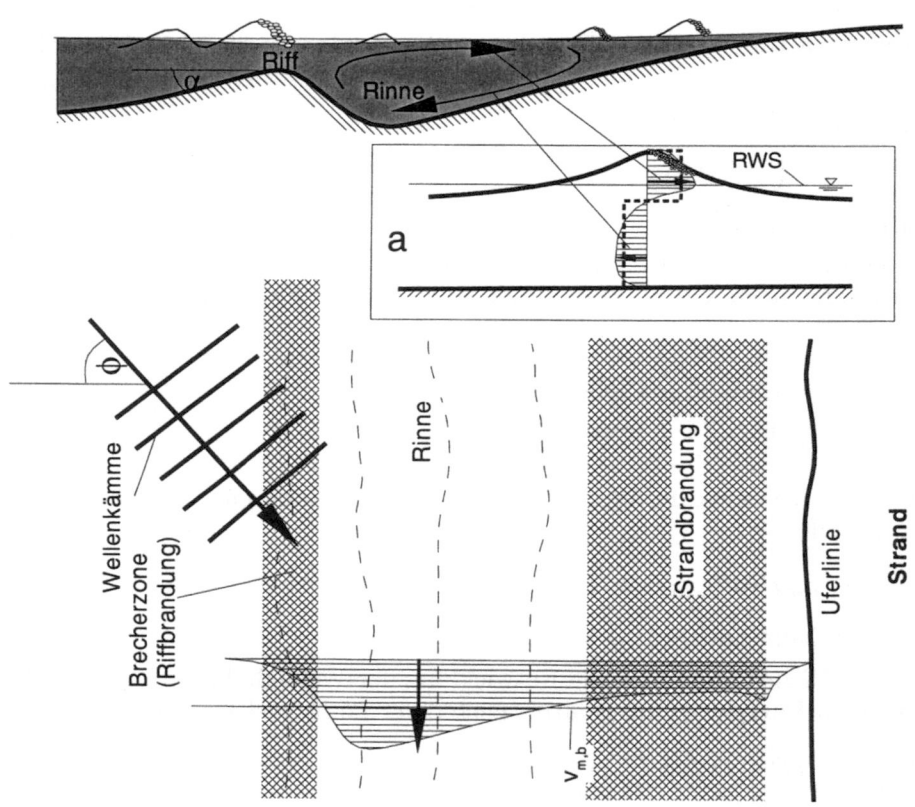

Abb. 5.52: Zur Brandungsströmung (kleines Bild (a) nach v. RIJN [84]: auflandige Strömung im Bereich des Brechers und unter der Tallage Rückströmgszone, sog. *undertow*).

Die Verhältnisse sind analytisch außer in idealisierten Verhältnissen nur grob erfaßbar, da die küstenparallele Strömung von einer Sekundärströmung mit oberflächennaher Strömung zur Küste hin und sohlennaher Rückströmung (*Undertow*) überlagert ist. Die sohlennahe Rückströmung wird durch die Druckdifferenz infolge der Schrägstellung des Wasserspiegels (Brandungsstau) getrieben. Der Abbau des beim Brechen eingetragenen Wellenenergieflusses erfolgt in der Brandungsstromrinne durch die Sohlenreibung. Die mittlere Geschwindigkeit der Brandungsströmung ist dabei nach [13] ca. 2,3 fach so groß wie direkt in der Brecherlinie. Eine teilempirische, auf LONGUET-HIGGINS (in [13]) zurückgehende Lösung für

5.3. Wellen und Seegang

die mittlere Geschwindigkeit $v_{m,b}$ des Brandungsstroms ist

$$v_{m,b} \approx 20,7 \cdot \tan\alpha \cdot \sqrt{g\,H_b} \cdot \sin(2\,\phi), \tag{5.102}$$

mit α = Böschungswinkel und ϕ = Anlaufrichtung der Wellen wie in Abb. 5.52. Eine ähnliche, häufig zitierte, empirische Formel ist

$$v_{m,b} \approx 0,58 \cdot \sqrt{g\,H_b} \cdot \sin(2\,\phi). \tag{5.103}$$

Diese Formeln haben wegen der meist komplexen Naturgegebenheiten mehr die Qualität einer Orientierungshilfe. Zur detaillierteren Berechnung wurden numerische Modelle auf unterschiedlichen Stufen entwickelt.

5.3.8 Effekte an Hindernissen

5.3.8.1 Diffraktion

Treffen Wellen auf Hindernisse wie Wände, Hafenmolen oder Wellenbrecher, so werden sie an deren Luvseite reflektiert (s. folgendes Kapitel) und in den rückwärtigen Leebereich des geometrischen Schattenraumes hineingebeugt. Die Wellen breiten sich im Schattenbereich, vom Kopf des Hindernisses ausgehend, mit kreisförmigem Kammverlauf aus.

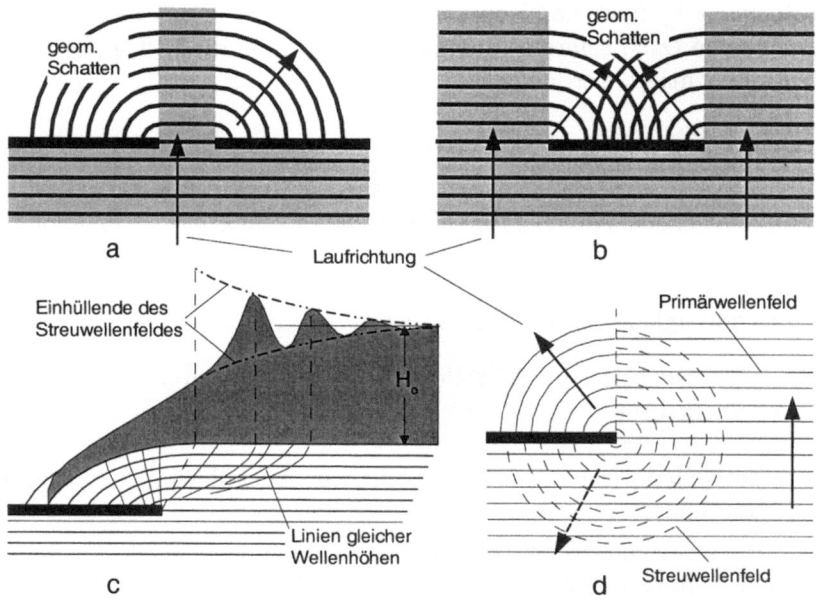

Abb. 5.53: Zur Diffraktion, (a) Diffraktion an einer Öffnung, (b) Diffraktion am freistehenden Wellenbrecher, (c) Wellenhöhen im Diffraktionsbereich, (d) Primär- und Streuwellenfeld.

Die Bilder a und b der Abb. 5.53 zeigen den Diffraktionseffekt beispielhaft beim Durchtritt von Wellen durch eine Öffnung sowie bei der Passage eines freistehenden Wellenbrechers, in dessen Schatten *Kreuzseen* entstehen. Bild c zeigt schematisch die Verteilung der Höhen der Wellen im Diffraktionseinfluß. Die Wellenenergie im Schattenraum speist sich aus der Energie des Primärwellenfeldes. Sobald die ankommende Welle den Molenkopf passiert hat, muß sie Energie in den plötzlich vorhandenen Schattenraum abgeben. Am Kopf des umlaufenen Hindernisses entsteht daher eine Störung, die sich wie jede lokale Wellenstörung kreisförmig ausbreitet. Sie ist am Ort des Entstehens um $180°$ zur Primärwelle phasenversetzt. Die effektive Wellenhöhe im weiteren Umfeld ergibt sich aus der Überlagerung beider Wellenfelder und führt auf wechselnd höhere und niedrigere Wellen. Der Einfluß betrifft also nicht nur den geometrischen Schattenbereich, sondern auch die vorbeilaufenden Wellen. In Hafeneinfahrten mit nur wenige Wellenlängen breiten Öffnungen können sich durch Überlagerung der Effekte beider Molenköpfe in der Achse der Einfahrt Wellenhöhen ergeben, die bis zu ca. 30 % höher sind als die einfallenden Wellen.

Für einfache Vorplanungen lassen sich Diagramme mit Linien gleicher Wellenhöhen erstellen, sofern die Wassertiefe mehr oder weniger konstant ist, so daß andere Effekte, wie z.B. Refraktion und Shoaling nicht zusätzlich auftreten. Für Wellenanlaufrichtungen in Abstufungen von $15°$ findet man solche Diagramme z.B. bei DAEMRICH, [14], die auf analytischen Lösungen von SOMMERFELD [106] basieren.

In hydrodynamisch-numerischen Wellenmodellen ist die Diffraktion automatisch enthalten. In nicht hydrodynamische, jedoch ebenfalls numerische Wellenmodelle von anderen Typen (z.B. Energietransportmodelle) muß die Diffraktion bei Bedarf gesondert implementiert werden.

5.3.8.2 Reflexion

An Hindernissen werden Wellen ganz oder teilweise reflektiert, wobei der Grad der Reflexion von

- der Durchlässigkeit des Bauwerks und

- der Energieabsorbtion durch Wellenbrechen oder durch teildurchlässige (transmissive) Strukturen

abhängt. Wasserwellen werden, wie auch Licht, mit Ausfallswinkel = Einfallswinkel reflektiert (Abb. 5.54).

Durch das Zurückwerfen wird die ankommende Welle gespiegelt. Bei senkrechten Wänden ist am Reflexionspunkt $H_I = H_R$, und mithin ist dort $H = 2\,H_I$. Ist der Einfallswinkel $\phi = 0°$, so liegen die reflektierten Kämme parallel zu den einfallenden Kämmen und es entsteht eine stehende Welle mit Schwingungsknoten und -bäuchen, die parallel zur Wand liegen. Bei schrägem Anlauf bildet sich Kreuzsee (Interferenz) aus mit einer Verdoppelung der Auslenkung an den wandernden

5.3. Wellen und Seegang   285

Kreuzungspunkten der Kämme und doppelt tiefen Tälern an den Kreuzungspunkten der Täler.

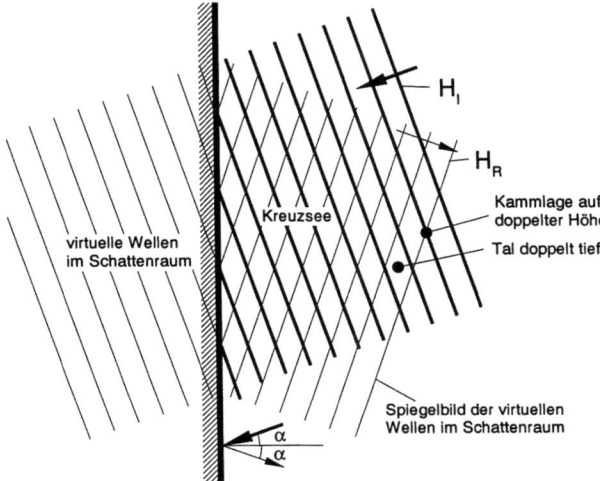

Abb. 5.54: Reflexion schräg auf eine senkrechte Wand treffender Wellen

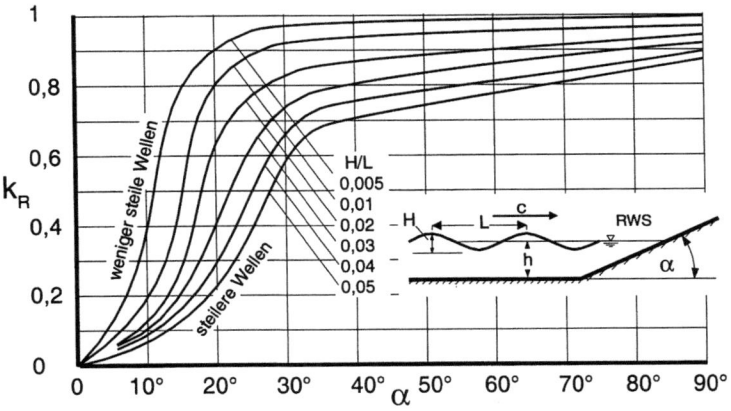

Abb. 5.55: Reflexionskoeffizienten nach [36] für glatte Wände und Tiefwasserverhältnisse.

An schrägen Böschungen tritt *Teilreflexion* auf. Der Reflexionskoeffizient $k_R = H_R/H_I$ ist hier in erster Linie abhängig von der Böschungsneigung und dem Verhältnis H/L. Bei gleicher Höhe längere Wellen werden bei sonst gleichen Verhältnissen stärker reflektiert als kurze Wellen, d.h., für relativ lange Wellen wirkt dieselbe Böschung steiler als für kurze Wellen. Als Richtgröße kann etwa davon ausgegangen werden, daß erst bei Böschungsneigungen $\alpha < 10°$ nur noch wenig Wellenenergie reflektiert wird, während bei $\alpha > 30°$ erhebliche Reflexionswirkung auftritt (Abb. 5.55).

Nach EAK 1993 [22] sind die Reflexionskoeffizienten bei Spektren geringer. Im Beispiel eines von MUTTRAY et. al. (in [22]) ausgewerteten TMA-Spektrums unter

Reflexionseinfluß betragen die k_R-Werte bei gleicher Wellenperiode des eingesteuerten Spektrums und derjenigen der regelmäßigen Wellen ca. 85 % der Werte bei regelmäßigen Wellen.

Für die *Teilreflexion* an Unterwasserböschungen sind bei [13] Lösungsdiagramme wiedergegeben.

Auf die besondere Problematik der Re-Reflexion und damit verbundener Schwingungen in Hafenbecken weist KOHLHASE [53] hin. Abb. 5.56 demonstriert eine hydrodynamisch-numerische Simulation von gleichzeitig auftretender Diffraktion, Reflexion und Re-Reflexion, die analytisch in dieser Form nicht darstellbar ist.

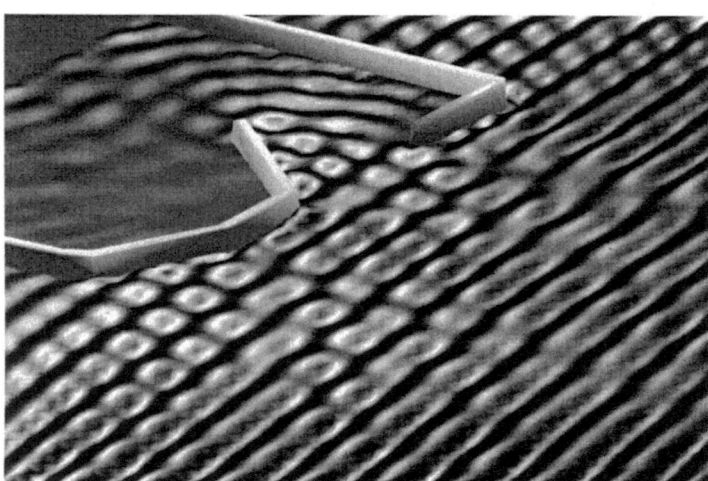

Abb. 5.56: Diffraktion, Reflexion und Re-Reflexion sowie Kreuzsee als Ergebnis einer hydrodynamisch - numerischen Simulation am Beispiel des Hafens List/Sylt.

Mach-Reflexion Ein Sonderfall der Reflexion ist die sogenannte MACH-Reflexion. Wenn Wellen mit einem Winkel $\phi \lesssim 45°$ auf eine senkrechte Wand treffen, bildet sich wandnah ein Ast (eng. *stem*) des Wellenkammes aus, der parallel an der Wand entlang läuft. Abb. 5.57 zeigt mit (a) die Verformung des Wellenkammes und mit (b) zusätzlich die Wellenhöhen und ihre Entwicklung mit der Laufstrecke. Mit (c) sind die Reflexionsverhältnisse skizziert. Nach Untersuchungen von BERGER [5] sind das Anwachsen der Stemhöhe entlang der Molenwand und die Ausbildung der Stembreite senkrecht zur Molenwand ein Sonderfall der Lösung des Diffraktionsproblems, bei dem nicht der Schattenbereich hinter, sondern der Reflexionsbereich vor der Wand betrachtet wird. Die Stemhöhe wächst mit der Lauflänge bis auf einen Maximalwert, der bei regelmäßigen Wellen das 2,34-fache der einfallenden Wellenhöhe beträgt und ist mithin *größer* ist als bei Totalreflexion. Die Position der maximalen Stemhöhe verschiebt sich mit dem Einfallswinkel und liegt z.B. für $\phi = 15°$ bei $x = 10\,L$ und für $\phi \approx 25°$ bei $x \approx 3,5\,L$.

Bei Einfallswinkeln $\phi \lesssim 20°$ tritt nur der MACH-Stem auf und keine Reflexionswelle. Für $20° \lesssim 45°$ treten reflektierte Wellen hinzu, die aber kleiner sind als die einfallende Welle und mit einem Winkel größer als Einfallswinkel reflektiert werden. Für $\phi \gtrsim 45°$ tritt nur noch "normale' Reflexion auf.

5.3. Wellen und Seegang

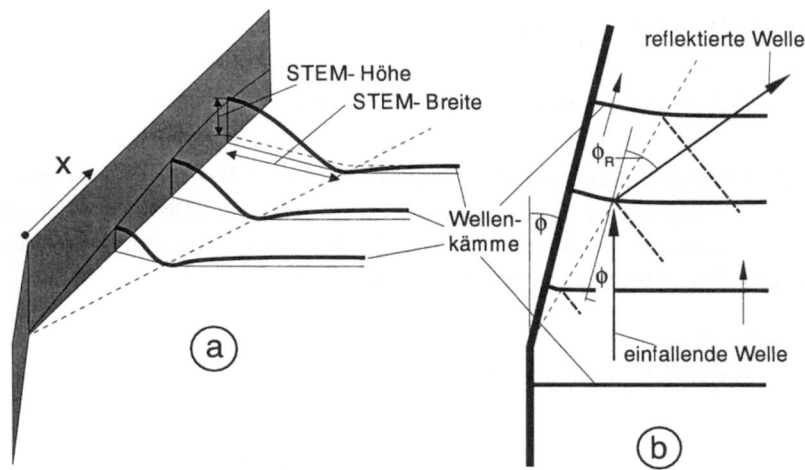

Abb. 5.57: Zur MACH-Reflexion (modifiziert nach BERGER).

Bei Wellenspektren sind Amplitude und Phase in jedem Augenblick verschieden, weshalb der MACH-Effekt schwächer ausgeprägt ist, als bei monochromatischen Wellen.

5.3.8.3 Transmission

An teildurchlässigen Strukturen werden anlaufende Wellen teilweise reflektiert, und teilweise transmittiert (hindurchgelassen). Solche Strukturen können sehr porenreiche Schüttsteinwellenbrecher sein oder Tauchkörper, die als schwimmende Wellenbrecher fungieren bzw. Tauchwände. Zur exemplarischen Darstellung der Wellentransmission werden hier nur lagefeste Tauchwände und -körper behandelt. Bewegliche Tauchkörper sind wegen deren Eigendynamik und der Wechselwirkung mit den Wellen so komplex, daß der hier gesetzte Rahmen verlassen würde.

Lösungen des Problems können z.B. auf der Grundlage einer Energiebilanz zwischen einfallender, reflektierter und transmittierter Energie entwickelt werden. Abb. 5.58 zeigt die einzelnen Energieanteile. Eine anlaufende Welle mit einer Gesamtenergie E_I trifft auf einen schwimmenden Wellenbrecher, der mit der Tiefe t eintaucht. Am Wellenbrecher wird E_R reflektiert und E_T *taucht* unter der Struktur hindurch. Dahinter verteilt sich die transmittierte Energie auf den gesamten Wasserkörper.

Es ist

$$E_I = E_T + E_R \tag{5.104}$$

und wegen $E \sim H^2$ (Tab. 5.3 auf Seite 263)

$$\frac{H_T}{H_I} = \sqrt{\frac{E_T}{E_I}} = c_T \quad \text{bzw.} \quad H_T = c_T \cdot H_I, \tag{5.105}$$

mit c_T = Transmissionskoeffizient. Diese Vorstellung läuft im Ergebnis darauf hinaus, daß die Wellenhöhe $H(z)$, die im ungestörten Fall in der Tiefenlage der Unterkante des Tauchkörpers auftritt, sich hinter diesem an der Oberfläche ausbildet. Mit den Beziehungen der linearen Theorie (Tab. 5.3) ist

$$c_T = \frac{\sinh\left(2\pi(h-t)/L\right)}{\sinh\left(2\pi h/L\right)}. \tag{5.106}$$

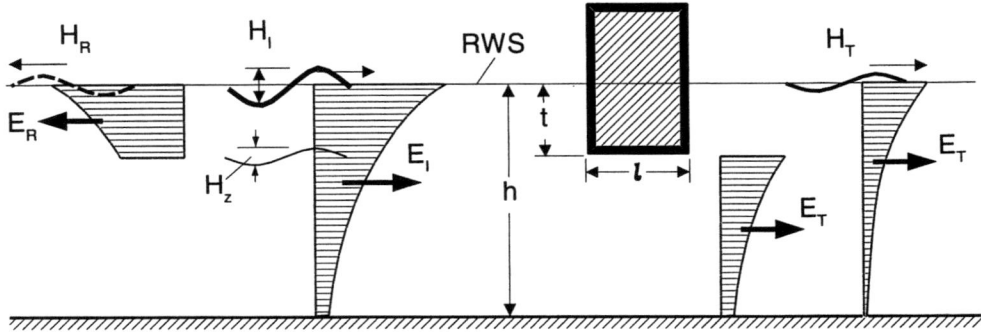

Abb. 5.58: Reflektierte und transmittierte Wellenenergie an Tauchkörpern.

Zur transmittierten Energie E_T sind verschiedene weitergehende Ansätze aufgestellt worden (Zusammenstellung z.B. bei EGGERT [23]). Der Ansatz von MACAGNO [57] z.B. basiert auf der linearen Wellentheorie und beinhaltet im Gegensatz zu anderen Ansätzen auch die Erstreckung l des Tauchkörpers in Wellenlaufrichtung. Mit einer teilempirischen Modifikation von HOFFMANN [43] wird dieser Ansatz auch auf schmale Tauchwände anwendbar und lautet dann:

$$c_T = \frac{1}{\sqrt{1 + \left(\frac{1}{2} \cdot \frac{l_{eff}}{h} \cdot \frac{2\pi h}{L} \cdot \frac{\sinh(2\pi h/L)}{\sinh(2\pi(h-t)/L)}\right)^2}}. \tag{5.107}$$

Hierin ist

$$l_{eff} = l_o + l, \tag{5.108}$$

mit l = Erstreckung des Hindernisses in Laufrichtung der Wellen gemäß Abb. 5.58 und l_o = durch Strömungsablösung hydraulisch wirksame Länge, ggf. größer als schmale Tauchwände. HOFFMANN [43] ermittelte aus seinen Messungen eine

5.3. Wellen und Seegang   289

graphisch dargestellte Abhängigkeit für l_{eff}, die sich für schmale Tauchwände gut durch

$$l_o \approx \tanh(\pi \frac{t}{h}) \tag{5.109}$$

beschreiben läßt.

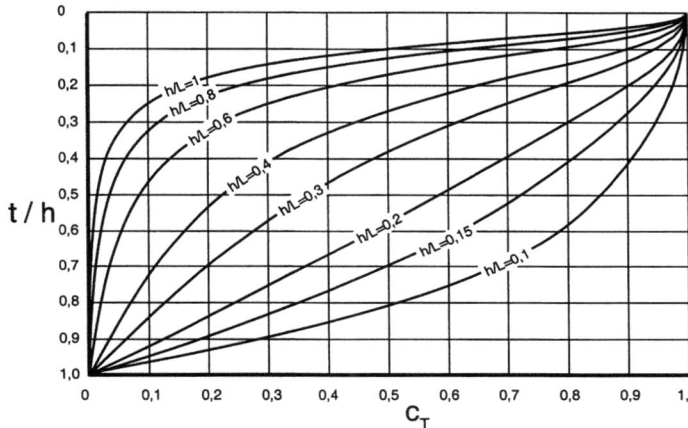

Abb. 5.59: Transmissionskoeffizienten c_T für schmale Tauchwände nach Gl. 5.107.

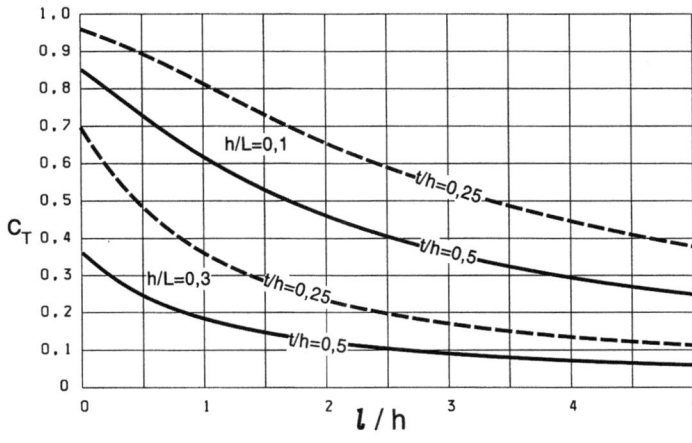

Abb. 5.60: Transmissionskoeffizienten c_T nach Gl. 5.107 für Tauchkörper mit unterschiedlicher relativer Breite l/h.

EGGERT [23] führte umfangreiche Versuche an Tauchwänden durch, die durch den Ansatz von MACAGNO/HOFFMAN am besten getroffen wurden, sofern einerseits die relative Tauchtiefe etwa $t/h > 0,15$ ist und andererseits $h/L > ca. 0,2$ eingehalten wird. Abb. 5.59 gibt Gl. 5.107 graphisch wieder. Man erkennt, daß Flachwasserwellen von Tauchkörpern wesentlich schwächer gedämpft werden als Tiefwasserwellen. Die Dämpfung läßt sich mit breiteren Tauchkörpern prinzipiell zwar steigern, wie Abb. 5.60 als Auswertung von Gl. 5.107 zeigt, jedoch wird oftmals schon $l/L = 1$ in der Praxis kaum realisierbar sein.

5.3.8.4 Wellenauflauf

Auf schräge Boschungen auflaufende Wellen brechen dort und bewirken einen Auflaufschwall. Die Wellenauflaufhöhe z (Abb 5.61) ist z.B. wichtiges Bemessungskriterium für Deiche und Dämme. Ein sehr früher Bemessungsansatz geht auf den friesischen Deichbaumeister Albert BRAHMS 1754 [8] zurück, der von NIEMEYER, EIBEN und RHODE [75], 1996, rekonstruiert wurde:

$$z = 10,33 \cdot H \cdot \tan\alpha \tag{5.110}$$

Die Wechselwirkungen zwischen den anlaufenden Wellen und dem Rücklaufwasser führen zu starken Streuungen im funktionalen Zusammenhang von anlaufendem Seegang und Auflaufhöhe, die selbst in hydraulischen Laborversuchen mit regelmäßigen Wellen auftreten. Es hat sich daher eingebürgert, eine statistische Größe $z_\%$ der Wellenauflaufhöhe anzugeben, die nur mit einer geringen Wahrscheinlichkeit (meist 2 % oder 3 % aller Wellen) übertroffen wird. Wegen des stochastischen Charakters existieren auch keine analytischen Lösungen.

Die BRAHMS-Formel weist eine analoge Struktur auf, wie die später lange gebräuchliche sogenannte "Delfter Formel" $z_{98} = 8 \cdot H_{1/3} \cdot \tan\alpha$ (WASSING [114]).

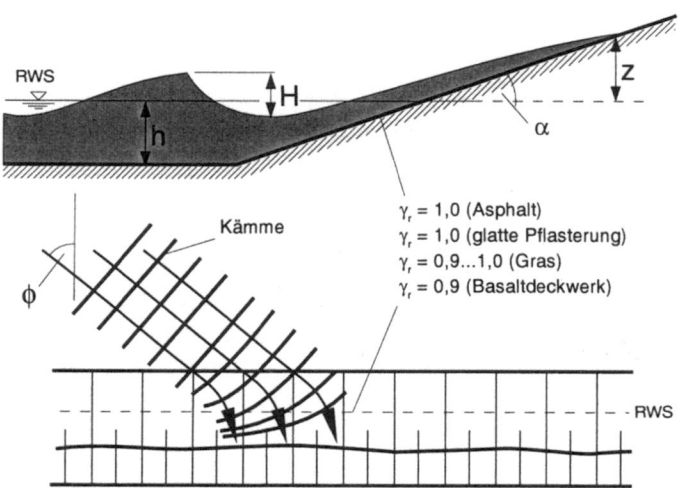

Abb. 5.61: Wellenauflaufhöhen an Böschungen.

Darüberhinaus sind aus hydraulischen Modellversuchen empirische Ansätze entwickelt worden, um schrägen Wellenangriff oder wechselnde Böschungsgeometrien berücksichtigen zu können. Die Wellenauflaufhöhe z kann nach VAN DER MEER [60], 1994, besser mit einer modifizierten Form des Ansatzes von HUNT [45] ange-

5.3. Wellen und Seegang

geben werden durch

$$z_{98} = 1,6 \sqrt{\frac{g\,H_s}{2\,\pi}} \cdot T_p \cdot \tan\alpha \cdot \gamma_r \cdot \gamma_\phi \,. \tag{5.111}$$

Hierin sind $\gamma_\phi = 1 - 0,0022 \cdot \phi(°)$ Einflußfaktor der Anlaufrichtung und γ_r = Einflußfaktor der Rauheit der Böschung.
Nach Messungen von BRUUN, GÜNBAK und TAUTENHAIN [110]) erreicht die mittlere relative Auflaufhöhe $\bar{z}/H$ Maximalwerte von ca. 2,45 bei einem Brecherindex von $\xi_b \approx 3$. Das entspricht bei einer Deichneigung von 1 : 6 einer Wellensteilheit von $h/L_o \approx 0,003$. TAUTENHAIN zeigt, daß bei Werten $\xi_b \gtrsim 1,5$ zusätzlich der Reflexionskoeffizient der Böschung zu berücksichtigen ist, der dann abmindernd auf die Wellenaufhöhe wirkt.

Mittlerweile werden bei den Auflaufformeln auch die **spektralen Eigenschaften** des Seegangs berücksichtigt, wobei der dimensionsanalytische Ansatz von HUNT in seiner Grundform weitergenutzt wird. Die Berücksichtigung der Wirkung von Spektren mit Mehrfachpeaks, wie sie z.B. an den Wattenküsten der südlichen Nordsee auftreten, hat sich bis in die jüngste Zeit als problematisch erwiesen. Mit der Einführung der sogenannten Energieperiode $T_{m-1,0}$ als auflaufbestimmendem Parameter ist VAN GENT [29], 1999 die Überwindung dieses Problems weitgehend weitgehend gelungen. Die Energieperiode basiert auf den Spektralmomenten m_{-1} und m_o und ist $T_{m-1,0} = m_{-1}/m_o$ (vgl. Gl. 5.48 auf Seite 259). Durch diese Vorgehensweise werden die längeren Wellen höher gewichtet.
Im Bundesland Niedersachsen wird daher seit Beginn 2001 der Bemessungsauflauf an See- und Ästuardeichen durch folgende Formel berechnet (NIEMEYER 2001 [74]):

$$z_{97} = 1,62 \sqrt{\frac{g\,H_{m0}}{2\,\pi}} \cdot T_{m-1,0} \cdot \tan\alpha. \tag{5.112}$$

In letzter Zeit werden auch hydrodynamisch-numerische Wellenauflauf- und überlaufmodelle entwickelt, die auf einer Lösung der Flachwassergleichungen beruhen; allerdings ist ihre Naturähnlichkeit noch weiter zu verifizieren.

6 Simulation von Strömungen

6.1 Wasserbauliches Versuchswesen

6.1.1 Allgemeines

Für verschiedene wasserbauliche Probleme mit komplizierten Strömungsverhältnissen sind Berechnungen nicht oder nicht mit ausreichender Aussageschärfe möglich, wenngleich sich heute bereits viele Fragen mit hydrodynamisch-numerischen Modellen lösen lassen. Von der Standardform abweichende Tosbecken, die Nahfeldströmungen an komplizierten Bauwerken und deren hydraulische Optimierung z.B. sind derzeit noch besser mit hydraulischen Modellen zugänglich. Bedingung für die Nutzbarkeit von Modellen ist deren Naturähnlichkeit. Naturähnlich sind hydraulische Modelle dann, wenn die Vorgänge im Modell denen der Großausführung geometrisch und dynamisch ähnlich sind. Dynamische Ähnlichkeit besteht, wenn im zeitlich veränderlichen Vorgang zu vergleichbaren Zeiten an den gleichen Positionen gleiche Relationen der vorherrschenden Kräfte in Natur und Modell bestehen. Zunächst sind für Natur (N) und Modell (M) die Relationen (r) der drei Grundgrößen definierbar:

$$\text{Längen:} \quad l_r = \frac{l_M}{l_N} \quad \text{Zeiten:} \quad t_r = \frac{t_M}{t_N} \quad \text{Kräfte:} \quad F_r = \frac{F_M}{F_N} \tag{6.1}$$

und hieraus abgeleitet für die Geschwindigkeiten und Beschleunigungen

$$v_r = \frac{v_M}{v_N} \tag{6.2}$$

$$a_r = \frac{a_M}{a_N}. \tag{6.3}$$

Bei Strömungsvorgängen sind insbesondere die Trägheitskräfte

$$F_T = m \cdot a = \rho \cdot V \cdot a = \rho \cdot Q \cdot v, \tag{6.4}$$

die Gewichtskräfte (Schwerewirkungen)

$$F_G = m \cdot g = \rho \cdot V \cdot g \tag{6.5}$$

und die viskositätsbedingten Reibungskräfte

$$F_R = \eta \cdot \frac{dv}{dz} \cdot A. \tag{6.6}$$

6.1. Wasserbauliches Versuchswesen

maßgebend. Für die Kräfterelationen erhält man damit

$$F_{r,T} = \rho_r \frac{l_r^4}{t_r^2} \tag{6.7}$$

$$F_{r,G} = \rho_r\, g_r\, l_r^3 \tag{6.8}$$

$$F_{r,R} = \eta_r \frac{l_r^2}{t_r}. \tag{6.9}$$

Geht man davon aus, daß in Modell und Natur Wasser fließt und daß die Erdbeschleunigungen in Natur und Modell gleich sind, sind $\rho_r = 1, g_r = 1$ und bei gleicher Wassertemperatur auch $\eta_r = 1$.

Vollständige Ähnlichkeit besteht also nur im Maßstab 1:1. Modelle sind daher keine exakten, sondern nur mehr oder weniger scharfe Nachbildungen der Natur. Wesentlich ist, daß die für die jeweiligen Fragestellungen wichtigen physikalischen Größen möglichst gute Ähnlichkeit aufweisen, wobei in Kauf genommen wird, daß Vorgänge von untergeordneter Bedeutung im Modell durchaus anders ablaufen als in der Natur. Mit dieser Einschränkung müssen je nach Problemstellung unterschiedliche Modellgesetze zur Übertragung der Meßergebnisse im Modell auf die Großausführung verwendet werden.

Neben den beiden nachfolgend kurz umrissenen Grundfällen der Gerinneströmung und der Strömung in vollgefüllten Rohren lassen sich weitere Modellgesetze z.B. für strömungsbedingte Bauwerksschwingungen oder für den Sedimenttransport entwickeln. Unter besonderen Bedingungen können (mit entsprechenden Einschränkungen) auch verzerrte Modelle eingesetzt werden, für die wiederum spezielle Modellgesetze gelten.

6.1.2 Modellgesetze

6.1.2.1 Strömungen mit freier Oberfläche

Bei ähnlichen Strömungen mit freier Oberfläche muß die Neigung des Wasserspiegels in Natur und Modell an jeder Position gleich sein. Aus dieser Forderung ergibt sich direkt (vgl. z.B. die Ausrichtung der Oberfläche, Kap. 3.11 auf Seite 22), daß die Relation der Trägheitskräfte zu den Schwerekräften in Modell und Natur gleich sein muß:

$$\frac{F_{r,T}}{F_{r,G}} = 1 = \frac{a_r}{g_r}. \tag{6.10}$$

Wegen $g_r = 1$ (Natur und Modell befinden sich auf der Erde) folgt als Forderung $a_r = 1$. Mit $a_r = v_r^2/l_r$ folgt weiter

$$\frac{v_r^2}{g_r\, l_r} = Fr_r^2 = 1. \tag{6.11}$$

Dimensionslose Verhältniswerte können ohne Änderung ihrer Aussage potenziert und erweitert werden, so daß ebenso gilt $Fr_r = 1$ (FROUDEsches Modellgesetz)[1]. Befinden sich Modell und Natur auf der Erde, so sind $g_r = 1$ bzw. $g_N = g_M = g$, und es ist $Fr_N = Fr_M$:

$$\frac{v_N}{\sqrt{g\,h_N}} = \frac{v_M}{\sqrt{g\,h_M}}. \tag{6.12}$$

Die Geschwindigkeiten verhalten sich dabei wie die Wurzel aus den Längen. In einem Modell mit z.B. dem Maßstab 1:100 ist das Geschwindigkeitsverhältnis zur Großausführung also 1:10. Die Re-Zahlen $v \cdot l/\nu$ wären in diesem Modell um den Faktor 1000 kleiner als in der Natur. Dies macht sich nicht bemerkbar, wenn die Verhältnisse im Modell und in der Natur hydraulisch voll rauh sind. Man erkennt das aus Abb. 4.36 auf Seite 71, wenn man als Beispiel die relative Rauheit $k_S/d = 5 \cdot 10^{-3}$ annimmt. Hier bleibt $\lambda_N = \lambda_M$, solange $Re >$ ca. $2 \cdot 10^5$ ist. Die Forderung $\lambda_r = 1$ ergibt sich bei Strömungen in offenen Gerinnen automatisch aus der Forderung $(a/g)_r = 1$ (Gl. 6.10). Die vernachlässigte Ähnlichkeit der Reibungswirkungen macht sich auch bei Rauheiten im Übergangsbereich hydraulisch glatt-rauh meist nur untergeordnet bemerkbar und läßt sich durch Anpassen der Modellrauheit korrigieren, solange die Turbulenz ausgeprägt ist. Zunehmend unähnlich wird ein Strömungsvorgang erst dann, wenn das Modell so klein ausgeführt wird, daß bereichsweise die Grenze zu ausgeprägter Turbulenz ($Re \approx 4000$) unterschritten wird.

Wasserbauliche Gewässermodelle werden meist aus Zementestrich aufgebaut. Die typischen Dimensionen solcher Modelle machen Versuchshallen erforderlich.

6.1.2.2 Luftmodelle von Flüssen

Aus Gründen der Kosten und der Handhabbarkeit ist man einerseits bestrebt, Modelle so klein wie möglich herzustellen. Andererseits nimmt die Aussageschärfe mit kleiner werdendem Modell ab, wobei eine Mindestgröße nicht unterschritten werden darf. Diese Mindestgröße ist durch die Bedingung gegeben, daß die Strömung auch im Modell turbulent sein muß. Aus einem Vergleich mit Abb. 4.36 auf Seite 71 erkennt man, daß im Modell REYNOLDS-Zahlen $Re \lessgtr 4000$ nicht unterschritten werden dürfen, da die Strömung bei kleineren Werten zunehmend turbulenzfrei wird und dann anderen Regeln gehorcht. Nun führt aber die Bedingung, daß Strömungen mit freier Oberfläche nach dem FROUDEschen Modellgesetz zu behandeln sind zu Modellgeschwindigkeiten, die gemäß Gl. 6.12 mit der Größe des Modells gekoppelt sind und mithin im Modell, wie schon oben beschrieben, umso kleinere Re-Zahlen bewirken, je kleiner dieses ist. Hier setzt die Idee des Luftmodells an, bei dem die Oberfläche durch eine feste Begrenzung vorgegeben

---

[1] Dieses Modellgesetz wurde von dem engl. Schiffbauingenieur WILLIAM FROUDE (1810-1879) gefunden und zur Untersuchung von Schiffsmodellen eingesetzt. Bezugslänge in der Fr-Zahl ist bei Fahrversuchen die Schiffslänge.

6.1. Wasserbauliches Versuchswesen

ist, und das Fluid Luft mit Druck (oder Sog an der Unterstromseite) durch den Strömungsraum gepumpt wird. Man kann diesen Schritt auch so verstehen, daß das im offenen Gerinne antreibende $\rho g \Delta h$ durch Δp ersetzt wird.

Erste Grundlagen zu Luftmodellen wurden bereits in den 1940iger Jahren von MAKKAVEJEV (in [68]) gelegt. In Deutschland wurde diese Technik vor allem von WESTRICH und KOBUS ([116], [51]) aufgegriffen und von NESTMANN [68], [69] weiter vorangetrieben.

In Luftmodellen, deren Wasserspiegel i.a. durch Glasplatten realisiert werden, ist also nicht mehr die Schwerkraft antreibende Größe des Fließens, sondern der Druckunterschied zwischen Modelleintritt und -austritt. Die Strömung ist hier im Prinzip eine Druckrohrströmung, in der die FROUDE-Zahl wegen der jetzt fehlenden Schwerewirkung irrelevant ist und die Strömungsgeschwindigkeiten im Modell müssen gemäß Gl. 6.16 größer als in der Natur sein. Wegen der Komprimierbarkeit von Luft sind jedoch keine beliebig hohen Geschwindigkeiten realisierbar. Einflüsse der Komprimierbarkeit, die hier zu Fehlern führen würden, treten nach [68] nur in unbedeutenden Maß auf, solange die Bedingung der MACH-Zahl

$$\frac{1}{2} Ma^2 \ll 1 \tag{6.13}$$

eingehalten wird, was auf maximale Modellgeschwindigkeiten von $v_M \approx 60$ m/s führt. Nach WESTRICH (in [51]) sind in bestimmten Fällen auch 80 m/s zulässig. I.a. reicht es aus, die Bedingung einer ausgeprägten turbulenten Strömung mit $Re \gtrsim 5000$ bis 7000 einzuhalten und man wertet relative Geschwindigkeitsverhältnisse aus.

Für Vorversuche oder wenn allein qualitative Aussagen, wie insbesondere die Strömungssichtbarmachung z.B. zur Abschätzung der Sedimenttransportwege genügen, können in Luftmodellen Naturgegebenheiten auf Tischgröße reduziert werden. Techniken zur Strömungssichtbarmachung sind bei NESTMANN und BACHMEIER [68] beschrieben. In Frage kommen z.B. Öl-Pigmentgemische, die an der Modellsohle mit der Strömung Streifen bilden. Als Pigment dient z.B. Talkum-Puder.

Nachteile von Luftmodellen sind

- die feste Oberfläche, deren Lage aus anderen Überlegungen zuvor ermittelt werden muß und die aus praktischen Gründen auch nur weitestgehend eben, also die reale Oberfläche stark mittelnd ausgeführt werden kann,

- die von der Abdeckung bedingte Beeinflussung der Strömung nahe der Oberfläche und

- die Unmöglichkeit, instationäre Strömungen zu realisieren.

Für Näheres wird auf die o.a. Beiträge von NESTMANN et al. verwiesen.

6.1.2.3 Strömungen in vollgefüllten Rohren

In vollgefüllten Rohren existiert keine freie Oberfläche und mithin ist die Bedingung $(a/g)_r = 1$ (Gl. 6.10) nicht stellbar und mithin FROUDE-Ähnlichkeit dort nicht forderbar. Vielmehr sind die Reibungswirkungen maßgebend, und es muß vorrangig die Forderung nach Gleichheit der Verhältniswerte von Trägheitskräften zu Reibungskräften erfüllt werden. Mit Gl. (6.4) und Gl. (6.6) bzw. Gl. (6.7) und (6.9) folgt als Forderung:

$$\rho_r \frac{l_r^4}{t_r^2} = \eta_r \frac{l_r^2}{t_r}. \tag{6.14}$$

Mit $\nu = \eta/\rho$ und $v_r = l_r/t_r$ und dem Rohrdurchmesser d als charakteristischer Länge ergibt sich daraus das REYNOLDSsche Modellgesetz

$$\frac{v_r d_r}{\nu_r} = 1 = \frac{Re_M}{Re_N}, \tag{6.15}$$

oder

$$v_M = v_N \frac{d_N}{d_M} \frac{\nu_M}{\nu_N}. \tag{6.16}$$

Bei gleicher Flüssigkeit muß die Strömungsgeschwindigkeit im kleineren Modellrohr also im Verhältnis der Durchmesser größer sein als in der Großausführung. Da diese Forderung oft nicht umsetzbar ist, werden im Modell häufig andere Flüssigkeiten als in der Großausführung benutzt. So kann man z.B. Luftströmungen durch Rohre vorteilhaft mit Wasser modellieren (s. auch Tab. 2.3 auf Seite 9).

6.2 Numerische Simulation
P. Mewis

Die Anwendungen von Computer-Simulationsmodellen nehmen in der Praxis stark zu. Grund hierfür sind vor allem die weiter stark fallenden Kosten für Rechenleistung.

Die Einsatzgebiete der Computer-Programme reichen von den klassischen Fällen Spiegellinienberechnung, Berechnung von Grundwasserströmungen bis hin zu Anwendungen aus dem Bereich der Computational Fluid Dynamics (CFD) - also hochauflösenden mehrdimensionalen Berechnungen. In der Praxis stehen heute bereits Softwarepakete zur Verfügung, mit denen zweidimensionale Strömungen, Sediment- und Stofftransport oder auch Mehrphasenströmungen im Untergrund berechnet werden können.

Durch diese Modelle ist es Ingenieurbüros erst möglich geworden, Modellierungen vorzunehmen, die bisher, wenn überhaupt, mit physikalischen Modellversuchen in großen Versuchshallen möglich waren.

Auf diese Simulationstechnik soll in den folgenden Abschnitten kurz eingegangen werden. Weiterführende Literatur ist in zunehmendem Maß vorhanden[2].

6.2.1 Einsatzbereiche numerischer Modelle

Nachfolgend sind Beispiele für Einsatzmöglichkeiten numerischer Modelle zusammengestellt.

- Oberflächengewässerbereich
    - Abflußsimulation, Geschwindigkeitsverteilungen
    - Hochwasserschutz (Deichhöhen, Poldergrößen)
    - Küstenschutz (Tidemodelle, Wellenmodelle, Sturmflutsimulationen)
    - Wasserqualität, Schadstoffausbreitung
    - ökologische Fragestellungen (z.B. Überflutungsflächen, -dauer, Transport von Nährstoffen)

- Sedimenttransport und Morphologie
    - Kolkbildung an Bauwerken (z.T. noch in Entwicklung)
    - Baggermaßnahmen in Gewässern
    - Erosions- und Sedimentationsstrecken in Flüssen und Bewässerungskanälen (1D)

---

[2] Martin, Pohl u.a. "Technische Hydromechanik 4, Hydraulische und numerische Modelle"; P. Mewis "Numerische Modellierung im Wasserbau" Vorlesungsskript TU-Darmstadt; Schwarz. "Methode der Finiten Elemente"

- Sedimentation in Bewässerungskanälen
- Stauraumverlandung von Talsperren
- Küstenschutz und natürliche, langfristige Küstenentwicklung

6.2.2 Formulierung numerischer Modelle

Grundsätzlich sind in den Rechenergebnissen von numerischen Modellen Fehlerquellen enthalten. Diese lassen sich in systematischer Weise durch das Vorgehen bei der Formulierung der Modelle erklären. Das numerische Ergebnis als "Abbild der Natur" hat drei wichtige, vereinfachende Schritte hinter sich gebracht. In Abb. 6.1 sind die Ergebnisse dieser Schritte durch die Kästen beschrieben.

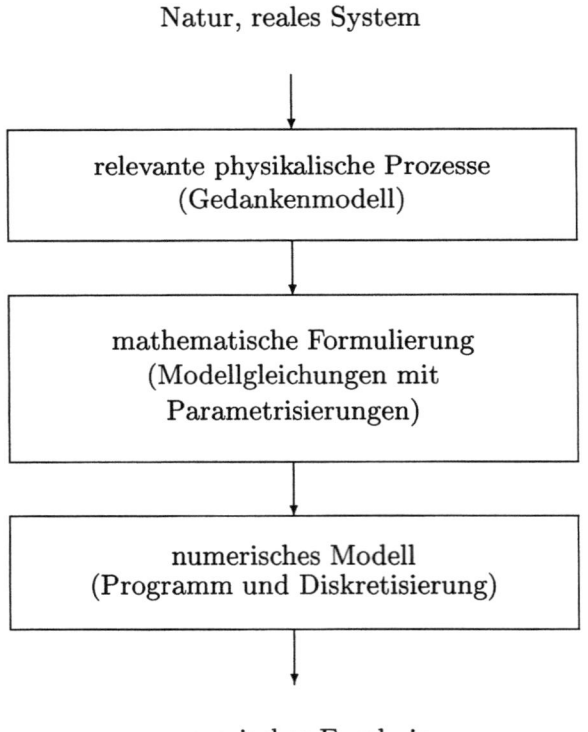

Abb. 6.1: Schritte bei der Formulierung numerischer Modelle

1. **Relevante physikalische Prozesse**: Selektieren der im realen System wirkenden Zusammenhänge, Prozesse, Gleichgewichte. Diese Selektion ist sehr stark an der Aufgabenstellung und dem Ziel der Modellierung orientiert. Hier wird grundsätzlich der Gültigkeitsbereich eines Modelles eingeengt. Die grundsätzlichen Entscheidungen auf dieser Ebene sind:

6.2. Numerische Simulation

- Ist eine zeitliche Veränderlichkeit zu berücksichtigen (instationär)?
- Sollen 1D, 2D oder 3D Effekte modelliert werden?

Darüber hinaus muß sich der Modellierer im klaren sein, welche speziellen Effekte eine Rolle spielen können. Im nächsten Abschnitt 6.2.3 werden verschiedene Effekte angesprochen. In der **Validierung** des Modells wird sichergestellt, daß alle relevanten physikalischen Effekte berücksichtigt werden.

2. **Mathematische Formulierung des Modells**: Zusammenstellung der exakten und der angenäherten mathematischen Gleichungen für die Modellvariablen. In der Kontinuumsmechanik sind dies zumeist partielle Differentialgleichungen (PDGl), mit denen z.B. die Erhaltung der Masse mathematisch exakt ausgedrückt wird. An vielen Stellen müssen jedoch Vereinfachungen zugelassen werden. Dies betrifft die vom Zufall geprägten Parameter und Größen aber auch solche Vorgänge, die vom Modell aufgrund der Modellauflösung (d.i. der räumliche Abstand der Rechenpunkte) oder auch der eingeschränkten Dimensionalität des Modells nicht automatisch erfaßt werden können. Dazu zählen die Reibungsverluste im Fließgewässer wie auch das noch immer nicht zufriedenstellend gelöste Problem der Turbulenzmodellierung. Die an dieser Stelle eingeführten Parameter bedürfen ggf. der Kalibrierung.

Das System von Gleichungen läßt sich in einfachen Fällen analytisch lösen. In den allermeisten praktischen Fällen jedoch ist dies nicht möglich. Von mathematischer Seite aus sollte ein Problem vor der weiteren Bearbeitung auf Korrektheit der Aufgabenstellung geprüft werden. Eine Aufgabenstellung ist mathematisch dann korrekt gestellt, wenn sie eine Lösung besitzt (Existenz), wenn diese Lösung die einzige Lösung ist (Eindeutigkeit) und diese Lösung sich bei Veränderung der Eingangsparameter nicht sprunghaft, sondern kontinuierlich ändert (stetige Abhängigkeit der Lösung von den Daten). Zur korrekten Aufgabenstellung gehört daher die Vorgabe der richtigen Anzahl von Randbedingungen mit den entsprechenden Randwerten für die zu modellierenden Größen. Die Vorgaben auf dieser Ebene sind beispielsweise die "Konstanten" für den Turbulenzansatz. Die in den nicht exakten Gleichungen auftretenden Parameter und Koeffizienten müssen in vielen Fällen einer **Kalibrierung** unterzogen werden.

3. **Numerisches Modell**: Wesentlich für die Umsetzung der mathematischen Gleichungen im Modell ist die Auswahl des numerischen *Verfahrens* bzw. des Algorithmus, sowie die Auflösung des Modellgebietes, die *Diskretisierung* (siehe 6.2.5.1). Ebenfalls wichtig ist die Implementierung von Randbedingungen sowie der Nachweis der Stabilität und Konvergenz des numerischen Verfahrens. Einige typische Fragestellungen auf dieser Ebene sind beispielsweise:

- Werden lokale Verfeinerungen z.B. in der Nähe von starken Gradienten z.B. in der Nähe von Strömungsablösungen, an Einbauten u.a. notwendig, um die Ergebnisschärfe zu erhöhen?
- Wie verhält sich das Modell, wenn ein sonst untergeordneter Term plötzlich dominierend wird?
- Kann ein Überschwingen der Ergebnisse (overshooting) auftreten?
- Wie groß ist die numerische Diffusion im Modell bei der Simulation von Transportvorgängen? Ist sie größer als die vorgegebene physikalisch begründete Diffusion?

Um Fehler in diesem letzten Schritt zu vermeiden, muß jedes Modell einer umfangreichen **Verifikation** unterzogen werden, bevor es zum praktischen Einsatz kommt. Die unterschiedlichen Einsatzbedingungen bringen auch ein unterschiedliches Verhältnis der Terme in den mathematischen Gleichungen mit sich. Da die numerischen Verfahren dadurch unterschiedlich reagieren können, ist es sinnvoll, die Verifikation für jene Bedingungen (Abmessungen, Werte der Parameter) durchzuführen, die den Einsatzbedingungen bereits nahe kommen.

Die Kontrolle der soeben beschriebenen drei Schritte findet in Validierung, Kalibrierung und Verifikation statt. Dementsprechend ist eine Zuordnung der Begriffe möglich. Die Validierung ist der Test des Einsatzbereiches des Modelles anhand verschiedener Datensätze, die Kalibrierung die Bestimmung der richtigen Werte für die physikalischen Parameter und die Verifikation der Test der numerischen Algorithmen. Die Verwendung der Begriffe ist jedoch in den verschiedenen Quellen nicht ganz einheitlich definiert.

Beim Einsatz der numerischen Modelle in der Ingenieurpraxis hat man es vor allem mit der Kalibrierung zu tun. Der Anwender muß jedoch die Validität des Modelles in jedem Fall prüfen und mit Kenntnissen der Eigenschaften des numerischen Algorithmus die Diskretisierung vornehmen.

6.2.3 Auswahl der Prozesse

Der erste Schritt der Formulierung eines numerischen Modells (Programmes) ist (wie in Abschnitt 6.2.2 beschrieben) die Auswahl der physikalischen Prozesse, die an dem zu modellierenden Problem beteiligt sind. Hier ist zunächst eine rein verbale Beschreibung auf konzeptioneller Ebene gemeint, die sich dann unmittelbar in verschiedenen Termen der mathematischen Gleichungen niederschlagen. So sind z.B. zur Beschreibung der Strömung in einem Gerinne das Gesetz von der Erhaltung der Masse und das Gesetz von der Erhaltung des Impulses grundlegend. Ebenso muß die Energiebilanz stimmen. Diese Grundgesetze finden in so gut wie allen Modellen der CFD Anwendung. Daher stammt eine gewisse Universalität der Modelle. Ganz ohne Einschränkungen sind die Modelle jedoch fast nie anwendbar.

6.2. Numerische Simulation

Tab. 6.1: Einteilung numerischer Modelle nach den berücksichtigten Raumdimensionen.

		vernachlässigte Richtung	Beispiel
1D		Querschnitt	1D Gerinnemodell
		horizontale Fläche	1D Modell des Vertikalprofils der Geschwindigkeiten
2D	2DH	Vertikale	häufigste 2D Variante
	2DV	Querrichtung	Längsschnitt eines Flusses
	2DV	Längsrichtung	Querschnitt eines Flusses
3D		keine!	

In den Strömungsmodellen wird sehr häufig eine hydrostatische Druckverteilung vorausgesetzt. Diese Annahme bewirkt, daß die maximale Ausbreitungsgeschwindigkeit von Störungen, die der Oberflächenwellen ist. Dadurch ist eine schnellere numerische Behandlung des Problems möglich. In bestimmten Fällen ist diese Annahme allerdings nicht zutreffend, nämlich dann, wenn die vertikalen Beschleunigungen im Wasser nicht mehr vernachlässigt werden können. Dies ist immer mit einer Krümmung der Teilchenbahnen der Flüssigkeit in der vertikalen Ebene verbunden. Allerdings wird die Grenze der Gültigkeit der Hydrostatik erst bei recht starken Krümmungen erreicht, wie z.B. der Überströmung eines Wehres.

Ebenso muß die Gültigkeit von anderen Vereinfachungen überprüft werden, so z.B. die Vernachlässigung einer ganzen Raumkoordinate, also einer Dimension.

Insbesondere bei Flußmodellen findet man sowohl 1D wie 2D als auch 3D Modelle. Insbesondere für den 2D-Fall ist eine Unterteilung nach Tabelle 6.1 sinnvoll. Der Flußlauf selbst kann sehr gut als eindimensionaler Strang (auch mit Verzweigungen und Zusammenflüssen) angesehen werden. Ist der Fluß sehr breit, mit Untiefen, oder sind bei Hochwasser weite Talauen überflutet, kann die zweite Dimension nicht mehr vernachlässigt werden. Interessieren dagegen die Verhältnisse in Flußkurven, an Brückenpfeilern usw., dann wird für eine richtige Beschreibung der Vorgänge ein dreidimensionales Modell benötigt. Der Unterschied liegt auf der Hand.

Jetzt kann man natürlich fragen, warum ein eindimensionales Modell funktioniert, wenn es bei der Anwendung im Detail keine richtigen Ergebnisse liefert. Die Antwort ist, daß bei eindimensionalen Modellen viele 3D Effekte durch eine Anpassung der lokalen Verluste in die Reibungsbeiwerte eingehen. Die systematischen Fehler durch diese prinzipiell inkorrekte Behandlung sind dabei oft nicht größer als die akzeptierte Ungenauigkeit der Modelle. Eine Quelle für diese Ungenauigkeiten können die nur oft grob bekannten Tiefendaten sein. Desweiteren kann sich die Gerinnesohle während eines Hochwassers deutlich umformen und die Genauigkeit einer 3D Berechnung deutlich beeinträchtigen, falls die neuen Wassertiefen nicht in das Modell eingegeben werden. Vermessungen, die dazu notwendig wären, liegen nur selten vor. Je höher also die Dimensionalität eines Modells, desto höher sind auch die Ansprüche an Umfang und Qualität der Beschickungsdaten, und desto weniger allgemeingültig sind die Ergebnisse einer einzelnen Simulation. Die Genauigkeit der Ergebnisse von mehrdimensionalen Strömungssimulationen ist daher bei manchen Fragestellungen nicht sehr viel besser als die von hinreichend geeichten eindimensionalen Modellen. Allerdings kann man eine bessere Prognosefähigkeit erwarten. Mit der zunehmenden Komplexität bei zunehmender Dimensionalität steigt der Rechenaufwand enorm an. Generell besteht mit den derzeitigen Computerleistungen etwa der in Abb. 6.2 dargestellte Zusammenhang zwischen der Dimensionalität der Berechnung und den räumlichen und zeitlichen Ausdehnungen der Modelle. Eine Simulation mit einem mehrdimensionalen Modell kann dabei durchaus einige Tage realer Rechenzeit benötigen.

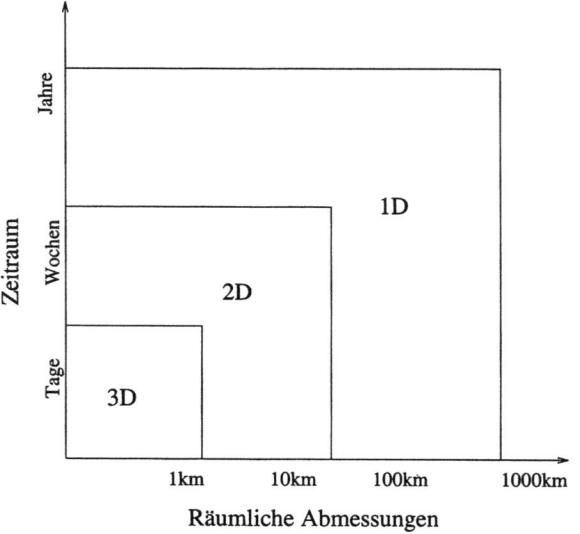

Abb. 6.2: Ungefähre Einsatzbereiche von Modellen unterschiedlicher Dimensionalität

Um diesen Aufwand zu verringern, gibt es Ansätze, die z.B. eine eingeschränkte Berücksichtigung der dreidimensionalen Spiralströmung in Flußkurven in zweidimensionalen und sogar eindimensionalen Modellen ermöglichen, indem Terme mit entsprechenden Parameterisierungen in die mathematischen Gleichungen eingebaut werden, oder sogar eine zusätzliche Differentialgleichungen für den Transport der Spiralbewegung gelöst werden. Auch für andere mehrdimensionale Effekte existieren Ansätze, die es ermöglichen, sie in eindimensionalen Modellen zu berücksichtigen (z.B. die Trennflächenrauheit bei Fluß-Vorland-Profilen, siehe Abb. 4.85 auf Seite 130), um den Vorteil der hohen Rechengeschwindigkeit der eindimensionalen Modelle nutzen zu können.

6.2.4 Modellgleichungen

6.2.4.1 Auswahl der Modellgleichungen

Die Grundlage der numerischen Verfahren der Simulationsmodelle ist eine mathematische Beschreibung der ablaufenden physikalischen Vorgänge. Diese Beschreibung kann durchaus sehr unterschiedlich und problemangepaßt sein. In Gerinnemodellen etwa kann die Auswirkung eines einzelnen Bauwerkes, wie z.B. eines Wehres, durch eine entsprechende Formel beschrieben werden, während der übrige Teil des Modelles als Spiegellinie berechnet wird.

Wie im vorangegangenen Abschnitt bereits angesprochen, werden mit zunehmender Dimensionalität grundlegende Formeln der Kontinuumsmechanik eingesetzt, die gleichzeitig auch eine höhere Allgemeingültigkeit der Ergebnisse garantieren. Diese Modellgleichungen in Form von partiellen Differentialgleichungen beschreiben die Erhaltung von Masse, von Impuls und von Energie und werden dementsprechend Kontinuitäts-, Impuls- und Energiegleichung genannt. All diesen Gleichungen liegt die Erhaltung einer Größe in einem strömenden Medium zugrunde. Dies stellt einen Transportvorgang dar, der durch die Transportgleichung mathematisch abgebildet wird. Weil die Terme der Transportgleichung immer wieder in den Gleichungen der Kontinuumsmechanik auftreten, sei hier ihre Herleitung eingefügt.

6.2.4.2 Beispiel einer Modellgleichung: Massenerhaltung und Transportgleichung

Zur Herleitung der Transportgleichung wird von dem Gesetz von der Erhaltung der Masse ausgegangen. In einem Kontrollvolumen müssen sich Masseneintrag, -abfluß und Massenänderung im Volumen ausgleichen. Nachfolgend wird der zweidimensionale Fall mit freier Oberfläche angenommen.

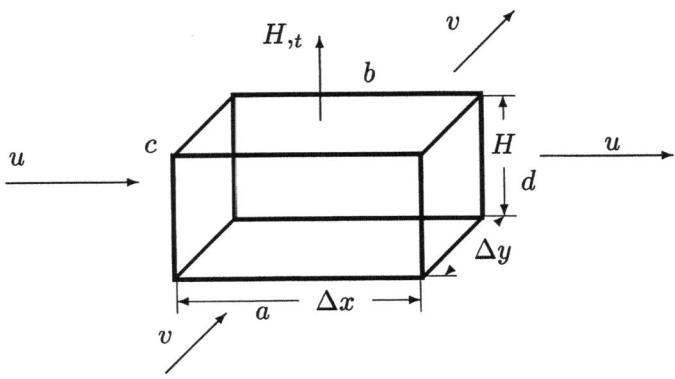

Abb. 6.3: Kontrollvolumen

Es sind u, v die Geschwindigkeitskomponenten in x und y Richtung, H die Wassertiefe und C die Konzentration einer Substanz. Die Buchstaben a, b, c und d bezeichnen die Seitenflächen des Kontrollvolumens. Die Stoffströme durch die vier Seitenflächen und die Volumenänderung durch die bewegliche Oberfläche ergibt folgende Gleichung:

$$(C \cdot v \cdot \Delta x \cdot H)|_b - (C \cdot v \cdot \Delta x \cdot H)|_a$$
$$+(C \cdot u \cdot \Delta y \cdot H)|_d - (C \cdot u \cdot \Delta y \cdot H)|_c$$
$$+ (C \cdot \Delta x \cdot \Delta y \cdot H)_{,t} = 0$$

$$\frac{\Delta(C \cdot v \cdot H)}{\Delta y} + \frac{\Delta(C \cdot u \cdot H)}{\Delta x} + C_{,t}H + H_{,t} \cdot C$$

$$= \underline{C \cdot \frac{(v \cdot H)}{\Delta y}} + \underline{C \cdot \frac{(u \cdot H)}{\Delta x}} + H \cdot \left(v \cdot \frac{\Delta C}{\Delta y} + u \cdot \frac{\Delta C}{\Delta x}\right)$$

$$+ H \cdot C_{,t} + \underline{H_{,t} \cdot C}$$
$$= H \cdot \left(v \cdot \frac{\Delta C}{\Delta y} + u \cdot \frac{\Delta C}{\Delta x} + C_{,t}\right)$$
$$= 0$$

Wenn die Bilanz für das Wasser aufgestellt werden soll, wird einfach $C = 1$ gesetzt. Dann verbleiben nur die unterstrichenen Terme. Wird eine Erhaltung der Masse von Wasser vorausgesetzt (Kontinuität), so ist die Summe der unterstrichenen Terme gleich Null. Diese können daher gestrichen werden. Streben $\Delta x, \Delta y$ gegen 0, dann ist schließlich:

$$\Rightarrow \quad \frac{\partial C}{\partial t} + u \cdot \frac{\partial C}{\partial x} + v \cdot \frac{\partial C}{\partial y} = \frac{dC}{dt} = 0 \qquad (6.17)$$

Dies ist die mathematisch exakte Beschreibung von Transportvorgängen. Durch eine diskrete Approximation ($\Delta x, \Delta y > 0$) in Ort und Zeit wird diese Gleichung jedoch meist nur annähernd exakt erfüllt. Insbesondere bei Verwendung von ortsfesten Rechennetzen führt die numerische Behandlung dieses sehr einfachen und anschaulichen Vorgangs bereits zu Ungenauigkeiten (siehe Kap. 6.2.7 "Numerische Effekte").

6.2.4.3 Kontinuitätsgleichung

Die Kontinuitätsgleichung beschreibt die Erhaltung der Masse eines strömenden Stoffes. Im dreidimensionalen Fall mit der Strömung w in vertikaler Richtung wird

6.2. Numerische Simulation

der Zusammenhang zwischen Divergenz der Strömung und Änderung der Dichte ρ des Mediums abgebildet:

$$\frac{\partial(\rho u)}{\partial x} + \frac{\partial(\rho v)}{\partial y} + \frac{\partial(\rho w)}{\partial z} = div(\rho \vec{u}) = -\frac{\partial \rho}{\partial t} \tag{6.18}$$

Im inkompressiblen Fall (z.B. Wasser) ist keine Dichteänderung des Mediums möglich. Die Kontinuität fordert in diesem Fall, daß keine Divergenz in den Strömungen auftreten soll:

$$\frac{\partial u}{\partial x} + \frac{\partial v}{\partial y} + \frac{\partial w}{\partial z} = div(\vec{u}) = 0 \tag{6.19}$$

Im oben beschriebenen zweidimensionalen Fall kann das Wasser nach oben ausweichen und die Menge von Wasser innerhalb eines Kontrollvolumens sich ändern. Dies führt zu der Form:

$$\frac{\partial Hu}{\partial x} + \frac{\partial Hv}{\partial y} = -\frac{\partial h}{\partial t} \tag{6.20}$$

6.2.4.4 Impulsgleichung

Neben der Erhaltung der Masse ist die Erhaltung des Impulses die zweite Forderung, die in jedem Strömungsmodell enthalten ist. Die Erhaltung dieser beiden Größen sichert, solange keine weiteren thermodynamischen Prozesse eine Rolle spielen, auch die Erhaltung der Energie. Neben dem Transport des Impulses kommen noch einige Quellen/Senken-Terme hinzu. Dies ist vor allem der im Fluidvolumen wirkende Druckgradient. Für jede Richtung muß eine Erhaltungsgleichung erfüllt sein. Die einfachste Form bilden die EULER-Gleichungen:

$$\frac{\partial u}{\partial t} + u\frac{\partial u}{\partial x} + v\frac{\partial u}{\partial y} + w\frac{\partial u}{\partial z} = -\frac{1}{\rho_0}\frac{\partial p}{\partial x} \tag{6.21}$$

$$\frac{\partial v}{\partial t} + u\frac{\partial v}{\partial x} + v\frac{\partial v}{\partial y} + w\frac{\partial v}{\partial z} = -\frac{1}{\rho_0}\frac{\partial p}{\partial y} \tag{6.22}$$

$$\frac{\partial w}{\partial t} + u\frac{\partial w}{\partial x} + v\frac{\partial w}{\partial y} + w\frac{\partial w}{\partial z} = -\frac{1}{\rho_0}\frac{\partial p}{\partial z} \tag{6.23}$$

Ist das strömende Medium mit innerer Reibung behaftet, so treten weitere Terme hinzu. Für die Wirkung der molekularen Viskosität ν wird der Ansatz von NAVIER und STOKES verwendet. Mit diesen Termen heißen die Impulsgleichungen NAVIER-STOKES Gleichungen. Wird darüber hinaus angenommen, daß eine turbulente Strömung vorliegt, werden die Reynoldsgleichungen verwendet, in denen eine turbulente Scheinviskosität ν_t berücksichtigt wird:

$$\frac{\partial u}{\partial t} + u\frac{\partial u}{\partial x} + v\frac{\partial u}{\partial y} + w\frac{\partial u}{\partial z} = -\frac{1}{\rho_0}\frac{\partial p}{\partial x} + \frac{\partial}{\partial x}\nu_t\frac{\partial u}{\partial x} + \frac{\partial}{\partial y}\nu_t\frac{\partial u}{\partial y} + \frac{\partial}{\partial z}\nu_t\frac{\partial u}{\partial z} \tag{6.24}$$

$$\frac{\partial v}{\partial t} + u\frac{\partial v}{\partial x} + v\frac{\partial v}{\partial y} + w\frac{\partial v}{\partial z} = -\frac{1}{\rho_0}\frac{\partial p}{\partial y} + \frac{\partial}{\partial x}\nu_t\frac{\partial v}{\partial x} + \frac{\partial}{\partial y}\nu_t\frac{\partial v}{\partial y} + \frac{\partial}{\partial z}\nu_t\frac{\partial v}{\partial z} \tag{6.25}$$

$$\frac{\partial w}{\partial t} + u\frac{\partial w}{\partial x} + v\frac{\partial w}{\partial y} + w\frac{\partial w}{\partial z} = -\frac{1}{\rho_0}\frac{\partial p}{\partial z} + \frac{\partial}{\partial x}\nu_t\frac{\partial w}{\partial x} + \frac{\partial}{\partial y}\nu_t\frac{\partial w}{\partial y} + \frac{\partial}{\partial z}\nu_t\frac{\partial w}{\partial z} \tag{6.26}$$

Zu den Termen der Impulsgleichungen können noch Terme für die Erdbeschleunigung, die Wandreibung und ggf. die CORIOLIS-Kraft hinzutreten. Treten im Wasser Dichteunterschiede auf, so kann eine Berücksichtigung dieses Effektes in dreidimensionalen Modellen vorgenommen werden. Die Boussinesq-Annahme einer annähernd konstanten Dichte ρ_0 im Fluid trifft dann nicht mehr zu. Es ist aber ausreichend die variable Dichte in der vertikalen Impulsgleichung zu berücksichtigen, in der dann anstelle $-\frac{1}{\rho_0}\frac{\partial p}{\partial z}$ der Term $-\frac{1}{\rho(x,y,z)}\frac{\partial p}{\partial z}$ stehen muß. In hydrostatischen Modellen führt dies lediglich dazu, daß eine vertikale Integration des Druckes vom Atmosphärendruck an der Oberfläche durch die unterschiedlich schweren Wasserschichten hindurch vorzunehmen ist. Auch in vertikal integrierten Modellen kann eine Berücksichtigung von horizontalen Dichtegradienten - vor allem im Ästuarbereich - sinnvoll sein. Eine vertikale Schichtung kann natürlich dadurch nicht behandelt werden. In den Ästuaren werden durch die horizontelen Dichteänderungen über Strecken von einigen Kilometern Wasserspiegeldifferenzen im Bereich weniger Zentimeter verursacht.

Zur Bestimmung des Wertes der Schein- oder Wirbelviskosität ν_t gibt es viele sehr unterschiedliche Näherungsansätze. Diese reichen von konstant vorgegebenen Werten über einfache aber wirkungsvolle Mischungsweg-Ansätze bis zu aufwendigen Formulierungen, die die Lösung von ein bis zwei zusätzlichen Transportgleichungen beinhalten. Dieser Teil der Gleichungen bildet den Turbulenzansatz.

6.2.5 Grundlegende numerische Methoden

6.2.5.1 Gitternetze

Die Zerlegung des Gebietes ist notwendig, um im Computer ein Bild der Realität zu erhalten, mit dem gerechnet werden kann.

In den eindimensionalen Modellen ist die Gebietszerlegung relativ einfach. Man kann hier den eindimensionalen Strang mit äquidistanten oder auch nichtäquidistanten Stützstellen versehen, mit denen dann gerechnet wird. Die Informationen (also geodätische Höhe, Rauheit o.ä.) zwischen den Stützstellen müssen an den Stützstellen zusammengefaßt werden, ggf. als Tabelle mit z.B. Querabstand und geodätischer Höhe.

In den zwei- und dreidimensionalen Modellen nimmt das Verfahren der Gebietszerlegung einen wichtigen Platz ein. Hier geht es um Genauigkeit der Abbildung der richtigen Lösung, Effizienz bei der Berechnung und Anpassungsfähigkeit bei der Beschreibung des Rechengebietes.

Die Rechennetze haben folgende grundlegenden Attribute:

1. Form der Zellen oder Elemente (Abb. 6.4)

2. Orthogonalität der Kanten (Abb. 6.5)

3. Struktur (Abb. 6.6)

6.2. Numerische Simulation

4. Beweglichkeit des Rechennetzes bei instationären Vorgängen ("moving grid")

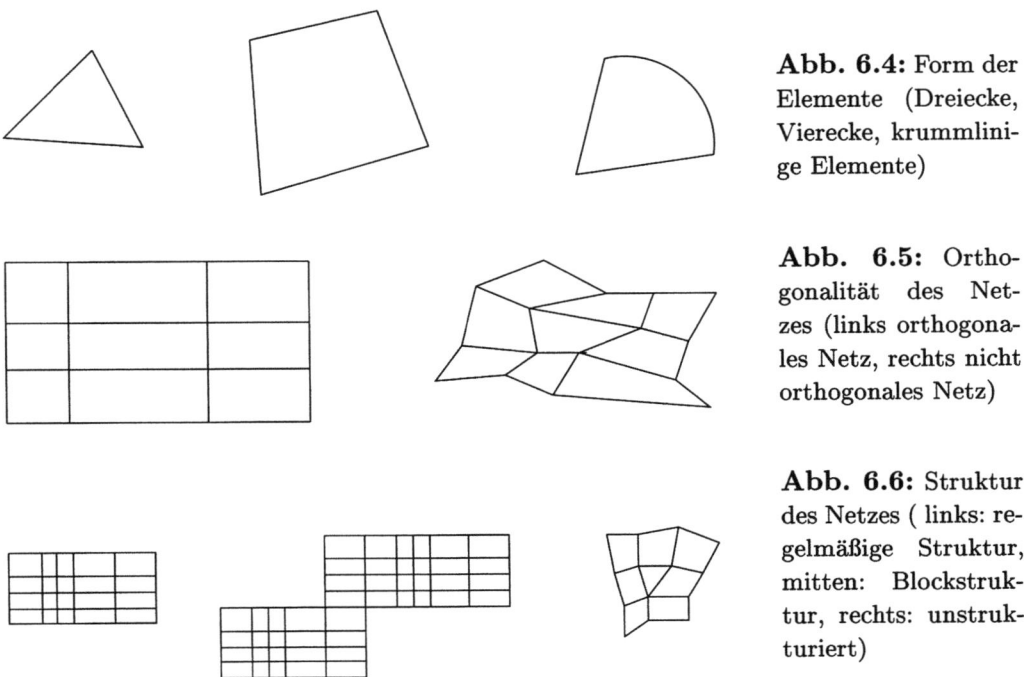

Abb. 6.4: Form der Elemente (Dreiecke, Vierecke, krummlinige Elemente)

Abb. 6.5: Orthogonalität des Netzes (links orthogonales Netz, rechts nicht orthogonales Netz)

Abb. 6.6: Struktur des Netzes (links: regelmäßige Struktur, mitten: Blockstruktur, rechts: unstrukturiert)

Der enorme Vorteil von strukturierten Netzen besteht in der direkten Umsetzbarkeit der Knotennummern in die Adressierung der Variablen im Programm in Form von ein-, zwei- oder dreidimensionalen Feldern. Die Nachbarpunkte liegen im Speicher in einem bekannten konstanten Abstand vom aktuellen Knoten. Bei richtiger Anordnung der Schleifen im Programm werden die Werte des Hauptspeichers des Rechners nacheinaner abgerufen, was sehr effizient ist. Unstrukturierte Netze dagegen benötigen einen Indexspeicher, um die Zusammenhänge zwischen Elementen und Knoten herzustellen. Dieser fließt in jede Operation mit den Variablenvektoren als zusätzlicher Speicherzugriff ein. Eine gewisse Optimierung der Knotennummerierung wird in den Programmen jedoch vorgenommen, um das Hin- und Herspringen im Hauptspeicher möglichst zu vermeiden.

Unstrukturierte Netze andererseits können durch die Verwendung von krummlinigen Netzen (curvilinear grid) etwas flexibler gemacht werden. Solange die Kanten des Netzes in jedem Punkt orthogonal zueinander sind ist der zusätzliche Rechenaufwand nicht sehr hoch. Die Möglichkeiten der krummlinigen Netze sind allerdings noch immer stark eingeschränkt. Bereits stark variierende Breiten des Flußvorlandes oder eine etwas ausgeprägtere Bucht der Küste verursachen Probleme. Um in den Ausbuchtungen des Rechennetzes eine hinreichende Auflösung zu erzielen, muß in den gleichen Spalten oder Reihen an den etwas engeren Stellen eine deutlich zu hohe Auflösung sowie ein stark verzerrtes Rechennetz in Kauf genommen werden.

6.2.5.2 Finite Differenzen (FD)

Die Methode der Finiten Differenzen basiert auf einem einfachen regelmäßigen Gitternetz mit festgelegten konstanten Punktabständen, wie beispielhaft in Abb. 6.7 dargestellt ist.

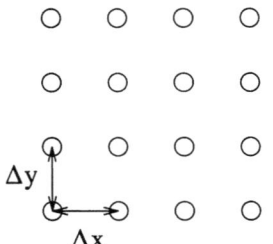

Abb. 6.7: Beispiel FD-Netz

Diese Gitternetze sind grundsätzlich strukturiert. In besonderen Fällen wird eine Koordinatentransformation vorgenommen, um das Netz flexibel zu machen und relativ grob an gekrümmte Berandungen anzupassen. Im Falle von stark gebogenen Berandungen oder Inseln werden mehr oder weniger große Teile des Netzes durch Einbau einer Randbedingung ausgeblendet und nicht in die Berechnung einbezogen. Dadurch wird die Berandung treppenförmig.

Die Ableitungen der partiellen Differentialgleichung werden mit Hilfe der TAYLOR-Reihe berechnet:

$$u(x) = u(x_0) + u'(x_0)(x - x_0) + u''(x_0)\frac{(x - x_0)^2}{2!} + u'''(x_0)\frac{(x - x_0)^3}{3!} + ... \tag{6.27}$$

Es gibt mehr oder weniger genaue diskrete Differenzenoperatoren, die in ihrer räumlichen Darstellung auch Differenzensterne oder -moleküle genannt werden. Mit steigender Genauigkeit wächst die Anzahl der einbezogenen Rechenpunkte. Wegen des äquidistanten Gitternetzes kann für den Entwicklungspunkt $x_2 = 0$ und dessen Nachbarn $x_1 = -\Delta x$ und $x_3 = \Delta x$ gesetzt werden. Durch Einsetzen erhält man für die Werte an den Punkten x_1 und x_3:

$$u'_1 = u_2 - u'_2 \Delta x + u''_2/2 \Delta x^2 - O(\Delta x^3) + O(\Delta x^4)... \tag{6.28}$$

$$u'_3 = u_2 + u'_2 \Delta x + u''_2/2 \Delta x^2 + O(\Delta x^3) + O(\Delta x^4)... \tag{6.29}$$

Durch Addition erhält man aus diesen beiden Zeilen die Formel für die erste Ableitung, durch Subtraktion die Formel zur Berechnung der zweiten Ableitung.

$$u'_2 = \frac{u_3 - u_1}{2\Delta x} - O\left(\Delta x^2\right) \tag{6.30}$$

$$u''_2 = \frac{u_1 - 2u_2 + u_3}{\Delta x^2} - O\left(\Delta x^2\right) \tag{6.31}$$

6.2. Numerische Simulation

Die vernachlässigten Terme enthalten Δx^2. Daher sind die Formeln zweiter Ordnung genau. Außerdem enthalten sie die dritte u''' und vierte u'''' Ableitung der Variablen, d.h. ist die Lösung sehr rauh - mit vielen kurzwelligen Anteilen oder Sprüngen - so sind die Formeln ungenau, und das auf ihnen basierende numerische Modell berechnet fehlerhafte Ergebnisse.

6.2.5.3 Finite Elemente (FE)

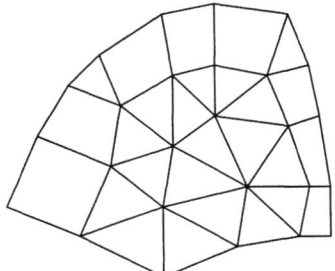

Abb. 6.8: Beispiel FE-Netz

Das Gebiet wird in viele Elemente zerlegt. Diese sind, je nach Rechengebiet ein-, zwei- oder dreidimensional. Im zweidimensionalen Fall werden häufig Dreiecke - wegen ihrer großen Flexibilität bei Verfeinerungen - aber auch Vierecke eingesetzt. Die Stützstellen, an denen für die Lösung ein konkreter Wert gefunden werden soll, werden hier Knoten genannt. Diese liegen (bei linearen Ansatzfunktionen) in den Ecken des Elementes, liegen bei Ansatzfunktionen höheren Grades aber auch auf dem Rand oder im Inneren des Elementes. Zwischen diesen Knoten werden die Werte durch die sogenannten Ansatz- oder Formfunktionen $\Phi(x,y)$ interpoliert. Durch Einsetzen dieser elementweise definierten Funktionen in die mathematischen Gleichungen kann zunächst ein Fehler $\epsilon(x,y) = PDGl(x,y,u(x,y)) = PDGl(x,y,\sum_N \Phi_i(x,y)u_i)$ berechnet werden, der dann minimiert wird. Dies passiert beim GALERKIN-Verfahren, indem nochmals mit den Ansatzfunktionen gewichtet wird. Daraus erhält man letztlich ein schwach besetztes NxN Gleichungssystem, das gelöst wird.

Das Netz ist im allgemeinen Fall unstrukturiert (vgl. Abb. 6.6), in einigen Anwendungen werden jedoch aufgrund der Vorteile aus Sicht der numerischen Algorithmen auch strukturierte Netze verwendet.

6.2.5.4 Finite Volumen (FV)

Hier wird das Gebiet in eine große Zahl von Kontrollvolumen unterteilt. Die Form dieser Kontrollvolumen ist im Prinzip frei wählbar, oft werden jedoch Vierecke als Grundflächen verwendet. Die Netze sind auch hier im allgemeinen unstrukturiert. In vielen Anwendungen werden jedoch strukturierte Netze eingesetzt, um den Einsatz spezieller numerischer Algorithmen zu ermöglichen. Die Werte gelten jeweils innerhalb eines Kontrollvolumens.

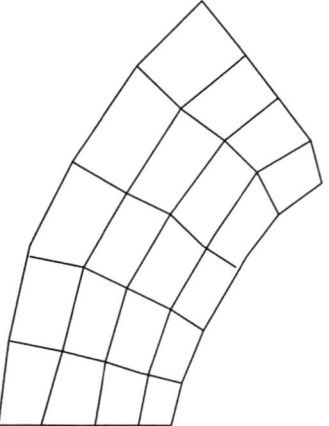

Abb. 6.9: Beispiel FV-Netz

Berechnet werden zunächst die Flüsse über die Begrenzungen der Kontrollvolumina. Diese werden dann bilanziert. Erste und zweite Ableitungen in den Differentialgleichungen lassen sich auf diese Weise anhand des GREEN-GAUSSschen Integralsatzes (oder auch Divergenzsatz) $\int_\Gamma V \cdot n d\Gamma = \int_\Omega \Delta \cdot V d\Omega$ sehr gut abbilden. Höhere Ableitungen müssen aufwendiger (z.B. durch TAYLORreihen) berechnet werden.

Die Flexibilität bei der Gebietszerlegung ist ebenso hoch wie bei der Finite Elemente Methode.

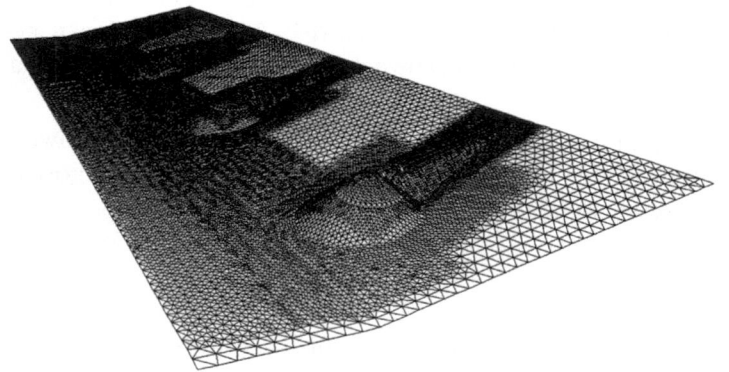

Abb. 6.10: Gitternetz von schematisierten Buhnenfeldern an der Elbe

6.2.6 Instationäre Probleme

Bei den Finite Elemente - Verfahren und den Finite Volumen - Verfahren wurde bisher die Zeit nur in wenigen Ausnahmen genauso wie die räumlichen Koordinaten im numerischen Verfahren und in der Diskretisierung behandelt. Um den Aufwand in Grenzen zu halten, wird vielmehr im Falle von instationären Problemen eine Trennung von räumlicher und zeitlicher Diskretisierung vorgezogen. Man spricht von Semidiskretisierung.

Für die Stützstellen der räumlichen Diskretisierung wird nun die Zeitrichtung Schritt für Schritt durchlaufen. In dieser Zeitintegration werden die Werte an den Stützstellen berechnet. An allen Knoten kommt der gleiche Zeitschritt zum Einsatz. Bei einigen Anwendungen wird die Zeitschrittweite im Lauf der Rechnung optimal angepaßt, ansonsten bleibt er auch über die Zeit konstant. In Zeitrichtung können daher relativ einfache Finite Differenzen eingesetzt werden. Dabei gibt es verschiedene Möglichkeiten der Formulierung, die zu expliziten oder impliziten Verfahren oder Rechenschema führen.

Man spricht von einem **expliziten Verfahren**, wenn die Knotenwerte auf der neuen Zeitebene ausschließlich durch bekannte Werte der alten Zeitebenen berechnet werden, untereinander jedoch unabhängig sind.

Bei einem **impliziten Verfahren** sind die Knotenwerte auf der neuen Zeitebene dagegen voneinander abhängig, also nicht einzeln explizit berechenbar. Es muß ein Gleichungssystem gelöst werden.

Eine Erweiterung der expliziten Verfahren bilden die sogenannten Mehrschrittverfahren, wie z.B. das RUNGE-KUTTA-Verfahren, das mit diversen Zwischenschritten eine hohe Genauigkeit erreichen kann.

Eine grundlegende Einschränkung der expliziten Verfahren ist die Begrenzung des Zeitschrittes durch ein Stabilitätskriterium (COURANT-Kriterium). Der Zeitschritt darf nicht größer als ein bestimmter gitternetz- und problemabhängiger Schwellenwert gewählt werden. Mehr Zeitschritte bedeuten aber einen höheren Rechenaufwand. Andererseits muß gesagt werden, daß diese Einschränkung direkt der Physik entspringt und implizite Schemata bei tatsächlich stark instationären Vorgängen und Zeitschrittweiten von dem Mehrfachen des COURANT-Kriteriums eine starke numerische Diffusion besitzen, d.h. die Lösung wird durch das Verfahren geglättet.

6.2.7 Numerische Effekte

6.2.7.1 Numerische Diffusion

Ein Effekt, der bei vielen numerischen Modellen (insbesondere bei zeitabhängigen Simulationen) auftritt, ist die **numerische Diffusion**. Dahinter verbirgt sich das "Verschmieren" von starken Gradienten im Verlauf der Simulation. Eine bestimmte Konzentrationsverteilung wird dabei von Zeitschritt zu Zeitschritt immer flacher, auch wenn in den mathematischen Gleichungen keine Diffusion vorgeschrieben ist.

Diesem Effekt kann nur durch entsprechend aufwendige numerische Algorithmen begegnet werden, die eine höhere Genauigkeit (Ordnung des Fehlerterms) besitzen. Diese Verfahren sind deutlich rechenzeitaufwendiger. Beispiele zeigt hierzu Abb. 6.11.

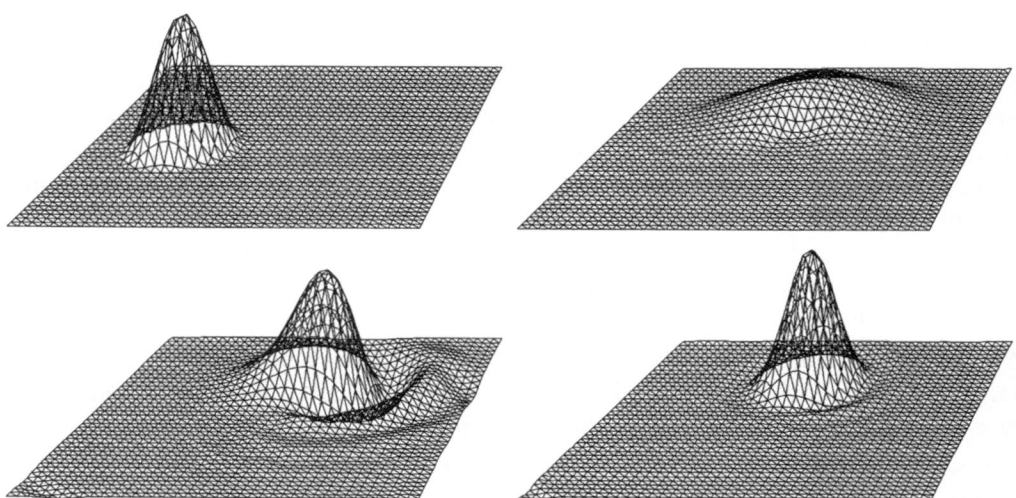

Abb. 6.11: Zum Effekt der numerischen Diffusion: Advektiver Transport eines Inhaltsstoff-Berges mit der Form einer Kosinusfunktion in einem kreisförmig rotierenden Strömungsfeld. Oben links ist die Anfangsform abgebildet. Oben rechts die berechnete Form nach einer 3/4 Umdrehung mit dem level-Schema (erhebliche numerische Diffusion), unten links mit dem SUPG-Verfahren in expliziter und unten rechts als Mehrschritt-Verfahren (vergleichsweise gutes Verhalten).

Beispiel für numerische Diffusion

Mit der oben hergeleiteten Transportgleichung sei ein Stoff eindimensional transportiert. Die Parameter seien $v = 0,5$ m/s; $\Delta x = 1$ m; $\Delta t = 1$ s (=> COURANT-Zahl=0,5). Die Transportgleichung $c_{,t} + v c_{,x} = 0$ sei mit Finiten Differenzen und einem upwind Verfahren (nur 1. Ordnung genau) diskretisiert. Man erhält die Rechenvorschrift $c^{t+\Delta t, x} = c^{t,x} - v \Delta t (c^{t,x} - c^{t,x+\Delta x})$. Nach Einsetzen der Parameter erhält man in diesem Fall die einfache Rechenregel: $c^{t+\Delta t, x} = 0,5 \cdot (c^{t,x} + c^{t,x+\Delta x})$. Einige Rechenschritte sind in Abb. 6.12 vorgerechnet. Wird als Anfangsverteilung eine sehr spitze Verteilung vorgegeben, ergibt sich ein schneller Abbau dieser Spitze. Die "Masse" bleibt jedoch erhalten, was sich darin äußert, daß die Summe auf einer Zeitebene immer die gleiche ist. Ebenfalls deutlich zu sehen ist das Verlangsamen des Abbaus des Maximums. Glattere Formen werden also weniger stark durch die Diffusion beeinflußt.

Aus demselben Beispiel folgt für den Fall Courant= 1 ein Verschwinden der numerischen Diffusion. Die numerische Diffusion ist für zweidimensionale Gitternetze

6.2. Numerische Simulation

stark anisotrop, also von der Strömungsrichtung abhängig. Einen Eindruck des Ausmaßes der numerischen Diffusion soll Abb. 6.11 vermitteln.

t \ x	0	$+\Delta x$	$+2\Delta x$	$+3\Delta x$	$+4\Delta x$	$+5\Delta x$	max.
t	0	1	0	0	0	0	1
$+\Delta t$	0	1/2	1/2	0	0	0	0,5
$+2\Delta t$	0	1/4	1/2	1/4	0	0	0,5
$+3\Delta t$	0	1/8	3/8	3/8	1/8	0	0,375
$+4\Delta t$	0	1/16	1/4	3/8	1/4	1/16	0,375
$+5\Delta t$	0	1/32	5/32	5/16	5/16	5/32	0,3125
$+6\Delta t$	0	1/64	6/64	15/64	5/16	15/64	0,3125

Abb. 6.12: Rechenbeispiel für die numerische Diffusion

6.2.7.2 Überschwingen der Lösung

Ein weiterer numerischer Effekt ist das Überschwingen der Lösung: "over- bzw. undershooting". Damit wird das Entstehen neuer Extremwerte, Minima und Maxima in der Lösung bezeichnet. Dieser Effekt kann insbesondere in der Nähe starker Gradienten bedeutend werden. Gut zu sehen ist dieser Effekt in Abb. 6.11 unten links. Es können z.B. negative Konzentrationen und andere physikalisch unsinnige Ergebnisse auftreten. Letztere kann man nachträglich nur korrigieren, wenn man die Massenerhaltung des gelösten Stoffes verletzt und den Wert zurück auf Null setzt. Grundsätzlich vermeiden läßt sich dieser Effekt nur durch die Verwendung eines Verfahrens erster Ordnung, was mit dem Nachteil verbunden ist, daß die numerische Diffusion relativ groß ist.

Ein in der Praxis seit längerem weit verbreitetes Verfahren ist das streamline upwind Verfahren (SUPG). Durch das upwinding in Richtung der Stromlinien wird ein Überschwingen weitgehend vermieden. Quer zur Strömung ist das Verfahren eine Ordnung genauer und vermindert so die numerische Diffusion quer zu den Stromlinien.

6.2.8 Ablauf einer Modellierung

Bis hier sind die mathematischen Gleichungen und Rechenalgorithmen angesprochen worden, die möglichst vollständig und gut die physikalischen Prozesse abbilden sollen. Diese Algorithmen in Form eines Rechenprogrammes bezeichnet man als Modell (gelegentlich auch als Rechenkern). Das Modell muß nun mit Daten für ein jeweiliges spezielles Problem beschickt werden. Dies sind vor allem die Daten der Topographie, evtl. aus einem digitalen Geländemodell (DGM), und die Verteilung von anderen physikalischen Parametern, wie Reibungsbeiwerte, Korngrößen u.s.w. Nicht selten tritt eine Verwechslung von einerseits dem eigentlichen Rechenkern mit der Bezeichnung Modell und andererseits der Anwendung in Form einer Abbildung des Geländes durch das Rechennetz und der Zusammenstellung aller Beschickungsparameter als Modell auf. Leider ist der Begriff Modell für beide Inhalte üblich. Nach der Berechnung liegen die Rechenergebnisse in Form riesiger Mengen von Daten vor. Bei der Auswertung kommen spezielle Auswertungs- und Analyse Programme zum Einsatz. Um einen möglichst umfassenden Eindruck der Ergebnisse zu erhalten, ist die graphische Darstellung unumgänglich. Diese beiden Schritte nennt man Pre- und Postprocessing.

Der Ablauf einer numerischen Modellierung besteht aus den Schritten:

1. Datenerhebung, Konvertierung/Import der Daten und ggf. Erstellen eines Digitalen Geländemodells (DGM).

2. Definition der einzelnen Rechenläufe (stationär/instationär, Zeitraum, ggf. Varianten mit unterschiedlichen Parametern)

3. Aufstellen des Rechennetzes auf der Basis des DGM

4. eigentlicher Modellrechenlauf

5. Sichtung der Ergebnisse, evtl. Definition weiterer zusätzlicher oder verbesserter Parameter und Auswertung der Ergebnisse

6. Interpretation/ Bericht

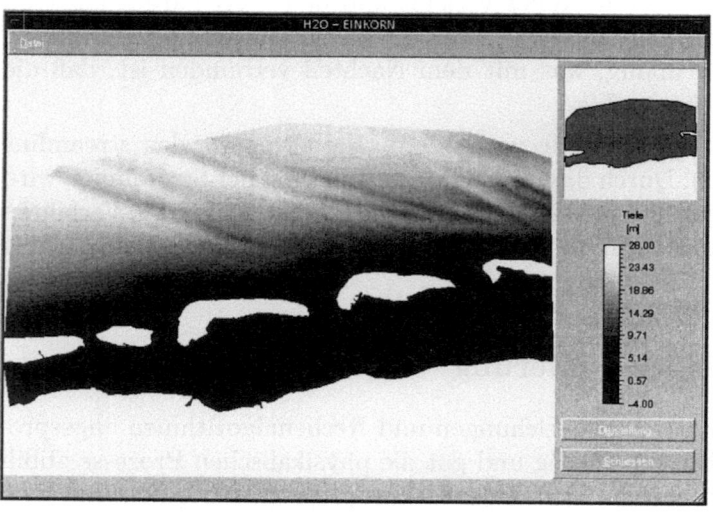

Abb. 6.13: Beispiel zur Nutzung einer graphischen Oberfläche zur Visualisierung der Rechenergebnisse, hier am Beispiel der Tiefenverteilung im Bereich der Ostfriesischen Inseln (Original in Farbe mit dadurch erheblich höherer Informationsdichte).

Im alltäglichen Einsatz von Modellen steckt die Arbeit insbesondere im Pre- und Postprocessing, den Schritten 1-3 und 5-6 der Modellierung. Während bei aufwendigeren Modellierungen der Rechenkern selbständig durchaus über Nacht oder bis

6.2. Numerische Simulation

zu einigen Tagen laufen kann, steckt der Aufwand für den Modellierer in der Datenaufbereitung und der Auswertung der Rechenergebnisse, bisweilen dem Modifizieren der Beschickungswerte. Daher sind gerade für diesen Bereich umfangreiche graphische Softwarepakete entwickelt worden. Diese sind häufig auf ein bestimmtes Simulationsmodell ausgerichtet, da sich die Eigenschaften der zu erzeugenden Gitternetze, die physikalischen Parameter, die numerischen Parameter, die Arten von Randbedingungen und die Datenformate zur Beschickung der Rechenkerne deutlich unterscheiden können.

Tabellenverzeichnis

2.1	Dichte einiger Flüssigkeiten bei 20° C.	6
2.2	Dichte einiger Gase bei 0° C und Atmosphärendruck 1,013 bar.	6
2.3	Viskosität verschiedener Fluide.	9
2.4	Dampfdruck p_D bzw. Dampfdruckhöhe h_{pD} sowie maximale Saughöhe h_S für den Fall Umgebungsdruck = mittlerer Atmosphärendruck entsprechend 10,33 m WS.	12
4.1	Einige c_D-Werte für turbulente Umströmung.	57
4.2	Absolute Rauheiten k bei Rohren und Gerinnen, erweitert nach [127].	74
4.3	Anhaltswerte für wirtschaftliche Fließgeschwindigkeiten (aus [7]).	79
4.4	Örtliche Verluste an Verengungen nach IDELCIK.	83
4.5	Verlustbeiwerte an kreisförmig ausgerundeten Einläufen.	85
4.6	Verlustbeiwerte an hervorstehenden scharfkantigen Einläufen, Bezeichnungen s. Abb. 4.46.	85
4.7	Verlustbeiwerte für hydraulisch glatte 90-Krümmer [9].	86
4.8	Einfluß des Ablenkwinkels.	86
4.9	Anhaltswerte der Verlustbeiwerte für Kniestücke.	87
4.10	Verluste an Rohrvereinigungen und -verzweigungen.	88
4.11	Definitionen des Strömungszustandes.	96
4.12	h_{gr} und v_{gr} in verschiedenen Querschnitten.	103
4.13	Zur Definition des Normalabflusses.	104
4.14	MANNING-STRICKLER-Rauheitsbeiwerte.	108
4.15	Zusammenstellung der Lösungen zur Geschwindigkeitsverteilung.	117
4.16	Ausflußbeiwerte für scharfkantige Öffnungen.	138
4.17	Dimensionslose Koordinaten für festes Wehr, Überfallbeiwert 0,733.	140
4.18	Elastizitätsmoduli verschiedener Materialien in N/m².	164
5.1	Vergleich theoretischer Werte für Wellenhöhen mit Messungen an verschiedenen Orten des Küstenvorfeldes (Wassertiefen $h > 10$ m (aus NIEMEYER [71])).	257
5.2	Ergebnisse Beispiel Wellenprognose.	261
5.3	Wellenkenngrößen nach der linearen Wellentheorie (AIRY/LAPLACE-Theorie).	263
6.1	Einteilung numerischer Modelle nach den berücksichtigten Raumdimensionen.	301

Literaturverzeichnis

[1] Albertson, M.: *Effects of Shape on the Fall Velocity of Gravel Particles.* Proc. 5. Iowa Hydraulics Conf., Iowa City, Iowa, 1953. (in [35]).

[2] Ayyar, H.R.: *On the Hydromechanics of Breakers in Steep Slopes.* Mitt. des Franzius-Instituts, TU Hannover, Heft 33, Juli 1969.

[3] Barthel, V.: *Seegang in einem Ästuar am Beispiel der Außenweser.* Die Küste, Heft 35, 1981.

[4] Battjes, J.A. u. Janssen, J.P.F.M.: *Energy Loss and Set Up due to Breaking of Random Waves.* Proceedings, 16. Int. Congress on Coastal Engineering, Hamburg, 1978.

[5] Berger, U.: MACH-*Reflexion als Diffraktionsproblem.* Mitt. des Franzius-Instituts der TU Hannover, Heft 43, 1976.

[6] Bollrich, G. (Hrsg) und weitere Autoren: *Technische Hydromechanik, Bd. 2.* Verlag für Bauwesen, Berlin, 1989.

[7] Bollrich, G. und Preissler, G.: *Technische Hydromechanik, Bd. 1.* Verlag für Bauwesen, München, 1992.

[8] Brahms, A.: *Die Anfangsgründe der Deich- und Wasserbaukunst.* Verlag H. Tapper, Aurich, 1754/57.

[9] Bretschneider, H. u. Lecher, K. u. Schmidt, M.: *Taschenbuch der Wasserwirtschaft.* Parey-Verlag, 7. Auflage, 1993.

[10] Charnock, H.: *Wind Stress on a Water Surface.* Quart. Journ. Royal Met. Soc., Vol. 81:S. 639–640, 1955.

[11] Cheng, N.-S.: *Simplified Settling Velocity Formula for Sediment Particle.* ASCE, Journal of Hydraulic Engineering, Vol. 123(2), 1997.

[12] Chow, Ven Te.: *Open-Channel Hydraulics.* McGraw-Hill Book Company, New-York, Toronto, London, 1959.

[13] Coastal Engineering Research Center CERC: *Shore Protection Manual.* Vicksburg, U.S.A., 1984.

[14] Daemrich, K.F.: *Diffraktion gebeugter Wellen.* Mitt. des Franzius-Instituts der TU Hannover, Heft 47, 1978.

[15] Dallwig, J.: *Fließformeln und Formbeiwert - eine kritische Untersuchung üblicher Berechnungsmethoden für Gerinneströmungen.* Inst. für Hydraulik und Hydrologie der TH Darmstadt, Techn. Bericht Nr. 12, 1974.

[16] Defant, A.: *Ebbe und Flut des Meeres, der Atmosphäre und der Erdfeste.* Springer-Verlag, Berlin-Göttingen-Heidelberg, 1953.

[17] Dette, H.-H.: *Wellenmessungen und Brandungsuntersuchungen vor Westerland/Sylt.* Mitt. des Leichtweiß-Instituts der TU Braunschweig, Heft 40, 1974.

[18] Dietrich, G. und Kalle, K.: *Allgemeine Meereskunde.* Gebrüder Bornträger, Berlin-Nikolassee, 1965.

[19] Dubs, F.: *Aerodynamik der reinen Unterschallströmung.* Birkhäuser-Verlag, Basel/Stuttgart, 1966. 2.Aufl.

[20] DVWK: *Hydraulische Berechnung von Fließgewässern.* Deutscher Verband für Wasserwirtschaft und Kulturbau DVWK, Merkblatt(Nr. 220), 1991.

[21] Dyer, K.R.: *Sediment Processes in Estuaries*. Journal of Geophysical Research, 94(No. 10), 1989.

[22] EAK-Arbeitsausschuß: *Empfehlungen für die Ausführung von Küstenschutzwerken*. Westholsteinische Verlagsanstalt Boyens & Co., Heide in Holstein, 1993.

[23] Eggert, W.D.: *Diffraktion und Wellentransmission an Tauchwänden endlicher Länge*. Mitt. des Franzius-Instituts der TU Hannover, Heft 56, 1983.

[24] Engelund, F. und Hansen, E.: *A Monograph on Sediment Transport in Alluvial Streams*. Technical Press, Kopenhagen, 1967.

[25] Färber, K.: *Stochastische Modelle der Bewegung suspendierter Paertikel in turbulenter Strömung*. Mitt. des Inst. f. Wasserwesen der Hochschule der Bundeswehr München, Heft 21, 1987.

[26] Franzius, L. und Sonne, Ed.: *Wasserbau (III. Teil des Handbuchs der Ingenieurwissenschaften)*. Verlag von Wilhelm Engelmann, Leipzig, 1912. 3. Auflage 1892, 4. Auflage 1912.

[27] Führböter, A.: *Über die Förderung von Sand-Wasser-Gemischen in Rohrleitungen*. Mitt. des Franzius-Instituts der TH Hannover, Heft 13, 1961.

[28] Führböter, A.: *Einige Ergebnisse aus Naturuntersuchungen in Brandungszonen*. Mitt. des Leichtweiß-Instituts der TU Braunschweig, Heft 29, 1974.

[29] Gent, M. R. A., van: *Wave run-up and wave overtopping for double-peaked wave energy spectra*. Rep. H3351, Delft Hydraulics, Delft, 1999. (in [30]).

[30] Gent, M. R. A., van: *Wave run-up on dykes with shallow foreshore*. ASCE, Journal of Waterwa, Port, Coastal and Ocean Engineering, Vol. 127(No. 5), 2001.

[31] Gerdes, H.: *Einbeziehung des Brückenstaus in die hydraulische Berechnung offener Gerinne*. Wasser und Boden, Heft 3, 1987.

[32] Giesecke, J. und Mosonyi, E.: *Wasserkraftanlagen*. Springer-Verlag, 1997.

[33] Gladkov, G. L. und Soehngen, B.: *Modellierung des Geschiebetransports mit unterschiedlicher Korngröße in Flüssen*. Mitteilungsblatt der Bundesanstalt für Wasserbau, 82, 2000.

[34] Goda, Y.: *A Synthesis of Breaker Indices*. Transactions of the Japanese Society of Civil Engineers, Vol. 2(Pt. 2), 1971. (in [13]).

[35] Graf, W. H.: *Hydraulics of Sediment Transport*. McGraw-Hill Book Comp, 1971.

[36] Greslou, L. und Mahe, Y.: *Etude du coefficient de reflexion d'une houle sur un obstacle constitue par un plan incline*. Proceedings 5. Congr. Coastal Engineering, Grenoble, (in [94]), 1954.

[37] Grilli, S.T., Svendsen, I.A. und Subramanya, R.: *Breaking Criterion and Characteristics for Solitary Waves on Slopes*. ASCE, Journal of Waterway, Port, Coastal and Ocean Engineering, Vol. 123(No. 3), 1997.

[38] Hagen, G.: *Untersuchungen über die gleichförmige Bewegung des Wassers*. Berlin, 1876.

[39] Heinzelmann, C. und Höfer, H.U.: *Transportbeginn auf geriffelter Sohle unter dem Einfluß einer stationär-gleichförmigen Strömung mit überlagerter Schwallwelle*. Technische Berichte über Ingenieurhydrlologie und Hydraulik. Institut für Wasserbau. Techn. Hochschule Darmstadt, Nr. 37, 1987.

[40] Hensen, W.: *Modellversuche für die untere Ems*. Mitt. des Franzius-Instituts der TU Hannover, Heft 6a, 1954.

[41] Hjulström, F.: *Studies of the Morphological Activity of Rivers as Illustrated by the River Fyris*. Bulletin of the Geological Institute of the University of Uppsala, 1935.

[42] Höfer, H.U.: *Beginn der Sedimentbewegung bei Gewässersohlen mit Riffeln oder Dünen*. Technische Berichte über Ingenieurhydrologie und Hydraulik. Institut für Wasserbau. Techn. Hochschule Darmstadt, 1984.

[43] Hoffmann, H.J.: *Ein Beitrag zur Ermittlung des Wellendurchgangs unter einer Tauchwand und der Wellenkräfte auf dieselbe.* Mitt. des Inst. für Wasserbau und Wasserwirtschaft der TU Berlin, Nr. 64, 1967. (in [23]).

[44] Holthuisjen, L.H., Booij, N., Ris, S. C., Haagsma, IJ.G., Kieftenberg, A.T., Padilla-Hernandez, P.R.: *SWAN User Manual Cycle 2 version 40.01.* Delft Univ. of Technology, 1999.

[45] Hunt, I.A.: *Design of seawalls and breakwaters.* ASCE Journal of the Waterway and Harbour Division, Vol. 85(WW3), 1959.

[46] Hunziker, R.: *Fraktionsweiser Geschiebetransport.* Versuchsanst. f. Wasserbau der ETH Zürich (VAW), Heft 138, 1995.

[47] Iversen, H.W.: *Laboratory Study of Breakers.* U.S. Bureau of Standards, Circular No. 521, 1952.

[48] Jäggi, M.: *Abflußberechnung in kiesführenden Flüssen.* Wasserwirtschaft, 74. Jahrg.(Heft 5), 1984.

[49] Kirschmer, O.: *Untersuchungen über den Gefällsverlust an Rechen.* Mitteilungen des Hydraulischen Instituts der TH München, Nr. 1, 1926.

[50] Knaus, J.: *Flachgeneigte Abstürze, glatte und rauhe Rampen.* Versuchsanstalt für Wasserbau der TU München, Bericht Nr. 41, 1979.

[51] Kobus, H. (Hrsg.): *Wasserbauliches Versuchswesen.* Mitteilungsheft des Deutschen Verbandes für Wasserwirtschaft, (Heft 4), 1978.

[52] Koch, A.: *Von der Bewegung des Wassers und den dabei auftretenden Kräften.* Springer-Verlag, Berlin, 1926.

[53] Kohlhase, S.: *Ozeanographisch-seebauliche Grundlagen der Hafenplanung.* Mitt. des Franzius-Instituts der Univ. Hannover, Heft 57, 1983.

[54] Kresser, W.: *Gedanken zur Geschiebe- und Schwebstofführung der Gewässer.* Österr. Wasserwirtschaft, Bd. 16(H. 1/2), 1964.

[55] Lecher, K, Lühr, H.-P. u. Zanke, U.: *Taschenbuch der Wasserwirtschaft.* Parey-Verlag, 8. Auflage, 2001.

[56] Longuet-Higgins, M. S.: *On the Statistical Distribution of the Heights of Sea Waves.* Journal of Marine Research, New Haven, 1952.

[57] Macagno, O.: *Houle dans un canal present un passage au charge.* La Houille Blanche, Grenoble, Nr. 1(Proc. 15), 1954. (in [23]).

[58] Massel, S.R.: *Ocean Surface Waves: Their Physics and their Prediction.* Advanced Series on Oceanographical Engineering, Vol. 11, World Scientific, 1996.

[59] Meckel, H.: *Spiralströmung und Sedimentbewegung in Fluß- und Kanalkrümmungen.* Wasserwirtschaft, Heft 10, 1978.

[60] Meer, J. van der und Janssen, J.P.F.M.: *Wave Run-Up and Wave Overtopping at Dikes and Revetments.* Delft Hydraulics Publication, Heft 485, 1994.

[61] Mehaute, B.: *An Introduction to Hydrodynamics and Water Waves. Volume II: Water Wave Theories.* U.S Dept. Of Commerce, Essa Technical Report ERL 118-POL 3-2, Pacific Oceanogr. Laboratories, Miami, Florida, 1969.

[62] Meyer-Peter, E. und Müller, R.: *Formulas for Bed-Load Transport.* IAHR, Stockholm, 1948.

[63] Meyer-Peter, E. und Müller, R.: *Eine Formel zur Berechnung des Geschiebetriebes.* Schweizer Bauzeitung, Vol. 67(No. 3), 1949.

[64] Miche, R.: *Mouvements ondulatoires de la mer en profondeur croissante ou decoroissante.* Ann. des pntes et Chaussees, (in [22]), 1944.

[65] Mosonyi, E.: *Wasserkraftwerke*. VDI-Verlag, 1966.

[66] Naudascher, E.: *Hydraulik der Gerinne und der Gerinnebauwerke*. Springer-Verlag, Berlin, Heidelberg, New-York, 1992.

[67] Nelson, R.C.: *Depth limited wave heights in very flat regions*. Coastal Engineering, No. 23, 1994. (in [44]).

[68] Nestmann, F. und Bachmeier, G.: *Anwendung von Luftmodellen im strömungsmechanischen Versuchswesen des Flußbaus*. Mitteilungsblatt der Bundesanst. f. Wasserbau (BAW), No. 61, 1987.

[69] Nestmann, F. und Ross, U.: *Luftmodelluntersuchungen zu Kolkverbaumaßnahmen*. Mitteilungsblatt der Bundesanst. f. Wasserbau (BAW), No. 80, 1999.

[70] Nezu, I. und Rodi, W.: *Open Channel Flow Measurements with a Laser Doppler Anemometer*. ASCE, Journal of Hydraulic Engineering, 112(5), 1986.

[71] Niemeyer, H.: *Über den Seegang an einer inselgeschützten Wattküste*. BMFT-Forschungsbericht MF 0203, 1983.

[72] Niemeyer, H.: *Changing of Wave Climate Due to Breaking on Tidal Inlet Bar*. Proc. 20. Internat. Conf. on Coastal Eng., Taipeh, ROC Taiwan, Am. Soc. Civ. Eng., 1987.

[73] Niemeyer, H.: *Change of Mean Tidal Peaks and Range due to Estuarine Waterway Deepening*. Proc. 26. International Conference on Coastal Engineering ICCE, Am. Soc. Civ. Eng., New York, 1999.

[74] Niemeyer, H.: *Bemessung von See- und ästuardeichen in Niedersachsen*. Die Küste, Heft 64, 2001.

[75] Niemeyer, H., Eiben, H. und Rhode, H.: *History and Heritage of German Coastal Engineering*. in: N. Kraus (ed): History and Heritage of Coastal Engineering, Am. Soc. Civ. Eng., New York, 1996.

[76] Nuding, A.: *Zur Durchflußermittlung bei gegliederten Gerinnen*. Die Wasserwirtschaft, Heft 3, 1998.

[77] Nuding, A. und Schröder, W.: *Fließwiderstand von Baum- und Buschufern*. Wasser und Boden, 1992.

[78] Pasche, E.: *Turbulenzmechanismen in naturnahen Fließgewässern und die Möglichkeiten ihrer mathematischen Erfassung*. Mitt. Inst. f. Wasserbau u. Wasserwirtsch., RWTH Aachen, Heft 52, Jan. 1982.

[79] Press, H. und Schröder, R. C. M.: *Hydromechanik im Wasserbau*. Verlag W.Ernst & Sohn, 1966.

[80] Rehbock, Th.: *Verfahren zur Bestimmung des Brückenstaus bei rein strömendem Wasserdurchfluß*. Bauingenieur, Nr. 2, 1921.

[81] Rijn, L. C., van: *Sediment Transport, Part I: Bed Load Transport*. Journal of Hydraulic Engineering, Vol.110(No. 10), Oct. 1984.

[82] Rijn, L. C. van: *Sediment Transport, Part III: Bed Forms and Alluvial Roughness*. Journal of Hydraulic Engineering, Vol.110(No. 12), Dez. 1984.

[83] Rijn, L. C., van: *Applications of Sediment Pick-Up Function*. Journal of Hydraulic Engineering, Vol.112(No. 9), Sept. 1986.

[84] Rijn, L. C., van: *Principles of Coastal Morphology*. Aqua Publications, Amsterdam, 1998.

[85] Rödel, H.: *Hydromechanik*. Westermann-Verlag, 1966.

[86] Rozowskii, I. L.: *Flows of water in bends of open channels*. Publ. Acad. of Science, Ukrain. SSR, Kiew, gedruckt von S. Manson, Jerusalem, 1957.

[87] Scheuerlein, H.: *Der Rauhgerinneabfluß*. Versuchsanstalt für Wasserbau der TH München, Bericht Nr. 14, 1968.

[88] Schlichting, H.: *Grenzschicht-Theorie*. Verlag G. Braun, Karlsruhe, 1965.

[89] Schlichting, H. und Gersten, K.: *Grenzschicht-Theorie*. Springer-Verlag, 1997.

[90] Schneider, J.K. (Hrsg): *Bautabellen, 14. Auflage*. Werner-Verlag, 2001.

[91] Schoeberl, F.: *Abpflasterungs- und Selbststabilisierungsvermögen erodierender Gerinne*. Österr. Wasserwirtschaft, Jahrg. 33(Heft7/8), 1981.

[92] Schröder, R.C.M.: *Hydraulische Methoden zur Erfassung von Rauheiten*. DVWK-Schrift, 92, 1990.

[93] Schröder, R.C.M.: *Technische Hydraulik*. Springer-Verlag, Berlin, Heidelberg, New-York, 1994.

[94] Schröder, R.C.M. und Press, H: *Hydromechanik im Wasserbau*. Verlag Wilhelm Ernst u. Sohn, Berlin u. München, 1966.

[95] Schröder, W.: *Wasserbau und Wasserwirtschaft*. 2001. (in [90]).

[96] Schröder, W., Euler, G. und Schneider, K.: *Grundlagen des Wasserbaus*. Werner-Verlag, 3. Aufl., 1982.

[97] Schröder, W. (Hrsg): *Grundlagen des Wasserbaus*. Werner-Verlag, 4. Aufl., 1999.

[98] Schüttrumpf, R.: *Über die Bestimmung von Bemessungswellen für den Seebau am Beispiel der südlichen Nordsee*. Mitt. des Franzius-Instituts der TU Hannover, Heft 39, 1973.

[99] Schwarze, H.: *Erweiterung des Anwendungsbereiches der Rehbockschen Brückenstaugleichung auf Trapezquerschnitte*. Mitt. des Franzius-Instituts der TU Hannover, Heft 33, 1969.

[100] Shields, A.: *Anwendung der Ähnlichkeitsmechanik und der Turbulenzforschung auf die Geschiebebewegung*. Mitt. der Preußischen Versuchsanstalt für Wasser-, Erd- und Schiffbau, Heft 26, 1936.

[101] Siefert, W.: *Über den Seegang in Flachwassergebieten*. Mitt. des Leichtweiß-Instituts der TU Braunschweig, Heft 40, 1974.

[102] Silvester, R.: *Coastal Engineering*. Elsevier Scientific Publishing Company, Amsterdam - London - New-York, 1974.

[103] Silvester, R. und Moodridge, G. R.: *Reach of Waves to the Bed of the Continental Shelf*. Proc. 12. Conf. on Coastal Engineering, 1971.

[104] Simons, D.B. und Sentürk, F.: *Sediment Transport Technology*. Water Resources Publications, Fort Collins, Colorado, 1977.

[105] Soehngen, B.: *Das Formbeiwertkonzept zur Berechnung des Fließwiderstandes in Rohren und Gerinnen*. Inst. für Wasserbau der TU Darmstadt, Techn. Bericht IHH(39), 1987.

[106] Sommerfeld, A.: *Mathematische Theorie der Diffraktion*. Mathematische Annalen, Bd. 47, 1896.

[107] Sposito, G.: *Classical Dynamics*. Verlag John Wiley & Sons, New York, 1976.

[108] Stokes, G.G.: *On the Theory of Oscillatory Waves*. Transactions VIII of the Cambridge Philosophical Society, Vol. 8(Pap. 197), 1847.

[109] Strickler, A.: *Beiträge zur Frage der Geschwindigkeitsformel und der Rauhigkeitszahlen für Ströme, Kanäle und geschlossene Leitungen*. Mitt. des Eidgen. Amtes für Wasserwirtschaft, Bern, 1923.

[110] Tautenhain, E.: *Der Wellenüberlauf an Seedeichen unter Berücksichtigung des Wellenauflaufs*. Mitt. des Franzius-Instituts der Univ. Hannover, Heft 53, 1981.

[111] Thierry, G.,de und Matschoss, C.: *Die Wasserbaulaboratorien Europas*. VDI-Verlag, Berlin, 1926.

[112] Truckenbrodt, E.: *Fluidmechanik, Band I*. Springer-Verlag, Berlin, Heidelberg, New-York, 1980.

[113] Wagner, H.: *Theorie der Wellenbewegung.* in BOLLRICH [6], 1989.

[114] Wassing, F.: *Model investigations of wave run-up carried out in the Netherlands during the last twenty years.* Proc. 6th Conference on Coastal Engineering, Gainesville, Florida, 1957.

[115] Weggel, J.R.: *Maximum Breaker Height.* Journal of Waterways, Coastal Eng. Div., ASCE, Vol. 98(WW4), 1972.

[116] Westrich, B. und Kobus, H.: *Untersuchungen am Luftmodell zur strömungstechnisch günstigen Gestaltung von Entnahmebauwerken an Flüssen.* GWF-Wasser-Abwasser, 117(Heft 7), 1976.

[117] Whittaker, J. und Jäggi, M.: *Blockschwellen.* Mitt. der VAW, ETH Zürich, 81, 1986.

[118] Wilcox, P. R.: *Experimental Investigation of the Effect of Mixture Properties on Transport Dynamics, Dynamics of Gravel Bed Rivers.* John Wiley & Sons Ltd, 1992. (in [46]).

[119] Wu, J.: *Wind Stress Coefficients over Sea Surface from Breeze to Hurricane.* Journal of Geophys. Research, Vol. 87:S. 9704–9706, 1982.

[120] Zanke, U.: *Grundlagen der Sedimentbewegung.* Springer-Verlag, Berlin, Heidelberg, New York, 1982.

[121] Zanke, U.: *Der Beginn der Sedimentbewegung als Wahrscheinlichkeitsproblem.* Wasser- und Boden, Heft 1, 1990.

[122] Zanke, U.: *Zur Berechnung von Strömungswiderstandsbeiwerten.* Wasser und Boden, Heft 1, 1993.

[123] Zanke, U.: *Zur Entwicklung eines numerischen Modells mit beweglicher Sohle.* Wasser und Boden, Heft 12, 1994.

[124] Zanke, U.: *Lösungen für das universelle Geschwindigkeitsverteilungsgesetz und die Shields-Kurve.* Wasser und Boden, Heft 9, 1996.

[125] Zanke, U.: *Zum Übergang Hydraulisch glatt - Hydraulisch rauh.* Wasser und Boden, Heft 10, 1996.

[126] Zanke, U.: *Zur Physik von strömungsgetriebenem Sediment (Geschiebetransport).* Mitt. des Instituts für Wasserbau und Wasserwirtschaft der TU Darmstadt, Heft 106, 1999.

[127] Zanke, U.: *Hydraulik.* 2001. (in [55]).

[128] Zanke, U.: *On the Physics of Flow Driven Sediments (Bed Load).* International Journal of Sediment Research, Vol. 16(1), 2001.

[129] Zanke, U.: *Zum Beginn der Bewegung rolliger Sedimente.* Mitt. des Instituts für Wasserbau und Wasserwirtschaft der TU Darmstadt, Heft 120, 2001.

Namensverzeichnis

Airy, 262
Albertson, 186
Aristoteles, 2
Ashida, 184
Ayyar, 279
Bachmeier, 295
Barthel, 257
Battjes, 279
Berger, 286
Bernoulli, 3, 13, 24, 36, 36ff, 37, 38, 154, 226
Bingham, 8, 9
Bollrich, 78, 89, 133
Boussinesq, 260
Brahms, 4, 107, 290
Bruun, 291
Bundschu, 78
Charnock, 243
Cheng, 186
Chezy, de, 4, 26, 107
Chow, 281
Colebrook, 73, 107, 109
Coriolis, 166, 170, 226, 227, 229, 230, 306
Courant, 311
Dallwig, 109
Darcy, 64, 72, 82, 106, 109
Deamrich, 284
Dette, 257
Dyer, 189, 190
Eggert, 288
Eiben, 290
Engelund, 194
Euler, 3, 226, 235, 305
Exner, 174
Färber, 188
Francis, 210–212, 219
Franke, 87
Franzius, L., V
Froude, 96, 96ff, 99, 100, 125, 149, 177, 274ff, 276, 294, 296
Führböter, 176, 273
Galerkin, 309
Gauckler, 4, 26, 107
Gent, van, 291
Gerdes, 125
Gerstner, 249
Giesecke, 199
Gladkov, 184
Goda, 278, 279
Günbak, 291

Gzywienski, 140
Hagen, 70, 107
Hansen, 194
Heinzelmann, 76
Hjulström, 177, 178
Höfer, 76
Hoffmann, 288
Homer, 2
Hunt, 290
Idelcik, 83
Ippen, 279
Iribarren, 273
Isbash, 196
Iversen, 277
Jäggi, 107, 133
Janssen, 279
Joukowski, 163
Kaplan, 210, 212, 219
Karman, v., 3, 193
Karman, von, 10, 46
Kelvin, 230
Kirschmer, 127
Knaus, 133
Kobus, 295
Koch, V, 33, 98, 125
Kohlhase, 286
Kresser, 194
Kulin, 279
Lagrange, 235
Laplace, 59, 226, 262
Longuet-Higgins, 255, 257
Macagno, 287, 288
Mach, 96, 286, 295
Makkavejev, 295
Manning, 4, 26, 107
Mason, 273
Massel, 260, 279
Matschoss, V, 33
McNown, 186
Meckel, 170
Meer, van der, 290
Mehaute, 262
Meyer-Peter/Müller, 107, 176, 182
Michell, 272, 277
Miche, 272, 277
Michiue, 184
Moskowitz, 259
Mosonyi, 199
Munk, 273, 277
Muttray, 285

NAVIER, 3, 305
NESTMANN, 295
NEWTON, 8, 9, 226
NEZU, 47
NIEMEYER, 240, 257, 258, 273, 290, 291
NIKURADSE, 73, 106, 113
PELTON, 201, 202, 205, 206
PIERSON, 259
PLATO, 2
PLINIUS, 2
POISEUILLE, 70
POISSON, 3
POLENI, 142
PRANDTL, 3, 10, 45, 46, 73, 107, 113
RAYLEIGH, 255, 281
REHBOCK, 125, 143
REYNOLDS, 52, 65, 242, 294, 296
RHODE, 290
RIJN, V., 180, 192, 193, 282
RODI, 47
ROZOWSKII, 169
SCHEUERLEIN, 133
SCHIRMER, 139
SCHLICHTING, 3
SCHÖBERL, 107
SCHRÖDER, R., V, 106
SCHRÖDER, W., V, 102
SCHWARZE, 125
SENECA, 2
SHIELDS, 177–181, 196–198
SIEFERT, 257, 273
SILVESTER, 279, 280
SMETANA, 153
SNELLIUS, 271
SOEHNGEN, 106, 184
SOMMERFELD, 284
SONNE, V
SPOSITO, 187
ST. VENANT, 3, 160
STOKES, 3, 185, 188, 190, 249, 264, 272, 277
STRICKLER, 4, 26, 107, 121
TAUTENHAIN, 291
THALES, 2
THIERRY, DE, V, 33
THOMSON, 144
TORRICELLI, 3, 138
UNNA, 272
URSELL, 265
VENTURI, 91
VOIGT, 145
WAGNER, 255, 261
WASSING, 290
WEGGEL, 273
WEISBACH, 64, 72, 82, 106, 109, 142
WESTRICH, 295

WHITE, 73
WHITTAKER, 133
WILCOX, 183
WU, 243
YI-YUAN YU, 272
ZANKE, 73, 115, 117, 177, 178, 181, 183, 186

Stichwortverzeichnis

Abfluß, 30
   gewellt, 99
   transportwirksamer, 177
   unvollkommener, 135
   vollkommener, 135
Abflußkurve, 110
Ablösungen, 52, 57, 76, 83ff, 209
Abstürze, 149
Abzweig
   Sekundärströmung, 167
Adhäsion, 13
Ästuar, 237, 291
Amphidromie, 232
Analytik, 25, 262
Anspringhilfe, 147
Atmosphärendruck, 16–17, 43, 209
Auflösung
   num. Modelle, 299
Aufwirbelung, 191
Ausfluß, 135
Austauschgröße, *siehe* Wirbelviskosität
Austrittsverluste, 90

Baggergut, 190
Belüftung, 143
Beschleunigung, 104
Bettbildung, 174
Bewuchs, 131
Bezugsniveau, 32, 37
Biozönosen, 44
Bodenöffnung, 138
Böschungsneigung
   natürliches Erdreich, 128
Böschungswinkel (Schüttwinkel), 179, 197
Bore, 237, 274, 279
Brückenstau, 4, 125
Buhnenfeldewalze, 166

Corioliseffekt, 170, 227, 229
Corioliskraft, 120, 231, 244, 249

Dampfbildung, 11
Dampfdruck, 11, 12, 33, 78, 207, 218
Deckwalze, 100, 152
Dichte, 5
   Gase, 5
   Salzwasser, 5
Diffusion
   numerische, 300, 312, 313
Diffusivität, 192

Diffusor, 91, 208
Digitales Geländemodell, 313
Dimensionalität, 25, 301
Drehtide, 232
Dreieckwehr, 144
Druck, 15, 32
   -höhe, 17, 21, 78, 202
   -höhenlinie, 32
   -kraft, 17
   -linie, 79, 201
   -punkt, 17, 18
   -rohr, 24
   -spannung, 18
   -verlust, 78
   -verteilung, 16, 17, 25, 39
      angeströmte Wand, 146
      hydrostatisch, 39, 43, 120, 301
      nichthydrostatisch, 43, 60, 139, 147
      Wehrkrone, 139
   Atmosphäre, 5
   Bezugsniveau, 16
   Einheit, 16
   Luftdruck, 79
      barometrische Höhenformel, 16
Druckänderung
   umlenkungsbedingte, 42
Druckenergie, 38
Druckstoß, 160, 163
Druckwellen, 163
Druckwiderstand, 52, 71, 89
Dünen, 75
Düse, 90
Durchfluß, 30
   Messung, 91

Ebbe, 221
Ebbedauer, 221
Ebbestrom, 221
Einbauten, 89
Einläufe, 85
Einlaufströmung, 67
Einleitungen, 44
Eintrittsverluste, 85
Einzelwelle, 277
Empirie, 4, 26
Energie
   -ausgleichswert, 39
   -bilanz, 157
   -dichte, 258
   -dissipation, 279

-erhaltung, 36
-höhe, 38
　Minimum, 94
　spezifische, 94
-höhenlinie, 32, 33
-horizont, 37
-linie, 33, 79, 201
　-gefälle, 33
-strom, 38
-verlust, 38, 47, 64ff, 67, 77, 79
　im Wechselsprung, 101
Energieerhaltung, 37, 38
Entrainment, 174, 191
Erhaltung
　Energie, 24, 36, 303
　Impuls, 40, 300, 303
　Masse, 24, 36, 300
　Volumen, 24
ErhaltungMasse, 303, 312
Extremalprinzip, 97

Finite Differenzen, 308
Finite Elemente, 28, 309
Finite Volumen, 309
Flachwasserwelle, 233
Flächenmomente, 19
Fließwechsel, 99, 100, 124, 135, 141, 156
Flocken, 188
Flüssigkeit
　ideale, 53
　reale, 53
Fluid mud, 190
Flut, 221, 222, 234
Flutberge, 223–226, 228
Flutdauer, 221, 237
Flutraum, 234, 241
　Veränderung, 240
Flutstrom, 221, 230, 234, 235, 237, 239
Flutstromgrenze, 234, 235
Flutstromweg, 235
Formrauheit, 75
Freistrahlturbine, 40, 199, 202ff
Froude-Zahl, 96, 97, 99, 100, 125, 149, 274, 276, 294
　des Kornes, 177

Genauigkeitsgrenzen, 28
Gesamttransport, 194
Geschiebe, 174
　Fracht, 175
　Transport, 175
　Trieb, 175
Geschwindigkeit
　maximale, 111
　Messung, 91
　mittlere, 30, 111

Verteilung, 30, 111, 118
　wirtschaftliche, 78
glatt (hydraulisch), 70ff
Gleichgewicht
　Gewässerbett, 174
Gleichgewichtstheorie, 226
Grenzgeschwindigkeit, 95
Grenzschicht, 47, 52–54, 64, 66, 66ff, 67, 112, 115, 116, 182
　Abriß, 54
　Dicke Unterschicht viskose, 112
　laminare, 66
　turbulente, 66
　Umschlag, 66
　Unterschicht viskose, 72, 112
Grenztiefe, 95, 99, 126
Grenzzustand, 95, 97
Gruppengeschwindigkeit, 267

Hafenbecken
　Verfüllung, 241
Hafenwalze, 166
Heberwehr, 147
Hochwasser, 175, 176
Hohlraumanteil, 176
hydraulischer Radius, 106

Impuls
　-gleichung, 42
　-kraft, 40, 104
　-satz, 39
　-strom, 40, 56
　　umlenkungsbedingt, 42
Impuls(kräfte)bilanz, 39, 147, 157
Impulsaustausch, 10, 44, 53, 131
Impulsgleichung, 305
Impulskräfte, 101
Impulsstrom, 44, 77
Insel, 120
Interaktionszone, 131
Isotachen, 172
Iteration, 121
iterative Spiegellinien-Berechnung, 155

k_{St}-Werte, 108
Kalibrierung, 299, 300
Kapillare Steighöhe, 14
Kapillarität, 13
Kapillarwellen, 249
Kaplanturbine, 210
Kavitation, 12, 78, 139, 148
Kelvin-Wellen, 230
Kenterpunkt, 221
Kniestücke, 87
Kohäsion, 13
Kolke, 133, 150

Stichwortverzeichnis

Komprimierbarkeit, 5
konjugierte Tiefen, 101
Kontinuitätsgleichung, 78
    für Flüssigkeit, 24, 36, 304
    Sediment-, 174
Kontraktionsbeiwert, 145
Korndurchmesser
    massgebender, 176
Korngröße, 176
Kornhaufen, 190
Kornrauheit, 182
Korrekturfaktoren
    offenes Gerinne, 106
Kosten, 77
Kraft
    Angriffspunkt, *siehe* Druckpunkt
Kreiskurve
    Strömung in, 62ff
Kreisströmung, 62ff
Krümmer, 41, 86
Krümmungen, 42
Kugel
    Widerstand, 52
Kurve
    Quergefälle, 118
    Strömung in, 43, 57, 62, 118
Kurvenströmung, 167–171

laminar, 67
Laminarströmung, 111
Leistung
    Wasserkraft, 200
Leiteinrichtungen, 212
Leitschaufeln, 212
log.Geschindigkeitsverteilungsgesetz, 113
Luftdruck, *siehe* Druck

Massenerhaltung, 36, 312
Meßwehre, 143
Mischbewegung
    turbulente, 70
Mischungsweg, 10, 45
Modell
    Geländemodell
        digitales, 313
Modelle, 151
    analytische, 25ff
    Dimensionalität, 25ff
    Gitternetze, 306
    hydraulische, 25ff
    Kalibrierung, 299, 300
    Luftmodelle, 294
    numerische, 25ff, 297
    Validierung, 299ff
    Verifikation, 300ff
Modellgesetze, 293

Mondtag, 224
Mondtide, 224
Morphodynamik, 235

Nachlaufzone, 76
Natürliche Rauheit, 114
Nipptide, 226
Normalabfluß, 93, 103ff, 111
Numerische Diffusion, 311
Numerische Simulation, 297

Oberfläche
    Ausrichtung, 22, 118
    freie, 15
Oberflächenspannung, 13
Oberwasser, 234, 235

Peltonturbine, 202
Pfeilerverluste, 122
Postprocessing, 314
Potential
    -linien, 58
Potentialnetz, 58–61
Potentialströmung, 56ff
    Kreisströmung, 62
Potentialtheorie, 52, 119
Potentialwirbel, 42
Prallkörper, 205
Preprocessing, 314
Primärströmung, 166
Pumpe, 201, 218
    Saughöhe, 12, 210

Quergefälle
    in Kurven, 118
    infolge CORIOLIS-Effekt, 230
Querschnitte
    Ersatz-Q., 129
    gegliederte, 130
    hydraulisch optimale, 128
    natürliche, 129
Querschnittsänderungen, 83

Radius
    hydraulischer, 105, 106, 129–131, 134
Rampen, 132
Rauheit
    Form-R., 75
    hydraulisch wirksame, 71ff
    natürliche, 114
    natürliche=technische, 75
    Sandrauheit
        äquivalente, 73, 114
    Seegang, 243
    Transportkörper, 75

Rauheitshöhe, 47, 70, 73, 75, 107, 110, 112,
    197, 243
  äquivalente, 73, 113
Rechen, 127
Rechteckwehr, 143
Referenzkonzentration, 193
Reflexion
  Druckstoß, 164
  Schwall und Sunk, 162
Rehbock-Wehr, 143
Renaturierung, 175
Reststromweg, 235
Resttransportweg, 236
Reynolds-Zahl, 296
  charakteristische Länge, 52, 53, 65, 66
  Körper, 52ff
  Rohr, 65ff
Riffel, 75
Ringzugkraft, 77
Risiko (Kornbewegung), 181
Rohr
  teilgefüllt, 133
Rohreintritt, 78, 79, 85
Rohrkrümmer, 41
  Sekundärströmung, 168
Rohrströmung, 77ff
Rückstau, 141
Ruhewasserspiegel, 248

Salzgehalt, 5
Sammelrinne, 157
Sandrauheit, 73, 73ff, 113–115, 243
Saughöhe, 12
Saugrohr, 208
Saugschlauch, 208
Schallgeschwindigkeit, 5–7, 24, 163
Scheitelabfluß, 103
Schieber, 88
Schießen, 94, 94ff, 103, 156
Schießen/Strömen, 24
Schlüsselkurve, 110
Schubspannung, 8, *siehe* auch Wandschub-
    spannung, 44, 45, 47, 83, 104, 111,
    113, 166, 169, 172, 176–178, 183,
    189, 190, 197
  turbulenzbedingte, 10, 45
  Verteilung, 49ff, 111
Schubspannungsgeschwindigkeit, 49, 64
  Berechnung der, 113
Schubspannungsverlauf, 51
Schützenwehr, 144
Schwall, 148, 160
Schwerpunkt
  Position, 18
Schwingungen, 139, 143
Sediment

Hohlraumanteil, 176
Sedimenttransport, 44, 174, 235
  Gemische, 183
Sekundärströmung, 35, 120, 166ff, 231, 246,
    282
Sinkgeschwindigkeit, 185ff
  Flocken, 188
  Kornhaufen, 190
Sohlensicherung, 196
Springtide, 225
Staudruck, 216
Staupunkt, 52
Stauweite, 158
Steilgerinne, 132
Stokes, 305
Stoßverlust, 85
Strahl, 40, 201, 203–206, 209
Strahlablösung, 139
Straßenentwässerung, 157
Strömen, 94ff
Strömung
  Gleichförmigkeit, 24, 33
  laminare, 39, 65, 67, 70, 111
  Stationarität, 24, 33
  turbulente, 65, 70, 112
Strömungsablösung, *siehe* Ablösungen
Strömungsfeld, 57
Stromfaden, 58
Stromlinie, 57
Stromweg, 235
Stützkraftsatz, 25, 39
Sunk, 148, 160
Suspensionskonzentration, 193
Suspensionstransport, 174, 185
Systemanalyse, 29

Tauchstrahl, 149, 152
Teilfüllung, 133
Tide, 75, 104, 110, 120, 160
  Amphidromie, 232
  Bore, 237
  Corioliseffekt, 229
  Drehtide, 232
  Eigenschwingungen, 227
  ganztägige, 228
  halbtägige, 223, 224
  makrotidal, 238
  mesotidal, 238
  mikrotidal, 239
  Reflexion, 236
  Reibung, 236
  Reibungswirkung, 237
  selbständige, 227
  Springverspätung, 226
  Stromweg, 235
  Ungleichheit

Stichwortverzeichnis

halbmonatliche, 225
tägliche, 228
Tideflüsse
Strömungszustand, 104
Tidegrenze, 234
Tidehalbwasser, 221
Tidehub, 221
Tidekurve, 221
Tidemittelwasser, 221
Tidewassermenge, 234
Tidewellenlinie, 221
Tiefen
konjugierte, 101
Tosbecken, 13, 149
Trägheitswirkung, 57
Transportkapazität, 181
Transportkörper
Rauheitswirkung, 75
Trennfläche, 131
Turbine, 201
FRANCIS-, 201, 210
KAPLAN-, 201, 210, 212
PELTON-, 201, 205
Freistrahl, 202
Gleichdruck, 203
Überdruck-, 206
Wirkungsgrad, 200
Turbulenz, 10, 24, 28, 30, 31, 39, 44–47, 53–55, 64, 70, 99, 111, 112, 114–116, 131, 178–180, 188, 190, 192, 198, 299, 329
freie
Winkel der, 209
Geschwindigkeitsprofil, 112
produktion, 94
Schubspannungen, 44
Turbulenzballen, 44
Turbulenzgrad, 47

Überdruck, 16
Überfall, 135
unvollkommener, 142
vollkommener, 141
Überfallbeiwerte, 143
Überfallströmung, 141
Übergang
glatt-rauh, 71
laminar-turbulent, 70, 73
Überschwingen, 313
Umfang
benetzter, 105, 128
Umschlag
(laminar-turbulent), 70
Grenzschicht, 66
Ungleichförmigkeit (Sediment), 176, 183
Unterdruck, 16

Unterschicht
viskose, 72

Vakuum, 11
Validierung, 299, 300
Verifikation, 300ff
Verlust
Austritt, 79
Eintritt, 79
Verlustbeiwert, 64, 67ff
Gerinne, 122, 126
Rohr, 83, 85–89
Verluste, *siehe* auch Energieverluste
örtliche
Aufweitung, 83
Austrittsverluste, 90
Einbauten, 89
Einlauf, 85, 121
Gerinne, 120
Kniestücke, 87
Krümmer, 86
Pfeiler, 122
Querschnittsänderungen, 83
Stoßverlust, 85
Verengung, 83
Verschlußorgane, 88
Verzweigung, 87, 121
Rechen, 127
Vermischung, 44
Verschlußorgane, 88
Verzögerung, 104
Verzweigung, 87, 121
Viskosität, 7, 65, 107, 112
turbulente Scheinviskosität, 10, 112, 305
turbulente Scheinviskosität, 192
Volumenstrom, 30
Vorland, 130

Wahrscheinlichkeit
für hydraul. rauh, 114, 182
für laminare Strömung, 73
für turbulente Strömung, 73
Walze, 34, 100
Deckwalze, 152
Wandbeschaffenheit (glatt, rauh), 70
Wandgesetz, 113
Wandrauheitshöhe, *siehe* Rauheitshöhe
Wandreibung, 41, 51, 52, 104, 299
Wandschubspannung, *siehe* auch Schubspannung
Wasseraustausch, 44
Wasserkraft, 199
Wasserrad, 201
Wasserschloß, 165
Wasserspiegellinie, 154
Wassersprung, *siehe* Wechselsprung, 100

Wechselsprung, 41, 94ff, 100, 274, 281
Wehr, 138ff, 303
    REHBOCK-, 143
    THOMSON-, 144
    Form Überfallrücken, 140
    Heber-, 147
    Meß-, 143
    Schützen-, 144
    Überfallbeiwert, 140
    Überfallstrahl, 140
    Unterströmung, 61
Wehrformel, 142
Wehrhöcker, 149
Wellen, 160
    Auflaufhöhe, 290
    Ausbreitung, 97
    Auswertung
        Nulldurchgangsverfahren (zero crossing), 253
        Wellenkammverfahren (crest to crest), 253
    Bore, 279
    Brandungsströmung, 282
    Brechen, 252, 272ff
        Brechertypen, 273
    Brecherindex, 273
    Diffraktion, 283
    Einzelwelle, 251
    Energie
        -fluß, 267ff
    Energiespektrum, 257
    Flachwasser-, 251, 262ff, 269
    Flachwassereffekte, 269
    Frequenzspektrum, 257
    Geschwindigkeit, 7, 95
    Geschwindigkeit (Fortschritts-), 248, 250, 264, 267–269, 274, 276, 277
    Geschwindigkeitsverteilungen
        interne, 267
    Grundberührung, 251
    Gruppengeschwindigkeit, 267ff
    Höhe, 248
        dominante, 256
        signifikante, 255, 256
    Kapillarwellen, 249
    Kreuzsee, 284
    Länge, 248
    Massentransport, 262
    Momente (spektrale), 259
    nichtlineare Interaktionen, 260
    Oberflächenwelle, 7
    Orbitalbahnen, 249
    Orbitalgeschwindigkeit, 266ff, 267, 275
        am Brechpunkt, 277
    oszillatorisch, 249

Periode, 248
Rayleigh-Verteilung, 255
Reflexion, 284ff
Reflexionsbrecher, 274
Refraktion, 270ff
    infolge Strömungen, 272
Richtungsspektrum, 260
Schallwelle, 7
Schwallbrecher, 273
Shoaling, 269
Spektrum, 252, 254, 255, 257–261, 269, 272, 273, 281, 285, 287, 291
Steilheit, 270, 272
Strahlen, 270
Streichlänge, 261
Sturzbrecher, 274
Tiefwasser-, 251, 262ff
translatorische, 251
Transmission, 287ff
triadische Wechselwirkungen, 260
Trochoiden, 249
Wellenumlaufzeit, 165
Widerstand
    Beiwert, 55, 56, 64, 70, 106
    Einbauten in Rohrleitungen, 89
    Einzelkörper, 51ff
    Kreisscheibe, 56
    Kugel, 52ff
    reibungsbedingt, 3, 4, 47
Windkraft, 216
Windstau, 226, 242
Wirbel, 34, 35, 53, 55, 56
Wirbelviskosität, *siehe* Viskosität, turbulente Scheinviskosität
Wirkungsgrad, 199–201, 206–208, 210, 212, 214, 215, 217, 218
wirtschaftliche Geschwindigkeiten in Rohrleitungen, 78

Zähigkeit, *siehe* Viskosität
Zugspannung
    Wandungsbemessung, 21

Grundlagenwissen

HW
MW
1:4 ÷ 1:10
Blocksteinsicherung

Kurt Lecher / Hans-Peter Lühr / Ulrich Zanke (Hrsg.)

Taschenbuch der Wasserwirtschaft

Das umfassende Kompendium des gesamten Grundlagenwissens der Wasserwirtschaft erscheint seit 1958.

8., vollständig neubearbeitete Auflage.

2001. 1217 Seiten mit 553 Abbildungen und 170 Tabellen.
14,5 x 21 cm. Gebunden.
€ 119,- / sFr 201,-
ISBN 3-8263-8493-8

Die 8. Auflage ist unter der Herausgeberschaft der renommierten Wissenschaftler Prof. Dr. sc. techn. Kurt Lecher, Professor Dr.-Ing. Hans-Peter Lühr und Professor Dr.-Ing. habil. Ulrich Zanke im Zusammenwirken mit mehr als 20 Autoren aus Wissenschaft und Praxis wiederum vollständig neu bearbeitet und gegliedert worden, wobei zahlreichen neuen Erkenntnissen und Entwicklungen Rechnung getragen wurde.

Als völlig neue Themen kommen u. a. der Schwerpunkt Bodenschutz im Kapitel „Boden" und die Kapitel „Altlasten" und „Umgang mit wassergefährdenden Stoffen" hinzu. Um dennoch den Umfang des Werkes im Rahmen zu halten, wurden einige Kapitel neu zusammengestellt und gestrafft. Somit liegt wieder eine aktuelle Ausgabe des unverzichtbaren Standardwerkes vor, das selbstverständlich auch bezüglich der geltenden Normen und gesetzlichen Bestimmungen auf den neuesten Stand gebracht wurde.

In allen Buchhandlungen erhältlich!
Ausführliche Informationen zum Gesamtprogramm erhalten Sie auch direkt bei:
Parey Buchverlag · Kurfürstendamm 57 · 10707 Berlin
Tel.: 030 / 32 79 06-59 · Fax: 030 / 32 79 06-44
e-mail: parey@blackwis.de · http://www.parey.de

Wasserwirtschaftliche Gesamtfragen

WASSER & BODEN

Organ der „ATV-DVWK - Deutsche Vereinigung für Wasserwirtschaft, Abwasser und Abfall", der „Ingenieurökologischen Vereinigung Deutschland e.V. (IÖV)" und des „VUBIC - Verband unabhängig beratender Ingenieure und Consultants e.V."

Erscheinungsweise: 12 Ausgaben jährlich, davon 4 in Doppelheften
2002: 54. Jahrgang
ISSN 0043-0951

Bezugspreise und -bedingungen erfahren Sie unter:
www.blackwell.de

Wasser & Boden

Wasserwirtschaft • Wasserbau • Küsten- und Hochwasserschutz • Grundwasser, Gewässerschutz und -sanierung • Limnologie und Morphologie oberirdischer Gewässer • Wassergefährdende Stoffe • Be- und Entwässerung • Wasserversorgung • Hydrologie • Hydraulik • Abwasserkonzepte • Bodenkunde • Bodenökologie • Bodenschutz • Abfallwirtschaft • Ingenieurökologie • Landschaftsökologie • Ökotoxikologie • Umweltrecht

Wasser und Boden veröffentlicht deutsche und englische Originalarbeiten und wird von 9 Literaturdiensten ausgewertet.

Herausgegeben von:
• Prof. Dr.-Ing. Martin Faulstich, TU München
• Dipl.-Ing. Gunther Geller, IÖV, Augsburg
• Prof. Dr.-Ing. Bernhard Haber, FH Bochum
• Prof. Dr. Rainer Horn, Universität Kiel
• Prof. Dr. Christian Leibundgut, Universität Kiel
• Dr.-Ing. Eiko Lübbe, BMUEL, Bonn
• Prof. Dr.-Ing. Hans-Peter Lühr, TU Berlin
• Prof. Dr.-Ing. Ralf Otterpohl, TU Hamburg
• RA Eberhard Sander, Hannover
• Prof. Dr. Christian Steinberg, IGB Berlin
• Prof. Dr.-Ing. Ulrich Zanke, TU Darmstadt

In allen Buchhandlungen erhältlich!
Ausführliche Informationen zum Gesamtprogramm erhalten Sie auch direkt bei:
Parey Buchverlag im Blackwell Wissenschafts-Verlag · Kurfürstendamm 57 · 10707 Berlin
Tel.: 030 / 32 79 06-18 · Fax: 030 / 32 79 06-10
e-mail: journalsmarketing@blackwis.de · http://www.parey.de

If you have any concerns about our products,
you can contact us on
ProductSafety@springernature.com

In case Publisher is established outside the EU,
the EU authorized representative is:
**Springer Nature Customer Service Center GmbH
Europaplatz 3, 69115 Heidelberg, Germany**

Printed by Libri Plureos GmbH
in Hamburg, Germany